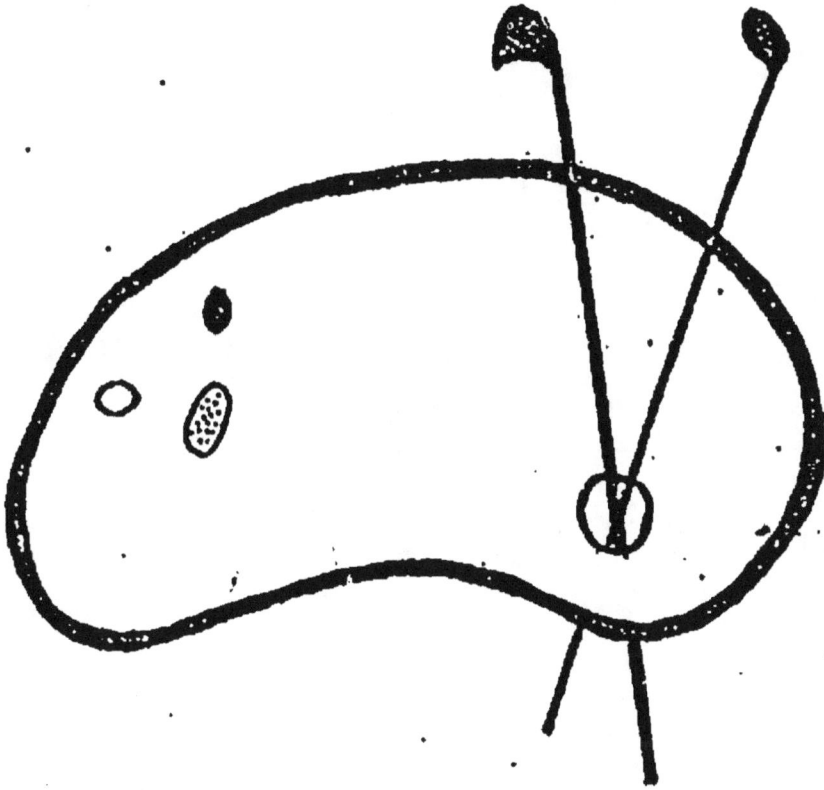

DEBUT D'UNE SERIE DE DOCUMENTS
EN COULEUR

Vincent

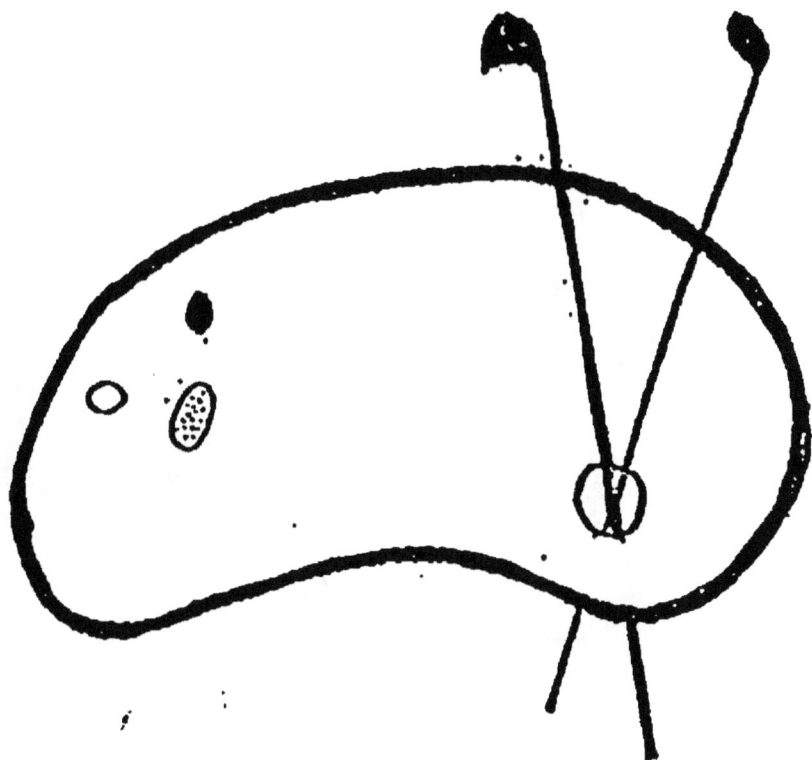

FIN D'UNE SERIE DE DOCUMENTS
EN COULEUR

PROGRAMMES DU 27 JUILLET 1882

ENSEIGNEMENT SCIENTIFIQUE

ARITHMÉTIQUE
GÉOMÉTRIE
SCIENCES NATURELLES
AGRICULTURE

PAR MM,

VINCENT
Inspecteur primaire de la Seine,
Officier
de l'Instruction publique,

HUGUET
Inspecteur primaire de la Seine,
Officier
de l'Instruction publique,

et BOUFFANDEAU
Directeur de l'École normale de Rennes.

COURS MOYEN ET SUPÉRIEUR

Inscrit sur la liste des ouvrages fournis gratuitement par la Ville de Paris à ses Écoles communales.

PARIS

GEORGES MAURICE, LIBRAIRE-ÉDITEUR

4 bis, RUE DU CHERCHE-MIDI, 4 bis

1888

CORBEIL. — TYP. ET STÉR. JULES CRÉTÉ.

PRÉFACE

Ce deuxième volume *d'enseignement scientifique*, destiné aux élèves du *Cours moyen* et du *Cours supérieur*, est la suite naturelle du volume que nous avons déjà publié pour le cours élémentaire.

Pour chacune des matières, nous nous sommes rigoureusement conformés aux programmes du 27 juillet 1882, et les enfants y trouveront tout ce dont ils ont besoin pour subir avec succès l'examen du certificat d'études primaires.

Pour des motifs que tous les instituteurs comprendront, nous avons cru ne devoir publier qu'un volume pour les deux cours. Les programmes sont sensiblement les mêmes, et quelques pages, ajoutées à chaque chapitre du cours moyen, nous ont permis de ne rien omettre. C'est par la difficulté des exercices et des problèmes que les deux cours diffèrent et non par la quantité de matière à enseigner. C'est cette pensée qui nous a guidés dans le choix et dans le classement des problèmes du recueil. Ils sont, pour chaque partie de l'arithmétique et de la géométrie, divisés en deux séries, dont la première est destinée aux élèves du cours moyen, la deuxième à ceux du cours supérieur, de telle sorte que le maître de chaque cours a à sa disposition un nombre considérable d'exercices propres à être donnés aux élèves de la division dont il s'occupe spécialement.

Les sciences physiques et naturelles et l'agriculture sont aussi accompagnées d'exercices et de devoirs. Nous estimons qu'en ces matières, comme en arithmétique et en géométrie, il convient d'obliger les enfants à prouver par écrit qu'ils possèdent bien ce qu'on leur a enseigné et qu'ils sont capables d'en tirer parti, au moins dans une certaine mesure. D'autre part, des exercices et des devoirs de cette nature les obligent à faire un grand effort personnel, grâce auquel ils fixent à tout jamais dans leur esprit des connaissances qui, sans cela, n'y auraient laissé qu'une bien faible trace.

Nous nous sommes en outre efforcés d'être simples, sobres et clairs. Les enfants se perdent vite s'ils ont à apprendre des définitions et des règles trop longues, et ils se lassent s'il leur faut suivre d'interminables démonstrations. Nous pensons ne pas être tombés dans ce défaut et avoir été suffisamment brefs tout en nous efforçant d'être toujours pratiques.

VINCENT
HUGUET
BOUFFANDEAU

TABLE DES MATIÈRES

ARITHMÉTIQUE

GÉOMÉTRIE

SCIENCES NATURELLES

AGRICULTURE

7249-87. — Corbeil. Typ. et stér. Jules Crété.

ARITHMÉTIQUE

NOTIONS PRÉLIMINAIRES

QUANTITÉ OU GRANDEUR. — COMPTER. — MESURER.

1. Quantité ou grandeur. — On appelle **quantité** ou **grandeur**, tout ce qui peut être **compté** ou **mesuré**.

EXEMPLE. — Une rangée d'arbres, la longueur d'une rue, un tas de pommes, un morceau de fer, etc.

2. Sortes de quantités. — On distingue deux sortes de quantités, les **quantités discontinues** et les **quantités continues**.

1° Les *quantités discontinues* sont formées d'objets semblables, séparés les uns des autres.

EXEMPLE. — Un troupeau de moutons, une rangée d'arbres, un panier d'œufs, un tas de livres.

2° Les *quantités continues* ne sont point formées d'objets semblables, séparés les uns des autres.

EXEMPLE. — La longueur d'une rue, l'épaisseur d'un livre, un plein vase d'eau.

Pour apprécier les quantités il faut les *compter* ou les *mesurer*.

3. Compter. — **Compter**, c'est prendre un à un les objets qui composent une quantité discontinue, pour savoir combien on en a.

4. Mesurer. — **Mesurer**, c'est chercher combien de fois une quantité continue déterminée est contenue dans une autre quantité de la même espèce.

UNITÉS. — NOMBRE.

5. Unité. — On appelle **unité** l'un des objets que l'on compte, ou la **quantite déterminée** qui sert à mesurer les quantités continues de son espèce.

EXEMPLE. — 1º Lorsque l'on compte les **moutons** d'un troupeau, l'unité est un **mouton**.

2º Lorsque l'on mesure la longueur d'une rue, le **mètre**, quantité déterminée servant à mesurer les longueurs, est l'**unité**.

6. Sortes d'unités. — On distingue deux sortes d'unités : les **unités proprement dites** et les **unités conventionnelles ou mesures**.

1º Les *unités proprement dites* sont celles qui composent une, quantité discontinue, comme une *pomme*, un *mouton*, un *livre*.

2º Les *unités conventionnelles*, ou *mesures*, sont des quantités, choisies et déterminées pour mesurer les quantités continues, comme le *mètre*, le *litre*, le *gramme*, etc.

7. Nombre. — On appelle **nombre** le résultat d'un compte ou d'un mesurage.

EXEMPLE. — 1º Si l'on compte les arbres contenus dans une rangée et que l'on en trouve *trente-cinq*, ce résultat, **trente-cinq**, est un nombre.

2º Si l'on cherche combien une rue contient de fois une longueur égale au mètre, et que l'on trouve que cette longueur y est contenue *cent vingt fois*, **cent vingt** est un nombre.

8. Deuxième définition du nombre. — On peut donc dire qu'un **nombre** est le **résultat** de la comparaison d'une grandeur à l'unité.

DIFFÉRENTES ESPÈCES DE NOMBRES.

9. Origine des différentes espèces de nombres. — Lorsqu'on mesure une quantité, il peut se présenter trois cas :

1º L'unité peut être contenue exactement un certain nombre de fois dans la quantité : soit *vingt-cinq fois*.

2º L'unité peut y être contenue un certain nombre de fois, plus un reste : soit *vingt-cinq fois et trois quarts*, ou *cinq fois et trente-cinq centièmes*.

3º La quantité peut n'être qu'une portion de l'unité : soit les *cinq sixièmes* ou les *six dixièmes*.

10. Différentes espèces de nombres. — Ces trois sortes de résultats sont des nombres auxquels on donne les noms différents de **nombre entier**, de **nombre fractionnaire** et de **fraction**.

11. Nombre entier. — Un nombre est **entier** lorsqu'il se compose d'un nombre exact d'unités.

EXEMPLE. — *Quinze chevaux, cent mètres.*

12. Nombre fractionnaire. — Un nombre est **fractionnaire** lorsqu'il comprend une ou plusieurs unités, et une ou plusieurs parties égales de l'unité.

EXEMPLE. — *Trois mètres cinq sixièmes; un litre vingt-cinq centièmes.*

13. Fraction. — Un nombre est une **fraction** lorsqu'il ne comprend qu'une ou plusieurs parties égales de l'unité.

EXEMPLE. — *Trois quarts de pomme, six centièmes de pomme.*

NOMBRES DÉCIMAUX, FRACTIONS DÉCIMALES, NOMBRES FRACTIONNAIRES ORDINAIRES, FRACTIONS ORDINAIRES.

14. Nombres décimaux. — On appelle **nombres décimaux** des nombres fractionnaires comprenant une ou plusieurs unités et des parties d'unités de dix en dix fois plus petites.

EXEMPLE. — *Six mètres cinq dixièmes; huit litres vingt-cinq centièmes; trois grammes cent vingt-cinq millièmes.*

15. Fractions décimales. — On appelle **fractions décimales** des fractions composées de parties de dix en dix fois plus petites que l'unité.

EXEMPLE. — *Six dixièmes trente-cinq centièmes, trois cent vingt-cinq millièmes.*

16. Nombre fractionnaire ordinaire. — On appelle **nombre fractionnaire ordinaire** un nombre comprenant une ou plusieurs unités et des parties quelconques de l'unité.

EXEMPLE. — *Six pommes et deux tiers; huit mètres cinq sixièmes.*

17. Fractions ordinaires. — On appelle **fractions ordinaires** des fractions composées de parties quelconques de l'unité.

EXEMPLE. — *Trois cinquièmes de pomme; cinq onzièmes de mètre; quatre trentièmes de gramme.*

18. Nombres concrets et nombres abstraits. — Tous les nombres, dont il est question plus haut, peuvent être *concrets* ou *abstraits*.

1° Un nombre est **concret** lorsqu'on indique de quelles unités il se compose : *six mètres, quinze litres trois quarts* sont des nombres concrets.

2° Un nombre est **abstrait** lorsqu'on n'indique pas de quelles unités il se compose : *vingt huit; cinq dixièmes; trois cinquièmes* sont des nombres abstraits.

PREMIÈRE PARTIE

LA NUMÉRATION

---

19. Définition. — La **numération** est l'ensemble des règles à suivre pour former tous les nombres, pour les écrire et pour les énoncer.

20. Division. — On distingue deux sortes de numération : la **numération parlée** et la **numération écrite.**

On les définit ainsi :

La *numération parlée* est l'art de former les nombres et de les nommer avec une petite quantité de mots.

La *numération écrite* est l'art d'écrire tous les nombres avec une petite quantité de caractères.

NUMÉRATION PARLÉE DES NOMBRES ENTIERS.

21. Première règle. — Pour former et pour nommer les nombres entiers, on part de l'unité que l'on nomme *un.*

On forme et on nomme ensuite les autres nombres en ajoutant successivement une unité au nombre déjà obtenu et en donnant un nom à chaque nombre nouveau.

Ainsi :

Une unité se nomme.......................... **un.**
Un et une unité se nomment.................. **deux.**
Deux et une unité se nomment............... **trois.**
Trois et une unité se nomment.............. **quatre.**
Quatre et une unité se nomment............ **cinq.**
Cinq et une unité se nomment............... **six.**
Six et une unité se nomment................. **sept.**
Sept et une unité se nomment,.............. **huit.**
Huit et une unité se nomment.............. **neuf.**
Neuf et une unité se nomment.............. **dix.**

Les dix premiers nombres entiers sont donc : *un, deux, trois, quatre, cinq, six, sept, huit, neuf, dix.*

22. DEUXIÈME RÈGLE. — Dizaines. — Pour avoir des nombres plus grands que *dix*, on considère un nombre formé de dix unités comme une unité nouvelle, à laquelle on donne le nom de *dizaine*.

On ajoute les dizaines aux dizaines, comme on a ajouté les unités aux unités, en donnant un nom à chaque nouveau nombre. Ainsi :

Une dizaine se nomme.................. **dix.**
Dix et une dizaine se nomment........ **vingt.**
Vingt et une dizaine se nomment...... **trente.**
Trente et une dizaine se nomment..... **quarante.**
Quarante et une dizaine se nomment... **cinquante**
Cinquante et une dizaine se nomment... **soixante.**
Soixante et une dizaine se nomment.... **soixante-dix.**
Soixante-dix et une dizaine se nomment.. **quatre-vingts.**
Quatre-vingts et une dizaine se nomment. **quatre-vingt-dix.**
Quatre-vingt-dix et une dizaine se nomment........................ **cent.**

23. TROISIÈME RÈGLE. — Centaines. — Pour avoir des nombres plus grands que cent, on considère un nombre formé de dix dizaines comme une unité nouvelle, à laquelle on donne le nom de *centaine*.

On ajoute les centaines aux centaines, comme on a ajouté les dizaines aux dizaines, en donnant un nom à chaque nouveau nombre. Ainsi :

Une centaine se nomme............. **cent.**
Cent et une centaine se nomment.... **deux cents.**
Deux cents et une centaine se nomment. **trois cents.**
Trois cents et une centaine se nomment. **quatre cents.**
Quatre cents et une centaine se nomment..................... **cinq cents.**
Cinq cents et une centaine se nomment. **six cents.**
Six cents et une centaine se nomment. **sept cents.**
Sept cents et une centaine se nomment. **huit cents.**
Huit cents et une centaine se nomment. **neuf cents.**
Neuf cents et une centaine se nomment. **mille.**

24. Ordres d'unités. — On peut donc distinguer trois sortes d'unités :

1° Les **unités simples** ou unités de 1er ordre;
2° Les **dizaines** ou unités de 2e ordre;
3° Les **centaines** ou unités de 3e ordre.

25. Principe général de la numération parlée. — Le principe général de la numération parlée est celui-ci :

Une unité d'un ordre quelconque est contenue dix fois dans l'unité de l'ordre immédiatement supérieur.

EXEMPLE. — Une *unité simple* est contenue dix fois dans une dizaine.

Une *dizaine* est contenue dix fois dans une *centaine*, et contient dix unités.

FORMATION DES NOMBRES ENTRE CHAQUE DIZAINE.

26. QUATRIÈME RÈGLE. — Pour former et pour nommer les nombres compris entre **chaque dizaine**, on ajoute successivement les neuf premiers nombres au nombre formé par chacune des neuf dizaines, et on donne à chaque nouveau nombre un nom formé du nom des dizaines et des unités qui le composent.

EXEMPLE. — Une dizaine et sept unités forment le nombre *dix-sept*.
Quatre dizaines et trois unités forment le nombre *quarante-trois*.
Neuf dizaines et neuf unités forment le nombre *quatre-vingt-dix-neuf*.
De cette façon, on forme et l'on nomme tous les nombres jusqu'à *quatre-vingt-dix-neuf*.

27. EXCEPTIONS. — Quelques nombres ont un nom irrégulier, ainsi au lieu de dire :

Dix-un, on dit......................	onze.
Dix-deux...........................	douze.
Dix-trois...........................	treize.
Dix-quatre.........................	quatorze.
Dix-cinq...........................	quinze.
Dix-six............................	seize.

On dit de même : **soixante et onze, soixante-douze**, etc., pour *soixante-dix-un, soixante-dix-deux*, etc.; **quatre-vingt-onze** pour *quatre-vingt-dix-un*, etc.

FORMATION DES NOMBRES ENTRE CHAQUE CENTAINE.

28. CINQUIÈME RÈGLE. — Pour former et nommer les nombres entre **chaque centaine** on ajoute successivement les quatre-vingt-dix-neuf premiers nombres au nombre formé par chacune des neuf centaines, et on donne au nouveau nombre un nom composé du nom des centaines, des dizaines et des unités simples.

EXEMPLE. — Une centaine, deux dizaines et trois unités formeront le nombre *cent vingt-trois* ;

Cinq centaines et trois dizaines formeront le nombre *cinq cent trente* ;

Huit centaines et trois unités formeront le nombre *huit cent trois.*

29. REMARQUE. — On forme et l'on nomme ainsi tous les nombres jusqu'à *neuf cent quatre-vingt-dix-neuf.*

MILLE, MILLION. — CLASSES D'UNITÉS.

30. OBSERVATIONS. — Nous avons vu jusqu'alors :

1° Qu'on a donné un nouveau nom à la réunion de dix unités d'un ordre quelconque ;

2° Qu'on a donné le nom de **mille** à la réunion de dix centaines ;

A partir de *mille*, le système de formation est changé et l'on suit les règles suivantes.

31. PREMIÈRE RÈGLE. — **Les mille.** — Pour former et nommer les nombres au-dessus de mille, on compte par mille comme on a compté par une unité simple, c'est-à-dire par unités, dizaines et centaines de mille.

32. DEUXIÈME RÈGLE. — On ne donne des noms nouveaux aux nombres que de trois en trois ordres d'unités.

EXEMPLE. — *Dix unités de mille* forment *une dizaine de mille.*
Dix dizaines de mille forment *une centaine de mille.*
Dix centaines de mille forment une nouvelle unité à laquelle on donne le nom de **million.**

33. TROISIÈME RÈGLE. — Pour former et nommer les nombres compris entre les mille, on ajoute successivement à chaque unité de mille le nom des *neuf cent quatre-vingt-dix-neuf premiers nombres.*

EXEMPLE. — On peut donc compter ainsi en partant de mille :
Mille un, mille deux, jusqu'à *neuf cent mille neuf cent quatre-vingt-dix-neuf unités.*

34. Les millions. — PREMIÈRE RÈGLE. — Pour compter les millions on procède comme pour les mille.

EXEMPLE. — *Dix millions* forment une *dizaine de millions;*
Dix dizaines de millions forment une *centaine de millions;*

Dix centaines de millions forment une unité nouvelle à laquelle on donne le nom de **billion** ou **milliard**.

35. DEUXIÈME RÈGLE. — Pour former et nommer tous les nombres compris entre les millions on ajoute successivement à chaque unité de million le nom des *neuf cent quatre-vingt-dix-neuf mille neuf cent quatre-vingt-dix-neuf premiers nombres.*

EXEMPLE. — On peut donc compter ainsi en partant de un million :
Un million un, un million deux.... jusqu'à *neuf cent quatre-vingt-dix-neuf millions neuf cent quatre-vingt-dix-neuf mille neuf cent quatre-vingt-dix-neuf unités.*

36. REMARQUE. — On voit donc qu'il existe des unités, des dizaines et des centaines, soit pour les unités simples, soit pour les mille, soit pour les millions, etc.

37. Classes d'unités. — On appelle **classe d'unités** un groupe formé d'unités, de dizaines, de centaines, et l'on distingue :

1° La classe des *unités simples ;*
2° La classe des *mille ;*
3° La classe des *millions ;*

que l'on peut ranger dans l'ordre suivant :

TABLEAU DES CLASSES D'UNITÉS.

3ᵉ classe. MILLIONS.			2ᵉ classe. MILLE.			1ᵉ classe. UNITÉS.		
9ᵉ ordre : CENTAINES.	8ᵉ ordre : DIZAINES.	7ᵉ ordre : UNITÉS.	6ᵉ ordre : CENTAINES.	5ᵉ ordre : DIZAINES.	4ᵉ ordre : UNITÉS.	3ᵉ ordre : CENTAINES.	2ᵉ ordre : DIZAINES.	1ᵉʳ ordre : UNITÉS.

38. Billions, trillions, quatrillions. — On n'a presque jamais à compter des quantités plus grandes que les millions; mais, quand le cas se présente, on se sert des mots **billion, trillion** et **quatrillion** pour nommer la *quatrième*, la *cinquième* et la *sixième* classe d'unités.

NUMÉRATION ÉCRITE DES NOMBRES ENTIERS.

39. REMARQUE. — Pour pouvoir écrire tous les nombres on

a choisi des signes spéciaux et adopté quelques principes généraux.

40. Signes. — Chiffres. — On appelle **chiffres** les signes adoptés pour écrire tous les nombres; ce sont les suivants :

$$1, 2, 3, 4, 5, 6, 7, 8, 9, 0.$$

Les neuf premiers chiffres portent les noms des neuf premiers nombres, le dernier se nomme *zéro*.

41. PREMIER PRINCIPE. — Chacun des neuf premiers chiffres pourra représenter un des nombres compris dans un ordre quelconque d'unités.

EXEMPLE. — 1º **1** pourra représenter une unité, une dizaine ou une centaine d'*unités simples*, de *mille* ou de *millions*, etc.

2º **2** pourra représenter deux unités, deux dizaines ou deux centaines d'*unités simples*, de *mille* ou de *millions*, etc.

42. DEUXIÈME PRINCIPE. Tout chiffre placé à la gauche d'un autre représente des unités de l'ordre immédiatement supérieur.

EXEMPLE. — Ainsi dans le nombre écrit comme suit:

$$333,$$

le premier 3 à droite exprime des unités simples;
celui qui est immédiatement à gauche exprime des dizaines;
le troisième exprime des centaines.

Ce nombre exprime donc trois centaines, trois dizaines et trois unités et doit se lire : **trois cent trente-trois.**

43. TROISIÈME PRINCIPE. — Lorsque, dans un nombre, il manque un ou plusieurs ordres d'unités, on met un zéro au rang de l'ordre des unités qui manquent.

EXEMPLE. — Soit à écrire le nombre *quatre cent sept unités.*

Ce nombre, se composant de quatre centaines et de sept unités, s'écrira ainsi :

$$407.$$

Le chiffre 7 placé au premier rang à droite exprime 7 unités, et, grâce au zéro, qui indique qu'il n'y a pas de dizaines, le chiffre 4 est rejeté au troisième rang, ce qui lui fait exprimer des centaines.

44. Le zéro. — D'après ce qui précède, on voit que le **zéro** est un chiffre dont l'unique fonction est de tenir la place des ordres d'unités qui manquent dans un nombre.

45. QUATRIÈME PRINCIPE. — Lorsqu'on doit écrire un nombre comprenant plusieurs classes d'unités, on considère chaque classe comme un nombre séparé, en ayant soin de placer à gauche les classes les plus fortes.

EXEMPLE. — Si l'on a à écrire le nombre quarante-sept millions trois cent sept mille deux cent vingt-huit unités,

On écrira d'abord..................... 47 millions.
Puis, à droite........................ 307 mille.
Et enfin encore à droite.............. 228 unités.

De sorte que le nombre sera écrit ainsi :

47 307 228.

De ce qui précède, on peut déduire les règles suivantes:

46. PREMIÈRE RÈGLE GÉNÉRALE. — Pour écrire un nombre quelconque, on écrit successivement chaque classe d'unités comme un nombre unique en commençant par les plus élevées, en allant de gauche à droite, et en remplaçant par des zéros les ordres d'unités qui manquent.

47. DEUXIÈME RÈGLE GÉNÉRALE. — Pour lire un nombre écrit en chiffres, on le sépare en tranches de trois chiffres à partir de la droite, la dernière tranche à gauche pouvant n'avoir qu'un ou deux chiffres, et chaque tranche correspondant à une classe d'unités.

On lit ensuite chaque groupe de chiffres ainsi formé comme un seul nombre, en allant de gauche à droite et en faisant suivre l'énoncé du nom de la classe représentée par le groupe.

EXEMPLE. — Le nombre 67 807 436, se lira
soixante-sept *millions*,
huit cent sept *mille*,
quatre cent trente-six *unités*.

48. Valeur des chiffres. — Des principes et des règles ci-dessus, on peut déduire que les chiffres ont deux valeurs: la **valeur absolue** et la **valeur relative**.

49. Valeur absolue. — La *valeur absolue* d'un chiffre est celle qu'il tient de sa forme.

50. Valeur relative. — La *valeur relative* d'un chiffre est celle qu'il tient du rang qu'il occupe.

EXEMPLE. — 1º Ainsi, dans les nombres 54 et 46, le chiffre **quatre** vaut toujours quatre *unités;* seulement, dans le second cas, les unités sont dix fois plus grandes que dans le premier.

2º Dans les mêmes nombres 54 et 46, le chiffre **quatre** vaut, en considérant les unités simples, 4 unités dans le premier cas et 40 unités dans le second.

NUMÉRATION PARLÉE DES NOMBRES DÉCIMAUX
ET DES FRACTIONS DÉCIMALES.

51. Nombres décimaux. — Un nombre décimal se composant d'un nombre entier et d'une fraction décimale, la numération de la partie entière est la même que celle des nombres entiers, et il n'y a de difficulté que pour la fraction décimale.

52. Fractions décimales. — RÈGLE. — Pour former et nommer les fractions décimales, on divise l'unité en parties de dix en dix fois plus petites, et l'on donne un nom particulier à chaque partie résultant de chacune des divisions successives.

REMARQUES. — 1° Chacune des parties de l'unité divisée en dix se nomme **dixième.**

Un *dixième* est **dix fois** plus petit que l'unité.

2° Chacune des parties d'un dixième divisé en dix se nomme **centième.**

Un *centième* est **dix fois** plus petit qu'un dixième et **cent fois** plus petit que l'unité.

3° Chacune des parties d'un centième divisé en dix parties se nomme **millième.**

Un *millième* est **dix fois** plus petit qu'un centième, **cent fois** plus petit qu'un dixième et **mille fois** plus petit qu'une unité, etc.

En continuant ainsi on aurait successivement des **dix-millièmes,** des **cent-millièmes,** des **millionièmes,** etc.

D'après cela : 1° sept parties de l'unité divisée en *dix* forment la fraction décimale *sept dixièmes.*

2° Quarante-huit parties de l'unité divisée en *cent* forment la fraction décimale *quarante-huit centièmes.*

53. REMARQUE. — D'après tout ce qui précède, un nombre composé de vingt unités et de trois cent quarante-cinq parties de l'unité divisée en *mille* parties égales forme le nombre décimal *vingt unités et trois cent quarante-cinq millièmes.*

54. Principe. — Le principe de la numération des fractions décimales est le même que celui des nombres entiers, c'est-à-dire qu'une unité d'un ordre quelconque vaut dix unités de l'ordre immédiatement inférieur, ou est contenue dix fois dans une unité de l'ordre immédiatement supérieur.

NUMÉRATION ÉCRITE DES NOMBRES DÉCIMAUX
ET DES FRACTIONS DÉCIMALES.

55. Principes. — La numération écrite des nombres décimaux et des fractions décimales est établie sur les mêmes principes que la numération des nombres entiers. Elle donne lieu aux règles suivantes (1) :

56. PREMIÈRE RÈGLE. — Pour écrire un nombre décimal, on écrit la partie entière, et ensuite à sa droite la fraction décimale; mais, pour ne pas confondre la partie entière et la fraction, on les sépare par une virgule, que l'on place à droite du chiffre des unités.

EXEMPLE. — Les nombres *vingt-cinq unités trente-cinq centièmes; huit unités sept millièmes*, et *cent unités sept mille deux cent soixante-quinze dix-millièmes*, s'écriront :

$$25,35 - 8,007 - 100,7275.$$

57. DEUXIÈME RÈGLE. — Pour écrire une fraction décimale, on écrit d'abord un *zéro* pour tenir la place des unités; à sa droite, on place une virgule, à la suite de laquelle on écrit la fraction.

EXEMPLE. — Les fractions *six dixièmes, quarante-cinq centièmes, soixante-quinze millièmes*, s'écriront :

$$0,6 - 0,45 - 0,075.$$

58. REMARQUE. — D'après cela, on voit que les chiffres à droite de la virgule expriment les unités décimales suivantes :

Premier chiffre............ *les dixièmes ;*
Deuxième chiffre.......... *les centièmes*
Troisième chiffre .... *les millièmes*
Quatrième chiffre.......... *les dix-millièmes ;*
Cinquième chiffre.......... *les cent-millièmes ;*
Sixième chiffre .... *les millionièmes, etc.*

NUMÉRATION PARLÉE DES NOMBRES FRACTIONNAIRES ET DES FRACTIONS ORDINAIRES.

59. Nombres fractionnaires. — Un nombre fractionnaire se composant d'un nombre entier et d'une fraction ordinaire, la numération de la partie entière est la même que pour les nombres entiers, et il n'y a de difficulté que pour la fraction.

60. Fractions ordinaires. — PREMIÈRE RÈGLE. — Pour former une fraction ordinaire, on partage l'unité en un certain nombre de parties égales et l'on prend *une* ou *plusieurs* de ses parties.

(1) L'élève devra se rappeler les trois principes de la numération écrite.

DEUXIÈME RÈGLE. — Pour nommer une fraction ordinaire, on indique d'abord le nombre des parties que l'on prend, puis le nombre des parties de l'unité, et l'on fait suivre ce dernier nombre de la terminaison *ième*.

EXEMPLE. — Supposons que l'on ait pris *quatre* parties de l'unité divisée en *six* parties égales, on aura une fraction qui se nommera : *quatre sixièmes*.

61. EXCEPTIONS. — Lorsque l'unité est divisée en *deux, trois* ou *quatre* parties, ces parties ne se nomment pas *deuxièmes, troisièmes* ou *quatrièmes*; on leur donne les noms de **demi, tiers** ou **quart**.

EXEMPLE. — 1º Une partie de l'unité divisée en *deux* formera la fraction **une demie**;

2º Deux parties de l'unité divisée en *trois* formeront la fraction **deux tiers**;

3º Trois parties de l'unité divisée en *quatre* formeront la fraction **trois quarts**.

62. REMARQUE. — D'après ce qui précède, un nombre composé de *quinze unités* et de *sept parties* de l'unité divisée en *onze parties égales* forme le nombre fractionnaire **quinze unités sept onzièmes**.

NUMÉRATION ÉCRITE DES NOMBRES FRACTIONNAIRES ET DES FRACTIONS ORDINAIRES.

63. REMARQUE. — Les fractions ordinaires étant composées de parties qui ne sont pas de dix en dix fois plus petites que l'unité, leur numération écrite n'a pas pu être établie sur les principes de la numération des nombres entiers.

Elle a donné lieu aux règles suivantes :

64. PREMIÈRE RÈGLE. — On écrit une fraction ordinaire avec deux nombres placés l'un au-dessus de l'autre et séparés par un trait horizontal.

65. Numérateur. — Le nombre placé au-dessus du trait indique combien on a pris de parties de l'unité; on le nomme **numérateur**.

66. Dénominateur. — Le nombre placé au-dessous du trait indique en combien de parties l'unité a été divisée; on le nomme **dénominateur**.

EXEMPLE. — La fraction qui indique que l'on a pris cinq parties de l'unité divisée en six parties égales s'écrira : $\dfrac{5}{6}$.

67. Deuxième règle. — Pour lire une fraction ordinaire, on lit le numérateur et le dénominateur comme des nombres entiers, en ajoutant au dénominateur la terminaison *ième.*

Exemple. — Ainsi la fraction $\frac{5}{6}$ se lit **cinq sixièmes;**

la fraction $\frac{7}{8}$ se lit **sept huitièmes;**

la fraction $\frac{9}{13}$ se lit **neuf treizièmes,**

68. Exceptions. — Les fractions dont les dénominateurs sont *deux, trois* ou *quatre* font exception.

Exemple. — La fraction $\frac{1}{2}$ se lit **une demie;**

La fraction $\frac{1}{3}$ se lit **un tiers;**

La fraction $\frac{3}{4}$ se lit **trois quarts.**

69. Remarque. — I. D'après cela, on voit que, pour écrire un nombre fractionnaire, il suffit d'écrire d'abord la partie entière, et à sa droite, la fraction ordinaire qui le complète.

Exemple. — Le nombre composé de huit unités et de six parties de l'unité divisée en neuf s'écrira donc $8\,\frac{6}{9}$.

II. On voit aussi que, pour lire un nombre fractionnaire, il faut lire d'abord la partie entière et ensuite la fraction ordinaire qui le complète.

Exemple. — 1º Le nombre $7\,\frac{8}{11}$ se lit **sept unités et huit onzièmes;**

2º Le nombre $42\,\frac{12}{25}$ se lit **quarante-deux unités et douze vingt-cinquièmes;**

3º Le nombre $6\,\frac{3}{4}$ se lit **six unités et trois quarts.**

DEUXIÈME PARTIE

LE CALCUL. — LES QUATRE OPÉRATIONS.

70. Le calcul. — On appelle **calcul** certains procédés que l'on emploie pour compter et pour former des nombres plus rapidement que par les procédés ordinaires de la numération.

71. Les quatre opérations. — Ces procédés sont au nombre de quatre, qu'on appelle les **quatre opérations de l'arithmétique.**

Ces quatre opérations sont : l'**addition**, la **soustraction**, la **multiplication** et la **division**.

72. L'arithmétique. — L'arithmétique est la science qui nous apprend à calculer, c'est-à-dire à faire toutes les opérations possibles avec les nombres.

I — L'ADDITION.

73. Définition. — L'addition est une opération par laquelle on réunit plusieurs nombres de la même espèce en un seul.

Le résultat de l'opération se nomme **somme** ou **total.**

EXEMPLE. — Si l'on veut savoir combien 8 mètres, 4 mètres et 5 mètres font de mètres en tout, on dit :

8 mètres et 4 mètres font 12 mètres ; 12 mètres et 5 mètres font 17 mètres.

L'opération qu'on vient de faire est une *addition*, dont 17 mètres est le *résultat.*

74. REMARQUE. — On n'a jamais à ajouter à la fois qu'un nombre d'**un** chiffre à un nombre d'**un** ou de **deux** chiffres.

75. Table de l'addition. — On appelle **table de l'addition** un tableau qui contient les résultats de l'addition des dix premiers nombres ajoutés un à un.

Voici cette table :

```
1  et  1  font   2 | 4  et  1  font   5 | 7  et  1  font   8
1  —   2   —     3 | 4  —   2   —     6 | 7  —   2         9
1  —   3   —     4 | 4  —   3   —     7 | 7  —   3        10
1  —   4   —     5 | 4  —   4   —     8 | 7  —   4   —    11
1  —   5   —     6 | 4  —   5   —     9 | 7  —   5   —    12
1  —   6   —     7 | 4  —   6   —    10 | 7  —   6   —    13
1  —   7   —     8 | 4  —   7   —    11 | 7  —   7   —    14
1  —   8   —     9 | 4  —   8   —    12 | 7  —   8   —    15
1  —   9   —    10 | 4  —   9   —    13 | 7  —   9   —    16

2  et  1  font   3 | 5  et  1  font   6 | 8  et  1  font   9
2  —   2   —     4 | 5  —   2   —     7 | 8  —   2   —    10
2  —   3   —     5 | 5  —   3   —     8 | 8  —   3   —    11
2  —   4   —     6 | 5  —   4   —     9 | 8  —   4   —    12
2  —   5   —     7 | 5  —   5   —    10 | 8  —   5   —    13
2  —   6   —     8 | 5  —   6   —    11 | 8  —   6   —    14
2  —   7   —     9 | 5  —   7   —    12 | 8  —   7   —    15
2  —   8   —    10 | 5  —   8   —    13 | 8  —   8   —    16
2  —   9   —    11 | 5  —   9   —    14 | 8  —   9   —    17

3  et  1  font   4 | 6  et  1  font   7 | 9  et  1  font  10
3  —   2   —     5 | 6  —   2   —     8 | 9  —   2   —    11
3  —   3   —     6 | 6  —   3   —     9 | 9  —   3   —    12
3  —   4   —     7 | 6  —   4   —    10 | 9  —   4   —    13
3  —   5   —     8 | 6  —   5   —    11 | 9  —   5   —    14
3  —   6   —     9 | 6  —   6   —    12 | 9  —   6   —    15
3  —   7   —    10 | 6  —   7   —    13 | 9  —   7   —    16
3  —   8   —    11 | 6  —   8   —    14 | 9  —   8   —    17
3  —   9   —    12 | 6  —   9   —    15 | 9  —   9   —    18
```

76. Principes de l'addition. — L'addition est fondée sur les deux principes suivants :

77. PREMIER PRINCIPE. — On ne réunit ensemble que des nombres exprimant des quantités de même espèce.

DÉMONSTRATION. — En effet 3 pommes, 5 mètres et 4 litres sont trois quantités qu'on ne peut réunir en une seule ; elles seront toujours distinctes par leur nature.

3 plumes, 5 plumes et 4 plumes peuvent au contraire être réunies en une seule quantité de 12 plumes.

78. DEUXIÈME PRINCIPE. — La somme de plusieurs nombres ne change pas lorsqu'on intervertit l'ordre dans lequel on les réunit.

DÉMONSTRATION. — En effet dans l'exemple précédent nous aurons toujours 12 plumes, soit que nous commencions par en mettre 3, puis 5, puis 4, soit au contraire que nous en mettions d'abord 5, puis 4, puis 3.

79. Signe de l'addition. — On appelle signe de l'addition une petite croix (+) que l'on place entre les nombres qui doivent être réunis en un seul.

On appelle ce signe **plus.**

EXEMPLE. — 6 + 8 indique que 8 doit être ajouté à 6 et l'expression se lit : *six plus huit.*

80. Signe de l'égalité. — On appelle signe de l'égalité deux petites barres (=) placées l'une au-dessous de l'autre, que l'on met entre des expressions de quantités égales.

Ce signe se lit **égale.**

EXEMPLE. — 6 + 8 = 14 indique que 6 augmenté de 8 donne le nombre 14, et l'expression se lit : *six* plus *huit* égale *quatorze.*

81. Règle générale de l'addition. — Pour faire une addition, on écrit les nombres les uns au-dessous des autres, en ayant soin que les unités de même ordre soient sur la même **colonne verticale.**

On souligne par un trait **horizontal,** au-dessous duquel on inscrira le **total.**

Puis, commençant par la colonne de **droite,** on fait la somme des unités de chaque ordre.

Si le résultat ne surpasse pas **neuf,** on l'inscrit tel qu'on l'obtient sous la colonne où l'on opère.

S'il surpasse **neuf,** on le décompose en dizaines et en unités; on inscrit les unités sous la colonne où l'on opère, et l'on garde, ou *retient* les dizaines pour les *reporter,* c'est-à-dire pour les ajouter à la colonne suivante.

On continue ainsi jusqu'à la dernière colonne à gauche, sous laquelle on inscrit le résultat tel qu'on l'obtient.

EXEMPLE. — Pierre a 472 francs; Paul en a 584 et Jules 211; combien ont-ils en tout?

En appliquant la règle ci-dessus nous disposerons les nombres de la manière suivante :

$$472$$
$$584$$
$$\underline{211}$$

Puis, commençant à droite, nous dirons : 2 et 4 font 6 ; 6 et 1 font 7, et nous poserons 7 au total, ce qui nous donnera la disposition ci-dessous :

$$472$$
$$584$$
$$\underline{211}$$
$$7$$

En opérant sur la deuxième colonne nous dirons : 7 et 8 font 15 ; 15 et 1 font 16. 16 se composant d'une dizaine et de 6 unités, nous inscrirons le chiffre 6 au total à gauche du 7 et nous *retiendrons* la dizaine pour la compter avec la 3ᵉ colonne. Nous aurons donc le résultat suivant :

$$\begin{array}{r} 472 \\ 584 \\ 211 \\ \hline 67 \end{array}$$

Enfin nous terminerons en disant : 1 *de retenue* et 4 font 5 ; 5 et 5 font 10 ; 10 et 2 font 12, que nous inscrirons à gauche du total, ainsi qu'il suit :

$$\begin{array}{r} 472 \\ 584 \\ 211 \\ \hline 1267 \end{array}$$

Le nombre 1267 que nous avons formé est le résultat de l'addition et nous apprend que Pierre, Paul et Jules on entre eux 1267 francs.

82. Preuve. — On appelle **preuve** d'une opération une seconde opération que l'on fait pour s'assurer si la première est exacte.

La preuve de l'addition est fondée sur le deuxième principe.

83. RÈGLE. — Pour faire la preuve d'une addition, on recommence l'opération en comptant **de bas en haut.**

Si l'on obtient le même résultat, il est probable que l'opération est exacte ; sinon, il faut recommencer.

EXEMPLE.   *Addition.*   *Preuve.*

$$\begin{array}{r} 472 \\ 584 \\ 211 \\ \hline 1267 \end{array} \qquad \begin{array}{r} 1267 \\ 472 \\ 584 \\ 211 \\ \hline 1267 \end{array}$$

II. — LA SOUSTRACTION.

84. Définition. — La **soustraction** est une opération par laquelle on retranche un nombre d'un autre nombre plus grand et de la même espèce.

Le résultat de l'opération se nomme **reste, excès** ou **différence.**

EXEMPLE. — 1° Si l'on a 9 pommes et que l'on en donne 7, il en reste 2.

2° Si l'on a 14 pommes et que l'on en donne 9, il en reste 5.

Ces opérations sont des soustractions, dont les résultats sont 2 et 5.

85. REMARQUE. — Dans la soustraction, on n'a jamais à retrancher qu'un nombre d'**un** chiffre d'un nombre d'**un** ou de **deux** chiffres.

86. Table de la soustraction. — On appelle **table de la soustraction**, un tableau contenant tous les résultats qu'il est possible d'obtenir en retranchant les nombres d'un chiffre d'un nombre inférieur à 19.

Voici cette table :

1	ôté de	1	reste	0	4	ôté de	4	reste	0	7	ôté de	7	reste	0
1	—	2	—	1	4	—	5	—	1	7	—	8	—	1
1	—	3	—	2	4	—	6	—	2	7	—	9	—	2
1	—	4	—	3	4	—	7	—	3	7	—	10	—	3
1	—	5	—	4	4	—	8	—	4	7	—	11	—	4
1	—	6	—	5	4	—	9	—	5	7	—	12	—	5
1	—	7	—	6	4	—	10	—	6	7	—	13	—	6
1	—	8	—	7	4	—	11	—	7	7	—	14	—	7
1	—	9	—	8	4	—	12	—	8	7	—	15	—	8
1	—	10	—	9	4	—	13	—	9	7	—	16	—	9
2	ôté de	2	reste	0	5	ôté de	5	reste	0	8	ôté de	8	reste	0
2	—	3	—	1	5	—	6	—	1	8	—	9	—	1
2	—	4	—	2	5	—	7	—	2	8	—	10	—	2
2	—	5	—	3	5	—	8	—	3	8	—	11	—	3
2	—	6	—	4	5	—	9	—	4	8	—	12	—	4
2	—	7	—	5	5	—	10	—	5	8	—	13	—	5
2	—	8	—	6	5	—	11	—	6	8	—	14	—	6
2	—	9	—	7	5	—	12	—	7	8	—	15	—	7
2	—	10	—	8	5	—	13	—	8	8	—	16	—	8
2	—	11	—	9	5	—	14	—	9	8	—	17	—	9
3	ôté de	3	reste	0	6	ôté de	6	reste	0	9	ôté de	9	reste	0
3	—	4	—	1	6	—	7	—	1	9	—	10	—	1
3	—	5	—	2	6	—	8	—	2	9	—	11	—	2
3	—	6	—	3	6	—	9	—	3	9	—	12	—	3
3	—	7	—	4	6	—	10	—	4	9	—	13	—	4
3	—	8	—	5	6	—	11	—	5	9	—	14	—	5
3	—	9	—	6	6	—	12	—	6	9	—	15	—	6
3	—	10	—	7	6	—	13	—	7	9	—	16	—	7
3	—	11	—	8	6	—	14	—	8	9	—	17	—	8
3	—	12	—	9	6	—	15	—	9	9	—	18	—	9

87. Principes de la soustraction. — La soustraction est fondée sur les deux principes suivants :

88. Premier principe. — On ne peut retrancher un nombre que d'un autre nombre de la même espèce.

Démonstration. — Il est évident, en effet, que si l'on a 9 pommes, il sera impossible d'en retrancher 6 noix.

89. Deuxième principe. — Quand on ajoute une même quantité à deux nombres, la différence entre les nombres que l'on obtient est la même que celle qui existait entre les deux premiers nombres.

Démonstration. — Prenons les deux lignes suivantes A B et C D, ayant l'une 5 centimètres et l'autre 3 ; nous voyons que la première a 2 centimètres de plus que la seconde.

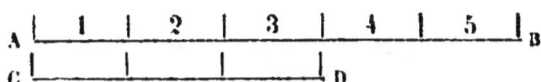

Si, au commencement des deux lignes, nous ajoutons à chacune une ligne de 2 centimètres, nous verrons aisément que la ligne A B dépasse la ligne CD de 2 centimètres, dans le second cas comme dans le premier.

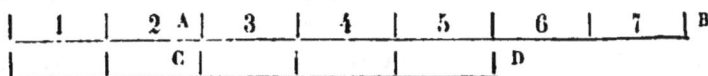

90. Signe de la soustraction. — Le signe de la soustraction est un petit trait horizontal (—), que l'on place entre le plus grand et le plus petit nombre.

Ce signe se it : moins.

Exemple. — Ainsi 15 — 9 se lit : *quinze moins neuf.*

Si l'on effectue l'opération, on a 15 — 9 = 6 qui se lit : *quinze moins neuf* égale *six.*

91. Cas de la soustraction. — La soustraction présente deux cas :

Premier cas. — Tous les chiffres du nombre à retrancher expriment une quantité inférieure à celle des chiffres du même ordre dans le plus grand nombre.

Deuxième cas. — Certains chiffres du nombre à retrancher expriment une quantité supérieure à celle des chiffres du même ordre dans le plus grand nombre.

92. Règle du premier cas. — Pour faire une soustraction du premier cas, on écrit le plus petit nombre au-dessous du plus grand, en ayant soin de faire correspondre les unités du même ordre, et l'on souligne par un trait horizontal, au-dessous duquel on inscrira le résultat.

Puis, commençant par la **droite**, on retranche les **unités** exprimées par chaque chiffre du nombre inférieur des **unités** exprimées par le chiffre correspondant dans le nombre supérieur, et l'on écrit les résultats au-dessous.

Le nombre formé par les chiffres obtenus est le résultat de l'opération.

EXEMPLE. — Soit à retrancher 135 mètres de 456 mètres.
On dispose ainsi l'opération :

$$\begin{array}{r} 456 \\ 135 \\ \hline 321 \end{array}$$

Et l'on dit : 5 ôté de 6, il reste 1 ; 3 ôté de 5, il reste 2 ; 1 ôté de 4 il reste 3.

Le résultat de l'opération est 321, ce qui veut dire que si l'on retranche 135 mètres à 456 mètres, il reste 321 mètres.

93. RÈGLE DU DEUXIÈME CAS. — Pour faire une soustraction du deuxième cas, on écrit les nombres comme dans le premier cas.

Puis, commençant par la **droite**, on retranche successivement le nombre d'**unités** de chaque ordre du nombre inférieur, du nombre d'**unités** du même ordre dans le nombre supérieur et l'on écrit chaque résultat au rang qui convient.

Si l'un des chiffres du nombre inférieur est plus **fort** que son correspondant dans le nombre supérieur, on augmente celui-ci de **dix**, pour rendre la soustraction possible ; mais, par compensation, on ajoute **un** au chiffre placé immédiatement à gauche dans le nombre inférieur.

EXEMPLE. — Soit à ôter 5368 litres de 7813 litres.
On dispose ainsi l'opération :

$$\begin{array}{r} 7813 \\ 5368 \\ \hline 2445 \end{array}$$

Et l'on dit : 8 ne pouvant être ôté de 3, on augmente **trois** de 10, ce qui donne 13. On a alors 8 à ôter de 13, ce qui donne pour reste 5.

Comme on a augmenté le nombre supérieur de 10 ou d'une **dizaine**, on augmente le nombre inférieur de la même quantité en ajoutant 1 au chiffre des dizaines de ce nombre et l'on dit : 6 et 1 = 7 ; 7 ôté de 11, il reste 4.

On continue en disant : 3 et 1 font 4 ; 4 ôté de 8, il reste 4 ; — 5 ôté de 7, il reste 2.

Le nombre 2 445 est le résultat de l'opération. Il indique qu'il reste 2 445 litres lorsqu'on en ôte 5 368 à 7 813.

94. REMARQUE. — C'est dans le deuxième cas de la soustraction qu'on applique le deuxième principe qui dit *que l'on peut ajouter une même quantité à deux nombres, sans que la différence change.*

95. Preuve de la soustraction. — Pour faire la *preuve* d'une soustraction, on ajoute le *plus petit nombre* au reste ; si le total est égal au plus grand nombre, l'opération est exacte ; sinon, il faut la recommencer.

EXEMPLE :

$$7813$$
$$5368$$
$$\overline{2445} \ \text{reste}$$
$$\overline{7813} \ \text{résultat de la preuve.}$$

96. REMARQUE. — En examinant le résultat de la preuve d'une soustraction, on voit que le plus grand nombre est égal à la somme du plus petit nombre et du reste. On peut donc le considérer comme une somme composée de deux parties.

C'est cette remarque qui a fait donner de la soustraction la deuxième définition suivante :

97. DEUXIÈME DÉFINITION DE LA SOUSTRACTION. — La soustraction est une opération par laquelle, étant données une somme composée de deux parties et l'une de ces parties, on se propose de trouver l'autre.

SOUSTRACTION DE PLUSIEURS NOMBRES D'UN SEUL.

Cette opération peut se faire par deux procédés.

98. PREMIER PROCÉDÉ. — Pour ôter plusieurs nombres d'un *seul*, on fait la somme des nombres à retrancher, et l'on ôte ensuite cette somme du nombre donné.

EXEMPLE. — Georges a 545 francs, et il doit donner 15francs à Louis, 45 à Paul, et 78 à Jean. Que lui restera-t-il ?

Addition.	*Soustraction.*
15	
45	245
78	138
$\overline{138}$	$\overline{107}$

Il restera 107 francs à Georges.

99. Deuxième procédé. — Ce deuxième procédé consiste à obtenir le résultat par une seule addition.

Pour cela, dans l'exemple précédent, on dispose les nombres à retrancher en addition, en laissant, entre les nombres donnés et le trait horizontal, une place en blanc pour inscrire le résultat, et en plaçant, au-dessous du trait, le premier nombre comme total de l'opération, de la manière suivante :

$$5$$
$$45$$
$$78$$

$$\overline{215}$$

Puis, commençant par la droite, on compte ainsi : 5 et 5 font 10; 10 et 8 font 18; 18 et 7 font 25. On pose le chiffre 7 sous le 8 et on retient 2.

On continue en disant : 2 de retenue et 1 font 3; 3 et 4 font 7; 7 et 7 font 14. Comme on n'a rien à ajouter pour obtenir 14, on met un zéro sous le 7 et l'on retient 1.

On dit enfin 1 et 1 font 2 et l'on pose 1 à gauche du zéro; ce qui donne pour quatrième nombre 107, qui est le résultat cherché.

L'opération a donc la forme définitive suivante :

$$15$$
$$45$$
$$78$$
$$107 \text{ résultat cherché.}$$
$$\overline{215}$$

Ce deuxième procédé est connu sous le nom de *méthode du solde* ou *méthode des marchands*.

III. — LA MULTIPLICATION.

100. 1re Définition. — La **multiplication** est une opération qui a pour but de répéter un nombre appelé **multiplicande** autant de fois qu'il y a d'unités dans un autre appelé **multiplicateur.**

Le résultat de l'opération se nomme **produit.**

Le multiplicande et le multiplicateur sont appelés **facteurs du produit.**

Exemple. — 4 enfants ont chacun 5 pommes; combien en ont-ils entre eux?

On peut dire en faisant l'addition : $5 + 5 + 5 + 5 = 20$ pommes.

Mais on peut dire aussi en une fois : 4 fois 5 pommes font 20 pommes.

Cette seconde opération est une multiplication dans laquelle

5 est le *multiplicande ;*
4 est le *multiplicateur ;*
20 est le *produit.*

REMARQUE. — On voit, par ce qui précède, que la multiplication abrège une addition de nombres égaux.

101. 2e DÉFINITION. — On définit aussi la multiplication de la manière suivante :

La multiplication est une opération qui a pour but de chercher un nombre appelé **produit** qui soit composé du **multiplicande** comme le multiplicateur est composé de l'**unité.**

REMARQUE. — Si donc le multiplicateur contient 2, 3, 4 fois l'unité, le produit contiendra 2, 3 ou 4 fois le multiplicande. Si le multiplicateur est, au contraire, le **tiers,** le **quart,** les **cinq sixièmes,** les **trois dixièmes** de l'unité, le produit sera le *tiers,* le *quart,* les *cinq sixièmes* ou les *trois dixièmes* du multiplicande.

102. Signe de la multiplication. — On appelle signe de la multiplication une petite croix penchée ($\times$) que l'on place entre le multiplicande et le multiplicateur. Ce signe se lit **multiplié par.**

EXEMPLE. — Ainsi l'expression 6×8 se lit : *six* multiplié par *huit,* et l'opération effectuée $6 \times 8 = 48$ se lit : *six* multiplié par *huit* égale *quarante-huit.*

103. Nature du multiplicande, du multiplicateur et du produit. — Dans une multiplication, s'il s'agit de nombres concrets :

Le *multiplicande* est toujours un nombre concret ;
Le *multiplicateur* est un nombre abstrait ;
Le *produit* est de la même nature que le multiplicande.

DÉMONSTRATION. — Dans la question suivante : **7** *personnes ont chacune* **8** *francs ; combien ont-elles en tout ?*

On devra raisonner ainsi : Si une personne a **8** francs, **7** personnes auront **7** fois **8** francs, ou **8** francs répété **7** fois.

Comme on le voit, le multiplicande 8 francs reste un nombre concret, tandis que le multiplicateur 7 n'exprime plus un nombre de personnes et devient un nombre abstrait.

8 francs répétés 7 fois donne pour produit 56 francs, nombre qui est de la *même nature* que le multiplicande.

104. Cas de la multiplication. — La multiplication présente trois cas principaux :

Premier cas : Le multiplicande et le multiplicateur n'ont qu'un chiffre.

Deuxième cas : Le multiplicande a plusieurs chiffres et le multiplicateur n'en a qu'un.

Troisième cas : Le multiplicande et le multiplicateur ont chacun plusieurs chiffres.

PREMIER CAS DE LA MULTIPLICATION.

105. Règle. — Le premier cas de la multiplication se fait à l'aide de la table de multiplication.

106. Table de multiplication. — On appelle **table de multiplication** un tableau contenant tous les produits des neuf premiers nombres se multipliant deux à deux.

107. Formation de la table de multiplication. — Pour former la table de multiplication, on écrit les neuf premiers nombres sur une ligne horizontale de la manière suivante :

$$1 \quad 2 \quad 3 \quad 4 \quad 5 \quad 6 \quad 7 \quad 8 \quad 9$$

On ajoute ensuite chacun de ces nombres à eux-mêmes et l'on a une deuxième ligne qui comprend les produits des neuf premiers nombres par 2.

$$2 \quad 4 \quad 6 \quad 8 \quad 10 \quad 12 \quad 14 \quad 16 \quad 18$$

En ajoutant chaque nombre de cette deuxième ligne au nombre correspondant de la première, on a les nombres suivants qui sont les produits des neuf premiers nombres par 3.

$$3 \quad 6 \quad 9 \quad 12 \quad 15 \quad 18 \quad 21 \quad 24 \quad 27$$

En ajoutant les nombres de cette troisième ligne aux nombres correspondants de la première, on comprend qu'on formerait une quatrième ligne contenant les produits des neuf premiers nombres par 4.

On comprend aussi qu'en continuant à ajouter les nombres de la dernière ligne formée aux nombres de la première, jusqu'à la neuvième ligne, on aurait neuf lignes, formant le tableau suivant, qui comprend bien tous les produits des neuf premiers nombres se multipliant deux à deux.

TABLE DE MULTIPLICATION.

1	2	3	4	5	6	7	8	9
2	4	6	8	10	12	14	16	18
3	6	9	12	15	18	21	24	27
4	8	12	16	20	24	28	32	36
5	10	15	20	25	30	35	40	45
6	12	18	24	30	36	42	48	54
7	14	21	28	35	42	49	56	63
8	16	24	32	40	48	56	64	72
9	18	27	36	45	54	63	72	81

108 Usage de la table de multiplication. — Règle. — Pour faire une multiplication du premier cas, à l'aide de la table de multiplication, on cherche le multiplicande dans la première ligne verticale; on suit ensuite la ligne horizontale commençant par le multiplicateur jusqu'à la ligne verticale commençant par le multiplicande; le nombre que l'on trouve à la rencontre de deux lignes est le produit cherché.

Exemple. — Soit à multiplier 8 par 5. Si nous suivons la ligne horizontale commençant par le multiplicateur 5 jusqu'à la ligne verticale commençant par le multiplicande 8, le nombre 40 que nous trouverons à l'angle des deux lignes sera le produit cherché.

109. Remarque. — Dans la pratique, on s'applique à retenir de mémoire tous les produits contenus dans la table de multiplication, à laquelle il serait trop long d'avoir recours.

DEUXIÈME CAS DE LA MULTIPLICATION.

110. Règle. — Pour multiplier un nombre de **plusieurs** chiffres par un nombre **d'un chiffre**, on, multiplie successivement chaque chiffre du multiplicande par le chiffre du multiplicateur.

EXEMPLE. — Soit à multiplier 635 par 4. On dispose l'opération comme suit :

$$
\begin{array}{r}
635 \\
4 \\
\hline
2\,540
\end{array}
$$

Et l'on dit : 4 fois 5 font 20, je pose zéro et je retiens 2 ; 4 fois 3 font 12 et 2 de retenue font 14 ; je pose 4 et je retiens 1 ; 4 fois 6 font 24 et 1 de retenue font 25, je pose 5 et j'avance 2.

Le produit est 2 540.

111. REMARQUE. — Il est facile de voir que le deuxième cas n'est qu'une suite de multiplications du premier cas.

DÉMONSTRATION. — La multiplication étant une addition de nombres égaux, il est évident que multiplier 635 par 4 revient à faire l'addition de 4 nombres égaux à 635, ce qui nous donnerait l'opération suivante :

$$
\begin{array}{r}
635 \\
635 \\
635 \\
635 \\
\hline
2\,540
\end{array}
$$

En examinant cette addition, nous voyons que nous avons d'abord à ajouter 4 nombres égaux à 5, ou à prendre 4 fois 5, ce qui nous donne 20, que nous décomposons en 0 unités, que nous posons, et en deux dizaines que nous retenons pour la colonne suivante.

Dans la 2ᵉ colonne, nous avons à ajouter 4 nombres égaux à 3 dizaines, ou à prendre 4 fois 3 dizaines, ce qui nous donne 12 dizaines qui, ajoutées aux 2 dizaines de retenue, font 14 dizaines que nous décomposons en 4 dizaines, que nous posons, et 1 centaine, que nous retenons pour la colonne suivante.

La 3ᵉ colonne comprend 4 nombres égaux à 6 centaines, ou 4 fois 6 centaines, ce qui nous donne 24 centaines qui, ajoutées à une centaine font bien 25 centaines, que nous posons comme dans la multiplication précédente.

TROISIÈME CAS DE LA MULTIPLICATION.

La règle générale du troisième cas de la multiplication est fondée sur les deux principes suivants :

112. PREMIER PRINCIPE. — Pour rendre un nombre **dix fois, cent fois, mille fois,** plus grand, ou pour le multiplier par 10, 100, 1000, il faut écrire *un, deux, trois* zéros à sa droite.

EXEMPLE. — Soit à multiplier 6 par 10, 100 et 1000, on aura d'après la règle :

$$6 \times 10 = 60$$
$$6 \times 100 = 600$$
$$6 \times 1000 = 6\,000.$$

DÉMONSTRATION. — Il est aisé de voir que la valeur relative du chiffre 6 a été rendue :

10 fois plus grande dans le premier cas ;
100 fois plus grande dans le deuxième cas ;
1000 fois plus grande dans le troisième cas ;

puisque ce chiffre exprime successivement des *dizaines*, des *centaines* et des *mille*, qui sont 10 fois, 100 fois, 1000 fois plus grandes que les unités simples.

113. REMARQUE. — On comprend qu'on pourrait de même multiplier un nombre par 10,000, 100,000, 1,000,000, etc., en écrivant à la droite de ce nombre autant de zéros qu'il y en a à la droite du chiffre 1.

114. DEUXIÈME PRINCIPE. — Pour multiplier un nombre par un nombre formé d'un chiffre suivi d'un ou de plusieurs zéros, on fait la multiplication comme si les zéros n'existaient pas ; seulement on reporte ces zéros à la droite du produit.

EXEMPLE. — Soit à multiplier 35 par 300, on aura, en appliquant la règle,

$$35 \times 3 = 105$$

et, en ajoutant les deux zéros : 10 500.

DÉMONSTRATION. — Multiplier 35 par 300, c'est le répéter 300 fois ou 3 fois 100 fois.

En le répétant d'abord 3 fois, nous avons : $35 \times 3 = 105$.

En le répétant 100 fois ou en écrivant 2 zéros à la droite, nous avons : $105 \times 100 = 10\,500$.

115. Règle générale du troisième cas. — Pour **multiplier** un nombre de **plusieurs** chiffres par un nombre de **plusieurs** chiffres, on écrit le multiplicateur au-dessous du multiplicande et l'on souligne par un trait horizontal.

Puis, commençant par la **droite**, on multiplie successivement le multiplicande par chacun des chiffres du multiplicateur. On écrit les résultats obtenus par chaque multiplication partielle les uns au-dessous des autres, en ayant soin de placer le premier chiffre de la droite de chaque produit partiel sous le chiffre du multiplicateur par lequel on opère.

On souligne les produits partiels par une barre horizontale et on en fait l'addition. Le total ainsi obtenu est le produit demandé.

EXEMPLE. — Soit à multiplier 635 par 535.
En appliquant la règle, on aura l'opération suivante :

$$
\begin{array}{r}
635 \\
535 \\
\hline
3175 \\
1905 \\
3175 \\
\hline
339725
\end{array}
$$

116. REMARQUE. — Il est facile de voir qu'une multiplication du troisième cas se compose d'autant de multiplications du deuxième cas qu'il y a de chiffres au multiplicateur.

DÉMONSTRATION. — Multiplier 635 par 535, c'est répéter ce nombre 535 fois ou 5 fois plus 30 fois plus 500 fois.

En le répétant d'abord 5 fois nous avons 3175 unités;

En le répétant 30 fois, nous avons, en appliquant la deuxième règle, 19 050.

En le répétant 500 fois, nous avons, en appliquant la même règle, 317 500.

Si nous additionnons ces trois produits partiels, nous avons l'addition suivante, qui donne un résultat égal à notre multiplication.

$$
\begin{array}{r}
3175 \\
19050 \\
317500 \\
\hline
339725
\end{array}
\qquad
\begin{array}{r}
3175 \\
1905 \\
3175 \\
\hline
339725
\end{array}
$$

117. REMARQUE. — On voit que, si l'on supprime les zéros à droite des deux derniers produits partiels, le premier chiffre à droite de chacun d'eux se trouve bien placé sous le chiffre du multiplicateur qui l'a produit, comme le veut la règle générale.

CAS PARTICULIERS. — PREUVE.

118. PREMIER CAS PARTICULIER. — **Le multiplicateur contient des zéros placés parmi les chiffres significatifs.**

119. RÈGLE. — Dans une multiplication, quand le multiplicateur a des zéros, on opère sans tenir compte des zéros, seulement on recule le produit partiel vers la gauche d'autant de rangs plus un qu'il y a de zéros à la suite l'un de l'autre.

EXEMPLE. — Soit à multiplier 635 par 204, on aura l'opération suivante :

$$
\begin{array}{r}
635 \\
204 \\
\hline
2540 \\
1270 \\
\hline
129540
\end{array}
$$

120. DEUXIÈME CAS PARTICULIER. — **Multiplication de nombres terminés par des zéros.**

121. RÈGLE. — Lorsque le multiplicande et le multiplicateur sont terminés par des **zéros**, on fait la multiplication comme si les zéros *n'existaient pas;* puis on écrit tous les zéros à la droite du produit total.

EXEMPLE. — Soit à multiplier 4500 par 700, on aura :

$$
\begin{array}{r}
45 \\
7 \\
\hline
3150000
\end{array}
$$

122. Preuve de la multiplication. — La preuve de la multiplication est fondée sur le principe suivant :

123. PRINCIPE. — Le produit d'une multiplication ne change pas lorsqu'on intervertit l'ordre des facteurs, c'est-à-dire lorsqu'on met le multiplicande à la place du multiplicateur.

EXEMPLE. — Soit à multiplier 3 par 4 et 4 par 3.

Dans le premier cas, en décomposant **trois** en ses unités et en le répétant **quatre** fois, nous avons la disposition suivante :

$$
\begin{array}{ccc}
1 & 1 & 1 \\
1 & 1 & 1 \\
1 & 1 & 1 \\
1 & 1 & 1
\end{array}
$$

Si nous comptons nos barres nous en trouvons 12 et nous pouvons dire que $3 \times 4 = 12$.

Dans le deuxième cas, en décomposant **quatre** en ses unités et en le répétant **trois** fois, nous avons la disposition suivante :

$$
\begin{array}{cccc}
1 & 1 & 1 & 1 \\
1 & 1 & 1 & 1 \\
1 & 1 & 1 & 1
\end{array}
$$

Si nous comptons nos barres, nous en trouvons 12 comme dans le premier cas, et nous pouvons dire que $4 \times 3 = 12$.

Si 3×4 égale 12 et si 4×3 égale aussi 12, nous pouvons dire que $3 \times 4 = 4 \times 3$ et affirmer que, dans un produit de deux facteurs, on peut intervertir l'ordre des facteurs, sans que le produit change.

CONSÉQUENCE. Dans un produit de plusieurs facteurs, on peut intervertir l'ordre des facteurs.

EXEMPLE. — Ainsi l'on peut écrire :

$$4 \times 5 \times 6 = 5 \times 4 \times 6 = 6 \times 5 \times 4 = 5 \times 6 \times 4.$$

124. RÈGLE. — Pour faire la *preuve* d'une multiplication, on met le *multiplicande* à la place du multiplicateur, et on recommence l'opération. — Si l'on obtient le même résultat, l'opération est exacte.

EXEMPLE. — En appliquant cette règle à la multiplication de 286 par 365, on aura les deux résultats suivants

```
      286                   365
      365                   286
     ─────                 ─────
     1430                  2190
     1716                  2920
      858                   730
    ───────               ───────
    104390                104390
```

IV. — LA DIVISION.

125. Première définition. — La **division** est une opération par laquelle on partage un nombre appelé **dividende**, en autant de parties qu'il y a d'unités dans un autre nombre appelé **diviseur**.

Le résultat se nomme **quotient**.

EXEMPLE. — Soit à partager 20 pommes entre 5 personnes.
On aura, en faisant le partage, 5 pommes pour chaque personne.
Dans cette opération, qui est une division :

20 est le dividende ;
4 est le diviseur ;
5 est le quotient.

126. Deuxième définition. — La **division** est une opération par laquelle on cherche combien de fois un nombre appelé **dividende** en contient un autre appelé **diviseur**.

Le résultat, ou nombre de fois cherché, se nomme encore *quotient*.

EXEMPLE. — Soit à chercher combien il y a de fois 4 pommes dans 20 pommes. On trouve, en faisant l'opération, que 20 pommes contiennent 5 fois 4 pommes.

Dans cette opération, qui est encore une division :

20 est le *dividende;*
4 est le *diviseur;*
5 est le *quotient.*

REMARQUE. — On voit que, dans ce deuxième genre de division, on partage le dividende en parties égales au diviseur, et que le quotient indique le nombre des **parts** et non plus la valeur d'une **part**, comme dans le cas précédent.

127. Troisième définition. — La division est une opération par laquelle étant donné un **produit** de deux facteurs, appelé **dividende**, et l'un des facteurs, appelé **diviseur**, on se propose de trouver l'autre facteur, appelé **quotient.**

128. REMARQUE. — Si l'on multiplie le quotient par le diviseur, on doit donc reproduire le dividende.

EXEMPLE. — Soit à multiplier 4 par 5 ; nous aurons le résultat

$$4 \times 5 = 20,$$

ce qui indique que 20 se compose de 5 fois 4.

D'autre part, si l'on donne le produit 20 et l'un des facteurs 4 de ce produit, en demandant de trouver l'autre facteur, il est évident que ce facteur n'est autre que le nombre de fois 4 contenu dans 20 et qu'il faudra faire une division, comme dans le cas précédent.

129. Signe de la division. — On appelle *signe de la division :*

1° Deux points (:) que l'on place entre le dividende et le diviseur;

2° Un trait horizontal (—), au-dessus et au-dessous duquel on écrit le dividende et le diviseur.

Les deux points et le trait horizontal se lisent **divisé par.**

EXEMPLE. — Soit à diviser 25 par 5, on indiquera l'opération ainsi :

$25 : 5$ ou encore $\dfrac{25}{5}$, et on lira dans les deux cas: *vingt-cinq* divisé par *cinq.*

L'opération effectuée s'indiquera $25 : 5 = 5$ ou $\dfrac{25}{5} = 5$ et se lira *vingt-cinq* divisé par *cinq* égale *cinq.*

130. Cas de la division. — La division présente trois cas :

PREMIER CAS. — Division d'un nombre d'**un** ou de **deux** chiffres par un nombre d'**un** seul chiffre, le quotient devant être inférieur à 10.

DEUXIÈME CAS. — Division d'un nombre quelconque par un

nombre d'**un** seul chiffre, le quotient devant être égal ou supérieur à 10.

TROISIÈME CAS. — Division d'un nombre de **plusieurs** chiffres
par un nombre de **plusieurs** chiffres.

PREMIER CAS DE LA DIVISION.

131. REMARQUE. — Pour savoir si le dividende contient moins
de 10 fois le diviseur, il faut multiplier le diviseur par 10. Si
le résultat est supérieur au dividende, ce dernier ne contiendra
pas 10 fois le diviseur.

DÉMONSTRATION. — Soit à diviser 72 par 9.
Si nous multiplions 9 par 10, nous aurons 90 qui contient 10 fois 9
et qui est plus fort que 72; donc, 72 ne contient pas 10 fois 9 et le
quotient de la division indiquée est inférieur à 10.

Lorsqu'on a reconnu que la division est du premier cas, on
suit la règle suivante :

132. RÈGLE. — La division du premier cas se fait à l'aide de
la table de multiplication. On cherche le **diviseur** dans la
première ligne horizontale de la table et l'on descend la ligne
verticale commençant par ce nombre jusqu'à ce qu'on trouve
le **dividende**. Le nombre qui commence la ligne horizontale
où l'on a trouvé le dividende est le **quotient** cherché.

EXEMPLE. — Soit à diviser 72 par 9.
En examinant la table de multiplication nous voyons que le dividende 72 se trouve dans la colonne verticale commençant par 9 et dans
la ligne horizontale commençant par 8. Ce nombre 8 est le quotient
cherché.
DÉMONSTRATION. — Puisque, d'après la troisième définition, le dividende est le produit de deux facteurs qui sont le diviseur et le quotient,
il est évident que 72 étant le produit de 9 par 8, si 9 est le premier
facteur ou le diviseur, 8, le deuxième facteur sera le quotient de 72 : 9.

133. Reste d'une division. — Il peut arriver que le dividende ne se trouve pas dans la table; la division ne se fait pas
exactement; alors il y a un **reste.**

EXEMPLE. — Soit à diviser 35 par 4.
En cherchant dans la colonne verticale commençant par 4, on ne
trouve pas le dividende 35; mais on trouve les nombres 32 et 36 dans
les lignes qui commencent par 8 et par 9. Cela indique que le quotient
exact est compris entre 8 et 9.

On choisit alors le plus petit nombre, 8, pour quotient, et l'on dit :
8 fois 4 égale 32. 32 ôté de 35, il reste 3. Dans cette division :

> 35 étant le *dividende*,
> 4 le *diviseur*,
> 8 sera le *quotient*,
> et 3 sera le *reste*.

134. Définition. — On appelle **reste** d'une division le nombre
qui reste après qu'on a retranché le diviseur du dividende autant de fois qu'il a été possible de le faire.

135. Quotient par excès, quotient par défaut. — Le
quotient 8 que l'on a choisi dans l'exemple ci-dessus et qui est
trop faible se nomme **quotient par défaut**.

Le quotient 9, qui eût été trop fort, serait nommé au contraire **quotient par excès** (1).

DEUXIÈME CAS DE LA DIVISION.

136. Règle générale. — Pour diviser un nombre de plusieurs
chiffres par un nombre d'un seul chiffre, on écrit le **dividende**
et le **diviseur** sur une même ligne horizontale; on les sépare
par un trait vertical et on souligne le diviseur par un trait horizontal. C'est dans l'angle de ces deux lignes qu'on écrira le
quotient.

Cela fait, on sépare sur la gauche du dividende assez de
chiffres pour contenir le diviseur moins de dix fois. On cherche
combien de fois ce dividende partiel ainsi formé contient le diviseur, et l'on inscrit ce nombre de fois au quotient.

On multiplie le diviseur par le chiffre que l'on vient de
mettre au quotient, et l'on écrit le produit au-dessous du dividende partiel. On retranche le produit partiel et on écrit le reste
au-dessous.

A droite du reste, on écrit le chiffre suivant du dividende, et
l'on cherche **combien de fois** le nombre ainsi formé contient
le diviseur. On écrit ce nombre de fois au quotient, et l'on retranche comme dans le cas précédent.

On continue de la même façon jusqu'à ce qu'on ait abaissé
tous les chiffres du dividende.

---

(1) Il est bon de remarquer dans quels cas il convient de choisir l'un ou l'autre
quotient.

EXEMPLE. — Soit à partager 1472 francs entre 8 personnes.

En appliquant la règle, on aura l'opération suivante :

$$\begin{array}{r|l} 1472 & 8 \\ 8 & \overline{184} \\ \hline 67 \\ 64 \\ \hline 32 \\ 32 \\ \hline 00 \end{array}$$

DÉMONSTRATION. — Nous pouvons considérer la somme de 1472 francs que nous avons à partager entre 8 personnes comme composée de la manière suivante :

  1 billet de 1000 francs
  4 billets de 100 francs
  7 pièces de 10 francs
  2 pièces de 1 franc.

1° Puisque nous n'avons qu'un billet de 1000 francs, il est évident que nous ne pouvons pas donner 1000 francs à chaque personne et qu'il faut le changer en billets de 100 francs. Nous aurons ainsi 10 billets qui, ajoutés aux 4 que nous avons déjà, formeront 14 billets de 100 fr. que nous allons partager entre les 8 personnes, et nous indiquerons que notre partage ne porte que sur 14 billets de la manière suivante :

$$\begin{array}{r|l} 14.72 & 8 \\ & \overline{} \end{array}$$

2° Avec 14 billets, nous pouvons donner 100 francs à chacune des 8 personnes ; mais non pas 200 francs ; car il nous faudrait alors 16 billets. Nous écrirons 1 au-dessous de 8 pour indiquer ce que nous pouvons faire.

En donnant 1 billet à chaque personne, nous en donnerons 8 en tout et il nous en restera 6 ; et nous indiquerons la soustraction comme il suit :

$$\begin{array}{r|l} 14.72 & 8 \\ 8 & \overline{1} \\ \hline 6 \end{array}$$

3° Il nous reste 6 billets de 100 francs qui nous feront 60 pièces de 10 francs, si nous les changeons   monnaie de cette espèce.

60 pièces de 10 francs et 7   e nous avions déjà font 67 pièces à partager entre les 8 personnes. En faisant le partage, nous voyons que nous en pouvons donner 8 à chacune, ce que nous indiquons en plaçant le chiffre 8 à droite du chiffre 1.

En donnant 8 fois 8 pièces de 10 francs, nous n'en donnons que 64, qui, ôtées de 67, donnent pour reste 3. Ce que nous indiquons ainsi :

$$\begin{array}{r|l} 14.72 & 8 \\ 8 & \overline{18} \\ \hline 6\ 7 & \\ 6\ 4 & \\ \hline 3 & \end{array}$$

4° Nos 3 pièces de 10 francs changées en pièces de 1 franc donnent 30 francs qui, ajoutés aux 2 pièces de 1 franc que nous avons, font 32 francs restant à partager entre les 8 personnes. — Le partage donne 4 pièces à chacune, ce que nous indiquons en plaçant un 4 à droite du 8.

8 fois 4 pièces de 1 franc font 32 pièces qui, retranchées des 32 que nous possédons, donnent pour reste zéro, ce que nous indiquons ci-dessous .

$$\begin{array}{r|l} 14.72 & 8 \\ 8 & \overline{184} \\ \hline 6\ 7 & \\ 6\ 4 & \\ \hline 32 & \\ 32 & \\ \hline 0 & \end{array}$$

137. REMARQUES. — I. On voit aisément que notre opération a amené l'application de la règle donnée et une opération identiquement disposée comme la première.

II. On voit aussi non moins aisément qu'une division du deuxième cas est composée d'une suite de divisions du premier cas.

TROISIÈME CAS DE LA DIVISION.

138. RÈGLE. — La division du troisième cas se fait comme celle du second cas; mais elle donne lieu aux remarques suivantes :

139. REMARQUES. I. — Dans une division, quand les nombres sont trop grands pour qu'on puisse savoir exactement **combien de fois** le dividende partiel contient le *diviseur*, on cherche combien le **premier** ou **les deux premiers chiffres** de ce dividende contiennent de fois le **premier chiffre** du diviseur, et on essaye ce nombre de fois au quotient.

II. On reconnaît, dans le cas précédent, que le chiffre mis au quotient est **trop fort**, quand le produit du diviseur par ce

chiffre ne peut pas se retrancher du dividende partiel. On le
diminue alors successivement d'une unité jusqu'à ce qu'on ait
obtenu un chiffre convenable (1).

III. Quand le nombre formé par le reste et le **chiffre
abaissé** est moins grand que le diviseur, on met un **zéro** au
quotient et on abaisse le chiffre suivant du dividende,

EXEMPLE. — Soit à diviser 15 795 entre 39 personnes.

L'opération pratique se fera de la manière suivante :

Le diviseur étant 39, qui n'est pas contenu dans les deux premiers
chiffres 15 du dividende, il faut prendre trois chiffres sur la droite de
ce nombre et dire (*première remarque*) : en 157 combien de fois 3? La
réponse est 5 et l'on écrit ce chiffre au quotient.

39×5 donne 195 qui ne peut pas être retranché de 157, ce qui
prouve (*deuxième remarque*) que le chiffre 5 est trop fort. On le diminue d'une unité et on le remplace au quotient par le chiffre 4.

$39 \times 4 = 156$ que l'on peut retrancher de 157, ce qui donne pour
reste 1.

On abaisse le chiffre suivant du dividende 9 et l'on forme le nombre 19
qui ne contient pas le diviseur 39. On écrit alors un zéro au quotient
(*troisième remarque*).

On abaisse le chiffre suivant 5, et l'on obtient le nombre 195 et l'on
dit : en 19 combien de fois 3? La réponse est 6; mais $39 \times 6 = 234$,
nombre qui ne peut être retranché de 195, ce qui nous oblige à rem-
placer le 6 par un 5.

$39 \times 5 = 195$ qui, retranché de 195, donne pour reste zéro.

Le quotient est 405 et l'opération a la forme suivante :

$$
\begin{array}{r|l}
157.95 & 39 \\
156 & \overline{405} \\
\hline
1\ 95 & \\
1\ 95 & \\
\hline
0 &
\end{array}
$$

PREUVE DE LA DIVISION.

PREMIER CAS. — *La division n'a pas de reste.*

140. RÈGLE. — Pour faire la preuve d'une division qui n'a pas
donné de **reste**, il faut multiplier le **quotient** par le **diviseur**.
Si l'on reproduit le **dividende**, l'opération est exacte; sinon
il faut la recommencer (2).

_____

(1) Il est aisé de comprendre que si le chiffre essayé au quotient peut être trop
fort, il ne peut jamais être trop faible, si l'on sait compter.
(2) Cette règle est fondée sur la troisième définition de la division.

EXEMPLE. — Dans l'opération précédente, nous aurons, pour la preuve, la multiplication suivante :

$$
\begin{array}{r}
405 \\
39 \\
\hline
3645 \\
1215 \\
\hline
15795
\end{array}
$$

DEUXIÈME CAS. — *La division a un reste.*

141. RÈGLE. — Pour faire la preuve d'une division, lorsque cette division a donné un reste, il faut multiplier le **diviseur** par le **quotient** et ajouter le **reste** au produit. Si le résultat de cette double opération est égal au **dividende**, l'opération est exacte; sinon il faut recommencer.

EXEMPLE. — Soit à diviser 7 225 par 32. En faisant l'opération et la preuve nous aurons les résultats suivants :

Division		*Multiplication*	*Addition*
7225	32	225	7200
64	225	32	25
82		450	7225
64		675	
185		7200	
160			
25			

DIVISION ABRÉGÉE.

PREMIER CAS. — *Division d'un nombre de plusieurs chiffres par un nombre d'un seul chiffre.*

REMARQUE. — Cette division qui a pour but de prendre la moitié, le **tiers**, le **quart**, le **cinquième**, le **sixième**, le **septième**, le **huitième** et le **neuvième** d'un nombre, peut être abrégée en suivant la règle suivante :

142. RÈGLE. — Pour prendre la **moitié**, le **tiers**, le **quart**, le **cinquième**, le **sixième**, le **septième**, le **huitième**, le **neuvième**, etc., d'un nombre, on divise chaque chiffre du dividende en commençant par la gauche par 2, 3, 4, 5, 6, 7, 8 ou 9.

Lorsqu'une **division partielle** donne un reste on le **multiplie** par dix et on ajoute le résultat au chiffre suivant de droite, et l'on continue ainsi jusqu'à ce que l'opération soit terminée.

EXEMPLE. — Soit à diviser 7 245 par 5.

On procède ainsi en commençant par la gauche, en disant et en écrivant :

$$7\ 2\ 4\ 5$$
$$1\ 4\ 4\ 9$$

Le 5e de 7 mille est 1 mille pour 5 mille, et je retiens 2 mille qui valent 20 centaines; 20 + 2 centaines = 22 centaines; le 5e de 22 centaines est 4 centaines pour 20 centaines, et je retiens 2 centaines qui valent 20 dizaines; 20 + 4 dizaines = 24 dizaines; le 5e de 24 dizaines est 4 dizaines pour 20 dizaines, et je retiens 4 dizaines qui valent 40 unités; 40 + 5 unités = 45; le 5e de 45 unités est 9 unités. Ce qui donne pour quotient de la division 1 449.

DEUXIÈME CAS. — *Division d'un nombre de plusieurs chiffres par un nombre de plusieurs chiffres.*

143. RÈGLE. — **Pour abréger** une division ordinaire on peut faire la soustraction en **multipliant**. Pour cela, il suffit d'ajouter au chiffre supérieur du dividende partiel un **nombre suffisant** de dizaines pour rendre la soustraction possible, et d'ajouter ces dizaines au chiffre suivant du produit que l'on forme.

EXEMPLE. — Soit à diviser 26 964 par 36.

L'opération, par la méthode indiquée, aurait la disposition suivante :

```
26964 | 36
 252  |‾749
 ‾‾‾‾
 176
 144
 ‾‾‾
 324
 324
 ‾‾‾
 000
```

Mais, dans la pratique, on procède ainsi, après avoir écrit le premier chiffre du quotient :

```
26964 | 36
 176  |‾749
 324
 000
```

Sept fois 6 font 42, ôté de 49, il reste 7, et je retiens 4; sept fois 3 font 21, 21 et 4 font 25, 25 ôtés de 26, il reste 1; ce qui donne 17 pour reste, comme dans le premier cas.

En procédant de la même manière pour les chiffres 4 et 9 du quotient, on aurait les mêmes restes 32 et zéro, et le même quotient 749.

TROISIÈME PARTIE

LES QUATRE OPÉRATIONS SUR LES NOMBRES DÉCIMAUX

I. — ADDITION DES NOMBRES DÉCIMAUX.

144. RÈGLE. — Pour faire une addition de *nombres décimaux*, on écrit les nombres les uns au-dessous des autres en ayant soin que les unités de même ordre soient dans la même colonne verticale.

On souligne par un trait horizontal.

Puis, commençant à droite, on procède comme pour les unités ordinaires; seulement, au total on met la virgule sous les virgules des nombres donnés.

EXEMPLES :

$$
\begin{array}{r}
37,45 \\
2,7 \\
41,684 \\
\hline
81,834
\end{array}
\qquad
\begin{array}{r}
0,728 \\
0,14 \\
0,7 \\
\hline
1,568
\end{array}
$$

II. — SOUSTRACTION DES NOMBRES DÉCIMAUX.

145. RÈGLE. — La soustraction des nombres décimaux se fait comme celle des nombres entiers, seulement on a le soin de placer, au résultat, une virgule sous celles des nombres donnés.

EXEMPLE. — Soit à retrancher 2 185 fr. 75 de 3 092 fr. 80, on aura l'opération suivante :

$$
\begin{array}{l}
3092,80 \\
2185,75 \\
\hline
907,05 \quad \text{reste.} \\
3092,80 \quad \text{résultat de la preuve.}
\end{array}
$$

146. REMARQUE. — Dans une soustraction de nombres décimaux, il peut arriver que les nombres n'aient pas la même quantité de chiffres décimaux.

Dans ce cas, on remplace les chiffres décimaux manquant par des *zéros*, et on procède comme à l'ordinaire.

EXEMPLE. — Soit à retrancher 72^{litres},145 do 109^{litres},3, on disposera l'opération comme suit :

$$
\begin{array}{r}
109,300 \\
72,145 \\
\hline
37,155 \text{ reste.} \\
\hline
109,300 \text{ résultat de la preuve.}
\end{array}
$$

III. — MULTIPLICATION ET DIVISION DES NOMBRES DÉCIMAUX.

147. REMARQUE. — La multiplication et la division des nombres décimaux sont fondées sur les règles et les principes suivants :

I. — MULTIPLICATION D'UN NOMBRE DÉCIMAL PAR 10, 100 ET 1000.

148. RÈGLE. — Pour multiplier un nombre décimal par 10, 100 ou 1000, il faut transporter la virgule de *un*, *deux* ou *trois* rangs vers la droite.

EXEMPLE. — Soit à multiplier 6,125 par 10, 100 et 1000, on aura :

$$
\begin{array}{l}
6,125 \times 10 = 61,25 \\
6,125 \times 100 = 612,5 \\
6,125 \times 1000 = 6125.
\end{array}
$$

DÉMONSTRATION. — Il est facile de voir que chacun des chiffres du nombre 6,125 exprime successivement des unités 10 fois, 100 fois et 1000 fois plus grandes dans les trois cas que dans le premier.

II. — DIVISION PAR 10, 100 ET 1000.

PREMIER CAS. — *Le nombre est entier et terminé par des zéros.*

149. RÈGLE. — Pour diviser par 10, 100 ou 1000 un nombre entier terminé par des zéros, il suffit d'effacer **un, deux** ou **trois** zéros sur sa droite.

EXEMPLE. — Soit à diviser 6,000 par 10, 100 et 1000, on aura :

$$6000 : 10 = 600$$
$$6000 : 100 = 60$$
$$6000 : 1000 = 6.$$

DEUXIÈME CAS. — *Le nombre entier n'est pas terminé par des zéros.*

150. RÈGLE. — Pour diviser un nombre entier non terminé par des zéros par 10, 100 et 1000, il faut séparer **un, deux** ou **trois** chiffres décimaux à la droite de ce nombre.

EXEMPLE. — Soit à diviser 7425 par 10, 100 et 1000, on aura :

$$7425 : 10 = 742,5$$
$$7425 : 100 = 74,25$$
$$7425 : 1000 = 7,425$$

TROISIÈME CAS. — *Le nombre à diviser est un nombre décimal.*

151. RÈGLE. — Pour diviser un nombre décimal par 10, 100 et 1000, il faut porter la virgule d'un, de **deux** ou de **trois** rangs vers la gauche.

EXEMPLE. — Soit à diviser 7425,6 par 10, 100 et 1000, on aura :

$$7425,6 : 10 = 742,56$$
$$7425,6 : 100 = 74,256$$
$$7425,6 : 1000 = 7,4256$$

DÉMONSTRATION. — Il est facile de voir dans chacun des trois cas précédents que chacun des chiffres des nombres donnés exprime successivement des unités 10 fois, 100 fois et 1000 fois plus petites.

III. — PRINCIPES CONCERNANT LA MULTIPLICATION.

152. PREMIER PRINCIPE. — Quand on multiplie le multiplicande, le produit est multiplié par le même nombre.

DÉMONSTRATION. — Supposons que nous ayons à chercher le nombre de divisions contenues dans les trois lignes suivantes qui ont chacune 4 divisions.

Le tableau ci-dessus indique que les 4 divisions d'une ligne doivent être répétées 3 fois, ce qui nous donnera $4 \times 3 = 12$ divisions,

4 est le multiplicande.
3 est le multiplicateur.

Si nous multiplions le multiplicande par 2, c'est-à-dire si nous lui donnons une longueur double, nous aurons trois lignes ayant 8 divisions au lieu de 4, de la manière suivante :

1	2	3	4	5	6	7	8

ce qui nous donnera $8 \times 3 = 24$ divisions, c'est-à-dire deux fois plus que dans le cas précédent.

153. DEUXIÈME PRINCIPE. — Quand on divise le multiplicande par un nombre le produit est divisé par ce nombre.

DÉMONSTRATION. — La démonstration de ce principe se fait en renversant la démonstration précédente.

154. TROISIÈME PRINCIPE. — Quand on multiplie le multiplicateur par un nombre, le produit est multiplié par ce nombre.

DÉMONSTRATION. — Il est évident, en considérant les trois lignes des 4 divisions données dans la démonstration du premier principe, que si nous prenons 2 fois plus de lignes nous aurons 2 fois plus de divisions.

155. QUATRIÈME PRINCIPE. — Quand on divise le multiplicateur par un nombre, le produit est multiplié par ce nombre.

DÉMONSTRATION. — Il est évident, en considérant un certain nombre de lignes de 4 divisions, 6 par exemple, que nous aurons 2 fois moins de divisions si nous considérons deux fois moins de lignes, c'est-à-dire 3 lignes.

156. CINQUIÈME PRINCIPE. — Quand on multiplie le multiplicande et le multiplicateur chacun par un nombre, le produit est multiplié par les produits des deux nombres.

DÉMONSTRATION. — Soit des lignes de 4 divisions au nombre de 3; nous aurons en faisant la multiplication :

$4 \times 3 = 12$ divisions.

Multiplions le multiplicande par 2, nous aurons 3 lignes de 8 divisions, c'est-à-dire

$8 \times 3 = 24$ divisions;

produit 2 fois plus grand que le premier.

Multiplions maintenant le multiplicateur par 3, nous aurons 9 lignes de 8 divisions, c'est-à-dire

$$8 \times 9 = 72,$$

produit qui est 2 fois 3 fois, c'est-à-dire 6 fois, plus grand que le premier ; car $12 \times 6 = 72$.

157. SIXIÈME PRINCIPE. — Quand on divise le multiplicande et le multiplicateur par un nombre, le produit est divisé par le produit de ces deux nombres.

DÉMONSTRATION. — On démontre ce principe en suivant la marche inverse de la démonstration précédente.

158. SEPTIÈME PRINCIPE. — Quand on multiplie l'un des facteurs d'une multiplication par un nombre, le produit ne change pas si l'on divise l'autre facteur par le même nombre.

DÉMONSTRATION. — Supposons que l'on multiplie le multiplicande par 4, le produit sera alors 4 fois plus grand ; — mais si, d'autre part, on divise le multiplicateur par 4, le produit sera rendu 4 fois plus petit. Si le produit est rendu d'une part 4 fois plus grand, et d'autre part 4 fois plus petit, il est évident que ce produit n'a pas changé.

IV. — PRINCIPES CONCERNANT LA DIVISION.

159. PREMIER PRINCIPE. — Quand on multiplie le dividende par un nombre, le quotient est multiplié par ce nombre.

DÉMONSTRATION. — Le quotient indiquant combien de fois le dividende contient le diviseur, il est évident que si le dividende est rendu 4 fois plus grand, il contiendra 4 fois plus le diviseur, et que le quotient, qui exprime ce nombre de fois, sera lui-même 4 fois plus grand, ou multiplié par 4.

160. DEUXIÈME PRINCIPE. — Quand on divise le dividende par un nombre, le quotient est divisé par le nombre.

DÉMONSTRATION. — Si le dividende est rendu 4 fois plus petit, il est évident qu'il contiendra 4 fois moins le diviseur, et que le quotient, qui exprime ce nombre de fois, sera lui-même 4 fois plus petit, ou divisé par 4.

161. TROISIÈME PRINCIPE. — Quand on multiplie le diviseur par un nombre, le quotient est divisé par ce nombre.

DÉMONSTRATION. — Si le diviseur est rendu 4 fois plus grand, il est évident qu'il sera contenu 4 fois moins dans le dividende, et que, par suite, le quotient sera 4 fois plus petit, ou divisé par 4.

162. QUATRIÈME PRINCIPE. — Quand on divise le diviseur par un nombre, le quotient est multiplié par ce nombre.

DÉMONSTRATION. — Si le diviseur est rendu 4 fois plus petit, il est évident qu'il sera contenu 4 fois plus dans le dividende, et que le quotient, par suite, sera 4 fois plus grand, ou multiplié par 4.

163. CINQUIÈME PRINCIPE. — Quand on multiplie à la fois le dividende et le diviseur par un même nombre, le quotient ne change pas.

DÉMONSTRATION. — En multipliant le dividende par 4, par exemple, le quotient est rendu 4 fois plus grand ;

En multipliant le diviseur par 4, le quotient est rendu 4 fois plus petit ;

Si donc le quotient est, d'une part, rendu 4 fois plus grand et, d'autre part, 4 fois plus petit, il est évident qu'il n'a pas changé.

164. SIXIÈME PRINCIPE. — Quand on divise à la fois le dividende et le diviseur par un même nombre, le quotient ne change pas.

DÉMONSTRATION. — On démontre ce principe comme le précédent, mais en procédant inversement.

MULTIPLICATION DES NOMBRES DÉCIMAUX.

165. RÈGLE. — La multiplication des **nombres décimaux** se fait comme celle des nombres entiers, sans tenir compte de la virgule ; seulement, on sépare sur la droite du produit autant de **chiffres décimaux** qu'il y en a dans le multiplicande et dans le multiplicateur.

EXEMPLES.

1° 7,25	2° 725	3° 7,25
15	1,5	1,5
3625	3625	3625
725	725	725
108,75	1087,5	10,875

166. REMARQUES. — I. On a mis deux chiffres décimaux au premier produit, parce que le multiplicande en a deux et que le multiplicateur n'en a pas ;

II. On a mis un chiffre décimal au deuxième produit, parce que le multiplicande n'en a pas et que le multiplicateur n'en a qu'un ;

III. On a mis trois chiffres décimaux au troisième produit, parce que le multiplicande et le multiplicateur en ont trois entre eux.

DÉMONSTRATION. — 1º Dans le premier cas, en ne tenant pas compte de la virgule, on a multiplié le multiplicande et par suite le produit par 100. Pour ramener ce produit à sa juste valeur, il faut le diviser par 100, ce qui se fait en séparant **deux** chiffres décimaux sur sa droite.

2º Dans le deuxième cas, en ne tenant pas compte de la virgule, on a multiplié le multiplicateur par 10 et par suite le produit a également été multiplié par 10. Pour le ramener à sa juste valeur, on le divise par 10 en séparant **un** chiffre décimal sur sa droite.

3º Dans le troisième cas, en ne tenant pas compte des virgules, on a multiplié le multiplicande par 100 et le multiplicateur par 10 ; le produit a, par suite, été multiplié par $100 \times 10 = 1000$. On le ramène à sa juste valeur en séparant **trois** chiffres décimaux sur sa droite.

DIVISION DES NOMBRES DÉCIMAUX.

PREMIER CAS. — *Le dividende a seul des chiffres décimaux.*

167. RÈGLE. — Lorsque, dans une division, le **dividende** a seul des chiffres décimaux, on fait l'opération sans tenir compte de la virgule et l'on sépare au quotient autant de **chiffres décimaux** qu'il y en a au dividende.

EXEMPLE. — Soit à diviser 33 fr. 75 entre 25 personnes. En opérant comme l'indique la règle, on a 3 375 à diviser par 25 ; le quotient est 135 ; mais en séparant 2 chiffres décimaux, on a pour quotient réel 1,35.

DÉMONSTRATION. — En ne tenant pas compte de la virgule, on a multiplié le dividende par 100, et par suite le quotient a été multiplié par 100. On ramène le quotient à sa juste valeur en séparant sur sa droite deux chiffres décimaux.

DEUXIÈME CAS. — *Le dividende et le diviseur ont le même nombre de chiffres décimaux.*

168. RÈGLE. — Lorsque, dans une division, le **dividende** et le **diviseur** ont le même nombre de chiffres décimaux, on **supprime** la virgule aux deux nombres et l'on opère comme sur des nombres entiers.

EXEMPLE. — On a 33 fr. 75 que l'on veut partager entre plusieurs personnes en donnant 0 fr. 25 à chacune d'elles. A combien de personnes pourra-t-on distribuer cette somme ?

En opérant selon la règle ci-dessus, on a 3 375 à diviser par 25, ce qui donne 135 pour quotient.

DÉMONSTRATION. — En supprimant la virgule au dividende et au diviseur, on a multiplié ces deux nombres chacun par 100. Le quotient alors n'a pas changé, car nous avons démontré que ce nombre ne change pas quand on multiplie le dividende et le diviseur par un même nombre.

TROISIÈME CAS. — *Le diviseur a seul des chiffres décimaux.*

169. RÈGLE. — Lorsque, dans une division, le **diviseur** a seul des **chiffres décimaux,** on supprime la **virgule** au diviseur et l'on écrit à droite du dividende autant de **zéros** qu'il y avait de chiffres décimaux au diviseur.

EXEMPLE. — Soit à partager 33 fr., en donnant 0 fr. 25 à chaque personne. A combien de personnes pourra-t-on donner cette somme?

En opérant selon la règle ci-dessus, on a 3 300 à diviser par 25, ce qui donne pour quotient 132.

DÉMONSTRATION. — En écrivant deux zéros à la droite du dividende et en supprimant la virgule au diviseur, nous avons multiplié chacun de ces deux nombres par le même nombre, et nous savons que, dans ce cas, le quotient ne change pas.

QUATRIÈME CAS. — *Le dividende et le diviseur n'ont pas le même nombre de chiffres décimaux.*

170. RÈGLE. — Lorsque, dans une division, le **dividende** et le **diviseur** n'ont pas le même nombre de **chiffres décimaux,** on égalise ces chiffres en écrivant un nombre suffisant de **zéros** à la droite de celui qui en contient le moins, on **supprime** ensuite les virgules et l'on opère comme sur des **nombres entiers.**

EXEMPLE. — Soit à partager 33 fr. 5 en donnant 0 fr. 25 à chaque personne. A combien de personnes pourra-t-on distribuer cette somme?

En opérant selon la règle ci-dessus, on a 3 350 à diviser par 25, ce qui donne 134 pour quotient.

DÉMONSTRATION. — Comme dans les deux cas précédents, on démontre que le quotient n'a pas changé parce que le dividende et le diviseur ont été multipliés par le même nombre 100.

PARTAGE DU RESTE DE LA DIVISION.

171. RÈGLE. — Quand une division donne un reste et qu'on veut la continuer pour avoir un résultat plus exact, on écrit un **zéro** à la droite de ce reste et l'on met une **virgule** au quotient ; puis on continue la division en écrivant des zéros à la droite des restes successifs, jusqu'à ce qu'on ait obtenu l'approximation que l'on désire.

EXEMPLE. — Soit à partager 2 788 fr. entre 24 personnes.

En opérant selon la règle ci-dessus, nous trouverons l'opération ci-dessous :

```
2788  | 24
24    | 116.16
 38
 24
 148
 144
  40
  24
 160
 144
  16
```

Cette opération indique qu'il revient 116 fr. 16 à chaque personne, *à un centième près.*

DÉMONSTRATION. — La division du nombre entier avait donné 116 pour quotient et 4 pour reste ; c'est-à-dire qu'après avoir donné 116 francs à chacune des 24 personnes, il restait encore 4 francs à partager.

1 franc valant 10 décimes, 4 francs en valent 40. Ces 40 décimes ont pu être partagés entre les 24 personnes, qui en ont reçu chacune 1.

Mais il restait encore 16 décimes que l'on a réduits en 160 centimes ; ces 160 centimes ont été encore partagés entre les 24 personnes qui en ont reçu chacune 6, et qui se trouvent ainsi avoir leur part à *un centime près.*

CAS OU LE DIVIDENDE EST PLUS PETIT QUE LE DIVISEUR.

172. RÈGLE. — Lorsque le dividende est plus petit que le diviseur, on met un zéro au quotient et une virgule à la droite du zéro ; puis on met un zéro au dividende ; si le nombre ainsi formé peut contenir le diviseur on continue la division comme dans le cas précédent ; sinon on met un zéro au quotient, à droite de la virgule et on écrit un autre zéro au dividende. On continue ainsi jusqu'à ce que le dividende contienne le diviseur ; après quoi, on opère comme dans le cas précédent.

EXEMPLE. — Soit à diviser 5 par 126.
En appliquant la règle on aura l'opération ci-dessous :

$$
\begin{array}{c|c}
500 & 126 \\
1220 & \overline{0{,}0396} \\
860 & \\
104 &
\end{array}
$$

DÉMONSTRATION. — Diviser 5 par 126, c'est comme si l'on avait à partager 5 francs entre 126 personnes. Dans ce cas, il est évident qu'on ne peut donner 1 franc à chacune, ce que l'on indique en mettant un zéro au quotient pour marquer qu'on ne peut donner une unité entière.

Si l'on transforme les 5 francs en décimes, on aura 50 décimes; mais il sera encore impossible de donner un décime à chaque personne; ce que l'on indique en mettant un zéro au quotient au rang des dixièmes du quotient.

Si l'on transforme les 50 décimes en centimes, on aura 500 centimes et la division pourra alors se faire et se continuer comme dans le cas précédent.

QUOTIENT EXACT.

173. RÈGLE. — Lorsque la division ne peut pas se faire exactement, on obtient néanmoins un quotient exact, en ajoutant au quotient par défaut une fraction ordinaire ayant pour numérateur le reste et pour dénominateur le diviseur.

EXEMPLE. — Soit à diviser 307 par 4.
L'opération est la suivante :

$$
\begin{array}{c|c}
307 & 4 \\
27 & \overline{76} \\
3 &
\end{array}
$$

Le quotient par défaut est 76; le quotient exact est, d'après la règle, $76\frac{3}{4}$.

DÉMONSTRATION. — Supposons que nous ayons 307 pommes à partager entre 4 personnes. Notre division nous apprend que nous pouvons en donner 76 à chacune, mais qu'il en reste 3 à diviser entre les copartageants.

Maintenant, si nous partageons chaque pomme en quatre parties, nous pourrons, par 3 fois, donner $\frac{1}{4}$ de pomme à chaque personne, qui, en fin de compte, aura bien 76 pommes et $\frac{3}{4}$ de pomme, comme l'indique le quotient exact.

REMARQUES SUR LA MULTIPLICATION.

Dans le langage ordinaire, multiplier un nombre c'est le rendre plus grand; aussi généralement le produit est-il plus grand que le multiplicande. Mais il n'en est pas toujours ainsi, et l'on a fait les quatre remarques suivantes :

174. PREMIÈRE REMARQUE. — Quand le multiplicateur est l'unité, le produit est égal au multiplicande.

EXEMPLE. — $4 \times 1 = 4$, produit égal au multiplicande; ce qui est évident puisqu'il ne le comprend qu'une fois.

175. DEUXIÈME REMARQUE. — Quand le multiplicateur est plus grand que l'unité, le produit est plus grand que le multiplicande.

EXEMPLE. — $4 \times 5 = 20$, produit qui est en effet plus grand que le multiplicande 4, puisqu'il le comprend 5 fois.

176. TROISIÈME REMARQUE. — Quand le multiplicateur est plus petit que l'unité, le produit est plus petit que le multiplicande.

EXEMPLE. — $4 \times 0,5 = 2,0$, nombre plus petit que 4. — Dans ce cas, on n'a pas répété 4 un certain nombre de fois; on ne l'a pas pris même une seule fois; on n'en a pris que 5 dixièmes, quantité moindre qu'une fois, puisqu'il faut 10 dixièmes de fois pour faire 1 fois un nombre.

177. QUATRIÈME REMARQUE. — Quand le multiplicateur est **0,1, 0,01**, ou **0,001**, le multiplicande est divisé par 10, par 100 ou par 1000.

EXEMPLE. — $125 \times 0,1 = 12,5.$
$125 \times 0,01 = 1,25.$
$125 \times 0,001 = 0,125.$

En effet :
Multiplier un nombre par 0,1 c'est le prendre un 10e de fois, ou le diviser par 10;
Multiplier un nombre par 0,01 c'est le prendre un 100e de fois, ou le diviser par 100;
Multiplier un nombre par 0,001, c'est le prendre un 1000e de fois ou le diviser par 1000.

REMARQUES SUR LA DIVISION.

Dans le langage ordinaire, diviser un nombre, c'est le partager, c'est le rendre plus petit, aussi le quotient est-il généralement plus petit que e dividende. Toutefois, il n'en est pas toujours ainsi, et l'on a fait les quatre remarques suivantes :

178. Première remarque. — Quand le diviseur est égal à l'unité, le quotient est égal au dividende.

Exemple. — 20 : 1 = 20, quotient égal au dividende.

En effet, diviser 20 par 1, c'est le partager en parties égales à 1. Il est évident alors qu'on aura 20 parties et que le quotient sera égal au dividende.

179. Deuxième remarque. — Quand le diviseur est plus grand que l'unité, le quotient est plus petit que le dividende.

Exemple. — 20 : 4 = 5, quotient plus petit que 20. En effet, si l'on divisait 20 en parties égales à 1, on aurait 20 parties. En le divisant par 4, c'est-à-dire en parties égales à 4, il est évident que l'on aura moins de parties et que le quotient sera un nombre plus petit que 20.

180. Troisième remarque. — Quand le diviseur est plus petit que l'unité, le quotient est plus grand que le dividende.

Exemple. — 20 : 0,4 = 50, quotient plus grand que le dividende 20.

Si l'on divisait 20 en parties égales à 1, le quotient serait 20 ; si on le divise en parties plus petites que l'unité, il est évident qu'on aura un plus grand nombre de parties et que l'on aura un quotient supérieur à 20.

181. Quatrième remarque. — Quand le diviseur est **0,1, 0,01, 0,001,** le quotient est dix, cent, mille fois plus grand que le dividende ; ou, en d'autres termes : diviser un nombre par **0,1, 0,01, 0,001,** c'est le multiplier par 10, 100, 1000.

Exemple. — $\begin{aligned} 4 : 0,1 &= 40 : 1 = 40 \\ 4 : 0,01 &= 400 : 1 = 400 \\ 4 : 0,001 &= 4000 : 1 = 4000. \end{aligned}$

En effet, diviser par 0,1, 0,01, 0,001, c'est le partager en parties 10 fois, 100 fois, 1000 fois plus petites que l'unité, le quotient qui exprime ce nombre de fois sera un nombre 10 fois, 100 fois, 1000 fois plus grand que le dividende.

QUATRIÈMÈ PARTIE
SYSTÈME MÉTRIQUE

---

182. Définition. — **Le système métrique** est l'ensemble des **mesures** ou **unités conventionnelles** dont on fait usage en France depuis le 1er janvier 1840.

Ce système est appelé **métrique**, parce que toutes les mesures qui en dépendent se rapportent au **mètre**.

On l'appelle aussi système **décimal**, par ce que les multiples et les sous-multiples des mesures sont de **dix** en **dix fois** plus grands ou plus petits les uns que les autres.

On l'appelle encore système **légal**, parce que les mesures qui le composent sont les seules autorisées par les lois françaises.

183. Nombre des mesures. — Les mesures formant le système métrique sont au nombre de *huit:*

Le mètre, le mètre carré, l'are, le mètre cube, le stère, le litre, le gramme, le franc.

LES MULTIPLES.

184. Définition. — On appelle **multiples des unités de mesures** des groupes d'unités qui contiennent **dix fois, cent fois, mille fois, dix mille fois** ces mesures.

Les multiples se nomment à l'aide des mots suivants :

Déca qui veut dire................	*dix*
Hecto.............................	*cent*
Kilo..............................	*mille*
Myria.............................	*dix mille*

Les mots *déca, hecto, kilo, myria* sont appelés **mots multiples.**

LES SOUS-MULTIPLES.

185. Définition. — On appelle **sous-multiples des unités de mesure**, le *dixième*, le *centième* et le *millième* de ces mesures.

Les sous-multiples se désignent à l'aide des mots suivants :

Déci qui veut dire................ *dixième*
Centi........................ *centième*
Milli........................ *millième*

Les mots *déci*, *centi* et *milli* sont appelés **mots sous-multiples.**

MESURES DE LONGUEUR

LE MÈTRE

186. Unité. — L'unité des mesures de *longueur* est le **mètre.**

187. Longueur du mètre. — Le mètre, qui est la base du système métrique, est une longueur égale à la **dix-millionième partie du quart du méridien terrestre** (1).

188. Formation du mètre. — Le mètre a plusieurs formes; tantôt il ressemble à une règle, tantôt il est divisé en dix parties qui se plient; quelquefois il a la forme d'un ruban pouvant s'enrouler dans une boîte.

189. Matière du mètre. — Le mètre peut être en bois, en cuivre, en baleine ou en ruban.

190. Usages du mètre. — Le mètre sert à mesurer toutes les longueurs, comme celle d'une rue, celle d'une pièce d'étoffe, la taille d'un homme, la hauteur d'un arbre, etc.

191. Manière de mesurer. — Pour mesurer une longueur, on porte le mètre sur la longueur autant de fois que cela est possible.

EXEMPLE. — Si l'on a porté le mètre *six fois* sur une pièce d'étoffe, on dit que la longueur de celle-ci est de *6 mètres.*

192. Multiples du mètre. — Les *multiples du mètre* sont :

Le *décamètre* ou................ *dix mètres;*
L'*hectomètre*.................. *cent mètres;*
Le *kilomètre*................. *mille mètres;*
Le *myriamètre*............... *dix mille mètres.*

(1) Le maître fera comprendre, à l'aide du globe terrestre ou d'une boule, comment on a déterminé la longueur du mètre.

193. Sous-multiples du mètre. — Les sous-multiples du mètre sont :

Le *décimètre* ou......... *dixième de mètre;*
Le *centimètre*........... *centième de mètre;*
Le *millimètre*........... *millième de mètre.*

194. Valeur en mètres du degré terrestre. — Puisque le mètre est la dix-millionième partie du quart du méridien terrestre, le quart du méridien vaut dix millions de mètres, et le méridien terrestre a une longueur de quarante millions de mètres.

Le méridien, comme toute circonférence, peut se diviser en 360 parties égales appelées degrés (*Voy.* Géométrie).

Un *degré terrestre* vaut donc la 360° partie du méridien, c'est-à-dire 111,111 mètres.

195. Valeur en mètres de la lieue de poste, de la lieue géographique et de la lieue marine. — La *lieue* ordinaire, dite *lieue de poste,* vaut 4000 mètres ou 4 kilomètres.

La *lieue géographique,* qui est contenue 25 fois dans un degré du méridien, a une longueur de 4,444 mètres.

La *lieue marine,* qui est contenue vingt fois dans un degré terrestre, a une longueur de 5,555 mètres.

196. Mesures effectives et mesures fictives. — On appelle **mesures effectives** celles dont on se sert réellement pour mesurer. Ce sont des instruments de mesure.

On appelle **mesures fictives** celles qui ne servent qu'à évaluer les quantités.

Les mesures effectives de longueur sont :

1° Le *décimètre* et le *double décimètre,* en bois ou en cuivre, utilisés pour le dessin linéaire ;

2° Le *mètre,* droit ou pliant, employé dans le commerce et dans l'industrie ;

3° Le *décamètre,* en forme de ruban, pour les travaux du bâtiment, ou en forme de chaîne de fer pour arpenter, c'est-à-dire pour mesurer les champs.

4° Le *double décamètre,* de même forme que le décamètre et servant aux mêmes usages.

Les autres multiples ou sous-multiples du mètre sont des mesures fictives.

197. Mesures itinéraires. - - On appelle **mesures itinéraires** les mesures de longueur employées pour évaluer les grandes distances.

Les mesures itinéraires sont :

L'*hectomètre*, le *kilomètre* et le *myriamètre*.

Le **kilomètre** est la mesure itinéraire la plus souvent employée. — C'est la véritable unité des mesures itinéraires.

MESURES DE SURFACE OU DE SUPERFICIE.

LE MÈTRE CARRÉ

198. Unité. — L'unité des mesures de *surface* est le **mètre carré**.

199. Surface. — On appelle **surface** le dessus des corps, c'est-à-dire la partie visible des corps.

200. Mètre carré. — Le **mètre carré** est un carré dont chaque côté a 1 mètre de longueur.

201. Carré. — Un **carré** est une surface ayant quatre côtés égaux et quatre angles droits (*Voy.* Géométrie).

202. Usages. — Le mètre carré sert à évaluer les surfaces ordinaires, comme la surface d'une cour, d'un plancher, d'un mur, etc.

203. Manière de mesurer les surfaces. — Le mètre carré n'existant pas réellement, on ne peut l'utiliser pour mesurer les surfaces.

Dans la pratique, on se sert du mètre ordinaire, qu'on porte autant de fois que possible sur la longueur et la largeur de la surface qu'on veut évaluer.

Puis, on multiplie la longueur par la largeur, et le produit obtenu représente la surface demandée.

EXEMPLE. — Si un plancher a 7 mètres de long et 4 mètres de large, sa surface sera de 7×4, c'est-à-dire de 28 mètres carrés.

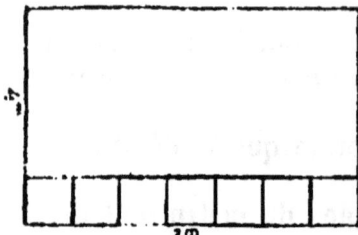

Fig. 1.

DÉMONSTRATION. — L'examen de la figure ci-contre prouve que, pour 1 mètre de largeur, on a 7 mètres de surface; pour 4 mètres de largeur, on en aura 4 fois plus ou $7 \times 4 = 28$.

On opère ainsi toutes les fois que la surface peut se diviser en un nombre exact de carrés. Pour les surfaces irrégulières, on a recours aux procédés enseignés dans la géométrie.

204. Multiples du mètre carré. — Les multiples du mètre carré sont :

Le *décamètre carré* ou...   *cent mètres carrés;*
L'*hectomètre carré* ou....   *dix mille mètres carrés;*
Le *kilomètre carré* ou....   *un million de mètres carrés;*
Le *myriamètre carré* ou..   *cent millions de mètres carrés.*

205. Sous-multiples du mètre carré. — Les sous-multiples du mètre sont :

Le *décimètre carré* ou...   *un centième de mètre carré;*
Le *centimètre carré* ou...   *un dix-millième de mètre carré;*
Le *millimètre carré* ou ..   *un millionième de mètre carré.*

206. Valeur relative des unités de surface. — Les multiples et les sous-multiples du mètre carré sont de cent en cent fois plus grands ou plus petits les uns que les autres. On le démontre de la manière suivante :

DÉMONSTRATION. — Soit le carré ABCD dont chaque côté a un décamètre de long ; en divisant chacun des côtés AB et AD en 10 parties égales, chaque partie aura un mètre de longueur.

Si par chaque point de division de la ligne AD nous traçons des lignes parallèles à AB, nous obtiendrons 10 bandes ayant chacune 10 mètres de long et 1 mètre de large, c'est-à-dire 10 mètres carrés de superficie. Par conséquent, si une bande contient 10 mètres carrés, les dix bandes ou le décamètre carré contiendront dix fois dix mètres carrés ou 100 mètres carrés.

On démontrerait de la même manière que *le mètre carré vaut cent décimètres carrés,* etc.

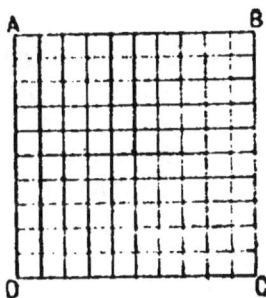

Fig. 2.

De ce qui précède, on peut établir le principe suivant :

207. PRINCIPE. — Tout multiple ou sous-multiple des mesures de surface vaut **cent fois** le multiple ou le sous-multiple qui lui est immédiatement inférieur, et est la **centième partie** de celui qui lui est immédiatement supérieur. Par suite, dans les surfaces exprimées en chiffres, les multiples et sous-multiples du mètre carré se succèdent de deux en deux chiffres.

EXEMPLE. — Le nombre 17251^{mq},2536 exprime *1 hectomètre carré, 72 décamètres carrés, 51 mètres carrés, 25 décimètres carrés et 36 centimètres carrés.*

Quand le nombre des chiffres décimaux est impair on doit compléter la dernière tranche de droite par un zéro.

EXEMPLE. — Le nombre 25^{mq},535 doit être complété par un zéro et être lu : *25 mètres carrés, 53 décimètres carrés et 50 centimètres carrés.*

208. Mesures effectives de surface. — Les mesures de surface n'existent pas effectivement ; c'est à l'aide du mètre de longueur qu'on mesure l'étendue des surfaces.

209. Mesures topographiques. — On appelle **mesures topographiques** les mesures de surface servant à évaluer les grandes étendues, comme la superficie d'une ville, d'un canton, d'un État, etc.

Les mesures topographiques sont :

L'*hectomètre carré*, le *kilomètre carré* et le *myriamètre carré.*

210. REMARQUE. — Le **kilomètre carré** est la principale mesure topographique. C'est ordinairement lui qui est pris pour unité.

MESURES AGRAIRES

L'ARE

211. Unité. — L'unité des *mesures agraires* est l'are.

212. L'are. — L'are est une mesure de 100 mètres carrés, équivalant, par conséquent, au décamètre carré.

213. Usage. — L'are sert à évaluer la surface des terrains.

214. Manière de mesurer les surfaces des terrains. — L'are n'est pas une mesure réelle ; voilà pourquoi on mesure la surface des terrains comme les surfaces ordinaires.

Si le terrain dont il faut évaluer la surface a une forme rectangulaire, on multiplie sa longueur par sa largeur : le produit obtenu représente la surface demandée (1).

215. Multiples de l'are. — L'are n'a qu'un multiple appelé l'*hectare*. L'hectare vaut *cent ares.*

216. Sous-multiples de l'are. — L'are n'a qu'un sous-multiple appelé *centiare.* Le centiare est la *centième partie de* l'*are.*

217. Valeur relative des mesures agraires et des mesures de surface. — L'are est un carré d'un décamètre de côté ; il est égal au *décamètre carré.*

L'*hectare* est un carré d'un hectomètre de côté ; il est égal à l'*hectomètre carré.*

_____

(1) Voir la Géométrie pour les autres surfaces.

Le *centiare* est un carré d'un mètre de côté; il est égal au *mètre carré*.

218. Manière d'écrire un nombre exprimant des mesures agraires. — On écrit un nombre exprimant des *mesures agraires* de la même manière que les nombres représentant des surfaces ordinaires, c'est-à-dire qu'on écrit d'abord les *hectares*, puis les *ares* et enfin les *centiares*.

Les ares, qui expriment *des unités*, doivent être séparés des *centiares* par une virgule.

EXEMPLE. — 42^{ha} 74^a, 80 ^{ca}.

Comme l'*hectare* vaut 100 *ares* et l'*are* 100 *centiares*, il faut *deux chiffres* pour représenter chaque espèce d'unité exprimant une surface.

219. Transformation d'un nombre de mètres carrés en ares. — RÈGLE. — Pour évaluer en ares une surface évaluée en mètres carrés, il faut diviser par 100 le nombre exprimant des mètres carrés.

EXEMPLE. — 1725^{mq} = 17^{a}25.

DÉMONSTRATION. — Puisqu'un are vaut 100 mètres carrés, un nombre de mètres carrés contiendra autant d'ares qu'il contient de fois 100; or 1725 : 100 = 17,25.

MESURES DE VOLUME

LE MÈTRE CUBE

220. Unité. — L'unité des mesures de *volume* est le **mètre cube.**

221. Volume. — On appelle **volume d'un corps** la portion de l'espace occupée par ce corps.

222. Mètre cube. — Le **mètre cube** est un cube dont chaque côté a un mètre de longueur.

223. Cube. — On appelle **cube** un **corps** limité par *six faces carrées égales.*

224. Usages. — Le mètre cube sert à évaluer le volume d'une pierre de taille, d'un mur, d'une poutre, d'une masse de terre, etc.

225. Manière de mesurer les volumes. — Si le corps à mesurer a une forme régulière, on en trouve le volume en *multipliant entre eux les nombres exprimant la mesure des trois dimensions :* **longueur, largeur** et **hauteur.**

EXEMPLE. — Si une poutre a 10 mètres de long, 0^m,50 de large et 0^m,40 de hauteur, son volume sera de 10^m × 0^m,50 × 0^m,40 = 2 mètres cubes.

226. Multiples du mètre cube. — Le mètre cube n'a pas de multiples, cependant on dit quelquefois :

Décamètre cube pour.... mille mètres cubes;
Hectomètre cube pour... un million de mètres cub
Kilomètre cube pour.... un billion de mètres cubes.

227. Sous-multiples du mètre cube. — Les sous-multiples du mètre cube sont :

Le décimètre cube...... millième du mètre cube ;
Le centimètre cube...... millionième du mètre cube;
Le millimètre cube..... billionième du mètre cube.

228. Valeur relative des mesures de volume. — Les multiples et les sous-multiples du mètre cube sont de **mille en mille** fois *plus grands* ou *plus petits* les uns que les autres. On le démontre de la manière suivante :

DÉMONSTRATION. — Supposons une boîte cubique d'*un mètre de long,* d'*un mètre de large* et d'*un mètre de hauteur :* cette boîte est un *mètre cube.*

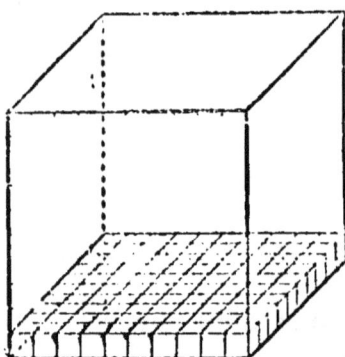

Fig. 3.

Le fond de cette boîte, qui a un *mètre carré* de surface, peut être divisé en *cent décimètres carrés* à l'aide de parallèles perpendiculaires entre elles et distantes *de 1 décimètre.*

Sur les *cent petits carrés* nous pouvons placer cent petites boîtes ayant chacune un *décimètre* de côté. Ces cent petites boîtes forment un volume de cent décimètres cubes.

Mais cent décimètres cubes n'occuperont la grande boîte que jusqu'à la hauteur d'un décimètre ; il faudra donc dix couches de cent décimètres cubes pour remplir le mètre cube, ce qui donnera pour le volume total 10 fois 100 décimètres cubes ou 1000 décimètres cubes. On peut démontrer de même que le décimètre cube vaut 1000 centimètres cubes, etc.

229. PRINCIPE. — Tout multiple ou sous-multiple des mesures de volume vaut **mille fois** le multiple ou le sous-multiple qui lui est immédiatement inférieur, ou est la **millième partie** de celui qui lui est immédiatement supérieur.

Par suite, dans les volumes exprimés en chiffres, les multiples et les sous-multiples du mètre cube se succèdent de trois en trois chiffres.

EXEMPLE. — Le nombre 13525mc,736216 exprime *13 décamètres cubes. 525 mètres cubes, 736 décimètres cubes et 216 centimètres cubes.*

Quand le nombre des chiffres décimaux ne peut pas être partagé en tranches de trois chiffres, on compl' la *dernière tranche* à droite par *un* ou *deux* zéros.

EXEMPLE. — Le nombre 75mc,1356 doit être complété par deux zéros et être lu : *75 mètres cubes, 135 décimètres cubes et 600 centimètres cubes.*

MESURES DE BOIS DE CHAUFFAGE

LE STÈRE

230. Unité. — L'unité des mesures de *bois de chauffage* est le *stère.*

231. Stère. — Le stère est un tas de bois ayant un mètre de **haut**, de **long** et de **large**.

232. Forme. — Le stère existe dans le commerce, comme *mesure réelle.* Il est composé d'un cadre ayant *un mètre de haut* et *un mètre de large.*

La partie du cadre, posée à terre, est appelée *la sole,* et les deux côtés droits s'appellent *les montants.*

Usage. — Le *stère* sert à mesurer le bois de chauffage, surtout en province, car, à Paris, ce bois est presque toujours vendu au poids.

233. Construction d'un stère de bois. — 1º Les montants du stère étant à la distance d'*un mètre,* si les bûches qu'on achète ont *un mètre de longueur,* pour construire un stère, on n'aura qu'à faire un tas d'*un mètre de hauteur.*

2º *Si les bûches ont plus d'un mètre de long, la hauteur du tas devra être inférieure à un mètre.* — On obtiendra cette hauteur en divisant 1 par la longueur des bûches.

EXEMPLE. — Soit à faire un stère avec des bûches de 1m,25 de long, on aura :

$$1 : 1,25 = 0,8.$$

Le tas devra donc avoir 0m,8 de hauteur.

3º *Si les bûches n'ont pas un mètre de long, le tas devra avoir plus d'un mètre de haut.* — On obtiendra cette hauteur en procédant comme dans le cas précédent.

EXEMPLE. — Soit à faire un stère avec des bûches de 0,8 de longueur, on aura :

$$1 : 0,8 = 1,23.$$

Le tas devra donc avoir 1^m,23 de hauteur.

234. Mesure d'un tas de bois. — Pour avoir le nombre de stères contenu dans un tas de bois quelconque, on en mesure les trois dimensions et on fait le produit des trois nombres obtenus. Ce produit exprime le nombre de stères cherché.

EXEMPLE. — Soit un tas de 2 mètres, de 1^m,5 de long et de 1^m,3 de haut, on aura :

$$2 \times 1,5 \times 1,3 = 3,9.$$

Soit 3st,9 décistères.

235. Multiple du stère. — Le *stère* n'a qu'un multiple :

Le *décastère,* qui vaut *dix stères.*

236. Sous-multiple du stère. — Le stère n'a qu'un sous-multiple :

Le *décistère,* qui est la *dixième partie du stère.*

237. Valeur relative des mesures de volume et des mesures de bois de chauffage. — Le stère est en apparence égal au *mètre cube,* le décastère à *dix mètres cubes;* et le décistère (1) à *un dixième de mètre cube.*

238. Manière d'écrire un nombre exprimant des mesures de bois de chauffage. — Un nombre exprimant des *décastères,* des *stères* et des *décistères,* s'écrit comme *tout nombre décimal ordinaire,* c'est-à-dire que les stères devront occuper le rang des *unités;* les décastères, le rang des *dizaines.* et les décistères le rang des *dixièmes.*

239. Mesures effectives de chauffage. — Les mesures effectives de bois de chauffage sont :

Le *stère;*
Le *double stère* ou............ *deux stères;*
Le *demi-décastère* ou...... ... *cinq stères.*

---

(1) On comprendra facilement qu'un stère de bois et un mètre cube de bois ne sont pas la même chose. Un mètre cube contient toujours mille décimètres cubes de bois, tandis que, à cause des vides entre les bûches, un stère de bois ne contient amais mille décimètres cubes de matière.

MESURES DE CAPACITÉ OU DE CONTENANCE

LE LITRE

240. Unité. — L'unité des mesures de *capacité* est le **litre**.

241. Le litre. — Le litre est un vase de la contenance d'un *décimètre cube*.

242. Matière. — Les *litres* sont en étain, en fer-blanc ou en bois.

243. Formes. — Les *litres* ont tous la forme d'un *cylindre* : Les litres en **étain** sont deux fois plus **hauts** que **larges** ; Les litres en **fer-blanc** et en **bois** sont aussi **hauts** que **larges.**

244. Usages. — Le litre sert à mesurer :

1° Les **choses liquides**, comme l'eau, le vin, l'eau-de-vie, l'huile, le lait, etc.

2° Les **choses en grains**, comme le blé, les haricots, etc.

245. Manière de mesurer. — Pour mesurer une quantité quelconque avec un litre, on remplit successivement cette mesure autant de fois qu'on le peut, avec le liquide ou les grains que l'on possède.

EXEMPLE. — Si l'on a pu remplir le litre 17 fois avec un tas de blé, on dit que ce tas contient 17 litres de blé

246. Multiples du litre. — Les *multiples* du litre sont :

Le *décalitre* ou................ *dix litres;*
L'*hectolitre* ou................ *cent litres;*
Le *kilolitre* ou................ *mille litres.*

247. Sous-multiples du litre. — Les sous-multiples du litre sont :

Le *décilitre* ou........... *dixième de litre;*
Le *centilitre* ou.......... *centième de litre;*
Le *millilitre* ou.......... *millième de litre.*

248. Valeur relative des mesures de volume et des mesures de capacité. — Le litre ayant une capacité d'un décimètre cube, le kilolitre est égal au *mètre cube* et le millilitre au *centimètre cube*.

249. Manière d'écrire un nombre exprimant des mesures de capacité. — Les mesures de capacité sont de dix en dix fois plus grandes ou plus petites les unes que les autres.

On écrit donc un nombre exprimant des mesures de capacité, comme on écrit un nombre décimal ordinaire.

250. Mesures effectives de capacité. — Tous les multiples et sous-multiples du litre, du centilitre à l'hectolitre inclusivement, sont des **mesures effectives;** la loi autorise en outre l'usage de mesures qui sont le double ou la moitié de ces multiples et de ces sous-multiples, excepté pour le *double-hectolitre* qui serait trop grand, et le *demi-centilitre* qui serait trop petit.

Voici le tableau des mesures réelles de capacité :

MULTIPLES.	UNITÉ.	SOUS-MULTIPLES.
L'*hectolitre* ou 100 litres. Le *demi-hectolitre* ou 50 litres. Le *double décalitre* ou 20 litres. Le *décalitre* ou 10 litres. Le *demi-décalitre* ou 5 litres.	Le *double litre* ou 2 litres. Le *litre.* Le *demi-litre* ou la moitié d'un litre.	Le *double décilitre,* ou 5ᵉ du litre. Le *décilitre,* ou 10ᵉ du litre. Le *double centilitre,* ou 50ᵉ du litre. Le *centilitre* ou 100ᵉ du litre.

MESURES DE POIDS

LE GRAMME

251. Unité. — L'unité de *poids* est le **gramme.**

252. Gramme. — Le **gramme** est le poids d'*un centimètre cube d'eau pure* pesée à la température de 4 degrés centigrades.

253. Matière. — Le gramme est en **laiton,** substance qu'on appelle communément du cuivre jaune.

254. Forme. — Le gramme a la forme d'un petit **cylindre plein** surmonté d'un bouton.

255. Usages. — Le gramme sert à évaluer le **poids** de tous les corps.

Pour peser les objets on se sert de *balances,* de *bascules* et de *romaines.*

Avec les balances, on met la chose à peser dans l'un des plateaux de la balance et assez de grammes dans l'autre plateau pour faire *équilibre.*

EXEMPLE. — Si l'on a pesé du pain et que l'on ait mis **15 grammes** dans la balance, on dit avoir *15 grammes de pain.*

Les bascules et les romaines, au contraire, sont faites de telle sorte qu'un poids de 1 *gramme* fait équilibre à 10 *grammes* du corps à peser.

EXEMPLE. — Si l'on met 15 grammes sur le plateau de la bascule, il faudra d'autre part 150 grammes de matière pour faire équilibre.

256. Multiples du gramme. — Les *multiples* du gramme sont :

Le *décagramme* ou..... *dix grammes;*
L'*hectogramme* ou...... *cent grammes;*
Le *kilogramme* ou..... *mille grammes;*
Le *myriagramme* ou.... *dix mille grammes.*

A ces multiples il faut ajouter : 1° Le *quintal métrique*, qui est un poids de *100 kilogrammes;*

2° La *tonne* ou le *tonneau de mer*, qui est un poids de *1000 kilogrammes.*

257. Sous-multiples du gramme. — Les sous-multiples du gramme sont :

Le *décigramme* ou...... *dixième de gramme;*
Le *centigramme* ou..... *centième de gramme;*
Le *milligramme* ou..... *millième de gramme.*

258. Valeur relative des mesures de poids, de volume et de capacité. — Le *kilogramme* est le poids d'un *décimètre cube d'eau* ou d'un *litre d'eau pure.*

La *tonne* est le poids d'un *mètre cube* ou d'un *kilolitre d'eau pure.*

On évalue en *tonnes* ou *tonneaux de mer* la charge d'un navire. Lorsqu'on dit qu'un navire est de *cent tonneaux*, on veut dire que le navire peut transporter *cent fois mille kilogrammes* de marchandise, ou *cent mille kilogrammes*, sans sombrer.

259. Manière d'écrire un nombre exprimant des unités de poids. — Les mesures de poids étant de dix en dix fois plus grandes ou plus petites les unes que les autres, on écrit un nombre exprimant des poids comme on écrit un nombre décimal ordinaire.

260. Mesures effectives de poids. — Tous les multiples et les sous-multiples du gramme, à l'exception du *quintal* et de la *tonne*, sont des **mesures effectives**; la loi autorise en outre l'usage de poids qui sont le *double* ou la *moitié* des multiples et des sous-multiples, à l'exception du *demi-milligramme* qui serait trop petit.

Voici le tableau des mesures réelles de poids :

MULTIPLES.	UNITÉS.	SOUS-MULTIPLES.
Le *demi-quintal* ou 50 kil.	Le *double gramme* ou 2 grammes.	Le *double décigramme* ou 5ᵉ de gramme.
Le *double myriagr.* — 20 —		
Le *myriagramme* — 10 —	Le *gramme*, unité.	Le *décigramme* ou 10ᵉ de gr.
Le *double kilogr.* — 2 —	Le *demi-gramme* ou 5 décigrammes.	Le *demi-décigramme* ou 20ᵉ de gramme.
Le *kilogramme* ou 1000 gr.		
Le *demi-kilogr.* — 500 —		Le *double centigramme* ou 50ᵉ de gramme.
Le *double h-ctogr.* — 200 —		
L'*hectogramme* — 100 —		Le *centigramme* ou 100ᵉ de gramme.
Le *demi-hectogr.* — 50 —		
Le *double décagr.* — 20 —		Le *double milligramme* ou 500ᵉ de gramme.
Le *décagramme* — 10 —		
Le *demi-décagr.* — 5 —		Le *milligramme* ou 1000ᵉ de gramme.

Tous ces poids forment deux séries distinctes : l'une formée de poids en fonte de fer en forme de pyramide surmontée d'un anneau, l'autre formée de poids en cuivre en forme de cylindre surmonté d'un bouton.

261. Poids en fonte. — La série des poids en fonte comprend les poids de 50 kilogrammes, de 20 kilogrammes, de 10 kilogrammes, de 5 kilogrammes, de 2 kilogrammes, de 1 kilogramme, de 5 hectogrammes, de 2 hectogrammes, de 1 hectogramme, et de 1 demi-hectogramme.

262. Poids en cuivre. — La série des poids en cuivre comprend les poids de 1000 grammes, de 500 grammes, de 200 grammes, de 100 grammes, de 50 grammes, de 20 grammes, de 10 grammes, de 5 grammes, de 2 grammes et de 1 gramme.

263. Poids en lames. — Pour peser les choses précieuses ou les médicaments dangereux, on se sert de tout *petits poids en lames de cuivre* dont voici l'énumération :

5 *décigrammes,* 2 *décigrammes,* 1 *décigramme,*
5 *centigrammes,* 2 *centigrammes,* 1 *centigramme,*
5 *milligrammes,* 2 *milligrammes,* 1 *milligramme.*

264. Poids à godet. — Enfin, il existe des poids creux en cuivre, s'emboîtant les uns dans les autres et qu'on appelle *poids à godet.* L'ensemble de ces poids pèse un kilogramme.

265. Manière de trouver le poids d'un volume d'eau.

-— Le gramme étant le poids d'un centimètre cube d'eau pure, un *décimètre cube* ou un *litre d'eau* pèsera *mille fois un gramme* ou 1 *kilogramme*.

De ce qui précède, on peut établir la règle suivante :

266. RÈGLE. — Pour trouver le poids d'un volume d'eau, on peut évaluer ce volume en *décimètres cubes* ou en *litres*. On a alors autant de *kilogrammes* que de litres.

On peut encore évaluer ce volume en *centimètres cubes* ou en *millilitres*. Dans ce cas, on a autant de *grammes* que de centimètres cubes ou de *millilitres*.

EXEMPLE. -— *100 litres* d'eau pèsent *100 kilogrammes*.
       370 centimètres cubes d'eau pèsent *370 grammes*.
       5 mètres cubes d'eau pèsent *5000 kilogrammes*.
       84 hectolitres d'eau pèsent *8400 kilogrammes*.

267. Densité des corps. — Les corps n'ont pas le même poids sous un même volume; ainsi une *balle* de *plomb* pèse plus qu'une *balle* de *liège* de la même grosseur.

Selon que les corps pèsent plus ou moins sous le même volume, on dit qu'ils sont plus ou moins *denses*.

268. DÉFINITION. — On appelle *densité* d'un corps solide ou liquide le nombre qui exprime le poids d'un *décimètre cube* de ce corps.

EXEMPLE. — Ainsi un *décimètre cube d'or pur* pesant $19^k,25$ grammes, on dit que la densité de l'*or* est 19,25, c'est-à-dire qu'à volume égal, l'or pèse 19,25 fois plus que l'eau.

Au contraire, un *litre* d'huile pesant 0^k915 grammes, on dit que la densité de l'huile est 0,915.

De ce qui précède on a déduit les trois règles suivantes :

269. RÈGLES. — I. *On obtient le poids d'un corps en multipliant son volume par sa densité ;*

II. *On obtient le volume d'un corps en divisant son poids par sa densité;*

III. *On obtient la densité d'un corps en divisant son poids par son volume.*

270. Rapport des mesures de volume, de bois de chauffage, de capacité et des mesures de poids. — Le tableau suivant résume le rapport qui existe entre ces diverses mesures :

Mètre cube......	Unités.....	Stère........	Kilolitre.......	Tonne.
	Dizaines...	Décastère.....	Myrialitre.	
Décimètre cube..	Unités.....	Litre..........	Kilogramme.	
	Dizaines...	Décalitre......	Myriagramme.	
	Centaines..	Décistère......	Hectolitre.....	Quintal.
Centimètre cube.	Unités.....	Millilitre......	Gramme.	
	Dizaines...	Centilitre.....	Décagramme.	
	Centaines..	Décilitre......	Hectogramme.	
Millimètre cube..	Unités.....	Milligramme.		
	Dizaines...	Centigramme.		
	Centaines..	Décigramme		

MONNAIES.

LE FRANC

271. Unité. — L'unité des *monnaies* est le **franc**.

272. Définition. — Le **franc** est une pièce de métal de forme circulaire, du poids de 5 grammes et composée d'un alliage d'argent et de cuivre.

273. Usage. — Les monnaies servent à payer les choses qu'on achète.

Pour payer une marchandise, on donne le nombre de francs qui en est le prix.

274. Multiples du franc. — Le franc n'a pas de multiples auxquels on donne de noms particuliers.

On compte les francs comme les choses ordinaires et l'on dit : *cinq francs, dix francs, vingt francs, trente francs,* etc.

275. Sous-multiples du franc. — Les *sous-multiples* du franc sont :

Le *décime*, qui est la.... 10e partie du franc;
Le *centime*, qui est la.... 100e partie du franc;
Le *millime*, qui est la.... 1,000e partie du franc.

276. Diverses sortes de monnaies. — Il y a trois sortes de monnaies :

Les *monnaies* d'or, les *monnaies* d'argent et les *monnaies de bronze*.

277. Nombre de pièces d'or. — Il y a cinq pièces d'or.

La pièce de *cinq* francs qui pèse..... 1 gr. 6129;
La pièce de *dix* francs qui pèse..... 3 gr. 2258;
La pièce de *vingt* francs qui pèse..... 6 gr. 4516;
La pièce de *cinquante* francs qui pèse. 16 gr. 129;
La pièce de *cent* francs qui pèse..... 32 gr. 258.

278. Nombre de pièces d'argent. — Il y a *cinq* pièces d'argent.

La pièce de 0 fr. 20 qui pèse....... 1 gramme;
La pièce de 0 fr. 50 qui pèse....... 2 gr. 50;
La pièce de 1 fr. 00 qui pèse....... 5 grammes;
La pièce de 2 fr. 00 qui pèse....... 10 grammes;
La pièce de 5 fr. 00 qui pèse....... 25 grammes.

279. Nombre de pièces de bronze. -- Il y a *quatre* pièces de bronze :

La pièce de 0 fr. 01 qui pèse....... 1 gramme;
La pièce de 0 fr. 02 qui pèse...... 2 grammes;
La pièce de 0 fr. 05 qui pèse....... 5 grammes;
La pièce de 0 fr. 10 qui pèse....... 10 grammes.

280. Billets de banque. — Outre les monnaies d'or, d'argent et de bronze, on fait usage, pour le payement des marchandises, d'un papier-monnaie fabriqué par la **Banque de France** sous le contrôle de l'État. On donne à ce papier-monnaie le nom de **billets de banque.**

Il y a *cinq* billets de banque :

Les billets de 50 fr., de 100 fr., de 200 fr., de 500 fr., et de 1,000 francs.

281. Titre des monnaies d'or et d'argent. — Les pièces d'or et d'argent ne sont ni en or pur ni en argent pur.

Elles sont, comme le franc, composées d'un alliage; cet alliage est formé de neuf parties en poids d'or ou d'argent et d'une partie de cuivre.

282. Titre des monnaies. — On appelle **titre des monnaies** le rapport du poids de l'or et de l'argent au poids total de la pièce.

Les pièces d'or et d'argent étant composées de neuf parties d'or ou d'argent et d'une partie de cuivre, sont dites au titre de **neuf dixièmes.**

283. Exception. — Par exception, les pièces de 2 fr., de 1 fr., de 0 fr. 50 et de 0 fr. 20 sont composées de 835 parties d'argent et 165 parties de cuivre.

On dit par suite qu'elles sont au titre de 805 *millièmes*.

284. Remarque. — Les pièces de bronze sont formées de 95 parties de cuivre, de 4 parties d'étain et de 1 partie de zinc.

285. Valeur relative des trois sortes de monnaie. — A poids égal, les trois sortes de monnaie ont les valeurs suivantes :

1° — L'*or* vaut 15,5 fois plus que l'argent et 310 fois plus que le bronze.

2° — L'*argent* vaut 15,5 fois moins que l'or et 20 fois plus que le bronze.

3° — Le *bronze* vaut 20 fois moins que l'argent et 310 fois moins que l'or.

D'après cela, si 1 gramme de bronze vaut 0 fr. 01,

1 gramme d'argent vaut $0,01 \times 20 = 0$ fr. 20
1 gramme d'or vaut $0,20 \times 15,5 = 3$ fr. 10.

COMMENT LES DIFFÉRENTES MESURES SE RAPPORTENT AU MÈTRE.

286. Mètre carré. — Le *mètre carré* se rapporte au mètre parce que c'est *un carré* d'un mètre de côté.

287. Are. — L'*are* se rapporte au mètre parce qu'il a 100 mètres carrés de superficie.

288. Mètre cube. — Le *mètre cube* se rapporte au mètre parce que c'est un cube d'un mètre de côté.

289. Stère. — Le *stère* se rapporte au mètre parce que c'est un tas de bois ayant un mètre de long, de large et de haut.

290. Litre. — Le *litre* se rapporte au mètre parce qu'il a un *décimètre cube* de capacité et que le décimètre cube se rapporte au mètre.

291. Gramme. — Le *gramme* se rapporte au mètre, parce qu'il est le poids d'un *centimètre cube* d'eau pure et que le centimètre cube se rapporte au mètre.

292. Franc. — Le *franc* se rapporte au mètre parce qu'il pèse *cinq grammes* et que le gramme se rapporte au mètre.

NOMBRES COMPLEXES.

293. Définitions. — On appelle **nombre complexes** des nombres exprimant la mesure de certaines quantités dont l'unité ne se subdivise pas en parties de **dix en dix fois plus petites**.

294. Quantités exprimées en nombres complexes. — Il n'existe plus en France que trois sortes de quantités qui s'expriment en nombres complexes. Ce sont : la *circonférence*, les *angles* et le *temps*.

CIRCONFÉRENCES ET ANGLES

Nous renvoyons à la géométrie pour tout ce qui concerne la mesure de la circonférence et des angles.

TEMPS

295. Unité. — L'unité de mesure pour le *temps* est le **jour.**

296. Jour. — On appelle **jour** le temps pendant lequel la terre tourne sur elle-même devant le soleil.

297. Multiples du jour. — Les durées plus grandes que le jour et qu'on peut appeler les **multiples** du jour sont :

1° La **semaine**, qui est une durée de 7 jours ;

2° Le **mois**, qui est une durée de 30 ou 31 jours ; un seul mois, le mois de février, a tantôt 28 jours, tantôt 29 ;

3° **L'année civile**, qui se divise en 12 mois et est à peu près égale au temps pendant lequel la terre fait un tour autour du soleil. (L'année comprend 365 ou 366 jours.)

L'année de 366 jours, qui revient tous les quatre ans, se nomme **année bissextile** (1).

4° Le **siècle**, qui est une durée de cent années.

298. Sous-multiples du jour. — Les durées plus petites que le jour, qu'on peut appeler les *sous-multiples* du jour, sont:

1° L'**heure**, qui est la 24e partie du jour;

2° La **minute**, qui est la 60e partie de l'heure ;

3° La **seconde**, qui est la 60e partie de la minute.

_____

(1) Il sera bon d'expliquer que l'année véritable se compose de 365 jours 1/4 et que c'est pour cette raison que, tous les quatre ans, le mois de février a 29 jours et l'année 366.

CINQUIÈME PARTIE

PUISSANCES, RACINES, MULTIPLES ET NOMBRES PREMIERS

I. — PUISSANCES ET RACINES.

299. Puissance. — On appelle **puissance** d'un nombre le produit de ce nombre multiplié une ou plusieurs fois par lui-même.

EXEMPLE. — $2 \times 2 \times 2 = 8$. — 8 est une puissance de 2.

300. Nom des puissances. — On donne aux puissances des noms indiquant combien le nombre dont il est question est pris de fois comme facteur.

EXEMPLE. — 1° 2 considéré seul est à la première puissance.

2° 2×2 ou 4 est la deuxième puissance de 2.

3° $2 \times 2 \times 2$ ou 8 est la troisième puissance de 2, etc.

301. Exposant. — On appelle **exposant** un petit chiffre que l'on place à droite et un peu au-dessus d'un nombre, pour indiquer à quelle puissance ce nombre doit être élevé.

EXEMPLE. — $2^2 = 2 \times 2 = 4$.

$2^3 = 2 \times 2 \times 2 = 8$.

$2^5 = 2 \times 2 \times 2 \times 2 \times 2 = 32$.

302. Carré, cube. — La 2e et la 3e puissance des nombres ont reçu des noms particuliers; on leur donne le nom de *carré* et de *cube*, ainsi :

1° On appelle **carré** ou 2e puissance d'un nombre le produit de ce nombre par lui-même.

EXEMPLE. — $2 \times 2 = 4$, qui est le carré de 2.

Carrés des 10 premiers nombres. — Les **carrés** des 10 premiers nombres sont d'après cela :

$1 \times 1 =$ 1	$6 \times 6 =$ 36
$2 \times 2 =$ 4	$7 \times 7 =$ 49
$3 \times 3 =$ 9	$8 \times 8 =$ 64
$4 \times 4 =$ 16	$9 \times 9 =$ 81
$5 \times 5 =$ 25	$10 \times 10 =$ 100

2° On appelle **cube** ou 3° puissance d'un nombre le produit de ce nombre multiplié deux fois par lui-même.

EXEMPLE. — $2 \times 2 \times 2 = 8$, qui est le cube de 2.

Cubes des 10 premiers nombres. — Les **cubes** des 10 premiers nombres sont :

$$1 \times 1 \times 1 = 1 \qquad 6 \times 6 \times 6 = 216$$
$$2 \times 2 \times 2 = 8 \qquad 7 \times 7 \times 7 = 343$$
$$3 \times 3 \times 3 = 27 \qquad 8 \times 8 \times 8 = 512$$
$$4 \times 4 \times 4 = 64 \qquad 9 \times 9 \times 9 = 729$$
$$5 \times 5 \times 5 = 125 \qquad 10 \times 10 \times 10 = 1000$$

303. Racines. — On appelle **racine** d'un nombre un nombre qui, multiplié par lui-même un certain nombre de fois, reproduit le nombre donné.

304. Racine carrée et racine cubique. — En arithmétique, on considère surtout la **racine carrée** et la **racine cubique.**

305. Définition. — 1° On appelle **racine carrée** d'un nombre, un nombre qui, multiplié par lui-même, reproduit le nombre donné.

EXEMPLE. — $2 \times 2 = 4$; donc 2 est la racine carrée de 4.

2° On appelle **racine cubique** d'un nombre, un nombre qui, multiplié deux fois par lui-même, reproduit le nombre donné.

EXEMPLE. — $2 \times 2 \times 2 = 8$; donc 2 est la racine cubique de 8.

306. Signes des racines. — On appelle signe des racines le caractère suivant ($\sqrt{}$), nommé **radical**, qui indique qu'il faut extraire la racine du nombre qui le suit.

Le radical seul indique qu'il faut extraire la *racine carrée* du nombre.

Pour indiquer qu'il faut extraire la *racine cubique* on met un trois entre les branches du radical : $\sqrt[3]{}$

Les racines 4°, 5°, 6°, etc., seraient indiquées par les chiffres, 4, 5 et 6.

307. Indice. — On appelle **indice** de la racine le chiffre placé entre les branches du radical.

EXEMPLE. — $\sqrt{25} \; \sqrt[3]{27} \; \sqrt[4]{64}$, indiquent qu'il faut extraire la racine carrée de 25, la racine cubique de 27, et la racine 4° de 64.

EXTRACTION DES RACINES.

On a souvent besoin d'extraire la racine carrée et la racine cubique des nombres ; dans ce cas, on suit les règles suivantes.

308. Extraction de la racine carrée. — Règle. — Pour extraire la racine carrée d'un nombre, on partage le nombre en tranches de deux chiffres à partir de la droite. Dans ce cas, la première tranche à gauche peut n'avoir qu'un chiffre. On place à droite du nombre deux traits comme pour la division. C'est dans l'angle supérieur qu'on inscrit la racine.

On cherche le plus grand carré contenu dans la première tranche à gauche, et on inscrit la racine de ce carré au lieu indiqué ; on retranche ensuite ce carré de la première tranche.

A la droite du reste obtenu, on abaisse la tranche suivante du nombre, et on sépare un chiffre sur la droite du nombre ainsi formé. On double la racine et on écrit ce double dans l'angle au-dessous. On cherche combien de fois ce double de la racine est contenu dans le nombre à gauche du point et on inscrit ce nombre de fois à sa droite. On multiplie le nombre qui en résulte par son dernier chiffre et on essaye de retrancher le produit du nombre à gauche. Si la soustraction est possible, le chiffre est déclaré bon et on l'écrit à la racine ; sinon on le diminue successivement d'une unité jusqu'à ce que le produit puisse être retranché.

On continue ainsi jusqu'à ce que toutes les tranches du nombre proposé soient abaissées.

EXEMPLE. — Soit à extraire la racine du nombre 182 329. L'application de la règle donnera lieu à l'opération suivante :

18.23.29	427 racine carrée.	
16	82	847
22.3	2	7
16.4	164	5929
592.9		
592.9		
0.0		

309. REMARQUES. — I. Quand l'extraction de la racine carrée donne un reste, si l'on veut avoir une plus grande approximation, on abaisse successivement deux zéros à droite des restes successifs, et on obtient des dixièmes, des centièmes, des millièmes, etc., que l'on place à droite de la racine en les séparant par une virgule.

II. L'extraction de la racine carrée des nombres décimaux se fait de la même façon que celle des nombres entiers; seulement, avant de commencer l'opération, il faut, si le nombre des chiffres décimaux n'est pas pair, le rendre pair en écrivant un zéro à sa droite.

Il faut aussi mettre une virgule à la racine avant d'abaisser la première tranche des chiffres décimaux.

310. Extraction de la racine cubique. — Règle. — Pour extraire la racine cubique d'un nombre, on le partage en tranches de trois chiffres, à partir de la droite. La dernière tranche à droite peut n'avoir qu'un ou deux chiffres.

On cherche le plus grand cube contenu dans cette dernière tranche et on en extrait la racine, que l'on écrit au lieu indiqué.

On retranche ce cube de la tranche et on écrit la tranche suivante à droite du reste; on sépare ensuite deux chiffres sur la droite du nombre ainsi formé.

On fait le carré du chiffre de la racine et on multiplie ce carré par trois. On cherche combien de fois ce dernier produit est contenu dans la première portion du nombre à gauche du point et l'on écrit ce nombre de fois à la racine.

On fait le cube de la nouvelle racine et on essaye de le retrancher du nombre formé par les deux premières tranches à gauche du nombre donné. Si la soustraction est possible le chiffre est bon et on le laisse à la racine; sinon, on le diminue successivement d'une unité jusqu'à ce que le produit puisse être retranché.

On continue ainsi jusqu'à ce que toutes les tranches du nombre soient abaissées.

EXEMPLE. — Soit à extraire la racine cubique de 84 766 121. L'application de la règle donnera l'opération suivante :

84.766.121	439	
64	16	1849
207.66	3	3
847 66	48	5549
795 07		
52591 21	$44 \times 44 \times 44 = 85$ 184.	
84 766 121	$43 \times 43 \times 43 = 79$ 507.	
84 604 519	$439 \times 439 \times 439 = 84$ 604 519.	
161 602		

311. REMARQUES. — I. Quand l'extraction de la racine cubique donne un *reste* et qu'on désire une plus grande approximation, il faut abaisser trois zéros à droite de chaque reste par chaque chiffre décimal qu'on veut avoir à la racine.

II. L'extraction de la racine cubique des nombres décimaux se fait comme celle des nombres entiers; seulement, avant de commencer l'opération, il faut, si besoin est, rendre le nombre des chiffres décimaux *multiple* de *trois*, en écrivant *un* ou *deux* zéros à la droite du nombre, selon les cas.

Il faut aussi mettre une virgule à la racine avant d'abaisser la première tranche des chiffres décimaux.

II. — MULTIPLES, DIVISEURS, CARACTÈRES DE DIVISIBILITÉ.

MULTIPLES ET DIVISEURS.

312. Multiple. — On appelle **multiple** tout nombre qui en contient exactement un autre un certain nombre de fois.

EXEMPLE. — 12 est un multiple de 4 parce qu'il contient exactement 3 fois 4.

313. Multiple commun. — On appelle **multiple commun** à deux ou plusieurs nombres le **produit** résultant de la multiplication de ces nombres les uns par les autres.

EXEMPLE. — 1º 12 qui égale 4×3 est un multiple commun à 3 et à 4. 2º 30 qui égale $2 \times 3 \times 5$ est un multiple commun à 2, 3 et 5.

314. Diviseur. — On appelle **diviseur** ou **sous-multiple** tout nombre qui est contenu exactement un certain nombre de fois dans un autre.

EXEMPLE. — 4 est un diviseur de 12 parce qu'il y est contenu exactement 3 fois.

On dit alors que 12 est *divisible* par 4.

315. Diviseur commun. — On appelle **diviseur** commun à plusieurs nombres un nombre qui est contenu exactement un certain nombre de fois dans chacun d'eux.

EXEMPLE. — 3 est un diviseur commun à 9, 12 et 15, parce que 9 le contient 3 fois; 12, 4 fois, et 15, 5 fois.

316. Facteurs. — On donne aussi aux *diviseurs* d'un nombre le nom de **facteurs** de ce nombre.

EXEMPLE. — 3 et 4, qui sont des *diviseurs* de 12, sont aussi des *facteurs* de 12.

317. Facteur commun. — On donne aussi aux *diviseurs communs* à plusieurs nombres le nom de **facteurs communs** de ces nombres.

Exemple. — 3 qui est un diviseur commun à 9, 12 et 15, est aussi un facteur commun de ces nombres.

CARACTÈRES DE DIVISIBILITÉ.

318. — Définition. — On appelle caractères de divisibilité des signes auxquels on reconnaît qu'un nombre est divisible par un autre.

319. Principaux caractères de divisibilité. — On ne considère généralement que quelques caractères de divisibilité, savoir : les caractères de divisibilité par 2, 4, 8, 25, 125, 3, 9 et 11.

320. Deux. — Un nombre est divisible par **2**, quand son dernier chiffre est *pair* ou zéro.

Les chiffres pairs sont 2, 4, 6, 8.

Exemple. — 16 et 20 sont divisibles par 2.

321. Quatre. — Un nombre est divisible par **4**, lorsque le nombre formé par ses deux derniers chiffres est un multiple de 4, ou quand ses deux derniers chiffres sont des zéros.

Exemple. — 124 est divisible par 4 parce que ses deux derniers chiffres forment le nombre 24, qui est un multiple de 4 puisqu'il égale 6 fois 4.

200 est divisible par 4.

322. Huit. — Un nombre est divisible par **8** quand le nombre formé par ses trois derniers chiffres est un multiple de 8, ou quand ses trois derniers chiffres sont trois zéros.

Exemple. — 7 328 et 4 000 sont divisibles par 8.

323. Cinq. — Un nombre est divisible par **5** quand son dernier chiffre est 5 ou zéro.

Exemple. — 25 et 30 sont divisibles par 5.

324. Vingt-cinq. — Un nombre est divisible par **25** quand ses deux derniers chiffres forment un nombre divisible par 25 ou sont 2 zéros.

Exemple. — 375 et 400 sont divisibles par 25.

325. Remarque. — Quand il n'est pas terminé par deux zéros, un nombre divisible par 25 est toujours terminé par 25, 50 ou 75.

326. Cent vingt-cinq. — Un nombre est divisible par **125** quand ses trois derniers chiffres forment un nombre divisible par 125 ou sont 3 zéros.

EXEMPLE. — 7 375 et 8 000 sont divisibles par 125.

327. REMARQUE. — Quand il n'est pas terminé par trois zéros, un nombre divisible par 125 est toujours terminé par 125, 250, 375, 500, 625, 750 et 875.

328. Trois. — Un nombre est divisible par **3** quand la somme de ses chiffres forme un nombre divisible par 3.

EXEMPLE. — 18, 24, 126 sont divisibles par 3.

329. Neuf. — Un nombre est divisible par **9** quand la somme de ses chiffres est divisible par 9.

EXEMPLE. — 27, 54 et 945 sont divisibles par 9.

330. Onze. — Un nombre est divisible par **11** quand la différence de la somme de ses chiffres de rang impair et de la somme de ses chiffres de rang pair est zéro, onze ou un multiple de 11.

EXEMPLE. — 7 227 et 66 704 sont divisibles par 11.

CONSÉQUENCES DES CARACTÈRES DE DIVISIBILITÉ.

331. Principe. — Quand un nombre est divisible à la fois par plusieurs nombres, il est divisible par le produit de ces nombres.

EXEMPLE. — 72, qui est divisible par 3 et par 4, est divisible par 12, produit de ces nombres.

De là on peut conclure :

1° Qu'un nombre est divisible par **6**, quand il l'est par 2 et par 3 ;

2° Qu'il est divisible par **12**, quand il l'est par 3 et par 4 ;

3° Qu'il est divisible par **15**, quand il l'est par 3 et par 5 ;

4° Qu'il est divisible par **18**, quand il l'est par 2 et par 9, etc.

On peut de cette façon reconnaître un grand nombre de caractères de divisibilité.

332. Preuves par 9. — Le caractère de divisibilité par 9 a permis de trouver un moyen d'abréger les preuves de la multiplication et de la division. On donne à ces preuves le nom de **preuves par 9.**

333. Preuve par 9 de la multiplication. — Règle. — Pour faire la preuve par 9 de la multiplication, on additionne les chiffres du multiplicande et du multiplicateur en retranchant 9 à mesure qu'on obtient un résultat égal ou supérieur à ce chiffre.

On place les résultats qu'on obtient dans deux des angles opposés au sommet de deux lignes qui se coupent. On multiplie ces résultats l'un par l'autre et l'on additionne les chiffres de ce produit après avoir retranché 9, s'il y a lieu, et l'on place le résultat dans l'un des angles restés vides.

On fait enfin la somme des chiffres du produit total en retranchant 9. Si le résultat est égal au résultat précédent, l'opération est bonne.

EXEMPLE.

Multiplicande	845
Multiplicateur........	437
	5915
	2535
	3380
Produit............	369265

$$\begin{array}{ccc} & 8 & \\ 4 & \diagdown\!\!\!\diagup & 4 \\ & 5 & \end{array}$$

334. Preuve par 9 de la division. — Règle. — Pour faire la preuve par 9 de la division, on considère le diviseur comme un multiplicande, le quotient comme un multiplicateur et le dividende comme un produit ; puis on procède comme pour la multiplication.

Si la division a donné un reste, on retranche ce reste du dividende avant d'additionner les chiffres de ce nombre.

III. — NOMBRES PREMIERS.

335. Nombres premiers. — On appelle **nombres premiers** des nombres qui ne sont divisibles que par eux-mêmes ou par l'unité.

EXEMPLE. — 1, 2, 3, 7, 11 sont des nombres premiers.

Table des nombres premiers jusqu'à 100. — Pour former une table des nombres premiers jusqu'à 100, il faut écrire les 100 premiers nombres à la suite les uns des autres, puis barrer d'abord tous les nombres pairs excepté 2 ; ensuite barrer tous les nombres de 3 en trois à partir de 3; tous les nombres de 5 en 5 à partir de 5 et tous les nombres de 7 en 7 à partir de 7. Après cette opération, il restera les nombres suivants, qui tous sont des nombres premiers :

1, 2, 3, 5, 7, 11, 13, 17, 19, 23, 29, 31, 37, 41, 43, 53, 59, 61, 67, 71, 73 79, 83, 89, 97.

336. Nombres premiers entre eux. — On appelle **nombres premiers entre eux** des nombres qui n'ont pas d'autre diviseur commun que l'unité.

EXEMPLE. — 1° 3 et 4 sont premiers entre eux.

2° 6 et 8 ne sont pas premiers entre eux parce qu'ils ont 2 pour diviseur commun.

337. REMARQUE. — Tous les nombres premiers entre eux ne sont pas des nombres premiers; mais tous les nombres premiers sont premiers entre eux.

338. Facteurs premiers. — On appelle **facteurs premiers** d'un nombre les nombres premiers qui ont servi à le former, quelle que soit la puissance à laquelle on a dû les élever.

EXEMPLE. — 2 et 5 sont les facteurs premiers de 20, qui égale $2 \times 2 \times 5$, ou $2^2 \times 5$.

339. RÈGLE. — Pour décomposer un nombre en ses facteurs premiers, on le divise successivement par 2, 3, 5, 7, etc., autant de fois qu'on le peut, jusqu'à ce qu'on ait 1 pour quotient.

EXEMPLE. — Soit à décomposer le nombre 360 en ses facteurs premiers. On donne à l'opération la forme suivante :

360	2		$360 : 2 = 180$
180	2		$180 : 2 = 90$
90	2		$90 : 2 = 45$
45	3		$45 : 3 = 15$
15	3		$15 : 3 = 5$
5	5		$5 : 5 = 1$
1			

$$360 = (2 \times 2 \times 2) \times (3 \times 3) \times 5$$
$$\text{ou } 2^3 \times 3^2 \times 5.$$

Les facteurs premiers de ce nombre sont donc 2 , 3^2 et 5.

340. Plus petit commun multiple. — On appelle **plus petit commun multiple** de plusieurs nombres, le plus petit nombre qui les contient tous un certain nombre de fois.

EXEMPLE. — 48 est le plus petit commun multiple de 16 et de 12, parce qu'il est le plus petit nombre qui les contienne l'un et l'autre un nombre exact de fois.

341. RÈGLE. — Pour trouver le plus petit commun multiple de plusieurs nombres, on décompose chacun d'eux en ses **facteurs premiers** et l'on fait le produit des facteurs premiers, **communs** et **non communs**, employés avec leur plus *haut* exposant.

EXEMPLE. — Soit à trouver le plus petit multiple de 28, 40 et 75, on aura :

$$28 = 2 \times 2 \times 7 \qquad = 2^3 \times 7$$
$$40 = 2 \times 2 \times 2 \times 5 = 2^3 \times 5$$
$$75 = 3 \times 5 \times 5 \qquad = 3 \times 5^2.$$

Le plus petit multiple sera donc : $7 \times 2^3 \times 3 \times 5^2 = 4200$.

342. Plus grand commun diviseur. — On appelle **plus grand commun diviseur** de plusieurs nombres, le plus grand nombre qui puisse les diviser tous exactement.

EXEMPLE. — 48 et 36 ont pour plus grand commun diviseur 12, parce que 12 est le plus grand nombre qui les divise exactement l'un et l'autre.

343. PREMIÈRE RÈGLE. — Pour trouver le plus grand commun diviseur de plusieurs nombres, on décompose chacun d'eux en ses **facteurs premiers;** puis on fait un produit de tous les **facteurs communs** employés avec leur plus *petit* exposant :

EXEMPLE. — Soit à trouver le plus grand commun diviseur de 504 et de 528.

$$504 = 2^3 \times 3^2 \times 7$$
$$528 = 2^4 \times 3 \times 11.$$

Le plus grand commun diviseur sera donc :

$$2^3 \times 3 = 24.$$

344. DEUXIÈME RÈGLE. — Pour trouver le plus grand commun diviseur entre deux nombres, on divise le plus grand par le plus petit.

Si la division se fait sans reste, le plus petit nombre est le plus grand commun diviseur.

Si la division donne un reste, on divise le plus petit nombre par ce reste. Si la division est exacte, c'est ce premier reste qui est le plus grand commun diviseur. Sinon, on divise le premier reste par le second et l'on continue la division d'un reste par l'autre jusqu'à ce qu'on ait obtenu zéro pour reste. C'est le dernier reste par lequel on a divisé qui est le plus grand commun diviseur.

EXEMPLE. — Soit à chercher le plus grand commun diviseur entre 350 et 245. On dispose l'opération de la manière suivante :

	1	2	3
350	245	105	35
105	35	0	

C'est 35 qui est le plus grand commun diviseur cherché.

SIXIÈME PARTIE

FRACTIONS

GÉNÉRALITÉS

345. Principe. — Une **fraction** peut toujours être considérée comme le **quotient** d'une division dont le **numérateur** est le **dividende** et dont le **dénominateur** est le **diviseur.**

DÉMONSTRATION. — Soit à diviser 3 pommes entre 4 personnes.

Nous ne pouvons pas donner une pomme à chaque personne; mais si nous partageons chaque pomme en 4 parties, nous pourrons en donner 3 à chaque personne, dont la part sera *trois quarts* de pomme.

La fraction $\frac{3}{4}$ est donc le quotient de la division de 3 par 4.

346. — Expression fractionnaire. — On donne le nom d'**expression fractionnaire** à toute division indiquée sous forme de fraction.

EXEMPLE. — $\frac{3}{4}$, $\frac{8}{5}$, $\frac{25}{6}$, etc., sont des expressions fractionnaires.

347. Expression fractionnaire composée. — On donne le nom d'**expression fractionnaire composée** à toute division indiquée dont le numérateur et le dénominateur sont des produits de plusieurs facteurs.

EXEMPLE. — $\dfrac{42 \times 36 \times 45 \times 91}{28 \times 54 \times 13 \times 5}$ est une expression fractionnaire composée.

343. REMARQUE I. — Le mot *expression fractionnaire* est surtout employé pour désigner les expressions plus grandes que l'unité.

349. REMARQUE II. — Tous les principes et toutes les règles qui suivent sont indifféremment applicables aux *fractions proprement dites* et aux *expressions fractionnaires.*

COMMENT ON REND UNE FRACTION PLUS GRANDE.

350. PREMIÈRE RÈGLE. — Pour rendre une fraction un certain nombre de fois **plus grande**, il faut multiplier son numérateur par ce nombre.

EXEMPLE. — Soit la fraction $\frac{2}{3}$ que l'on veut rendre 5 fois plus grande, on aura :

$$\frac{2 \times 5}{3} = \frac{10}{3}$$

DÉMONSTRATION. — Dans la fraction $\frac{2}{3}$, on a 2 parties de l'unité partagée en 3 parties; dans la fraction $\frac{10}{3}$, les parties de l'unité sont aussi des tiers, mais on en a 5 fois plus; donc cette expression fractionnaire est 5 fois plus grande que la fraction $\frac{2}{3}$ (1).

351. DEUXIÈME RÈGLE. — Pour rendre une fraction un certain nombre de fois **plus grande**, il faut diviser son dénominateur par ce nombre, quand la chose est possible.

EXEMPLE. — Soit la fraction $\frac{7}{9}$ que l'on veut rendre 3 fois plus grande,

$$\frac{7}{9 : 3} = \frac{7}{3}.$$

DÉMONSTRATION. — Dans la fraction $\frac{7}{9}$, comme dans l'expression $\frac{7}{3}$, on a 7 parties de l'unité; mais, dans le second cas, l'unité ayant été partagée en 3 fois moins de parties, il s'ensuit que chaque partie est 3 fois plus grande; donc il est vrai de dire que l'expression fractionnaire $\frac{7}{3}$ est 3 fois plus grande que la fraction $\frac{7}{9}$.

COMMENT ON REND UNE FRACTION PLUS PETITE.

352. PREMIÈRE RÈGLE. — Pour rendre une fraction un certain nombre de fois **plus petite**, il faut diviser le numérateur par ce nombre, si la chose est possible.

(1) Cette démonstration sera bien plus sensible encore si le maître fait considérer les parties de l'unité comme de nouvelles unités plus petites.

EXEMPLE. — Soit la fraction $\frac{9}{11}$ que l'on veut rendre 3 fois plus petite, on aura :

$$\frac{9 : 3}{11} = \frac{3}{11}$$

DÉMONSTRATION. — Il est facile de voir que les parties de l'unité sont des onzièmes dans les deux cas et que la fraction $\frac{3}{11}$ est 3 fois plus petite que $\frac{9}{11}$ puisqu'elle contient 3 fois moins de ces parties.

353. DEUXIÈME RÈGLE. — Pour rendre une fraction un certain nombre de fois **plus petite**, il faut multiplier son dénominateur par ce nombre.

EXEMPLE. — Soit la fraction $\frac{3}{4}$ que l'on veut rendre 3 fois plus petite, on aura :

$$\frac{3}{4 \times 3} = \frac{3}{12}$$

DÉMONSTRATION. — Dans la fraction $\frac{3}{4}$ comme dans la fraction $\frac{3}{12}$, on a 3 parties de l'unité; mais, comme dans le second cas, l'unité a été partagée en 3 fois plus de parties, il s'ensuit que chaque partie est 3 fois plus petite; donc il est vrai de dire que la fraction $\frac{3}{12}$ est trois fois plus petite que la fraction $\frac{3}{4}$.

354. REMARQUE. — Dans la pratique on préfère procéder par voie de multiplication pour rendre une fraction *plus grande* ou *plus petite*, parce que cette opération est toujours possible, tandis qu'il n'en est pas ainsi de la division.

Des quatre règles qui précèdent on déduit les deux principes suivants :

355. PREMIER PRINCIPE. — Une fraction ne change pas de valeur, lorsqu'on multiplie ses deux termes par un même nombre.

EXEMPLE. — Soit la fraction $\frac{2}{3}$ dont on multiplie les deux termes par 4, on a :

$$\frac{2 \times 4}{3 \times 4} = \frac{8}{12} \text{ fraction équivalente à } \frac{2}{3}.$$

DÉMONSTRATION. — En effet, en multipliant le numérateur par 4, on a rendu la fraction 4 fois plus grande; en multipliant le dénominateur par ce nombre, on l'a rendue 4 fois plus petite; il est évident que cette fraction n'a pas changé de valeur, si elle a été rendue, d'une part, 4 fois plus grande et, d'autre part, 4 fois plus petite.

356. Deuxième principe. — Une fraction ne change pas de valeur lorsqu'on divise ses deux termes par un même nombre.

Exemple. — Soit la fraction $\frac{8}{12}$ dont on divise les deux termes par 4, on a :

$$\frac{8 : 4}{12 : 4} = \frac{2}{3}, \text{ fraction équivalente à } \frac{8}{12}.$$

Démonstration. — En effet, en divisant le numérateur par 4, on a rendu la fraction 4 fois plus petite; en divisant le numérateur par ce nombre, on l'a rendue 4 fois plus grande, donc elle n'a pas changé de valeur (1)

COMPARAISON DES EXPRESSIONS FRACTIONNAIRES A L'UNITÉ.

357. Premier principe. — Une expression fractionnaire est égale à l'unité quand le numérateur et le dénominateur sont égaux.

Exemple. — $\frac{9}{9}$ est une expression égale à l'unité, car 9 : 9 donnerait pour quotient 1.

358. Deuxième principe. — Une expression fractionnaire est plus grande que l'unité quand le numérateur est plus grand que le dénominateur.

Exemple. — $\frac{35}{9}$ est une expression plus grande que l'unité, car 35 : 9 donnerait pour quotient $3 + \frac{8}{9}$ (voy. *Quotient exact*, p. 56).

359. Troisième principe. — Une expression fractionnaire est plus petite que l'unité, c'est-à-dire est une fraction, quand son numérateur est plus petit que son dénominateur.

Exemple. — $\frac{3}{4}$ est plus petit que l'unité, puisque nous avons démontré page 88 que 3 : 4 donne un quotient plus petit que l'unité.

(1) Nous avons donné ces démonstrations pour nous conformer à l'usage; mais on comprend, puisqu'une fraction et une expression fractionnaire sont des divisions indiquées, que les véritables démonstrations ont déjà été faites aux *Remarques* sur la division, page 58.

COMPARAISON DES EXPRESSIONS FRACTIONNAIRES ENTRE ELLES.

360. PREMIER PRINCIPE. — Lorsque des expressions fractionnaires ou des fractions ont le même dénominateur, la plus grande est celle qui a le plus grand numérateur.

EXEMPLE. — Soit $\frac{5}{7}$ et $\frac{6}{7}$.

Chacune de ces fractions comprend des parties égales de l'unité; mais la deuxième $\frac{6}{7}$ en contient une de plus que la première, $\frac{5}{7}$, donc elle est plus grande.

361. DEUXIÈME PRINCIPE. — Lorsque des expressions fractionnaires ou des fractions ont le même numérateur, la plus grande est celle qui a le plus petit dénominateur.

EXEMPLE. — Soit $\frac{3}{4}$ et $\frac{3}{5}$.

Lorsque l'unité est divisée en 4 parties, les parties sont plus grosses que lorsqu'elle est divisée en 5; $\frac{1}{4}$ est plus grand que $\frac{1}{5}$, donc $\frac{3}{4}$ est plus grand que $\frac{3}{5}$.

362. TROISIÈME PRINCIPE. — Lorsque des expressions fractionnaires ont des numérateurs et des dénominateurs différents, on ne peut reconnaître la plus grande qu'après les avoir réduites au même dénominateur.

RÉDUCTION DES FRACTIONS AU MÊME DÉNOMINATEUR.

363. Définition. — Réduire des fractions au même dénominateur, c'est les transformer en fractions équivalentes ayant toutes le même dénominateur.

Cette réduction est soumise aux deux règles suivantes :

364. PREMIÈRE RÈGLE. — Pour réduire deux fractions au même dénominateur, il faut multiplier les deux termes de chaque fraction par le dénominateur de l'autre.

EXEMPLE. — Soit à réduire $\frac{3}{4}$ et $\frac{5}{6}$ au même dénominateur.

L'opération donnera les résultats suivants :

$$\frac{3}{4} = \frac{3 \times 6}{4 \times 6} = \frac{18}{24}$$

$$\frac{5}{6} = \frac{5 \times 4}{6 \times 4} = \frac{20}{24}.$$

DÉMONSTRATION. — 1° Les fractions $\frac{3}{4}$ et $\frac{5}{6}$ n'ont pas changé de valeur puisque leurs deux termes ont été multipliés par un même nombre : 6 pour la première et 4 pour la deuxième.

2° Ces deux fractions devaient nécessairement avoir le même dénominateur puisque, dans les deux cas, ce nouveau dénominateur est le produit des facteurs 4 et 6.

365. REMARQUE. — Après cette réduction, on voit aisément que $\frac{5}{6}$ est plus grand que $\frac{3}{4}$ puisqu'il égale $\frac{20}{24}$ tandis que $\frac{3}{4}$ ne vaut que $\frac{18}{24}$.

366. DEUXIÈME RÈGLE. — Pour réduire plus de deux fractions au même dénominateur, il faut multiplier les deux termes de chacune d'elles par le produit des autres dénominateurs.

EXEMPLE. — Soit à réduire $\frac{3}{4}, \frac{5}{6}$ et $\frac{4}{7}$ au même dénominateur.

L'opération donnera les résultats suivants :

$$\frac{3}{4} = \frac{3 \times 6 \times 7}{4 \times 6 \times 7} = \frac{126}{168}$$

$$\frac{5}{6} = \frac{5 \times 4 \times 7}{6 \times 4 \times 7} = \frac{140}{168}$$

$$\frac{4}{7} = \frac{4 \times 4 \times 6}{7 \times 4 \times 6} = \frac{96}{168}$$

DÉMONSTRATION. — On démontre que les fractions n'ont pas changé de valeur, et qu'elles devaient avoir le même dénominateur, comme dans le cas précédent.

REMARQUE. — On voit aussi que la fraction $\frac{5}{6}$ est la plus grande puisqu'elle égale $\frac{140}{168}$, tandis que les autres ne valent que $\frac{126}{168}$, et $\frac{96}{168}$.

RÉDUCTION DES FRACTIONS AU MÊME DÉNOMINATEUR PAR LA MÉTHODE DU PLUS PETIT MULTIPLE.

367. RÈGLE. — Pour réduire les fractions au même dénominateur par la méthode du plus petit multiple, on cherche le plus petit multiple commun à tous les dénominateurs.

C'est ce plus petit multiple qui sera le dénominateur commun.

Pour avoir les nouveaux numérateurs de chaque fraction, il faut diviser le plus petit multiple par chaque dénominateur et multiplier les numérateurs des premières fractions par le quotient correspondant.

EXEMPLE. — Soit à réduire au même dénominateur les fractions $\frac{3}{8}$, $\frac{5}{18}$ et $\frac{7}{24}$. Le plus petit multiple commun à 8, 18 et 24 étant 72, nous aurons les résultats suivants :

$$72 : 8 = 9$$
$$72 : 18 = 4$$
$$72 : 24 = 3$$

ce qui nous donnera les trois fractions suivantes :

$$\frac{3 \times 9}{72} = \frac{27}{72}$$

$$\frac{\times 4}{72} = \frac{20}{72}$$

$$\frac{7 \times 3}{72} = \frac{21}{72}$$

REMARQUE. — Il peut arriver que l'un des dénominateurs soit un multiple de tous les autres ; dans ce cas, c'est ce dénominateur qui est le plus petit multiple commun.

SIMPLIFICATION DES FRACTIONS.

368. Définition. — Simplifier une fraction, c'est la transformer en une autre fraction équivalente dont les termes sont plus petits.

Cette opération est soumise à la règle suivante :

369. RÈGLE. — Pour simplifier une fraction, il faut diviser ses deux termes par un au moins de leurs facteurs communs.

EXEMPLE. — Soit à simplifier la fraction $\frac{9}{12}$. Les deux termes 9 et 12 ayant pour facteur commun 3, nous aurons l'opération suivante :

$$\frac{9 : 3}{12 : 3} = \frac{3}{4}$$

DÉMONSTRATION. — La fraction $\frac{3}{4}$ est bien équivalente à $\frac{9}{12}$ puisque nous avons démontré qu'on ne change pas la valeur d'une fraction en divisant ses deux termes par un même nombre.

REMARQUE. — On comprend qu'une fraction ne peut être simplifiée qu'autant que ses deux termes ont des facteurs communs; par conséquent toute fraction dont le numérateur et le dénominateur sont premiers entre eux est dite **irréductible**.

EXEMPLE. — La fraction $\frac{4}{5}$ est irréductible parce que 4 et 5 sont premiers entre eux.

RÉDUCTION D'UNE FRACTION A SES MOINDRES TERMES.

370. Définition. — Réduire une fraction à ses moindres termes ou à sa plus simple expression, c'est la transformer en une fraction équivalente dont les termes soient premiers entre eux.

Cette opération est soumise à la règle suivante :

371. RÈGLE. — Pour réduire une fraction à ses moindres termes, il faut diviser successivement les deux termes par leurs diviseurs communs.

EXEMPLE. — Soit à réduire la fraction $\frac{24}{36}$ à ses moindres termes.

24 et 36 ayant pour facteurs communs 3 et 4, on aura l'opération suivante en divisant successivement ces deux nombres par 3 et par 4.

$$\frac{24 : 3}{36 : 3} = \frac{8}{12} = \frac{8 : 4}{12 : 4} = \frac{2}{3}$$

On donne souvent la forme suivante à l'opération :

$$\frac{\overset{\overset{2}{8}}{24}}{\underset{\underset{3}{12}}{36}} = \frac{2}{3}$$

372. REMARQUE. — Pour réduire une fraction à ses moindres termes, on pourrait encore diviser les deux termes par leur plus grand commun diviseur; mais, dans la pratique, on ne le fait guère, parce que la recherche du plus grand commun diviseur est plus longue que l'application de la connaissance des caractères de divisibilité.

SIMPLIFICATION DES EXPRESSIONS FRACTIONNAIRES COMPOSÉES.

373. RÈGLE. — Pour réduire à sa plus simple expression une expression fractionnaire composée, il faut successivement diviser par leurs diviseurs communs tous les facteurs du numérateur et du dénominateur qui sont dans ce cas.

EXEMPLE. — Soit à simplifier l'expression fractionnaire suivante $\dfrac{42 \times 36 \times 45 \times 91}{28 \times 54 \times 13 \times 5}$, on aura, en appliquant la règle :

$$\frac{\overset{\overset{\overset{3}{6}}{42}}{\underset{\underset{2}{4}}{42}} \times \overset{\overset{\overset{2}{18}}{36}}{\underset{\underset{3}{6}}{36}} \times \overset{\overset{9}{45}}{45} \times \overset{7}{91}}{28 \times 54 \times 13 \times 5} = 63.$$

Ce qui prouve que l'expression fractionnaire est égale au nombre 63.

374. REMARQUE. — On voit qu'on a ainsi évité deux longues multiplications et une division laborieuse.

EXTRACTION DES ENTIERS D'UNE EXPRESSION FRACTIONNAIRE.

375. RÈGLE. — Pour extraire les entiers d'une expression fractionnaire, il faut diviser le numérateur par le dénominateur. Si la division donne un reste, on forme un quotient exact en ajoutant au quotient entier une fraction ayant pour numérateur le reste et pour dénominateur le diviseur.

EXEMPLE. — Soit à extraire les entiers de l'expression fractionnaire $\dfrac{1735}{12}$, on aura l'opération suivante :

$$\begin{array}{r|l} 1735 & 12 \\ 53 & \overline{144} \\ 55 & \\ 7 & \end{array}$$

ou $\dfrac{1735}{12} = 144\,\dfrac{7}{12}$.

DÉMONSTRATION. — Puisque 12 douzièmes égalent une unité, 1735 douzièmes valent autant d'unités que 12 est contenu de fois dans 1735.

$$1735 : 12 = 144 \text{ plus un reste 7, donc } \frac{1735}{12} = 144 \frac{7}{12}.$$

TRANSFORMATION D'UN NOMBRE FRACTIONNAIRE EN EXPRESSION FRACTIONNAIRE.

376. RÈGLE. — Pour transformer un nombre fractionnaire en expression fractionnaire, il faut multiplier la partie entière par le dénominateur de la fraction, ajouter le numérateur au produit obtenu, et donner pour dénominateur au total le dénominateur de la fraction.

EXEMPLE. — Soit à réduire le nombre fractionnaire $144 \frac{7}{12}$ en expression fractionnaire, l'application de la règle donnera l'opération suivante :

$$\begin{array}{l} 144 \times 12 = 1728 \\ 1728 + 7 = 1735 \end{array} \quad \text{Résultat : } \frac{1735}{12}$$

DÉMONSTRATION. — Puisque une unité vaut 12 douzièmes, 144 unités vaudront 144 fois plus de douzièmes, ou $12 \times 144 = 1728$ douzièmes. Ces 1728 douzièmes ajoutés aux 7 douzièmes que l'on avait déjà font bien $\frac{1735}{12}$, résultat obtenu.

RÉDUCTION DES FRACTIONS ORDINAIRES EN FRACTIONS DÉCIMALES.

377. RÈGLE. — Pour réduire une fraction ordinaire en fraction décimale, il faut diviser le numérateur par le dénominateur en ajoutant autant de zéros à la droite du numérateur qu'on veut avoir de chiffres décimaux, et séparer sur la droite du quotient autant de chiffres décimaux qu'on a ajouté de zéros au numérateur.

EXEMPLE. — Soit à réduire $\frac{3}{4}$ en fraction décimale, à un centième près.

La règle donnera l'opération suivante

$$\begin{array}{l|l} 300 & 4 \\ 20 & \overline{0,75} \\ 0 & \end{array}$$

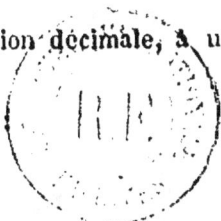

Donc $\frac{3}{4} = 0,75.$

DÉMONSTRATION. -- 3 unités valent 300 centièmes; mais $\frac{3}{4}$ valent 4 fois moins que 3 unités; ils sont donc égaux à 300 centièmes partagés en 4 parties, 300 : 4 = 75, donc $\frac{3}{4}$ = 0,75.

378. Fractions décimales périodiques. — Lorsqu'on réduit une fraction ordinaire en fraction décimale, il arrive souvent qu'on n'obtient pas zéro pour reste, si loin qu'on pousse la division ; dans ce cas, les mêmes chiffres reviennent dans le même ordre au quotient.

La fraction décimale qu'on obtient ainsi porte le nom de **fraction décimale périodique.**

EXEMPLE. — Soit la fraction $\frac{4}{11}$ à réduire en fraction décimale, on aura le résultat suivant :

$$
\begin{array}{c|l}
40 & 11 \\
70 & \overline{0,3636...} \\
40 & \\
70 & \\
\end{array}
$$

En continuant la division, les chiffres 36 se reproduiraient constamment, et comme les chiffres qui se reproduisent sont au nombre de deux, on dit que la **période** est de deux chiffres.

379. REMARQUE. — Il arrive quelquefois que la période ne commence pas immédiatement après le chiffre des unités.

EXEMPLE. — Soit à réduire en fraction décimale la fraction $\frac{7}{12}$; l'opération donnera les résultats suivants :

$$
\begin{array}{c|l}
70 & 12 \\
100 & \overline{0,58333...} \\
40 & \\
40 & \\
40 & \\
\end{array}
$$

Comme on le voit, la période n'a qu'un chiffre et ne commence qu'après les deux premiers chiffres décimaux.

On distingue donc deux sortes de fractions périodiques, auxquelles on donne le nom de **fraction périodique simple** et de **fraction périodique mixte.**

380. Fraction périodique simple. — On appelle **fraction périodique simple** une fraction décimale dans laquelle la période commence immédiatement après la virgule.

EXEMPLE. -- 0,363636... 0,726726...

381. Fraction périodique mixte. — On appelle **fraction périodique mixte** une fraction décimale dans laquelle la période ne commence pas immédiatement après la virgule.

EXEMPLE. — 0,58333... 0,27324324...

ADDITION DES FRACTIONS.

382. DIVISION. — L'addition des fractions présente deux cas :

PREMIER CAS : les fractions ont le même dénominateur.

DEUXIÈME CAS : les fractions n'ont pas le même dénominateur.

383. RÈGLE DU PREMIER CAS. — Pour additionner plusieurs fractions ayant le même dénominateur, on fait la somme des numérateurs et on donne au total le dénominateur commun.

EXEMPLE. — Soit à additionner les fractions $\frac{2}{9}$, $\frac{3}{9}$, $\frac{5}{9}$ et $\frac{7}{9}$, on aura l'opération suivante :

$$\frac{2}{9} + \frac{3}{9} + \frac{5}{9} + \frac{7}{9} = \frac{17}{9}$$

ou en extrayant les entiers $1 + \frac{8}{9}$.

384. RÈGLE DU DEUXIÈME CAS. — Pour additionner des fractions n'ayant pas le même dénominateur, on les réduit au même dénominateur et on procède ensuite comme dans le cas précédent.

EXEMPLE. — Soit à additionner $\frac{3}{4}$, $\frac{5}{6}$ et $\frac{8}{9}$, on aura l'opération suivante :

$$\overset{54}{\frac{3}{4}} + \overset{36}{\frac{5}{6}} + \overset{24}{\frac{8}{9}}$$

$$\frac{162}{216} + \frac{180}{216} + \frac{192}{216} = \frac{534}{216},$$

ou, en extrayant les entiers et en simplifiant, la fraction $2 + \frac{51}{108}$.

REMARQUE. — On réduit les fractions au même dénominateur, parce qu'on ne peut ajouter ensemble que des quantités de même espèce.

385. Addition des nombres fractionnaires. — **Règle.** — Pour additionner des nombres fractionnaires, on fait séparément la somme des nombres entiers et la somme des fractions que l'on réunit ensuite en un total unique.

EXEMPLE. — Soit à additionner les nombres $8\frac{5}{6}$, $7\frac{3}{4}$ et $9\frac{4}{11}$, on aura les opérations suivantes :

$$1^o\ 8 + 7 + 9 = 24.$$

$$2^o\ 44 \qquad 66 \qquad 24$$

$$\frac{5}{6} + \frac{3}{4} + \frac{4}{11}$$

$$\frac{220}{264} + \frac{198}{264} + \frac{96}{264} = \frac{514}{264} = 1 + \frac{125}{132}$$

$$3^o\ 24 + 1 + \frac{125}{132} = 25 + \frac{125}{132}.$$

SOUSTRACTION DES FRACTIONS.

386. DIVISION. — La soustraction des fractions présente deux cas :

PREMIER CAS. — Les fractions ont le même dénominateur.

DEUXIÈME CAS. — Les fractions n'ont pas le même dénominateur.

387. RÈGLE DU PREMIER CAS. — Pour retrancher une fraction d'une autre fraction ayant le même dénominateur, il faut retrancher le plus petit numérateur du plus grand et donner au reste le dénominateur commun.

EXEMPLE. — Soit à retrancher $\frac{5}{8}$ de $\frac{7}{8}$, on aura l'opération suivante :

$$\frac{7}{8} - \frac{5}{8} = \frac{2}{8} \text{ ou } \frac{1}{4}, \text{ en simplifiant la fraction.}$$

388. RÈGLE DU DEUXIÈME CAS. — Pour retrancher une fraction d'une autre fraction n'ayant pas le même dénominateur, il faut réduire les fractions au même dénominateur et procéder ensuite comme dans le premier cas.

EXEMPLE. — Soit à retrancher $\frac{2}{3}$ de $\frac{5}{6}$, on aura l'opération suivante :

$$\frac{5}{6} - \frac{2}{3} = \frac{15}{18} - \frac{12}{18} = \frac{3}{18} \text{ ou } \frac{1}{6}, \text{ en simplifiant la fraction.}$$

REMARQUE. — On réduit les fractions au même dénominateur pour les transformer en quantités de même espèce.

389. Soustraction des nombres fractionnaires. — **Règle.** — Pour retrancher un nombre fractionnaire d'un autre, après avoir réduit les fractions au même dénominateur, s'il y a lieu, on retranche la fraction du plus petit nombre de la fraction du plus grand; puis le plus petit nombre du plus grand.

S'il arrive que la fraction du plus petit nombre soit plus grande que celle du plus grand nombre, pour rendre la soustraction possible, on ajoute une unité réduite en fraction de même espèce à la fraction la plus faible; ensuite, pour établir la compensation, on ajoute une unité au plus petit nombre, et l'on achève l'opération.

EXEMPLE. — Soit à retrancher $9\frac{2}{3}$ de $12\frac{1}{5}$, on aura l'opération suivante :

$$12\frac{1}{5} = 12\frac{3}{15}$$
$$9\frac{2}{3} = 9\frac{5}{15}$$
$$\text{Reste} = 2\frac{13}{15}$$

MULTIPLICATION DES FRACTIONS.

390. DIVISION. — La multiplication des fractions présente trois cas :

PREMIER CAS. — Multiplication d'une fraction par un entier.

DEUXIÈME CAS. — Multiplication d'un entier par une fraction.

TROISIÈME CAS. — Multiplication d'une fraction par une fraction.

391. RÈGLE DU PREMIER CAS. — Pour multiplier une fraction par un entier, il faut multiplier le numérateur par l'entier et conserver le dénominateur au produit.

EXEMPLE. — Soit à multiplier $\frac{5}{6}$ par 7, on aura l'opération suivante :

$$\frac{5}{6} \times 7 = \frac{5 \times 7}{6} = \frac{35}{6}, \text{ ou en extrayant les entiers } 5 + \frac{5}{6}.$$

DÉMONSTRATION. — Multiplier une fraction par 7 c'est la rendre 7 fois plus grande, et l'on a démontré que pour rendre une fraction un certain nombre de fois plus grande, il fallait multiplier son numérateur par ce nombre.

392. RÈGLE DU DEUXIÈME CAS. — Pour multiplier un entier par une fraction, il faut multiplier l'entier par le numérateur et conserver le dénominateur au produit.

EXEMPLE. — Soit à multiplier 7 par $\frac{5}{6}$, on aura l'opération suivante :

$$7 \times \frac{5}{6} = \frac{7 \times 5}{6} = \frac{35}{6} \text{ ou en extrayant les entiers } 5 + \frac{5}{6}.$$

DÉMONSTRATION. — Multiplier 7 par $\frac{5}{6}$, c'est en prendre 5 fois le 6e ;

on prend $\frac{1}{6}$ de 7 en rendant ce nombre 6 fois plus petit, ce qui donne $\frac{7}{6}$

et on en a les $\frac{5}{6}$ en répétant l'expression $\frac{7}{6}$ 5 fois, ce qui donne $\frac{7 \times 5}{6}$

ou $\frac{35}{5}$ ou encore $5 + \frac{5}{6}$ (voy. 2e *Défin. de la mult.*, p. 31).

393. RÈGLE DU TROISIÈME CAS. — Pour multiplier une fraction par une fraction, il faut multiplier les numérateurs entre
eux ainsi que les dénominateurs, et donner le deuxième produit
pour dénominateur au premier.

EXEMPLE. — Soit à multiplier $\frac{5}{6}$ par $\frac{8}{9}$, on aura l'opération suivante :

$$\frac{5}{6} \times \frac{8}{9} = \frac{5 \times 8}{6 \times 9} = \frac{40}{54} \text{ ou, en simplifiant la fraction, } \frac{20}{27}.$$

DÉMONSTRATION. — Multiplier $\frac{5}{6}$ par $\frac{8}{9}$ c'est en prendre 8 fois le 9e.

On en prend le 9e en rendant cette fraction 9 fois plus petite, ce qui

donne $\frac{5}{6 \times 9}$, et on a les $\frac{8}{9}$ en répétant l'expression $\frac{5}{6 \times 9}$ 8 fois, ce

qui donne pour produit $\frac{5 \times 8}{6 \times 9} = \frac{40}{54}$ ou $\frac{20}{27}$ (voy. 2e *Défin.*).

**394. Multiplication des nombres fractionnaires. —
Règle.** — Quand le multiplicande et le multiplicateur, ou seulement l'un des deux, sont des nombres fractionnaires, on les
réduit en expressions fractionnaires, et l'on suit l'une des règles
précédentes, selon le cas.

EXEMPLE. — Soit à multiplier $2\frac{3}{4}$ par 5 ; 5 par $2\frac{3}{4}$; $2\frac{3}{4}$ par $3\frac{2}{5}$, on
aura les opérations suivantes :

1o $2\frac{3}{4} \times 5 = \frac{11}{4} \times 5 = \frac{11 \times 5}{4} = \frac{55}{4} = 13\frac{3}{4}.$

2o $5 \times 2\frac{3}{4} = 5 \times \frac{11}{4} = \frac{5 \times 11}{4} = \frac{55}{4} = 13\frac{3}{4}.$

3o $2\frac{3}{4} \times 3\frac{2}{5} = \frac{11}{4} \times \frac{17}{15} = \frac{11 \times 17}{4 \times 15} = \frac{187}{60} = 3\frac{7}{60}.$

395. Multiplication de plusieurs fractions. — RÈGLE.
— Pour faire le produit de plusieurs fractions, ce qui revient à prendre des fractions de fractions, on multiplie tous les numérateurs les uns par les autres, et on donne pour dénominateur au produit le produit de tous les dénominateurs.

EXEMPLE. — Soit à faire le produit des fractions $\frac{5}{6}, \frac{3}{4}, \frac{2}{3}$ et $\frac{3}{5}$, on aura l'opération suivante :

$$\frac{5}{6} \times \frac{3}{4} \times \frac{2}{3} \times \frac{3}{5} = \frac{5 \times 3 \times 2 \times 3}{6 \times 4 \times 3 \times 5} = \frac{90}{360} \text{ ou en simplifiant } \frac{1}{4}.$$

396. REMARQUE. — Quand les deux termes de l'expression fractionnaire composée ont des facteurs communs, il est prudent de simplifier l'expression avant d'effectuer les opérations indiquées, de la manière suivante :

$$\frac{\overset{1}{5} \times \overset{1}{3} \times \overset{1}{2} \times \overset{1}{3}}{\underset{\underset{1}{2}}{6} \times 4 \times \underset{1}{3} \times \underset{1}{5}} = \frac{1}{4} \ (1).$$

DIVISION DES FRACTIONS.

397. DIVISION. — La division des fractions présente trois cas :

PREMIER CAS. — Division d'une fraction par un entier.
DEUXIÈME CAS. — Division d'un entier par une fraction.
TROISIÈME CAS. — Division d'une fraction par une fraction.

398. RÈGLE DU PREMIER CAS. — Pour diviser une fraction par un entier, il faut multiplier le dénominateur par l'entier et conserver le numérateur au produit.

EXEMPLE. — Soit à diviser $\frac{5}{6}$ par 4, on aura l'opération suivante :

$$\frac{5}{6} : 4 = \frac{5}{6 \times 4} = \frac{5}{24}.$$

DÉMONSTRATION. — Diviser $\frac{5}{6}$ par 4, c'est rendre cette fraction 4 fois plus petite, et l'on a démontré qu'on rendait une fraction un certain nombre de fois plus petite en multipliant son dénominateur par ce nombre ; donc $\frac{5}{6} : 4 = \frac{5}{6 \times 4} = \frac{5}{24}.$

(1) On appliquera à la multiplication des fractions les remarques de la page 51.

399. Règle du deuxième cas. — Pour diviser un entier par une fraction, il faut multiplier l'entier par la fraction diviseur renversée.

Exemple. — Soit à diviser 8 par $\frac{5}{6}$, on aura l'opération suivante :

$$8 : \frac{5}{6} = 8 \times \frac{6}{5} = \frac{8 \times 6}{5} = \frac{48}{5} \text{ ou en extrayant les entiers } 9\frac{3}{5}.$$

1re Démonstration. — Diviser 8 par $\frac{5}{6}$, c'est chercher un nombre qui, multiplié par $\frac{5}{6}$, reproduira le nombre 8. Multiplier un nombre par $\frac{5}{6}$ c'est en prendre 5 fois le 6e, donc le dividende 8 égale 5 fois le 6e du quotient. Si 8 est les $\frac{5}{6}$ du quotient, $\frac{1}{6}$ de ce quotient vaudra 5 fois moins que 8, ou $\frac{8}{5}$, et les $\frac{6}{6}$ de ce quotient vaudront 6 fois plus, ou

$$\frac{8 \times 6}{5} = \frac{48}{5} = 9\frac{3}{5}.$$

2e Démonstration. — Diviser 8 par $\frac{5}{6}$, c'est le diviser par un nombre 6 fois plus petit que 5. En le divisant par 5, ce qui donnerait $\frac{8}{5}$, on aurait un quotient 6 fois trop petit, puisqu'on prendrait un diviseur 6 fois trop grand. Pour ramener ce quotient à sa juste valeur, il faut le multiplier par 6, ce qui donne $\frac{8 \times 6}{5} = \frac{48}{5} = 9\frac{3}{5}.$

400. Règle du troisième cas. — Pour diviser une fraction par une fraction, il faut multiplier la fraction dividende par la fraction diviseur renversée.

Exemple. — Soit à diviser 3 par 5, on aura l'opération suivante :
$$\frac{3}{4} : \frac{5}{6} = \frac{3}{4} \times \frac{6}{5} = \frac{3 \times 6}{4 \times 5} = \frac{18}{20} = \frac{9}{10} \text{ en simplifiant la fraction.}$$

1re Démonstration. — Diviser $\frac{3}{4}$ par $\frac{5}{6}$, c'est chercher un nombre qui, multiplié par $\frac{5}{6}$, reproduira $\frac{3}{4}$. Multiplier un nombre par $\frac{5}{6}$, c'est en prendre 5 fois le 6e ; donc $\frac{3}{4}$ = les $\frac{5}{6}$ du quotient. $\frac{1}{6}$ de ce quotient vaudra 5 fois moins que $\frac{3}{4}$ ou $\frac{3}{4 \times 5}$, et les $\frac{6}{6}$ ou le quotient tout entier vaudront 6 fois plus, ou $\frac{3 \times 6}{4 \times 5} = \frac{18}{20} = \frac{9}{10}.$

2e DÉMONSTRATION.—Diviser $\frac{3}{4}$ par $\frac{5}{6}$, c'est diviser cette fraction par un nombre *six* fois plus petit que 5. En le divisant, ce qui donne $\frac{3}{4 \times 5}$, on a un quotient 6 fois trop petit, puisqu'on a divisé par un nombre 6 fois trop grand. Pour ramener ce quotient à sa valeur, il faut le multiplier par 6, ce qui donne $\frac{3 \times 6}{4 \times 5} = \frac{18}{20} = \frac{9}{10}$.

401. Division des nombres fractionnaires. — RÈGLE. — Lorsque le dividende et le diviseur, ou seulement l'un des deux, sont des nombres fractionnaires, il faut réduire les nombres fractionnaires en expressions fractionnaires et suivre l'une des trois règles précédentes, selon le cas.

EXEMPLE. — Soit à diviser $4\frac{1}{3}$ par 5; 5 par $4\frac{1}{3}$ ou $4\frac{1}{3}$ par $8\frac{5}{6}$, on aura les trois opérations suivantes :

1° $4\frac{1}{3} : 5 = \frac{13}{3} : 5 = \frac{13}{3 \times 5} = \frac{13}{15}$.

2° $5 : 4\frac{1}{3} = 5 : \frac{13}{3} = \frac{5 \times 3}{13} = \frac{15}{13} = 1 + \frac{2}{13}$, en extrayant les entiers.

3° $4\frac{1}{3} : 8\frac{5}{6} = \frac{13}{3} : \frac{53}{6} = \frac{13 \times 6}{3 \times 53} = \frac{78}{159} = \frac{26}{53}$ en simplifiant la fraction (1).

RAPPORTS, PROPORTIONS ET GRANDEURS PROPORTIONNELLES.

402. Rapport. — On appelle **rapport** le résultat de la comparaison de deux nombres.

403. Division. — On distingue deux sortes de rapports : le *rapport par différence* et le *rapport par quotient*.

404. Rapport par différence. — On appelle **rapport par différence** le résultat qu'on obtient en comparant deux nombres pour savoir de combien l'un surpasse l'autre.

EXEMPLE. — Si l'on compare 8 à 5, pour savoir de combien 8 surpasse 5, le rapport par différence sera 8 — 5 ou 3.

405. REMARQUE. — En arithmétique, on s'occupe peu ou point des rapports par différence.

(1) On appliquera à la division des fractions les remarques de la page 51.

406. Rapport par quotient. — On appelle **rapport par quotient** ou simplement **rapport**, le résultat qu'on obtient en comparant deux nombres pour savoir combien de fois l'un contient l'autre :

EXEMPLE. — 1º Si l'on compare 12 à 3 pour savoir combien 12 contient 3, le résultat sera $\dfrac{12}{3} = 4$, et l'on dira que le rapport de 12 à 3 est 4.

2º Si l'on compare 3 à 12 dans les mêmes conditions, le résultat sera la fraction $\dfrac{3}{12}$, ou, en simplifiant, la fraction $\dfrac{1}{4}$.

On dit alors que le rapport de 3 à 12 est $\dfrac{3}{12}$ ou $\dfrac{1}{4}$.

407. REMARQUE. — On voit qu'un rapport peut être tantôt un *nombre entier* et tantôt une *fraction*.

408. DEUXIÈME REMARQUE. — Un rapport peut aussi être une *expression fractionnaire*.

EXEMPLE. — Soit à chercher le rapport de 7 à 3. — Nous aurons pour résultat $\dfrac{7}{3}$; et, comme 7 n'est pas divisible par 3, nous dirons que le rapport de 7 à 3 $= \dfrac{7}{3}$.

409. TROISIÈME REMARQUE. — On voit que le rapport de deux nombres est le quotient effectué ou seulement indiqué de la division du premier par le second.

C'est plus généralement le quotient indiqué que l'on considère, et on a l'habitude d'exprimer les rapports par une *fraction* ou par une *expression fractionnaire*.

EXEMPLE. — Ainsi $\dfrac{3}{5}$ est le rapport de 3 à 5.

$\dfrac{5}{3}$ est le rapport de 5 à 3.

$\dfrac{16}{5}$ est le rapport de 16 à 5.

410. Proportion. — On appelle **proportion** l'expression de deux **rapports égaux**.

EXEMPLE. — Soient les deux rapports exprimés par les fractions $\dfrac{3}{7}$ et $\dfrac{6}{14}$.

Si nous réduisons ces deux fractions au même dénominateur, nous aurons les deux fractions égales :

$$\frac{42}{98} \text{ et } \frac{42}{98}$$

Ce qui prouve que nous pouvons écrire :

$$\frac{3}{7} = \frac{6}{14}.$$

On dit alors que ces deux rapports forment une proportion, et au lieu de lire l'expression $\frac{3}{7^{\text{es}}}$ égalent $\frac{6}{14^{\text{es}}}$, on lit ainsi : 3 *est à* 7 *comme* 6 *est à* 14.

411. Noms des termes d'une proportion. — Les nombres qui forment une proportion portent les noms d'*extrêmes* et de *moyens*.

412. Extrêmes. — Dans une proportion, on appelle **extrêmes** les deux nombres placés aux **extrémités**, c'est-à-dire le premier et le quatrième.

413. Moyens. — Dans une proportion, on appelle **moyens** les deux nombres placés au **milieu**, c'est-à-dire le deuxième et le troisième.

EXEMPLE. — Dans la proportion $\frac{3}{7} = \frac{6}{14}$.

3 et 14 sont les *extrêmes*.
7 et 6 sont les *moyens*.

414. PRINCIPE. — Dans une proportion le produit des *extrêmes* est **égal** au produit des *moyens*.

EXEMPLE. — En effet, dans la proportion ci-dessus, nous avons bien :
Produit des extrêmes : $3 \times 14 = 42$.
Produit des moyens : $7 \times 6 = 42$.

415. PRINCIPE. — Quand quatre nombres sont placés de telle sorte que le produit des extrêmes égale le produit des moyens, les quatre nombres forment une proportion.

EXEMPLE. — Soient les nombres 5, 6, 10 et 12. Puisque nous avons :

$$5 \times 12 = 60$$
$$6 \times 10 = 60,$$

nous pouvons écrire la proportion :

$$\frac{5}{6} = \frac{10}{12}$$

dans laquelle 5×12, produit des extrêmes, égale 6×10, produit des moyens.

Les deux principes précédents permettent de résoudre le problème suivant :

416. PROBLÈME. — *Connaissant trois termes d'une proportion, trouver le quatrième.*

Ce problème présente deux cas :

417. PREMIER CAS. — Le terme inconnu est un *extrême*.

418. RÈGLE. — Quand on connaît trois termes d'une proportion et que le terme inconnu est un extrême, pour trouver l'extrême inconnu, on fait le produit des moyens et on le divise par l'extrême connu.

EXEMPLE. — Soit la proportion $\dfrac{3}{6} = \dfrac{4}{x}$ (1), on aura

$$6 \times 4 = 24 ; \ 24 : 3 = 8$$

Ce qui donnera la proportion complète $\dfrac{3}{6} = \dfrac{4}{8}$.

419. DEUXIÈME CAS. — Le terme inconnu est un moyen.

420. RÈGLE. — Quand on connaît trois termes d'une proportion et que le terme inconnu est un moyen, pour trouver le moyen inconnu, on fait le produit des extrêmes et on le divise par le moyen connu.

EXEMPLE. — Soit la proportion $\dfrac{3}{6} = \dfrac{x}{8}$, on aura :

$$3 \times 8 = 24 ; \ 24 : 6 = 4,$$

ce qui donnera la proportion complète : $\dfrac{3}{6} = \dfrac{4}{8}$.

QUANTITÉS DIRECTEMENT OU INDIRECTEMENT PROPORTIONNELLES.

421. Première définition. — On appelle quantités directement proportionnelles deux quantités dépendant l'une de l'autre, et dont l'une devient 2, 3, 4... fois plus grande, à mesure que l'autre devient aussi 2, 3, 4... fois plus grande.

EXEMPLE. — Le prix d'une certaine quantité d'hectolitres de blé est d'autant plus grand que l'on achète plus d'hectolitres, et il est évident que si l'on achète 2, 3, 4 fois plus d'hectolitres, on payera une somme 2, 3, 4... fois plus forte.

Dans ce cas, le nombre d'hectolitres et le prix sont directement proportionnels, et, dans deux acquisitions différentes, le rapport des prix est égal au rapport des hectolitres.

(1) Dans les calculs, on représente la quantité inconnue par la lettre x.

422. Deuxième définition. — On appelle quantités inversement proportionnelles deux quantités dépendant l'une de l'autre et dont l'une devient 2, 3, 4... fois plus petite à mesure que l'autre devient 2, 3, 4... fois plus grande.

EXEMPLE. -— Le temps nécessaire à un certain nombre d'ouvriers pour faire un travail quelconque dépend du nombre des ouvriers, et il est évident que si l'on emploie 2, 3, 4... fois plus d'ouvriers, il faudra 2, 3, 4... fois moins d'heures ou de jours pour faire le travail.

Dans ce cas, le nombre d'heures ou de jours est inversement proportionnel au nombre d'ouvriers, et, dans deux entreprises différentes, le rapport des intervalles de temps est égal au nombre des ouvriers pris dans un ordre inverse.

SEPTIÈME PARTIE

ARITHMÉTIQUE APPLIQUÉE

I. — PROBLÈMES.

423. Définition. — On appelle *problème* une question dont on trouve la réponse en effectuant *une* ou *plusieurs* des opérations de l'arithmétique indiquées par un raisonnement.

424. Problème simple. — On appelle **problème simple** un problème dont on trouve la réponse à l'aide d'une seule opération.

EXEMPLE. — *Si un mètre de toile vaut 1 fr. 75, quelle sera la valeur de 26 mètres?*

Raisonnement. — Si un mètre de toile vaut 1 fr. 75, 27 mètres vaudront 27 fois plus, ou 1 fr. 75 × 27, ce qui donnera l'opération suivante :

$$
\begin{array}{r}
1,75 \\
27 \\
\hline
1225 \\
350 \\
\hline
47,25
\end{array}
$$

Réponse : 47 fr. 25.

Ce problème, qui n'a donné lieu qu'à une multiplication, est un *problème simple.*

425. Problème composé. — On appelle **problème composé** celui dont on trouve la réponse à l'aide de plusieurs opérations.

EXEMPLE. — *J'ai reçu 21 015 francs de Paul, 30 725 francs de Georges et 17 355 francs d'André; j'ai partagé tout ce que j'ai reçu entre 25 personnes; combien ai-je donné à chacune d'elles?*

Raisonnement. — 1° Il est évident qu'il faut d'abord chercher ce que j'ai reçu en tout, en réunissant en une seule somme les trois sommes que j'ai reçues, ce qui donnera lieu à l'addition suivante :

$$21045$$
$$30725$$
$$17355$$
$$\overline{69125}$$

2° Si 25 personnes ont ensemble 69125 francs, une seule personne a droit à une part 25 fois moins grande, ou 69125 : 25, ce qui donne lieu à la division suivante :

$$\begin{array}{r|l} 69125 & 25 \\ 191 & \overline{2765} \\ 162 & \\ 125 & \\ 0 & \end{array}$$

Réponse : Chaque personne aura 2765 francs.

Ce problème, qui a nécessité une addition et une division, est un *problème composé*.

426. PREMIÈRE REMARQUE. — Dans la pratique, au lieu d'écrire le raisonnement, on se borne souvent à en indiquer les résultats ; c'est ce qu'on appelle indiquer la **solution** du problème.

EXEMPLE. — Ainsi, dans le problème précédent, on aurait pu se borner à écrire :

Solution. — 1° Somme totale reçue : 21045 + 30725 + 17355 = 69125.

2° Part d'une personne : $\dfrac{69125}{25} = 2765$ francs.

427. DEUXIÈME REMARQUE. — On comprend aisément qu'il existe des problèmes pouvant donner lieu à un grand nombre d'opérations, soit sur les nombres entiers, soit sur les nombres décimaux, soit sur les fractions ordinaires.

II. — RÈGLES DIVERSES.

428. RÈGLE. — Parmi les problèmes, il en est que l'on a coutume de grouper ensemble parce qu'ils se résolvent par une même marche, à laquelle on donne le nom de *règle*.

429. Espèce de règles. — On distingue plusieurs espèces de *règles*, dont les principales sont : la *règle de trois simple*; la *règle de trois composée*, la *règle d'intérêt*, la *règle d'escompte*, la *règle des rentes sur l'État*, la *règle de partages proportionnels*, la *règle de société*, la *règle de mélange*, la *règle d'alliage* et la *règle de moyenne arithmétique.*

RÈGLE DE TROIS SIMPLE.

430. Définition. — On appelle *règle de trois simple* la règle que l'on suit lorsqu'il y a deux quantités dépendant directement ou indirectement l'une de l'autre dans un problème.

431. Méthodes. — Les problèmes de règles de trois simple se résolvent par la *méthode des rapports ou des proportions,* ou par une autre méthode appelée *méthode de réduction à l'unité.*

432. Premier problème. — *8 hectolitres de blé ont coûté 160 fr.; combien coûteront 13 hectolitres?*

Solution par la méthode des proportions. — Il est évident que plus on achètera d'hectolitres plus on payera; les quantités sont donc *directement* proportionnelles, et le rapport des prix est égal au rapport des hectolitres; ce qui permet d'écrire la proportion suivante :

$$\frac{160}{x} = \frac{8}{13}$$

dans laquelle le premier moyen est inconnu; on aura donc :

$$\frac{160 \times 13}{8} = x \text{ moyen inconnu,}$$

ou, en simplifiant et en effectuant :

$$x = \frac{\overset{20}{160} \times 13}{8} = 260, \text{ prix demandé.}$$

Solution par la méthode de réduction a l'unité :

Si 8 hectolitres coûtent........................... 160

1 hectolitre coûtera 8 fois moins, ou............ $\dfrac{160}{8}$

13 hectolitres coûteront 13 fois plus, ou......... $\dfrac{160 \times 13}{8}$

ce qui, en simplifiant et en effectuant, donne :

$$\frac{\overset{20}{160} \times 13}{8} = 260.$$

433. Problème. — *16 ouvriers ont mis 27 jours à faire un travail; combien 12 ouvriers auraient-ils mis de jours pour faire le même travail?*

SOLUTION PAR LA MÉTHODE DES PROPORTIONS. — J... lent que
moins il y a d'ouvriers pour faire le travai.. plus il fau.. mps ; les
quantités sont donc inversement proportionnelles et le ra... les temps
est égal au rapport des ouvriers pris dans un ordre inverse, ce qui
donne la proportion :

$$\frac{27}{x} = \frac{12}{16},$$ dans laquelle le premier moyen est inconnu ; nous aurons

donc :

$$\frac{27 \times 16}{12} = x \text{ moyen inconnu,}$$

ou, en simplifiant et en effectuant :

$$x = \frac{\overset{9}{27} \times \overset{4}{16}}{\underset{4}{12}} = 36.$$

SOLUTION PAR LA MÉTHODE DE RÉDUCTION A L'UNITÉ :

Si 16 ouvriers mettent..........................	27 jours
1 ouvrier mettra 16 fois plus de jours, ou.........	27×16
et 12 ouvriers mettront 12 fois moins, ou.........	$\dfrac{27 \times 16}{12}$

ce qui en effectuant, et en simplifiant, donne :

$$\frac{\overset{9}{27} \times \overset{4}{16}}{\underset{4}{12}} = 36.$$

REMARQUE. — Dans les problèmes suivants nous n'emploie-
rons que la méthode de l'unité, qui est plus généralement suivie ; mais nous conseillons de ne pas négliger la méthode des
rapports.

RÈGLE DE TROIS COMPOSÉE.

434. Définition. — On appelle *règle de trois composée* la règle
que l'on suit lorsqu'il y a plusieurs fois deux quantités dépendant l'une de l'autre dans le problème.

C'est une suite de règles de trois simples.

435. PROBLÈME. — 25 ouvriers, travaillant 10 heures par
jour, ont creusé en 20 jours un fossé de 350 mètres. On demande combien 28 ouvriers travaillant 8 heures par jour auraient creusé de mètres du même fossé en 45 jours.

SOLUTION. — Si 25 ouvriers ont creusé..... 350

1 ouvrier en aurait creusé 25 fois moins, ou $\dfrac{350}{25}$

28 ouvriers en auraient creusé 28 fois plus, ou........................ $\dfrac{350 \times 28}{25}$

En travaillant 1 heure par jour, au lieu de 10, ils en auraient creusé 10 fois moins, ou $\dfrac{350 \times 28}{25 \times 10}$

et en travaillant 8 heures, 8 fois plus, ou $\dfrac{350 \times 28 \times 8}{25 \times 10}$

en 1 jour au lieu de 20, ils auraient creusé 20 fois moins, ou.................... $\dfrac{350 \times 28 \times 8}{25 \times 10 \times 20}$

Et en 45 jours, 45 fois plus, ou........ $\dfrac{350 \times 28 \times 8 \times 45}{25 \times 10 \times 20}$

Ce qui, en simplifiant et en effectuant, donne :

$$\frac{\overset{7}{350} \times \overset{14}{28} \times 8 \times \overset{9}{\underset{10}{45}}}{\underset{5}{25} \times 10 \times 20} = \frac{7056}{10} = 705^{m},60.$$

RÈGLE D'INTÉRÊT.

436. Définition. — On appelle *règle d'intérêt* la marche à suivre dans les problèmes relatifs aux calculs d'intérêt.

437. REMARQUE. — Dans les calculs d'intérêt, on distingue ce qu'on entend par *intérêt, capital, taux* et *temps.*

438. Intérêt. — On appelle **intérêt** le **bénéfice** que rapporte une somme d'argent prêtée. — On peut dire que c'est le **loyer** de l'argent.

439. Capital. — On appelle **capital** une somme prêtée.

440. Taux. — On appelle **taux** l'intérêt d'une somme de 100 francs prêtée pendant un an.

441. REMARQUE. — Le taux est variable, mais il ne saurait dépasser 5 francs pour les prêts ordinaires, et 6 francs pour les affaires commerciales.

442. Temps. — On appelle **temps** le nombre d'années, de mois ou de jours pendant lesquels un capital a été prêté.

443. Cas. — Les problèmes d'intérêt présentent *quatre cas :*
1° Chercher l'intérêt ;
2° Chercher le capital ;

3° Chercher le taux ;

4° Chercher le temps.

444. PREMIER CAS. — PROBLÈME. — *Quel est l'intérêt d'une somme de 525 francs placée pendant 8 mois à 5 p. 100 par an ?*

SOLUTION. — Si 100 francs donnent 5 francs en un an, ou 12 mois, 1 franc donnera 100 fois moins, ou.............................. $\dfrac{5}{100}$

et en 1 mois, 12 fois moins, ou............. $\dfrac{5}{100 \times 12}$

525 francs donneront 525 fois plus, ou...... $\dfrac{5 \times 525}{100 \times 12}$

et en 8 mois, 8 fois plus, ou.................. $\dfrac{5 \times 525 \times 8}{100 \times 12}$

Ce qui, en simplifiant et en effectuant, donne :

$$\frac{5 \times \overset{1,75}{\underset{}{5,25}} \times \overset{2}{8}}{\underset{4}{100 \times 12}} = 17 \text{ fr. } 50.$$

445. DEUXIÈME CAS. — PROBLÈME. — *Quel est le capital qui, placé pendant 8 mois, à 5 p. 100, a donné 17 fr. 50 d'intérêt ?*

SOLUTION. — S'il faut 100 francs pour rapporter 5 francs en 12 mois, pour rapporter 1 franc il faudra 5 fois moins, ou.............................. $\dfrac{100}{5}$

en 1 mois, il faudra 12 fois plus, ou.... $\dfrac{100 \times 12}{5}$

pour rapporter 17 fr. 50, il faudra 17,50 fois plus, ou.........,................. $\dfrac{100 \times 12 \times 17,50}{5}$

et en 8 mois, il faudra 8 fois moins, ou. $\dfrac{100 \times 12 \times 17,50}{5 \times 8}$

Ce qui, en simplifiant et en effectuant, donne :

$$\frac{\overset{20}{\underset{}{100}} \times \overset{5}{12} \times \overset{6}{17,50}}{\underset{2}{5 \times 8}} = 525 \text{ francs.}$$

446. TROISIÈME CAS. — PROBLÈME. — *A quel taux une somme de 525 francs a-t-elle été placée pour rapporter 17 fr. 50 en 8 mois ?*

SOLUTION. — Si 525 francs donnent 17 fr. 50
d'intérêt en 8 mois, 1 franc donnera
525 fois moins, où..................

$$\frac{17,50}{525}$$

en 1 mois, il donnera 8 fois moins, ou..

$$\frac{17,50}{525 \times 8}$$

100 francs donneront 100 fois plus, ou.

$$\frac{17,50 \times 100}{525 \times 8}$$

et en 12 mois, 12 fois plus, ou.........

$$\frac{17,50 \times 100 \times 12}{525 \times 8}$$

Ce qui, en simplifiant et en effectuant, donne :

$$\frac{\overset{\overset{\overset{\overset{0,10}{0,70}}{3,50}}{17,50} \times 100 \times \overset{\overset{4}{12}}{50}}{525 \times 8}}{\underset{\underset{3}{21}}{105} \quad 2} = 5 \text{ francs.}$$

447. QUATRIÈME CAS. — PROBLÈME. — *Pendant combien de
temps est resté placé, à 5 p. 100 par an, un capital de 525 francs,
pour rapporter 17 fr. 50?*

SOLUTION. — S'il faut 12 mois à 100 francs
pour rapporter 5 francs, à 1 franc il
faudra 100 fois plus de mois, ou......
et pour rapporter 1 franc, il en faudra

$$12 \times 100$$

5 fois moins, ou...................

$$\frac{12 \times 100}{5}$$

à 525 francs, il en faudra 525 fois moins,

ou................................

$$\frac{12 \times 100}{5 \times 525}$$

et pour rapporter 17 fr. 50, il faudra

17,50 fois plus, ou.................

$$\frac{12 \times 100 \times 17,50}{5 \times 525}$$

Ce qui, en simplifiant et en effectuant, donne :

$$\frac{\overset{\overset{\overset{4}{4} \quad \overset{20}{12} \times 100 \times \overset{\overset{0,50}{3,50}}{17,50}}{525}}{5 \times 525}}{\underset{\underset{7}{35}}{175}} = 8 \text{ mois.}$$

448. Cas particulier. — La recherche du capital peut donner lieu à un cas particulier, comme dans le problème suivant.

449. Problème. — *Quelle est la somme qui, placée à 5 p. 100 par an, pendant 8 mois, est devenue 542 fr. 50, capital et intérêt réunis?*

SOLUTION. — Au bout de 12 mois, 100 francs est augmenté de 5 francs; au bout d'un mois, il sera augmenté de $\frac{5}{12}$, et au bout de 8 mois, il sera augmenté de $\frac{5 \times 8}{12} = \frac{40}{12}$; il vaudra donc : 100 francs $+ \frac{40}{12}$, ou $\frac{1240}{12}$.

On dira alors :

Si $\frac{1240}{12}$ sont donnés par 100 francs,

1 franc sera donné par $\frac{1240}{12}$ fois

moins, ou...................... $\dfrac{100 \times 12}{1240}$

et 542,50 par une somme 542,50 fois plus grande, ou............... $\dfrac{100 \times 12 \times 542,50}{1240}$

Ce qui en effectuant donne :

$$\frac{100 \times 12 \times 542,50}{1240} = 525.$$

450. Remarque. — Dans les calculs d'intérêt et d'escompte, on compte l'année de 360 jours et les mois de 30 jours.

RÈGLE D'ESCOMPTE.

451. Définition. — On appelle **règle d'escompte** la marche à suivre pour calculer l'escompte que subit un billet payé avant son échéance.

452. Billet. — On appelle **billet** la reconnaissance écrite d'une dette.

453. Escompte. — On appelle **escompte** la retenue que subit un billet payé avant son échéance. L'escompte n'est autre que l'intérêt de la somme portée sur le billet.

Le taux ordinaire de l'escompte est de 6 p. 100.

454. PROBLÈME. — *Quel escompte subirait un billet de 450 francs payable dans 70 jours, au taux de 6 p. 100?*

SOLUTION. — 100 francs payables dans 360 jours subiraient un escompte de 6 francs, 1 franc subirait un escompte 100 fois moins grand, ou, ... $\dfrac{6}{100}$

et pour 1 jour, un escompte 360 fois moins grand, ou. . . . . $\dfrac{6}{100 \times 360}$

450 francs subiraient un escompte 450 fois plus grand, ou. . . . . $\dfrac{6 \times 450}{100 \times 360}$

et pour 70 jours, un escompte 70 fois plus grand, ou. . . . . $\dfrac{6 \times 450 \times 70}{100 \times 360}$

Ce qui, en simplifiant et en effectuant, donne :

$$\frac{6 \times \overset{\overset{3}{\overset{90}{\cancel{450}}}}{\underset{\underset{10}{\cancel{100}}}{}} \times \overset{7}{\underset{\underset{12}{\underset{4}{60}}}{\cancel{70}}}}{\cancel{100} \times 360} = \frac{21}{4} = 5 \text{ fr. } 25.$$

455. Valeurs d'un billet. — Dans un billet on distingue : la *valeur nominale* et la *valeur actuelle.*

456. Valeur nominale. — On appelle **valeur nominale** la valeur indiquée par la somme portée sur le billet.

457. Valeur actuelle. — On appelle **valeur actuelle** la valeur nominale diminuée de l'escompte.

EXEMPLE. — Dans le problème précédent, la *valeur nominale* du billet est 450 francs. La *valeur actuelle* est 450 — 5,25 = 444 fr. 75.

458. REMARQUE. — Dans les calculs d'escompte, on ne compte pas le jour d'où l'on part, mais on compte celui de l'échéance.

459. Sortes des problèmes d'escompte. — Les problèmes d'escompte étant les mêmes que les problèmes d'intérêt, il peut y en avoir de quatre sortes. — On peut avoir à chercher l'escompte, le *capital*, le *taux* et le *temps*.

BÉNÉFICE, PERTE, REMISE, RETENUE.

460. Calculs de tant pour cent. — Aux règles d'intérêt et d'escompte, on peut rattacher les *calculs de tant pour cent*, c'est-à-dire les calculs des *bénéfices*, des *pertes*, des *remises* et des *retenues*, qui se comptent généralement à tant pour 100.

461. Bénéfices. — PROBLÈME. — *Un marchand a acheté 127 mètres de toile à 2 fr. 25 le mètre; quel sera son bénéfice total s'il la revend en gagnant 7 p. 100?*

SOLUTION. — Prix de la toile : $2,25 \times 127 = 281$ fr. 25.

Bénéfice : $\dfrac{281,25 \times 7}{100} = 19$ fr. 6875.

462. Pertes. — PROBLÈME. — *Un négociant a acheté 250 hectolitres de vin à 56 fr. l'hectolitre ; il les revend avec une perte de 8 p. 100; combien recevra-t-il?*

SOLUTION. — Prix du vin : $56 \times 250 = 14000$.

Perte : $\dfrac{14000 \times 8}{100} = 1120$ francs.

Somme à recevoir : $14000 - 1120 = 12880$ francs.

463. Remises. — PROBLÈME. — *Dans un mois, un employé de commerce, qui reçoit 3 p. 100 de remise sur le montant des ventes qu'il fait, a vendu pour 17 000 fr. de marchandises; à combien s'élèvent ses remises ?*

SOLUTION. — Montant des remises : $\dfrac{17000 \times 3}{100} = 510$ francs.

464. Retenues. — *Un instituteur qui gagne 1500 fr. par an subit une retenue de 5 p. 100 sur son traitement ; combien reçoit-il chaque mois?*

SOLUTION. — Traitement du mois : $\dfrac{1500}{12} = 125$.

Retenue : $\dfrac{125 \times 5}{100} = 6$ fr. 25.

Somme à toucher : $125 - 6,25 = 118$ fr. 75.

465. REMARQUE. — Les données de ces problèmes peuvent être infiniment variées et avoir infiniment d'objets.

RÈGLE DES RENTES SUR L'ÉTAT.

466. Définition. — On appelle **règle des rentes sur l'État** la marche à suivre dans les calculs qui ont pour objet l'argent que l'État emprunte pour subvenir à des dépenses extraordinaires.

467. Titre de rente. — On appelle **titre de rente** la reconnaissance que l'État donne à ses créanciers.

Le titre de rente ne fait pas connaître le *capital prêté*. Il n'indique que l'*intérêt à recevoir*.

Cet intérêt est payable par *quart* tous les *trois mois* par les caisses publiques.

468. Noms des titres. — Les titres de rente sont **nominatifs ou au porteur**.

Ils sont *nominatifs* lorsqu'ils portent le nom de leur propriétaire.

Ils sont *au porteur* lorsqu'ils n'indiquent pas ce nom.

469. Nature des titres. — Il existe deux sortes de titres de rente en France :

1° Les titres de rente 4 1/2 p. 100, qui donnent droit à 4 fr. 50 de rente pour un certain capital prêté ;

2° Les titres de rente 3 p. 100, qui donnent droit à 3 fr. de rente également pour un certain capital prêté.

470. Prix de la rente. — Les expressions 4 1/2 p. 100 et 3 p. 100 ne signifient pas qu'il faut prêter 100 fr. à l'État pour qu'il donne un titre de rente de 4 fr. 50 ou de 3 fr.

Lorsque l'État emprunte, il fixe lui-même le capital qu'il réclame pour assurer 4 fr. 50 ou 3 fr. de rente au prêteur. Ce capital est variable : il est plus fort quand les affaires publiques vont bien ; plus faible, au contraire, quand elles vont mal.

EXEMPLE. — Ainsi l'État peut déclarer qu'il donnera 4 fr. 50 de rente pour 85 francs ou 95 francs, à son gré, et 3 francs de rente pour 56 francs ou pour 72 francs.

471. Vente des titres de rente. — L'État n'est pas forcé de rembourser l'argent qu'il emprunte. Quand les porteurs de titres veulent de l'argent, ils doivent vendre leurs titres comme une marchandise.

Comme toutes les marchandises, les titres de rente peuvent valoir tantôt plus, tantôt moins.

472. Cours de la rente. — On appelle **cours de la rente** la somme qu'il faut verser pour acheter un titre de 4 fr. 50 ou de 3 fr. de rente.

EXEMPLE. — S'il faut payer 105 fr. 20 pour avoir 4 fr. 50 de rente, ou 78 fr. 25 pour avoir 3 fr. de rente, on dit que le **4 1/2 p. 100** est au cours de **105 fr. 20**, et que le **3 p. 100** est au cours de **78 fr. 25.**

473. Lieu et agents de la vente des titres de rente. — Les titres de rente ne peuvent se vendre qu'à la **Bourse de Paris.**

Les agents chargés de les vendre portent le nom d'**agents de change.**

474. Droit de courtage. — On appelle **droit de courtage** le salaire que reçoivent les agents de change lorsqu'ils vendent des titres de rente.

Ce droit est de $\frac{1}{8}$ de *franc* pour 100 francs ou de 1 fr. 25 par 1000 fr. sur la valeur du titre vendu. Ce droit est payé par l'acquéreur.

475. Nature des problèmes. — Les problèmes de rentes sur l'État peuvent être de deux sortes :

1º Chercher le revenu qu'on se ferait en achetant de la rente pour un capital déterminé, selon le cours du jour ;

2º Chercher quel capital il faudrait verser pour se faire un revenu déterminé selon le cours du jour.

476. PREMIER CAS. — **Problème.** — *Quel revenu se ferait-on en consacrant 12 000 fr. à acheter de la rente 3 p. 100 au cours de 78,30 ?*

SOLUTION. — Si 78 fr. 30 donne un revenu de......   3 fr.

1 fr. donnera 78,30 fois moins, ou................ $\dfrac{3}{78,30}$

et 12000 donneront 12000 fois plus, ou....... $\dfrac{3 \times 12000}{78,30}$

Ce qui, en effectuant, donne :

$$\frac{3 \times 12000}{78,30} = \frac{36000}{78,30} = 460 \text{ fr. } 35 \text{ à un centime près.}$$

DEUXIÈME CAS. — PROBLÈME. — *Combien faut-il verser pour avoir 500 fr. de rente 4 1/2 p. 100 au cours de 101 fr. 25 ?*

SOLUTION. — Pour avoir 4 fr. 50 de rente, il faut verser..   101 fr. 25

Pour avoir 1 fr., il faudrait verser 4,50 fois moins, ou $\dfrac{101,25}{4,50}$

Et pour avoir 500 fr., 500 fois plus, ou........... $\dfrac{101,25 \times 500}{4,50}$

Ce qui, en effectuant, donne :

$$\frac{101,25 \times 500}{4,50} = 11250 \text{ fr.}$$

Si l'on veut ajouter les droits de courtage, on continuera le problème de la manière suivante :

$$\text{DROIT DE COURTAGE..} \frac{1,25 \times 11250}{1000} = 14 \text{ fr. } 06$$

$$\text{DÉPENSE TOTALE......} \quad 11250 \times 14,06 = 11264 \text{ fr. } 06$$

477. REMARQUE. — A ces deux cas principaux, on peut en ajouter d'autres, par exemple :

1º Chercher à quel taux on place son argent selon le cours de la rente ;

2º Chercher quel bénéfice on fait en achetant à un taux et en vendant à un autre.

Ces cas rentrent dans les cas précédents ou dans les cas des problèmes d'intérêt.

ACTIONS, OBLIGATIONS.

478. Actions. — On appelle **actions** l'ensemble des titres constituant le capital d'une société.

479. Valeur des actions. — Lorsqu'une société se fonde, les actions ont une valeur déterminée, soit 500 francs par exemple ; mais cette valeur augmente ou diminue selon que la société fait ou non de bonnes affaires.

480. Dividende. — Lorsqu'une société fait des bénéfices, on partage ces bénéfices entre les actionnaires, proportionnellement au nombre d'actions qu'ils possèdent.

On appelle **dividende** la part de bénéfice qui revient à chaque action.

481. Obligations. — On appelle **obligations** des titres délivrés aux créanciers des sociétés pour une somme qu'ils lui ont prêtée.

Ces titres donnent droit à un revenu fixe et doivent être remboursés dans un délai fixé, à un prix fixé d'avance, quelle que soit la somme prêtée.

482. Valeur des obligations. — Jusqu'à ce qu'elles soient remboursables, les obligations augmentent ou diminuent de valeur, selon que la société est prospère ou non.

483. Problèmes. — Les problèmes à donner sur les *actions* et les *obligations* se rattachent tous aux *règles d'intérêt* et aux *règles de rentes sur l'État*.

RÈGLE DES PARTAGES PROPORTIONNELS.

484. Définition. — On appelle **règle des partages proportionnels** la marche à suivre pour partager un nombre
proportionnellement à des nombres donnés.

Cette règle présente deux cas.

485. Premier cas. — Les nombres donnés sont des nombres
entiers.

486. Problème. — *Un père de famille a 15000 francs qu'il
veut partager entre ses trois enfants proportionnellement à leur
âge; quelle est la part de chacun s'ils ont 9, 10 et 11 ans.*

Solution. — Les trois enfants ont, entre eux, $9 + 10 + 11 = 30$ ans.

Pour une année, la part sera donc........ $\dfrac{15000}{30}$

Pour 9 années, elle sera................. $\dfrac{15000 \times 9}{30} = 4500$ fr.

Pour 10 années, elle sera.............. $\dfrac{15000 \times 10}{30} = 5000$

Et pour 11 années, elle sera............ $\dfrac{15000 \times 11}{30} = 5500$

Total égal........ 15000 fr.

487. Règle. — Pour partager un nombre proportionnellement à plusieurs nombres, on additionne les nombres; on
divise par cette somme le nombre à partager et on multiplie
le quotient par chacun des nombres donnés.

488. Deuxième cas. — Les nombres donnés sont des fractions.

489. Règle. — Pour partager un nombre proportionnellement à plusieurs fractions, on réduit les fractions au même
dénominateur et l'on partage ensuite le nombre proportionnellement aux nouveaux numérateurs, en procédant comme dans
le premier cas.

490. Problème. — *Soit à partager 113400 francs proportionnellement aux fractions* $\dfrac{2}{3}, \dfrac{3}{4}$ *et* $\dfrac{5}{6}$.

Solution :

Fractions réduites au même dénominateur... $\dfrac{8}{12}, \dfrac{9}{12}, \dfrac{10}{12},$

Somme des numérateurs.................. $8 + 9 + 10 = 27.$

Valeur d'une part........ .... $\dfrac{113400}{27}$

Valeur de 8 parts..., ... $\dfrac{113400 \times 8}{27} = 33600$

Valeur de 9 parts.......... .... $\dfrac{113400 \times 9}{27} = 37800$

Valeur de 10 parts................. $\dfrac{113400 \times 10}{27} = 42000$

TOTAL ÉGAL........ 113400 fr.

RÈGLE DE SOCIÉTÉ.

491. Définition. — On appelle règle de société la marche à suivre pour calculer la part de bénéfice ou de perte qui doit être attribuée à chaque membre d'une société.

La règle de société, qui n'est pas autre chose qu'une règle de partages proportionnels, présente deux cas.

492. PREMIER CAS. — Les associés ont laissé leurs mises pendant le même temps.

493. RÈGLE. — Quand les associés ont laissé leurs mises pendant le même temps, on leur attribue le bénéfice ou la perte proportionnellement à la mise de chacun d'eux.

494. PROBLÈME. — *Trois négociants ont mis dans une opération commerciale le premier 33 600, le deuxième 37 800, le troisième 42 000 francs. Dans un an, ils ont fait un bénéfice de 27 000 francs. On demande la part de chacun.*

SOLUTION. — Somme des mises.. $33600 + 37800 + 42000 = 113400$

Valeur d'une part.............. $\dfrac{27000}{113400}$

Valeur de 33600 parts.......... $\dfrac{27000 \times 33600}{113400} = 8000$

Valeur de 37800 parts.......... $\dfrac{27000 \times 37800}{113400} = 9000$

Valeur de 42000 parts.......... $\dfrac{27000 \times 42000}{113400} = 10000$

TOTAL ÉGAL................. 27000 fr.

495. DEUXIÈME CAS. — Les associés n'ont pas laissé leurs mises pendant le même temps.

496. Règle. — Quand les associés n'ont pas laissé leurs mises pendant le même temps, on multiplie chaque mise par le nombre d'années, de mois ou de jours pendant lesquels elle est restée placée et l'on divise le bénéfice ou la perte proportionnellement aux produits obtenus.

497. Problème. — *Trois commerçants ont mis en société, le premier 6 000 francs pendant 5 ans, le deuxième 7 000 francs pendant 4 ans, et le troisième 8 000 francs pendant 3 ans. Ils ont fait une perte de 9 000 francs. On demande quelle part de la perte doit être attribuée à chacun.*

Solution :

1er produit de la mise par le temps...... $6000 \times 5 = 30000$
2e   —   —   —   ...... $7000 \times 4 = 28000$
3e   —   —   —   ...... $8000 \times 3 = 24000$

Somme des produits............... 82000

Valeur d'une part.................... .... $\dfrac{9000}{82000}$

Valeur de 30000 parts............. $\dfrac{9000 \times 30000}{82000} = 3292,68$

Valeur de 28000 parts............. $\dfrac{9000 \times 28000}{82000} = 3073,17$

Valeur de 24000 parts............. $\dfrac{9000 \times 24000}{82000} = 2634,14$

Total égal à 0 fr. 01 près (1)....... 8999,99

RÈGLE DE MÉLANGE.

498. Définition. — On appelle **règle de mélange** la marche à suivre dans les calculs ayant pour objet les quantités mélangées.

La règle de mélange présente quatre cas principaux.

499. Premier cas. — On donne les quantités des choses qu'on mélange.

500. Problème. — *On mélange 25 hectolitres de vin à 55 francs l'hectolitre avec 32 hectolitres à 45 francs et 28 hectolitres à 51 francs. Quel sera le prix de l'hectolitre du mélange?*

(1) On remarquera que, dans ces sortes d'opérations, il est rare que le partage se fasse exactement.

SOLUTION. — 25 h. à 55 fr., valent $55 \times 25 = 1375$ fr.
            32 h. à 45 fr., valent $45 \times 32 = 1440$ fr.
            28 h. à 51 fr., valent $51 \times 28 = 1428$ fr.
$25 + 32 + 28$ h. $= 85$ h. qui valent $1375 + 1440 + 1428 = 4243$ fr.

$$\text{1 h. vaut } \frac{4243}{85} = 49 \text{ fr. 91 à 0 fr. 01 près.}$$

501. DEUXIÈME CAS. — On mélange deux choses et on ne donne la quantité que de l'une des deux.

502. PROBLÈME. — *On a 240 litres de vin à 0 fr. 50; combien faut-il mélanger de vin à 0 fr. 65 pour que le litre du mélange revienne à 0 fr. 58?*

SOLUTION. — Chaque litre du premier vin vaut 0 fr. 08 de moins que le prix du litre de mélange. Le prix total des 240 litres est donc trop faible de :

$$0 \text{ fr. } 08 \times 240 = 19 \text{ fr. } 20$$

chaque litre du deuxième vin est trop fort de 0,07. Pour avoir une compensation suffisante, il faut donc ajouter autant de litres du deuxième vin que 19 fr. 20 contient de fois 0,07 ou

$$19,20 : 0,07 = 274^l,28 \text{ à un centième près.}$$

503. TROISIÈME CAS. — L'une des quantités n'a aucune valeur.

504. PROBLÈME. — *On a 225 litres de vin à 0 fr. 70 le litre; combien faut-il y ajouter de litres d'eau pour que le litre du mélange ne vaille plus que 0 fr. 55?*

SOLUTION. — Le prix du vin est de :

$$0,70 \times 225 = 157 \text{ fr. } 50$$

Le nombre du mélange devra donc être :

$$157,50 : 0,55 = 286^l,36$$

Le nombre de litres d'eau à ajouter sera donc :

$$286,36 - 225 = 61^l,36$$

505. QUATRIÈME CAS. — On mélange deux choses et l'on ne donne la quantité d'aucune.

506. PROBLÈME. — *Combien faut-il mélanger d'hectolitres d'avoine à 14 francs l'un, avec de l'avoine à 9 francs, pour avoir 400 hectolitres d'avoine à 12 francs l'hectolitre?*

SOLUTION. — Par chaque hectolitre de la première avoine on perd 2 francs; par chaque hectolitre de la seconde on gagne 3 francs; pour gagner 2 francs avec la deuxième qualité, il faudra donc mettre dans le mélange autant d'hectolitres que 3 est contenu dans 2, c'est-à-dire $\frac{2}{3}$ d'hectolitre contre 1 hectolitre de la première.

Le problème est donc ramené à diviser 400 proportionnellement à 1 et à $\frac{2}{3}$, ou en réduisant au même dénominateur, proportionnellement à $\frac{3}{3}$ et $\frac{2}{3}$, ou encore à 3 et 2.

$$3 \text{ parts} + 2 \text{ parts} = 400$$
$$1 \text{ part} = \frac{400}{5} = 80$$
$$3 \text{ parts} = 80 \times 3 = 240 \text{ hectolitres.}$$
$$2 \text{ parts} = 80 \times 2 = 160 \text{ hectolitres.}$$

Il faudra donc 240 hectolitres à 14 francs, contre 160 hectolitres à 9 francs.

RÈGLE D'ALLIAGE.

507. Définition. — On appelle **règle d'alliage** la marche à suivre dans les calculs qui ont pour objet les alliages de métaux.

508. Alliage. — On appelle **alliage** le mélange de plusieurs métaux.

509. Métaux précieux. — Lorsqu'on allie l'or ou l'argent à un autre métal, ces métaux sont considérés comme **métaux précieux.**

510. Titre. — On appelle **titre** d'un alliage le rapport du poids du métal précieux au poids total de l'alliage.

Exemple. — Dire qu'un alliage d'or est au titre de $\frac{750}{1000}$, c'est dire que, sur 1000 grammes d'alliage, il y a 750 grammes d'or pur.

La règle d'alliage présente quatre cas :

511. Premier cas. — On connaît le poids de tous les lingots qu'on allie.

512. Problème. — *Si l'on fond ensemble deux lingots d'or, l'un de 6 kilogr. au titre de 0,825 et l'autre de 7 kilogr. au titre de 0,950, quel sera le titre du nouveau lingot?*

Solution. — Poids de l'or pur du premier lingot $6 \times 0,825 = 4^k,950$.
Poids de l'or pur du deuxième lingot $7 \times 0,950 = 6,650$.
Poids total des deux lingots $6 + 7 = 13$.
Poids total de l'or pur $4,950 + 6,650 = 11,600$.

Titre du nouveau lingot $\frac{11,600}{13} = 0,892$.

513. Deuxième cas. — On ne connait le poids que de l'un des deux lingots qu'on allie.

514. Problème. — *A un lingot d'or de 6 kilogr. au titre de 0,825, combien faut-il ajouter de kilogrammes d'un lingot au titre de 0,940 pour avoir un lingot au titre de 0,890?*

Solution. — Par chaque kilogramme du premier lingot, on a :

$$0^k,890 - 0^k,825 = 0^k,065$$

de moins qu'il ne faut; pour 6 kilogrammes, on aura donc en moins :

$$0^k,065 \times 6 = 0^k,390$$

Par chaque kilogramme du deuxième, on a, au contraire,

$$0^k,940 - 0^k,890 = 0^k,050$$

de plus qu'il ne faut. Pour établir la compensation, il faudra mettre autant de kilogrammes du second que $0^k,390$ contient de fois $0^k,050$, ou

$$\frac{0,390}{0,050} = 7^k,800.$$

515. Troisième cas. — On allie un lingot de métal pur à un lingot d'alliage.

516. Problème. — *Combien faut-il ajouter de cuivre à un lingot d'or au titre de 0,950 pesant 6 kilogr. pour avoir l'alliage des monnaies?*

Solution. — Poids de l'or du lingot : $6 \times 0,950 = 5^k 700$.
Poids du cuivre : $6 - 5^k,700 = 0^k,300$.
Cuivre nécessaire pour que le lingot soit au titre des monnaies :
$$\frac{5,700}{9} = 0^k,633.$$
Cuivre à ajouter $0^k,633 - 0^k,300 = 0^k,333$.

517. Quatrième cas. — On allie deux lingots et l'on ne donne le poids d'aucun.

518. Problème. — *Combien faut-il mélanger de kilogrammes d'un lingot d'argent au titre de 0,750 et de kilogrammes d'un autre lingot au titre de 0,950 pour avoir 40 kilogr. de l'alliage des monnaies?*

Solution. — A chaque kilogramme du premier lingot, il manque :

$$0^k,900 - 0^k,750 = 0^k,150.$$

Par chaque kilogramme du deuxième lingot, on a en trop :

$$0,950 - 900 = 50.$$

Pour qu'il y ait compensation, il faut donc, contre un kilogramme du premier lingot, mettre autant de kilogrammes du deuxième que 50 est contenu de fois dans 150, ou

$$150 : 50 = 3.$$

Pour avoir la quantité de chaque lingot nécessaire pour obtenir 40 kilogrammes au titre des monnaies, il faut diviser 40 proportionnellement à 1 et à 3.

$$1 \text{ part} + 3 \text{ parts} = 4 \text{ parts.}$$

$$4 \text{ parts} = 40$$

$$1 \text{ part} = \frac{40}{4} = 10$$

$$3 \text{ parts} = \frac{40 \times 3}{4} = 30.$$

Il faut donc 10 kilogrammes du premier et 30 kilogrammes du deuxième.

MOYENNE ARITHMÉTIQUE.

519. Définition. — On appelle moyenne arithmétique une quantité moyenne entre plusieurs autres quantités.

520. Règle. — On obtient une moyenne arithmétique entre plusieurs quantités, en faisant la somme de ces quantités et en divisant cette somme par leur nombre.

521. Problème. — On a trois sacs de blé pesant le premier 78 kilogs, le deuxième 80 kilogs et le troisième 84 kilogs; quel est le poids moyen d'un sac de blé?

SOLUTION. — Poids total : $78 + 80 + 84 = 242$ kilogrammes.

Poids moyen : $\dfrac{242}{3} = 80^{k},666.$

EXERCICES ET PROBLÈMES

ARITHMÉTIQUE

EXERCICES SUR LA NUMÉRATION

1. Dites combien il y a de dizaines dans 30, 40, 50, 70.

2. Dites quels nombres on forme en ajoutant 7 unités à trois dizaines, cinq dizaines, sept dizaines et neuf dizaines.

3. Quels nombres a-t-on en ajoutant 1, 2, 3, 4, 5 et 6 à une dizaine, sept dizaines et neuf dizaines ?

4. Quels nombres forme-t-on en ajoutant 1, 7, 21, 60 à deux centaines, cinq centaines et sept centaines ?

5. Combien y a-t-il de dizaines dans chacun des nombres suivants : 47, 72, 85, 126, 247, 508 et 673 ?

6. Quels nombres forme-t-on en ajoutant 8, 17, 28, 532 et 407 à un mille, cinq mille, sept mille et neuf mille ?

7. Écrivez cinq nombres dans lesquels le chiffre 7 exprime les cinq premiers ordres d'unités.

8. Écrivez en lettres les nombres suivants : 728, 7 407, 8 409.

9. Écrivez tous les nombres compris entre 57 et 59 dizaines.

10. Écrivez en chiffres les nombres compris entre 60 et 80.

11. Dites combien il y a de mille dans trois, cinq et sept millions.

12. Écrivez en lettres les nombres, 1 700 748, 21 000 416, 729 608 335.

13. Dites combien chacun des nombres suivants contient de centaines : 728, 4 378, 72 464, 707 815.

14. — Combien ils contiennent de dizaines.

15. Quelles sont les unités 100 fois plus grandes que les dizaines ?

16. — mille fois plus grandes que les mille ?

17. — dix fois plus grandes que les centaines de mille ?

18. — cent fois plus grandes que les dizaines de mille ?

19. — dix mille fois plus grandes que les dizaines ?

20. — mille fois plus grandes que les millions ?

21. De combien le zéro augmente-t-il la valeur du chiffre 4 dans les nombres suivants : 40, 407, 4072, 40 256 ?

22. Combien le chiffre 5 représente-t-il de pommes dans les nombres suivants : 25, 752, 572, 5 432 pommes ?

23. Combien vaut une partie de l'unité divisée en dix ?

24. — en cent?

25. — en mille?

26. Quelle fraction forment 8 parties de l'unité divisée en 10?

27. — 25 parties de l'unité divisée en 100?

28. — 272 parties de l'unité divisée en 1000?

29. Quel nombre forment 15 unités et 25 parties de l'unité divisée en 00?

30. — 40 unités et 3 parties de l'unité divisée en 10?

31. Écrivez en chiffres vingt-sept centièmes, dix dixièmes et trois cent vingt et un millièmes.

32. — Cinq centièmes, onze millièmes et sept millièmes.

33. Écrivez en lettres les nombres décimaux suivants: 25,07 — 8,620, —9,008, —175,7 —380,009 — 81,0096.

34. Écrivez en lettres les fractions décimales suivantes: 0,7 — 0,24 — 0,728 — 0,709 — 0,009 — 0,096 — 0,98.

35. Écrivez trois nombres décimaux où le chiffre 4 exprimera des entièmes, des dix-millièmes et des millionièmes.

36. A quel rang placez-vous les dixièmes, les millièmes et les cent-millièmes?

37. Combien un dixième vaut-il de millièmes?

38. -- de cent-millièmes?

39. — de millionièmes?

40. Quelle fraction font 6 parties de l'unité divisée en 7?

41. Quelle fraction font 3 parties de l'unité divisée en 5?

42. Écrivez en lettres les fractions $\frac{3}{4}, \frac{1}{2}, \frac{5}{9}, \frac{8}{12}, \frac{7}{35}$ et $\frac{9}{21}$.

43. Écrivez dix fractions ayant 5 pour numérateur.

44. Écrivez dix fractions ayant 31 pour dénominateur.

45. Écrivez les nombres fractionnaires formés par 18 unités et tiers, et par 3 unités et 5 onzièmes.

46. Écrivez en lettres les nombres fractionnaires suivants : $5\frac{3}{9}, 72\frac{5}{6}, 8\frac{15}{19}, 42\frac{5}{11}, 27\frac{8}{15}, 3\frac{6}{7}$.

47. Écrivez en lettres les fractions suivantes : $\frac{3}{4}, \frac{6}{9}, \frac{13}{19}$.

48. Avec le nombre 178 481 573, expliquez comment on doit lire un nombre.

49. Dites à quoi sert le zéro placé avant la virgule dans une fraction décimale.

50. Dites à quoi sert la virgule dans un nombre décimal.

51. Dites par quoi on remplace les unités manquantes dans les fractions décimales.

52. Dites comment on lit un nombre décimal.

53. Dites comment on lit une fraction décimale.

54. Dites comment on lit une fraction ordinaire.

55. Dites comment on lit un nombre fractionnaire.

56. Prouvez que 7 dixièmes valent 70 centièmes et 700 millièmes.

EXERCICES ET PROBLÈMES SUR LES NOMBRES ENTIERS.

EXERCICES SUR L'ADDITION.

57. $7246 + 764 + 41 + 27816 =$
58. $120 + 36 + 7289 + 47841 =$
59. $274 + 436 + 829 + 7438 + 59464 =$
60. $62846 + 8523 + 437 + 21 + 8 =$
61. $72 + 528 + 4347 + 85672 =$
62. $387294 + 8747872 + 15296 =$

PROBLÈMES SUR L'ADDITION.

63. Paul a 728 fr., Georges 4 729 et Jean 207; combien ont-ils en tout?

64. J'ai trois maisons: la première vaut 12728 fr.; la deuxième vaut 13925 fr. et la troisième 41572 fr. Quelle est leur valeur totale?

65. J'ai trois barriques de vin: la première contient 216 litres; la deuxième 225 et la troisième 247. Combien ai-je de litres de vin?

66. Trois ouvriers ont travaillé le 1er 172 jours; le 2e 217 jours et le 3e 369 jours. Combien ont-ils travaillé de jours en tout?

67. Un ouvrier a gagné 136 fr. en janvier, 107 fr. en février et 175 fr. en mars. Quel a été son gain pour le trimestre?

68. J'ai trois vignes: la première contient 1 725 ceps; la deuxième 2472 et la troisième 5846. Combien ont-elles de ceps en tout?

69. Un boucher a acheté trois bœufs: le premier pèse 427 kilogr.; le deuxième 372 et le troisième 707. Combien pèsent-ils en tout?

EXERCICES SUR LA SOUSTRACTION.

70. $7315 - 6213 =$
71. $8696 - 2515 =$
72. $82727 - 1646 =$

73. $12004 - 9726 =$
74. $46705 - 15528 =$

PROBLÈMES SUR LA SOUSTRACTION.

75. Paul a 27 ans et Georges en a 12. Combien Paul a-t-il d'années de plus que Georges?

76. J'ai gagné 1800 fr. l'an dernier, et j'ai dépensé 1375 fr. Combien ai-je économisé?

77. J'ai acheté des marchandises pour 18728 fr., et je les ai revendues 21009 fr. Quel a été mon bénéfice?

78. Je suis né en 1837. Quel âge ai-je en 1887?

79. Une barrique contient 214 litres de vin; on en a retiré 173 litres. Combien en reste-t-il?

80. J'ai acheté un pré pour 2746 fr. et j'ai donné 1528 fr. à mon vendeur. Combien lui dois-je encore?

81. Louis XIV est né en 1638 et il est mort en 1715. Quel était son âge?

82. Je devais 746 fr. à mon tailleur et je lui ai donné 596 fr. Combien lui dois-je encore ?

83. Un ouvrier avait 572 fr. à la caisse d'épargne. Combien lui en reste-t-il, s'il en a retiré 274?

84. J'avais 17 000 fr. à payer et j'ai donné 7 846 fr. Combien dois-je encore ?

85. Si je gagne 2 400 fr. par an et que je dépense 2 748 fr., combien aurai-je fait de dettes ?

EXERCICES SUR L'ADDITION ET LA SOUSTRACTION COMBINÉES.

86. De 1678 retranchez 12 + 46 + 167.
87. Ajoutez 125 + 464 + 272 et retranchez-en 725.
88. De 2974 ôtez 272 + 476 + 508.
89. De 58416 ôtez 735 + 6 784 + 18 472.

PROBLÈMES SUR L'ADDITION ET LA SOUSTRACTION COMBINÉES.

90. J'avais 4 218 fr. et j'ai donné 425 fr. à mon frère et 728 fr. à ma sœur. Combien me reste-t-il?

91. Je suis sorti avec un billet de 500 fr. ; j'ai acheté pour 135 fr. de drap ; j'ai donné 86 fr. à mon boulanger et 76 fr. à mon boucher. Combien me reste-t-il ?

92. J'ai acheté un cheval pour 875 fr. Je l'ai gardé 10 jours, pendants lesquels il m'a dépensé 45 fr. et je l'ai revendu 980 fr. Combien ai-je gagné?

93. Un libraire a tiré 7 000 exemplaires d'un ouvrage; il en a vendu 1 246 en janvier, 1 456 en février et 2 317 en mars. Combien lui en reste-t-il le premier avril ?

94. Trois de mes débiteurs m'ont donné, le premier 746 fr., le deuxième 987 fr. et le troisième 1 027 fr. Avec cette recette, j'ai payé une dette de 1 975 fr. Combien me reste-t-il?

95. Un épicier a reçu deux envois de sucre, le premier de 720 kilogr.. la deuxième de 409. Il en revend d'abord 74 kilogr., puis 517 et enfin 86. Combien lui en reste-t-il ?

96. J'ai échangé du vin valant 635 fr. contre du blé valant 172 fr. et du bois pour 85 fr. Combien doit-on me donner de retour ?

EXERCICES SUR LA MULTIPLICATION DES NOMBRES ENTIERS.

97. $727 \times 3 =$
98. $7\,656 \times 7 =$
99. $828 \times 4 =$
100. $23\,746 \times 5 =$
101. $127 \times 10 =$

102. $249 \times 1\,000 =$
103. $272 \times 100 =$
104. $28 \times 300 =$
105. $178 \times 60 =$
106. $274 \times 60\,000 =$

107. $274 \times 239 =$ **109.** $2\,074 \times 409 =$
108. $5\,847 \times 4\,274 =$ **110.** $371 \times 7\,009 =$

PROBLÈMES SUR LA MULTIPLICATION.

111. A 35 fr. le mouton, combien valent 216 moutons?

112. Si un mètre de drap vaut 18 fr.; que valent 42 mètres?

113. Un hectolitre de vin vaut 109 fr.; que valent 73 hectolitres?

114. Que valent 5 douzaines de volumes à 3 fr. le volume?

115. Un ouvrier gagne 5 fr. par jour; qu'auront gagné 17 ouvriers au bout de deux semaines de six jours?

116. Un marchand de vin a vendu 85 barriques de 225 litres de vin dans un mois. Combien a-t-il vendu de litres?

117. Une rame de papier se compose de 20 mains de chacune 25 feuilles. Combien y a-t-il de feuilles dans 17 rames?

118. Un fermier a récolté 746 quintaux de paille. Combien vaut sa récolte si la paille est estimée 4 fr. le quintal?

ADDITIONS, SOUSTRACTIONS ET MULTIPLICATIONS COMBINÉES.

EXERCICES.

119. $(417 + 18) \times 125 =$ **122.** $(72 \times 46) + (73 \times 6) =$
120. $(736 - 124) \times 272 =$ **123.** $(428 + 5) \times (73 - 17) =$
121. $(728 + 6 + 24) \times 537 =$

PROBLÈMES.

124. Un négociant a acheté 17 hectolitres de vin à 58 fr. et 64 hectolitres à 72 fr. Combien a-t-il dépensé en tout?

125. Un patron emploie 6 ouvriers à 85 fr. par mois; 3 à 128 fr. et 7 à 150 fr. Combien leur donne-t-il par an?

126. Dans une famille le père gagne 4 fr. par jour et la mère 2 fr. Combien ont-ils de bénéfice par mois, s'ils ont dépensé 3 fr. par jour?

127. Je gagne 175 fr. par mois et je dépense en moyenne 127 fr. Quel est mon bénéfice au bout d'un an?

128. Pour faire une chemise, il faut 3 m. de flanelle. Que coûteront 3 douzaines de chemises de flanelle, si la flanelle vaut 3 fr. le mètre, et si l'on donne 14 fr. par douzaine à l'ouvrière?

129. Une personne qui gagne 5 800 fr. économise 3 fr. par jour. Combien dépense-t-elle par an?

130. J'ai acheté 135 kilogrammes de café à 2 fr., et 48 kilogr. de chocolat à 4 fr. J'ai donné 275 fr. à compte. Combien dois-je encore?

131. On me devait 1 246 fr. et l'on m'a donné en payement 145 m. de drap à 9 fr. Combien ai-je reçu de trop?

132. On vend 38 fr. l'hectolitre 34 hectolitres de vin qui avaient coûté 976 fr. Combien a-t-on gagné?

EXERCICES SUR LA DIVISION DES NOMBRES ENTIERS.

133. 7285 : 5 =   **138.** 73545 : 15 =

134. 17847 : 9 =   **139.** 472846 : 238 =

135. 64872 : 4 =   **140.** 727475 : 4648 =

136. 8746 : 8 =   **141.** 2300704 : 784 =

137. 12546 : 7 =   **142.** 109100 : 58 =

PROBLÈMES SUR LA DIVISION.

143. 45 moutons ont coûté 1215 fr. Combien coûte un mouton ?

144. On a touché 3474 fr. pour 319 jours de travail. Que gagnait-on par jour ?

145. On a fait 785 m. de travail en 35 jours. Combien faisait-on de mètres par jour ?

146. 94 personnes ont 937765 fr. à se partager. Quelle sera la part de chaque personne ?

147. Si l'on reçoit 4028 fr. pour 700 jours de travail, combien gagne-t-on par jour ?

148. Combien de fois 72 est-il contenu dans 2880 ?

149. Quel est le nombre qui, multiplié par 36, donnerait 6447242 ?

150. Rendez 68 fois plus petit le nombre 72896.

151. Prenez le quart de 78524, de 58336 et de 49610.

152. Prenez le tiers de 3741, de 76611 et de 6411.

153. Prenez le 6e de 13248, de 48322 et de 34728.

154. Prenez le 8e de 47676, 68440 et de 524216.

155. Prenez le 9e de 523467, de 124677 et de 531036.

LES QUATRE OPÉRATIONS COMBINÉES.

EXERCICES.

156. 7246 : (4 × 5) =   **160.** (7247 × 44) : (72 — 36) =

157. (72 × 128) : 17 =   **161.** (64 : 8) × (246 × 123) =

158. (92 × 62) : (29 — 4) =   **162.** (8567 × 15) : (736 : 4) =

159. (137 × 286) : (27 + 48) =

PROBLÈMES.

163. J'avais 17246 fr. et j'ai donné 827 fr.; puis j'ai partagé le reste entre 47 personnes. Combien chacune d'elles a-t-elle reçu ?

164. J'ai 3 billets de 1000 fr.; 5 billets de 500 fr.; 13 billets de 100 fr. et 7 de 50 fr. Si je partage mon avoir entre 75 personnes, combien chacune aura-t-elle ?

165. J'ai acheté une fois 17 moutons pour 528 fr.; une autre fois 38 moutons pour 1215 fr., et enfin 27 moutons pour 717 fr. A combien me revient un mouton en moyenne ?

166. J'achète 7 kilogr. de beurre à 4 fr. le kilogr., 3 kilogr. de café à 3 fr. et 17 kilogr. de viande à 2 fr. Combien me remettra-t-on si je paye avec un billet de 100 fr.

167. J'ai reçu : 1° 2 275 fr., 2° 408 fr. ; 3° 816 fr., et j'ai donné 227 fr. ; si je partage le reste entre 15 personnes, combien aura chaque personne ?

168. Avec 72 mètres de toile à 3 fr. le mètre, j'ai fait 12 draps de lit. A combien me revient le drap de lit ?

169. Prenez le tiers de 18 627 et dites quel sera le produit si vous multipliez ce tiers par 7.

EXERCICES SUR LES QUATRE OPÉRATIONS DES NOMBRES DÉCIMAUX.

ADDITIONS.

170. $127,15 + 2784 + 17,5 =$

171. $2723,5 + 0,072 + 4,38 =$

172. $5847,35 + 284,673 + 8 =$

173. $10\ 972,25 + 43,7 + 2,7845 =$

174. $0,7235 + 0,673 + 847,1 =$

175. $438 + 725,72 + 8 =$

SOUSTRACTIONS.

176. $12,74 - 0,746 =$

177. $437,45 - 82,5 =$

178. $28\ 747,6 - 0,0754 =$

179. $73,472 - 8,4375 =$

180. $0,728 - 0,085 =$

181. $0,0187 - 0,0095 =$

MULTIPLICATIONS.

182. $495,2 \times 17 =$

183. $72,46 \times 18,25 =$

184. $0,72 \times 0,43 =$

185. $1,725 \times 45 =$

186. $328 \times 0,75 =$

187. $30,3 \times 0,018 =$

DIVISIONS.

188. $7\ 246,60 : 12 =$

189. $3\ 746,46 : 1,75 =$

190. $0,846 : 0,25 =$

191. $478\ 725,35 : 27.4 =$

192. $30\ 072,64 : 9,875 =$

193. $0,7284 : 0,92 =$

PROBLÈMES SUR LES QUATRE OPÉRATIONS DES NOMBRES DÉCIMAUX.

ADDITIONS.

194. Une femme achète pour 1 fr. de pain, 2 fr. 35 de viande, 0 fr. 60 de café et 0 fr. 35 de légumes. Combien a-t-elle dépensé ?

195. Je dois 121 fr. 35 à mon boucher, 235 fr. 45 à mon tailleur et 728 fr. 40 à mon propriétaire. Combien dois-je en tout ?

196. Pour faire une robe, il faut 27 fr. 35 d'étoffe et 7 fr. 85 de garniture. A combien revient la robe si l'on donne 18 fr. à l'ouvrière ?

197. J'ai acheté chez le papetier pour 2 fr. 45 de papier, un canif pour 3 fr. et pour 2 fr. 45 d'enveloppes. Combien lui ai-je donné?

SOUSTRACTIONS.

198. J'ai déposé 736 fr. 45 à la caisse d'épargne; au bout d'un certain temps, j'ai retiré 816 fr. 40. Combien mon argent m'a-t-il rapporté?

199. Une barrique de vin qui coûte 113 fr. 40 me revient rendue chez moi à 146 fr. 60. Combien ai-je payé de droits et de transport?

200. Je devais 747 fr. 75 et je ne dois plus que 265 fr. 85. Combien ai-je payé?

201. J'ai acheté 227 m. de toile et j'en ai employé 95 m. 70. Combien m'en reste-t-il?

MULTIPLICATIONS.

202. A 2 fr. 45 le mètre de coutil, combien valent 17 m. 5?

203. A 0 fr. 75 le litre de vin, combien valent 7 pièces de vin contenant chacune 216 litres?

204. A 0 fr. 75 la boîte de plumes, combien valent 12 douzaines de boîtes de plumes?

205. J'ai acheté 15 volumes à 0 fr. 50, 12 volumes à 1 fr. 25 et 17 volumes à 0 fr. 75. Combien ai-je donné au libraire?

206. Pour faire une chemise, il faut 3 m. 25 de calicot à 0 fr. 95 le mètre. Combien coûtera le calicot nécessaire pour faire 12 chemises?

207. A 0 fr. 55 le mouchoir, combien coûteront 7 douzaines de mouchoirs?

208. Multipliez 7,625, — 43,75, — 78,4 et 0,35 par 10.

209. Multipliez 27,46, — 3,855, — 7,64 et 0,078 par 100.

210. Multipliez 84,72, — 8,7, — 78,735 et 3,07 par 1000.

DIVISIONS.

211. Divisez 578, — 42, — 2 747, — 67 810 par 10.

212. Divisez 179, — 4678, — 7, — 72 832 par 100.

213. Divisez 2 924, — 37, — 428 et 12 515 par 1000.

214. Divisez 17,25 — 3,817, — 62,38 et 0,25 par 10000.

215. 27 m. 5 de toile ont coûté 87 fr. 75. Combien coûte un mètre?

216. 3 mouchoirs m'ont coûté 2 fr. 25. Combien me coûte un mouchoir?

217. J'ai vendu 17 hectolitres de vin à 93 fr. 75 l'hectolitre et j'en ai partagé le prix entre 27 personnes. Combien ai-je donné à chacune?

218. Je partage 31 fr. 286 entre 27 personnes. Quelle sera la part de chacune à un centième près?

219. Si l'on emploie 126 mètres de toile pour faire 23 draps de lit, combien met-on de toile par drap à un millième près?

PROBLÈMES DE RÉCAPITULATION

PREMIÈRE SÉRIE.

220. Un commerçant doit 3 560 fr.; il donne un premier acompte de 1 980 fr. et un deuxième de 675 fr. Combien doit-il encore?

221. Un entrepreneur emploie 15 ouvriers à 4 fr. 50 par jour, 20 ouvriers à 3 fr. 25 et 30 ouvriers à 3 fr. Combien lui faut-il chaque jour pour payer ses ouvriers?

222. Si j'avais 135 fr. de plus, j'achèterais une salle à manger de 870 fr. et il me resterait 20 fr. Combien ai-je?

223. Un ouvrier reçoit 117 fr. pour un certain nombre de journées à 4 fr. 25. Combien a-t-il travaillé de jours?

224. En revendant ma propriété 34 560 fr. je perdrais le tiers de cette somme. Combien l'ai-je achetée?

225. Trouver le prix de 18 douzaines d'assiettes à 20 fr. 65 le cent.

226. Si j'achète pour 36 fr. de papier à 4 et 5 fr. la rame, autant de l'un que de l'autre, combien en aurai-je de chaque sorte?

227. Un voyageur paye 12 fr. 50 pour une chambre qu'il a occupée 5 jours. Combien payerait-il pour un mois?

228. Pour faire 24 nappes, il faut 192 mètres de toile. Combien en faut-il pour en faire 12?

229. J'ai une dette de 600 fr. Si je m'acquitte en payant 25 fr. par mois, au bout de combien de temps ma dette sera-t-elle payée?

230. Une revendeuse achète 800 œufs à 8 fr. le cent et les revend 1 fr. 20 la douzaine. Combien gagne-t-elle?

231. Sachant qu'un mètre de ruban coûte 0 fr. 70, que coûteront 90 centimètres?

232. Si je gagnais 600 fr. de plus par an, j'aurais 9 fr. à dépenser par jour. Quels sont mes appointements d'une année?

233. Si j'économise 0 fr. 30 par jour, quelle somme aurai-je au bout de 6 ans?

234. Quelle somme recevra-t-on pour 18 sacs de haricots contenant 180 litres, à 0 fr. 15 le litre?

235. On m'a vendu des noix à raison de 1 fr. 20 le cent. Sachant qu'il y en a une mauvaise sur 4, à combien me revient réellement le cent?

236. Quel est le prix de 14 sacs de farine pesant ensemble 973 kgr. 250 à 0 fr. 53 le kilogr.?

237. Un cafetier achète 12 paquets de bougies pour 14 fr. 40. Chaque paquet en contient 8; à combien revient une bougie?

238. Une pièce de vin de 228 litres coûte, prise en cave, 57 fr. Il y a en outre 12 fr. 75 de transport et 52 fr. d'entrée. A combien revient le litre?

239. En vendant une marchandise 340 fr., un négociant gagne le quart du prix d'achat. Combien l'a-t-il achetée?

240. Mon boucher me vend pour 17 fr. 80 de la viande à 0 fr. 85 le demi-kilogr. Combien en ai-je de kilogr.?

241. Un litre de sirop coûte 2 fr. 65. Combien peut-on en avoir pour 0 fr. 50 ?

242. J'ai acheté dans les magasins du Louvre : 2 m. 75 de drap à 8 fr. 50; 1 m. 25 de soie à 7 fr. 80 et 0 m. 85 de ruban à 3 fr. 50 le mètre. Faites ma facture.

243. Ma montre m'a coûté 135 fr. Combien dois-je la revendre pour gagner le tiers du prix d'achat?

244. 4 mètres de drap valent autant que 20 mètres de toile. Combien aura-t-on de mètres de drap pour 240 mètres de toile?

245. Mes parents consomment 3 pièces de vin de chacune 228 litres. Combien dépensent-ils pour leur boisson si le litre revient à 0 fr. 64?

246. Le charbon de terre vaut 37 fr. 50 les 1000 kilogr. Si on en achète pour 7 500 fr., combien en aura-t-on de kilogr. ?

247. Un forgeron ferait un travail en 5 heures, un autre le ferait en 7 heures. Les deux ouvriers travaillant ensemble, en combien de temps l'ouvrage sera-t-il fait?

248. Mon épicier me vend 3 kgr. 5 de sucre à 1 fr. 65, 2 kgr. 25 de beurre à 4 fr. 70, 1 l. 75 de vinaigre à 0 fr. 80 le litre et 0 kgr. 60 de poivre à 7 fr. le kilogr. Quel est le montant de ma facture?

249. J'achète pour 250 fr. de haricots à 5 fr. le double décalitre. Combien dois-je les revendre le litre si je veux gagner 65 fr. sur le tout ?

250. Un marchand a acheté 4 pièces de toile de 42 mètres chacune. Combien lui en reste-t-il quand il en a revendu pour 225 fr. à] raison de 3 fr. le mètre?

251. Un négociant achète 89 hectol. 25 de vin à 0 fr. 42 le litre. Sachant qu'il s'en est perdu en route 170 litres, à combien revient le litre de ce qui reste?

252. La vitrerie de 14 croisées contenant chacune 6 carreaux a coûté 51 fr. 60. Quel est le prix de revient d'un carreau ?

253. Un libraire achète, pour 7 fr. 20, 12 boîtes de plumes contenant chacune 144 plumes. Combien doit-il donner de plumes pour 0 fr. 05 s'il veut gagner 5 fr. 60 ?

254. On a mis dans un chariot 18 sacs de farine de froment pesant chacun 158 kilogr. et 13 sacs de farine de seigle pesant chacun 135 kilog. Quel est le poids du chargement?

255. Un épicier a acheté 6 caisses d'oranges. Si chaque caisse en contient 15 douzaines, combien a-t-il d'oranges en tout?

256. Dans un ménage, la dépense journalière est de 6 fr.; le père gagne chaque jour 4 fr. 50, la mère 2 fr. et le fils aîné 2 fr. 50; combien peut-on économiser par semaine si on travaille 6 jours?

257. Un marchand de nouveautés revend 19 fr. le mètre du drap qu'il avait payé 15 fr. Sachant qu'il vend en moyenne par jour 25 mètres de drap, quel bénéfice fait-il en 30 jours?

258. Un charbonnier a vendu dans un mois 230 sacs de charbon qui lui revenaient à 8 fr. l'un. Sur chaque sac, il a fait un bénéfice de 1 fr. 50. Dire : 1º le montant de la vente; 2º son bénéfice.

259. L'escalier de ma maison comprend 6 étages, d'un nombre égal de marches. Pour aller au sixième, il faut monter 114 marches; combien doit-on en monter pour se rendre au quatrième étage?

260. Au mois de décembre on m'a livré 8 sacs de coke pesant chacun 45 kilogr. J'en ai brûlé 18 seaux en renfermant chacun 9 kilogr. Combien me reste-t-il encore de kilogr. ?

261. La compagnie des omnibus achète 2 gros chevaux pour la somme de 2500 fr. L'un vaut 1 365 fr.; combien coûte-t-il de plus ou de moins que l'autre?

262. Une lampe brûle pour 0 fr. 06 d'huile à l'heure. Quelle dépense fera, pour l'éclairage, en 26 jours, un ménage où la lampe est allumée 4 heures par jour?

263. Pour faire bitumer une petite cour, j'ai déboursé 520 fr. J'ai payé 5 fr. par mètre carré. Quelle est la superficie de la cour?

264. En revendant 18 chemises à raison de 7 fr. 25 l'une, j'ai gagné 22 fr. 50. Combien m'avaient-elles coûté?

265. J'ai payé 15 mètres de velours 60 fr.; combien m'en donnera-t-on de mètres pour 48 fr. ?

266. Deux hommes, Jean et Louis, doivent se partager 195 fr. Mais Jean doit avoir 25 fr. de plus que Louis. Cherchez la part de chacun.

267. Dans une salle de réunion il y a 29 rangées de chacune 24 chaises. Chaque chaise a été payée 3 fr. Combien a coûté l'ameublement de cette salle ?

268. Un marchand de vins a vendu 8 tonneaux vides pour 36 fr. Il lui en reste encore 9; s'il les vend dans les mêmes conditions, combien recevra-t-il?

269. Un cocher de fiacre a reçu dans une semaine 196 fr. Il a dépensé pendant ce temps pour lui et son cheval 77 fr. Quel bénéfice a-t-il fait en moyenne par jour?

270. Trois ouvriers, Paul, Étienne et Auguste, ont reçu ensemble 515 fr.; Paul prend 160 fr. pour sa part, Étienne prend 25 fr. de plus que Paul; que reste-t-il pour Auguste?

271. 5 nichées de mésanges détruisent en un jour 1 500 chenilles. Combien 520 nichées détruisent-elles de chenilles en 3 semaines?

272. Une personne paye 25 fr. avec huit pièces, les unes de 2 fr., les autres de 5 fr. Combien en donne-t-elle de chaque espèce ?

DEUXIÈME SÉRIE.

273. Un marchand a reçu 18 douzaines d'assiettes dans 2 caisses, dont l'une contient 40 assiettes de plus que l'autre. Combien y a-t-il d'assiettes dans chaque caisse?

274. Si un commerçant avait 385 fr. de plus qu'il n'a, il pourrait payer une somme de 1500 fr. et il lui resterait 47 fr. Quelle somme a-t-il?

275. Un propriétaire a récolté 230 doubles-décalitres de blé ; il en a semé 29, il en a donné 18 à ses moissonneurs et il en a mis 83 de côté pour la nourriture de sa famille. Combien recevra-t-il en vendant le reste 4 fr. le double-décalitre ?

276. Une bouteille pleine d'eau pèse 1 075 grammes; vide, elle pèse 460 grammes. Trouver le poids de l'eau qu'elle contient.

277. Dans une division, le dividende est 180 880, le diviseur 4 760; trouver le quotient.

278. Un tapissier me vend une armoire 160 fr. Sachant que je donne un premier acompte du quart de cette somme, que me reste-t-il à payer?

279. Un cheval fait au trot 12 kilomètres à l'heure. Combien fait-il de mètres à la minute ?

280. Je dois 2 600 fr. Si on me fait une remise de 2 fr. par 100 fr., combien me reste-t-il à débourser?

281. Un épicier reçoit 8 caisses contenant chacune 125 kilogr. de fromage. Sachant qu'il paye le tout 1 800 fr., trouver le prix d'un kilogr. de fromage.

282. Trois personnes se partagent une somme de 12 000 fr. : la première a eu 5 000 fr., la deuxième 500 fr. de moins que la première. Dire quelle a été la part de la troisième ?

283. Ma montre a coûté deux fois le prix de ma chaine, que j'ai payée 58 fr. Combien m'ont coûté les deux objets ensemble?

284. Un brocanteur paye un meuble 42 fr. Après l'avoir fait réparer, il le revend 80 fr. et réalise ainsi un bénéfice de 22 fr. 50. A combien lui revient la réparation de ce meuble?

285. Mes parents payent un loyer annuel de 700 fr. et 44 fr. 10 d'impositions. Combien payent-ils de loyer par jour?

286. Un tâcheron a occupé lundi 6 ouvriers, mardi 8, mercredi 15, jeudi 12, vendredi 9 et samedi 7. Il les paye 0 fr. 45 l'heure, et la journée est de 12 heures. Combien lui faut-il pour la semaine ?

287. Dans une bergerie, on compte 94 moutons : 27 qui sont estimés 35 fr. pièce et les autres 28 fr. Quelle est la valeur du troupeau?

288. Un jeune ménage achète à crédit une salle à manger de 640 fr. et un salon de 1 200 fr. S'il s'acquitte en payant 80 fr. par mois, au bout de combien de temps aura-t-il payé sa dette?

289. La somme de deux nombres est 80 et leur différence 14. Quels sont ces deux nombres?

290. En revendant 30 fr. de moins un piano qui m'avait coûté 850 fr., je n'aurais gagné que 40 fr. Combien l'ai-je revendu?

291. Lorsqu'on multiplie 739 par un certain nombre, on obtient comme produit 336 984. Quel est ce nombre?

292. J'ai en ma possession 810 fr. Si je dépense la moitié de cette somme et le quart de ce qui me reste, combien aurai-je encore ?

293. Si on partage une propriété de 90,000 mètres carrés en 4 parties, puis chaque partie en 4 autres, quelle sera la superficie de chacun des derniers lots?

294. Un père dit à son fils : « J'ai 8 fois ton âge, et nos deux âges réunis font 63 ans. » Quel est l'âge de chacun ?

295. Une fermière porte au marché 30 douzaines d'œufs qu'elle veut vendre 27 fr. Par suite d'un accident, elle en casse 60 en chemin. Combien doit-elle vendre chaque œuf pour retirer la même somme ?

296. Un mécanicien gagne 4100 fr. par an. S'il veut économiser 815 fr. chaque année, à combien doit-il borner sa dépense journalière ?

297. On me vend 1 parapluie et 2 cannes pour 36 fr. Les 2 cannes me coûtent autant que le parapluie. Quel est le prix de chaque objet ?

298. Pour m'acquitter d'une dette de 1 800 fr., je donne 38 mètres de velours à 24 fr. 50 le mètre et 148 mètres de toile à 3 fr. 50. Je fais un billet pour le reste ; de combien sera-t-il ?

299. Un cheval consomme par mois 2 hectolitres et demi d'avoine à 0 fr. 13 le litre, 25 bottes de paille à 30 fr. le cent et 32 bottes de foin à 450 fr. le mille. Quelle est sa dépense annuelle ?

300. Deux frères ont hérité d'une somme de 125 000 fr. L'aîné doit avoir 3 500 fr. de plus que le cadet. Combien revient-il à chacun ?

301. Un père de famille gagne 6 fr. 25 par jour, sa femme 2 fr. 50 et son fils 1 fr. 15. Combien cette famille gagne-t-elle par an, sachant qu'il y a 6 jours de fête et 24 jours de chômage ?

302. Un ouvrier fume 0 kgr. 025 de tabac par jour. Quelle est sa dépense mensuelle si le tabac coûte 6 fr. 25 le demi-kilog. ?

303. Un chapelier achète des chapeaux à raison de 3 pour 18 fr. et les revend à raison de 4 pour 42 fr. Quel est son bénéfice sur la vente d'un demi-cent de chapeaux ?

304. J'achète 3 m. 25 d'étoffe à 9 fr. 75 le mètre, 3 chemises à 6 fr. 05 pièce et un gilet de flanelle. Je donne 60 fr., sur lesquels on me rend 1 fr. 25. Combien me coûte le gilet de flanelle ?

305. Le puits de Grenelle donne 2 300 litres d'eau par minute. En supposant que chaque personne ait besoin de 18 litres d'eau par jour, à combien de personnes ce puits pourra-t-il fournir de l'eau ?

306. Un marchand drapier achète du drap à 98 fr. les 7 mètres et le revend à 68 fr. les 4 mètres. La vente totale ayant produit un bénéfice de 360 fr., quel est le montant de cette vente ?

307. Ce même marchand propose de troquer du drap à 12 fr. 40 le mètre, contre de la soie à 9 fr. 85 le mètre. Combien devra-t-il recevoir de soie en échange de 20 mètres de drap ?

308. 38 hectolitres de seigle ont coûté 520 fr. ; l'hectolitre de froment se vend moitié plus que l'hectolitre de seigle. Quel sera le prix de 25 hectolitres de froment ?

309. Une lingère a fait confectionner 250 chemises pour la somme de 537 fr. 50. Combien doit-elle revendre la douzaine pour gagner 0 fr. 85 par chemise ?

310. Pour tapisser une chambre, il faut 14 rouleaux de papier de 7 mètres de long sur 0 m. 40 de large. Si le papier avait 0 m. 45 de large, combien faudrait-il de rouleaux ?

311. Un mètre de velours coûte 16 fr. 80. A quel prix doit-il être revendu pour qu'on gagne sur 17 mètres le prix d'achat d'un mètre ?

312. Un terrassier gagne 3 fr. 75 par jour et dépense 14 fr. 50 par semaine. En combien d'années aura-t-il économisé 2 226 fr., s'il travaille en moyenne 300 jours par an ?

313. Un fils dit à son père : « Papa, j'ai 7 ans et tu as 28 ans de plus que moi. » Trouver dans combien de temps l'âge du père sera le triple de celui du fils.

314. Un négociant achète deux tonneaux de vin : l'un contient 2 hectol. 50 de plus que l'autre et coûte 562 fr. 50 ; le deuxième ne coûte que 450 fr. Quelle est la contenance de chaque tonneau ?

315. Deux pièces d'étoffe de même qualité coûtent l'une 401 fr. 85, l'autre 324 fr. 30. Sachant que la première a 8 m. 25 de plus que la deuxième, trouver la longueur de chaque pièce.

316. Une couturière achète 25 mètres de toile, à 2 fr. 50 le mètre. Le mètre avec lequel on a mesuré étant trop court de 0 m. 012, quelle est la perte subie par cette ouvrière ?

317. Une personne achète, pour 139 fr. 60, du sucre à 1 fr. 50 le kilogr., et du café à 4 fr. 70 le kilogr. Elle a autant de kilogr. de sucre que de kilogr. de café. Combien en a-t-elle de chaque espèce ?

318. Un marchand d'habits a payé 756 fr. pour 9 paletots. Sachant que l'étoffe coûtait 24 fr. le mètre et qu'il a fallu 2 mètres par paletot, on demande combien l'ouvrier était payé par vêtement, s'il dépensait 2 fr. de fournitures pour chacun ?

319. Une lingère achète 249 m. 75 de toile à raison de 2 fr. 80 le mètre. Avec cette toile, elle fait confectionner 90 chemises, par une ouvrière qui met 92 jours à faire ce travail et qui a gagné 1 fr. 35 par jour. A combien chaque chemise revient-elle à la lingère ?

320. Un grainetier a acheté 675 kilogr. de seigle pour 99 fr. Sachant que l'hectolitre vaut 11 fr., trouver le poids d'un hectolitre de seigle.

321. Un commerçant achète 25 kilogr. de marchandises à 1 fr. 45 le kilogr. ; il donne 3 fr. à un commissionnaire pour le transport ; les autres frais s'élèvent à 0 fr. 25 par kilogr. Dites ce qu'il devra vendre le kilogr. s'il veut gagner 12 fr. sur le tout.

322. On a acheté une pièce de toile de 84 mètres à 1 fr. 25 le mètre. Si on en a revendu la moitié à 1 fr. 75 le mètre, le quart à 1 f. 80 et le reste à 1 fr. 90, combien a-t-on gagné sur le tout ?

323. Un relieur a reçu 912 fr. pour un certain nombre d'ouvrages. Sachant qu'il a relié 64 volumes à 3 fr. l'un et qu'il a pris 5 fr. pour chacun des autres, combien a-t-il relié de volumes en tout ?

324. Le vin récolté dans une vigne a rempli 41 pièces contenant chacune 2 hectol. 28 litres. La récolte est achetée 4 206 fr. 6. Quel est le prix de l'hectolitre ?

325. J'ai payé 70 fr. avec des pièces de 50 centimes et de 2 fr. J'ai donné 3 fois plus de pièces de 0 fr. 50 que de 2 fr. Combien ai-je donné de pièces de chaque espèce ?

326. Dans une famille, le mari gagne 5 fr. par jour et ne travaille que 6 jours par semaine; s'il veut économiser annuellement 319 fr., dire quelle doit être sa dépense quotidienne.

327. Un rouleau de drap contenait 125 mètres; on en a vendu pour 1 290 fr. à 15 fr. le mètre. Combien reste-t-il de mètres?

328. Une couturière gagne 91 fr. 25 par mois; comme elle désire placer annuellement 219 fr. à la caisse d'épargne, quelle doit être sa dépense journalière?

329. En 3 mois, Henri a gagné 320 bons points et Émile 235. Combien Émile aurait-il dû en gagner de plus pour avoir un nombre de bons points triple de celui de Henri?

330. Un kilogramme de café est payé 3 fr. 20. Combien en aura-t-on de grammes pour 0 fr. 40?

331. La petite roue des tours qui sont à votre atelier fait 18 tours pendant que la grande ou volant en fait 3. Combien la petite roue fait-elle de tours quand le volant en exécute 45?

332. Mon boucher m'a fait payer 4 fr. 41 pour 2 450 grammes de viande de mouton. Combien ai-je payé le kilogramme?

333. 4 pièces de drap d'égale longueur sont revendues 2 074 fr. Combien chacune contenait-elle de mètres, sachant qu'on a fait un bénéfice de 372 fr. et que le mètre avait été payé 18 fr. 5?

334. J'achète un paletot et un gilet, et je paye pour le tout 75 fr. Le prix du paletot étant égal à 4 fois celui du gilet, quel est le prix de chaque vêtement?

335. Chez une épicière on donne 30 grammes de poivre pour 0 fr. 10; quel bénéfice fait cette épicière sur 12 kilogrammes de poivre, si le kilogr. lui revient à 2 fr. 80?

336. Une modiste a vendu en 3 mois 62 chapeaux pour la somme de 992 fr. Sachant que sur chaque chapeau elle a fait un bénéfice de 4 fr. 25, à combien lui revenait un chapeau?

337. La somme de 2 nombres est 230; si on l'augmente de 20 et qu'on la divise ensuite par 25, on aura un quotient égal au $\frac{1}{10}$ du plus petit nombre. Quels sont ces deux nombres?

338. Un ouvrier et un apprenti ont reçu ensemble pour un même nombre de journées de travail 160 fr. La journée de l'apprenti est payée moitié de celle de l'ouvrier qui gagne 6 fr. par jour. Dites le nombre de journées faites par chacun.

339. On achète du sucre de deux qualités pour 48 fr.; celui de la première qualité vaut 1 fr. 40 le kilogramme et l'autre 1 fr. Sachant qu'on a eu 20 500 grammes du premier, combien a-t-on acheté de kilogrammes de la seconde qualité?

340. Combien de douzaines de pointes ayant 0 m. 022 de longueur pourra-t-on fabriquer avec un fil de fer mesurant 110 mètres?

341. Un charbonnier a payé 16 fr. un stère de bois pesant 850 kilogrammes; combien me revendra-t-il les 1 000 kilogrammes de bois s'il veut gagner 4 fr. par stère?

342. En vendant 6 pièces de toile de même longueur à 2 fr. 55 le mètre, un marchand fait un bénéfice total de 25 fr. Trouver la contenance de chaque pièce, étant donné que le mètre lui a coûté 2 fr. 40.

343. Un marchand de vin me disait : Si au lieu de payer 240 fr. pour ce tonneau de vin, j'avais donné 36 fr. de moins, le litre me reviendrait à 0 fr. 75. Combien a-t-il payé le litre ?

TROISIÈME SÉRIE

PROBLÈMES DONNÉS AUX EXAMENS DU CERTIFICAT D'ÉTUDES.

344. Un marchand a acheté 4 pièces de drap, à raison de 17 fr. le mètre, pour 1 853 fr.; la première contient 28 mètres, la deuxième 24, la troisième 36. Combien en contient la quatrième ? (*Seine.*)

345. En admettant qu'une vache donne par jour 24 litres de lait qui sont vendus 4 fr., combien de litres de lait pourrait-elle fournir en 28 jours et quelle somme retirerait-on de la vente de ce lait? (*Morbihan.*)

346. Dans une bourse, il y a 480 francs en pièces de 20 fr. et de 5 francs. Il y a 2 fois plus des secondes pièces que des premières. Combien y a-t-il de pièces de chaque espèce ?

347. Une personne qui a un revenu annuel de 3 285 fr. veut mettre de côté 2 fr. par jour. Combien peut-elle dépenser par jour, l'année étant de 365 jours? (*Lot-et-Garonne.*)

348. Il y a en France 362 arrondissements et 36 905 788 habitants. Calculer la moyenne de chaque arrondissement? (*Morbihan.*)

349. On a semé dans un terrain 206 litres de blé ; le rendement a été de 350 gerbes ; 100 de ces gerbes ont donné 7 hectolitres de blé. Quel est le produit d'un litre de semence ? (*Hérault.*)

350. Une pièce de drap, de 25 mètres, a été payée 12 fr. 75 le mètre. Le tout a été revendu 386 fr. 25. Quel a été le bénéfice sur chaque mètre ? (*Morbihan.*)

351. J'avais acheté 48 kilogrammes de sucre pour 64 fr. 80 ; mais par erreur on m'envoie 58 kilogr. 80 ; combien dois-je payer au vendeur si je conserve le tout ? (*Pas-de-Calais.*)

352. Une femme tricote des bas de laine qu'elle vend au prix de 3 fr. 80 la paire. La laine lui coûte 3 fr. 20 le kilogramme et 8 paires de bas pèsent juste 1 kilogr. 5. On demande ce qu'elle gagne par paire de bas. (*Seine-et-Marne.*)

353. Combien coûte une pièce de vin de 228 litres, le prix de l'hectolitre étant de 36 fr. 50? (*Paris.*)

354. Une fruitière qui ne savait guère calculer, échange ses pêches valant 2 fr. 70 les trois douzaines, contre un nombre égal d'abricots à 0 fr. 91 les 13; elle fait ainsi une perte de 1 fr. 24. Combien avait-elle de pêches ? (*Pas-de-Calais.*)

355. On a acheté du vin à 1 fr. 50 la bouteille. On revend les bouteilles vides 0 fr. 20 la pièce, et de cette façon, la dépense ne s'élève plus qu'à 91 fr. Combien a-t-on acheté de bouteilles de vin ? (*Gard.*)

356. Je ne gagne pas assez pour dépenser 138 fr. 15 par mois, il me manquerait 25 fr. 40 à la fin de l'année. Or, je veux, au contraire, économiser 250 fr. par an. Combien dois-je donc dépenser par mois? (*Seine.*)

357. Deux couturières ont acheté en commun 54 mètres de soie pour 688 fr. 50. Au partage, l'une d'elles paye 76 fr. 50 de plus que l'autre. Combien chacune a-t-elle de mètres? (*Paris.*)

358. Que valent ensemble 8 sacs de crin de chacun 6 kilogr. 75 à raison de 4 fr. 25 le kilogr. ? (*Morbihan.*)

359. Une femme tricote 6 bas en 7 jours; la laine lui coûte 7 fr. 75 le kilogr. et 6 paires de bas pèsent 810 gr. ; combien cette femme doit-elle vendre les bas pour gagner 1 fr. 85 sur chaque paire, et combien dans ce cas gagnerait-elle par jour? (*Pas-de-Calais.*)

360. On a deux pièces de drap de même qualité; la 1re a coûté 174 fr. et la 2e, qui contient 2 m. 50 de plus, a coûté 217 fr. 50. Combien chaque pièce contient-elle de mètres? (*Algérie.*)

361. On a versé dans un tonneau 200 litres de vin, qui avaient coûté 112 fr. 20, et 20 litres d'eau. A combien revient le litre du mélange? (*Côtes-du-Nord.*)

362. Une pièce d'étoffe de 31 m. 20 a coûté 78 fr. On en prend 7 m. 50 pour faire une robe. On emploie, en outre, 2 m. 85 de doublure à 0,85 le mètre, et l'on paye 14 fr. 30 de façon à la couturière. Quel est le prix total de cette robe? (*Seine.*)

363. Un ouvrier travaillant 25 jours par mois dépense 112 fr. 50 par mois et économise 375 fr. par an. Combien gagne-t-il par jour? (*Var.*)

364. Un épicier a acheté 75 pains de sucre de chacun 10 kilogr. 5; il les a payés 140 fr. les 100 kilogr. Combien a-t-il déboursé? (*Seine.*)

365. Le département des Côtes-du-Nord a 630957 habitants, 389 communes, 48 cantons et 5 arrondissements. Calculer la population moyenne : 1° de chaque commune, 2° de chaque canton, 3° de chaque arrondissement. (*Morbihan.*)

366. Un père a 35 ans et son fils en a 10; dans combien d'années l'âge du fils sera-t-il la moitié de celui du père? (*Vienne.*)

367. Une personne possède 119 francs en pièces de 5 francs et en pièces de 2 fr. Il y a autant de pièces de 5 fr. que de pièces de 2 fr. Combien y en a-t-il de chaque espèce? (*Lot-et-Garonne.*)

368. Dans une année, une femme a blanchi 2 085 chemises à 0 fr. 25 la pièce, 609 paires de draps à 0 fr. 45 la paire et 9 396 mouchoirs à 0 fr. 50 la douzaine. Quelle recette a-t-elle faite en moyenne par semaine? (*Lot-et-Garonne.*)

369. Un marchand achète 786 moutons à 45 fr. la paire; il en perd 17 par suite de maladie. Combien devra-t-il revendre chacun des moutons restant pour gagner 2 000 fr.? (*Gard.*)

370. Une ouvrière gagne 20 fr. par semaine; elle dépense 1 fr. 75 pour sa nourriture, 15 fr. de loyer par mois et 120 fr. par an pour son entretien. Quelles sont ses économies à la fin de l'année? (*Paris.*)

371. On donne 20 fr. à une servante pour aller chercher 2 kgr. 5 de bougie à 2 fr. 80 le kgr.; 125 gr. de café à 3 fr. 20 le kgr.; 2 kgr.

525 de sucre à 0 fr. 65 le demi-kgr. ; 1 kgr. 065 de vermicelle à 0 fr. 40 les 5 hectogr. Combien doit-elle rapporter ? (*Morbihan.*)

372. Cherchez à 0, 01 près le quotient de la division de 6425 par 0,025. (*Paris.*)

373. En revendant du café 2 fr. 50 le demi-kgr., un marchand a fait un bénéfice de 58 fr. 75 sur une balle qui lui coûte 516 fr. 35. Combien pesait cette balle de café? (*Seine-et-Marne.*)

374. Lorsque le sucre se vend 1 fr. 58 le kgr., et le café 3 fr., combien aura-t-on de kilogr. de ces marchandises pour 126 fr. si l'on veut avoir deux fois plus de sucre que de café? (*Nord.*)

375. Un ouvrier travaillant 18 heures a fait 120 mètres d'ouvrage. Combien de mètres aurait fait un autre ouvrier de même activité s'il avait travaillé 5 jours de 12 heures chacun. (*Eure.*)

376. Une pièce de vin de 228 litres pèse 264 kgr. fût compris, et coûte 98 fr. d'achat. On paye pour le port 4 fr. 50 par 100 kgr. et 9 fr. d'entrée par hectolitre A combien revient le vin, si l'acheteur a vendu le fût vide 5 fr. 70 ? (*Tarn-et-Garonne.*)

377. Un père de famille gagne 5 fr. par jour ; il veut économiser 275 fr. par an; il se repose le dimanche et 8 jours de fêtes. Combien peut-il dépenser par jour? (*Orne.*)

378. Un épicier a acheté 198 fr. douze pains de sucre à 0 fr. 75 les 5 hectogr. Quel est le poids de chaque pain? (*Haute-Saône.*)

379. Toutes ses dépenses payées, il reste à un ouvrier le quart de ce qu'il a gagné dans son année. Sachant que ses dépenses se sont élevées à 954 fr., on demande ce qu'il gagne par an et combien il a travaillé de jours, en supposant qu'il gagne 6 fr. par jour ? (*Seine.*)

380. Une personne a 89 fr. en pièces de 5 fr. et en pièces de 2 fr. Le nombre des pièces de 2 fr. dépasse de 6 celui des pièces de 5 francs. Combien y en a-t-il de chaque espèce ? (*Lot-et-Garonne.*)

381. Le prix du pain étant fixé à 0 fr. 35 le kgr., quelle sera pour la consommation du pain la dépense annuelle d'une famille d'après les conditions suivantes : le père mange par jour 1 kgr., la mère 612 gr. et trois enfants chacun 47 décagr. ? (*Morbihan.*)

382. Une barrique de vin de 228 litres a coûté 85 fr. prise chez le producteur. On a payé pour le transport et l'octroi 8 fr. 75 par hectol. Dites à combien revient la bouteille de 0 lit. 75? (*Morbihan.*)

383. Un marchand achète du drap qui lui coûte 12 fr. 75 le mètre. On lui en livre 4 pièces d'égale longueur, plus un coupon de 4 mètres, pour 219 fr. Combien chaque pièce doit-elle contenir de mètres ? (*Morbihan.*)

EXERCICES ET PROBLÈMES SUR LE SYSTÈME MÉTRIQUE

EXERCICES SUR LES MESURES DE LONGUEUR.

384. Combien y a-t-il de décamètres dans 20 mètres; 40 mètres; 50 mètres; 10 mètres ; 300 mètres; 450 mètres ; 660 mètres ?

385. Que vaut de mètres chacune des quantités ci-après : 5 décamètres; 2 hectomètres; 7 kilomètres; 1 myriamètre ?

386. Combien, dans 67 485 mètres, y a-t-il de décamètres, d'hectomètres et de myriamètres ?

387. Écrivez en chiffres les nombres suivants : Mille mètres six décimètres; Deux cent cinquante mètres quarante-cinq centimètres; Cent vingt-six hectomètres huit cent vingt millimètres; Dix-neuf kilomètres sept cent cinquante mètres ; Onze myriamètres, cent mètres et soixante millimètres.

388. Dites combien il y a d'hectomètres dans : 125, — 3 246, — 1 300, — 2 800, — 14 540, — 203 mètres.

389. Dites combien il y a de kilomètres dans 2 635, — 68 474, — 136 272, — 4,568 décamètres ?

390. Dites combien il y a de myriamètres dans 16 720, — 45 175, — 138 254 mètres.

391. Dites combien 27, — 132, — 464 kilomètres font d'hectomètres.

392. Combien y a-t-il de décimètres dans 12, — 25, — 30, — 18 et 100 mètres?

393. Que vaut de centimètres chacune des quantités ci-après : 9 mètres; 12 mètres; 5 décamètres; 135 mètres; 1 kilomètre ; 1 myriamètre ; 72 hectomètres?

394. Combien, dans 726 mètres, y a-t-il de décimètres, de centimètres, de millimètres?

395. Quel est le multiple du mètre qu'on écrit au rang des dizaines, au rang des centaines, au rang des unités de mille, au rang des dizaines de mille?

396. Dites quel sous-multiple du mètre on écrit au rang des dixièmes ; des centièmes ; des millièmes ?

397. Combien faut-il de centimètres pour faire un mètre; un décamètre ; un hectomètre; un décimètre?

398. Quel est le multiple du mètre qui vaut 10 kilomètres, 10 hectomètres, 100 décimètres?

399. Quel est le sous-multiple du mètre qui exprime 10 centimètres, 100 millimètres, 1 dixième du mètre.

400. Décomposez en multiples et sous-multiples du mètre le nombre 67 458 m. 153.

401. Combien y a-t-il de décamètres, d'hectomètres, de kilomètres, de mètres, dans 1 myriamètre.

402. Que sont 50 centimètres par rapport au mètre, au décimètre au millimètre?

403. Que sont 500 millimètres par rapport au mètre, au décimètre, au centimètre ?

PROBLÈMES SUR LES MESURES DE LONGUEUR.

404. Une personne achète une 1re fois 2 Dm. 4 cm. de toile ; une 2e fois 3 m. 7 ; une 3e 8 Dm. 5 dm. ; une 4e 5 Dm. 87. On demande la quantité de toile qu'elle achète, 1° en Dm ; 2° en m. et 3° en cm. ; et la somme qu'elle a dû payer, le prix du mètre étant 1 fr. 75 ?

405. Une locomotive parcourt 8 km. 5 Dm. par heure. Quelle est sa vitesse par seconde ?

406. Quel est le prix de 0 m. 75 de velours, le dm. valant 1 fr. 25.

407. On a acheté 3 doubles décamètres 25 cm. de toile à 2 fr. 55 le mètre. Combien doit-on ?

408. Le pas ordinaire étant de 0 m. 75, on demande la distance parcourue par un courrier marchant 10 heures par jour, pendant 4 jours et demi, sachant qu'il fait 110 pas à la minute.

409. Quelle est la longueur d'un fossé creusé autour d'un champ carré de 72 m. 45 de côté, et quel est le prix de ce travail sachant que le mètre courant coûte 1 fr. 35 ?

410. Les roues d'une voiture ont 3 m. 43 de tour. Combien feront-elles de tours en parcourant 3 km. 43 ?

411. La plate-forme d'un clocher est à 120 m. du sol. Combien faudra-t-il de marches de 0 m. 20 de hauteur pour y atteindre ?

412. La distance de Paris à Melun est de 48 km. Une voiture part de Paris et fait le double de chemin, dans le même temps, qu'une autre qui part de Melun à la même heure. A quelle distance de Paris se rencontrent les deux voitures ?

413. Une ligne de chemin de fer a 51 myriamètres de longueur. Combien y a-t-il de poteaux télégraphiques, sachant qu'ils sont espacés l'un de l'autre de 6 décamètres ?

414. Sachant qu'un demi-mètre de ruban revient à 0 fr. 035, on demande quel est le prix d'une pièce qui renferme 14 décamètres ?

415. La lumière parcourt 77 000 lieues à la seconde. A quelle distance de la terre se trouve une étoile dont la lumière met 21 minutes 18 secondes à nous parvenir ?

416. Une route a été mesurée avec un double-décamètre trop long de 4 centimètres 2 millimètres. Le résultat ayant donné 32 km. 26 962, on demande la longueur exacte de la route ?

417. Une place circulaire a 225 m. de circonférence. Un cheval en a fait 24 fois le tour en 27 minutes. Combien parcourt-il de km. à l'heure ?

418. 3 mètres de drap valent 10 m. de toile. On a vendu 4 m. 50 de toile pour 19 fr. 90. Quel est le prix du mètre de drap ?

419. Un facteur rural parcourt en moyenne 55 m. à la minute. Combien fait-il de lieues de 4 kil., sachant que sa journée est de 7 heures ?

420. Une voiture parcourt en une heure 9 km. 4 décam. On sait qu'elle a marché pendant 2 heures 20 minutes. Dire combien chaque roue a fait de tours, le tour de la roue étant de 4 m. 80.

421. Une locomotive fait un trajet en 5 heures. Sa vitesse double au bout de chaque heure. Sachant que la distance parcourue a été de 30 myriamètres 15, quelle est la vitesse dans la première heure.

422. Sachant que le tarif des chemins de fer pour les voyageurs en 2ᵉ classe est de 0 fr. 085 par kil., quelle somme devra débourser une famille de 3 personnes qui veut parcourir une distance de 58 klm?

EXERCICES SUR LES MESURES DE SUPERFICIE.

423. Combien y a-t-il de décamètres carrés dans chacun des nombres suivants : 100, — 150, — 200, — 350 et 800 mètres carrés?

424. Combien de mètres carrés dans 1 décam. carré, 1 hectom. carré?

425. Dites combien de Dm.q., d'hm.q., de km.q., de mm.q., on trouve dans le nombre 467 682 067 mètres carrés.

426. Écrivez en chiffres les nombres suivants : douze mètres carrés soixante-cinq décimètres carrés; trois cent soixante mètres carrés deux mille cinq cents centimètres carrés; deux cent vingt mille sept cent cinquante millimètres carrés.

427. Combien y a-t-il d'hm.q., dans chacun des nombres suivants : 3 745 mq.; 6 375 087 Dm.q.; 1 172 345 dm. q. ; 742 506 mq. ?

428. Dites combien de mètres carrés on aura avec 7 Em.q.; 86 hm. q.; 1 678 km. q.; 67 902 dm. q.; 6 523 045 mm. q.

429. Dites successivement combien 10, — 42, — 115, — 2 750 km.q. font de Dm.q.

430. Combien y a-t-il de dm. q. dans 9 m.q; 124 Dm.q., 7 hm. q., 34 km.q., 7 408 cm.q., 240 000 mm.q. ?

431. Que vaut de centimètres carrés chacune des quantités ci-après : 8 mq., 170 Dm.q., 3 060 hm.q., 407 250 mm.q., 132 dm.q. ?

432. Combien, dans 704 m. q., y a-t-il de dm.q., de cm.q., de mm.q. ?

433. Quel est le multiple du mètre carré qu'on écrit au rang des centaines, des dizaines de mille, et des unités de million ?

434. Quel est le sous-multiple du mètre carré qu'on écrit au rang des centièmes, des dix-millièmes, des millionièmes ?

435. Quelle différence y a-t-il entre le décimètre carré et le dixième du mètre carré ?

436. Quelle différence y a-t-il entre le centimètre carré et le centième du mètre carré ?

437. Combien le dixième du mètre carré vaut-il de décimètres carrés, de centimètres carrés, de millimètres carrés ?

438. Lisez les nombres suivants en indiquant la valeur des multiples et des sous-multiples : 7 046 m. q. 427600 ; — 10 425 m. q. 172 ; — 4 238 670 501 m. q. 001001 ?

439. Quel est le multiple qui exprime les centièmes d'hm.q., de km.q. ; de Mm.q.; de Dm.q.?

440. Quel est le multiple qui vaut 100 fois le mq. ; 100 fois l'hm.q.?

441. Décomposez en multiples et en sous-multiples la mètre carré les nombres suivants : 6 003 471 Dm.q.; 1 043 206 780 cm.q.?

442. Que sont 50 dm.q. par rapport au m. q. ; au Dm.q., au cm.q.?

PROBLÈMES SUR LE MÈTRE CARRÉ.

443. Trouver le prix d'un champ de vigne de 75 mètres de long sur 37 mètres de large à 0 fr. 35 le m. q.?

444. Exprimer en m. q. la surface d'une table de 25 dm. de long sur 45 cm. de large.

445. La peinture vaut 0 fr. 50 par m. q. et par couche. On demande le gain quotidien d'un ouvrier qui a peint en 4 jours 4 portes de 2 m. 10 de long sur 0 m. 90 de large ? Chaque porte a reçu 2 couches sur cha-cune de ses faces.

446. Combien faudra-t-il de rouleaux de papier ayant 0 m. 65 de largeur et 10 mètres de longueur, pour tapisser une chambre de 8 mètres de longueur, 3 mètres de largeur et 2 m. 45 de hauteur? On sait que les ouvertures présentent une surface de 5 m.q. 75.

447. Trouver le nombre de carreaux rectangulaires de 0 m. 22 sur 0 m. 15 qu'il faut pour carreler une pièce de 2 m. 50 de large sur 4 m. 60 de long.

448. Convertir 18 407 millimètres carrés en m. q. et expliquer l'opération.

449. Il faut pour chaque élève une surface de 1 m.q. 25. Quelle sera la surface d'une salle destinée à recevoir 45 élèves? Quelle serait la largeur de la salle si la longueur était de 8 mètres?

450. On emploie pour doubler un tapis de 4 m. 75 de long sur 2 m. 50 de large, une étoffe de 0 m. 82 de largeur. Quelle est la longueur d'étoffe employée?

451. On demande quelle est la longueur à donner à une bergerie de 17 mètres de large qui doit contenir 520 moutons, sachant qu'il faut au maximum 1 m. q. 25 par tête.

452. On demande la superficie cultivable d'un jardin de 32 m. de long sur 18 m. de large, sachant qu'il y a 2 grandes allées longi-tudinales de 0 m. 90 de largeur, et 3 allées transversales de 0 m. 50 de largeur.

453. Un jardin rectangulaire est entouré de murs de 2 m. de hauteur. On veut faire badigeonner à la chaux la face donnant sur le jardin. Quelle sera la dépense, les dimensions du jardin étant : longueur 17 m. 20, largeur 12 m. 60, et l'ouvrier demandant 0 fr. 15 par m.q.?

454. On veut parqueter une chambre de 5 m. 25 de long sur 3 m. 80 de large. On emploie des planches qui ont 1 m. 60 de long sur 0 m. 10 de large. Quel sera le nombre de ces planches?

455. Il faut pour faire un vêtement 3 m. q. 75 d'une étoffe qui a

0 m. 75 de large et qui coûte 4 fr. 50 le mètre courant. Les frais de confection s'élèvent à 7 fr. Quel sera le prix du vêtement?

456. Un champ d'une certaine superficie, vendu à 0 fr. 39 le m. q., a rapporté 152 fr. de moins que s'il avait été vendu à 0 fr. 45 le m. q. Quelle est cette superficie?

457. Une ménagère veut doubler un tapis de 4 m. 80 de long sur 2 m. 40 de large. Elle a 2 étoffes au choix : l'une à 0 m. 80 de large coûtant 2 fr. 50 le mètre, l'autre 0 m. 63 de large coûtant 2 fr. le mètre. On demande à quelle étoffe elle s'arrêtera si elle veut aller au meilleur marché.

458. Un jardinier veut ensemencer en pommes de terre un champ de 675 m. q. Combien lui faudra-t-il de Dl. de semence, sachant que les touffes de pommes de terre doivent être espacées de 0 m. 70, que dans un Dl. il y a environ 80 pommes de terre, et que dans chaque touffe il en met trois?

459. Quelle sera la dépense nécessitée par le carrelage d'une salle de 8 mètres de longueur sur 4 m. 25 de largeur, si l'on emploie des carreaux de 40 cm. sur 12 cm., dont le prix de revient est de 0 fr. 90 la demi-douzaine. La pose et les autres matériaux reviennent à 32 fr. 75.

460. Quelle est la population moyenne de la France par km. q., sachant que sa superficie est 5 290 myriam. q., et sa population 37 500 000 habitants?

EXERCICES SUR LES MESURES AGRAIRES.

461. Combien y a-t-il d'hectares dans 6 700 ares; 120 ares; 6 020 ares; 792 ares; 504 000 ares?

462. Combien trouve-t-on d'ares dans 3, — 125, — 71, — 60 423, — 822, — 412 hectares?

463. Dites combien de centiares il y a dans 4, — 12, — 375 ares.

464. Combien trouve-t-on d'ares dans 790 centiares, et dans 8 hectares?

465. Écrivez en chiffres les nombres suivants : Trois hectares quatre vingt-dix ares soixante-quatre centiares; Cinquante hectares soixante-dix ares vingt-sept centiares ; Neuf hectares neuf ares neuf centiares.

466. Décomposez en multiples et sous-multiples de l'are, 64 328 centiares ; 867 423 ares ; 67 hectares.

467. Exprimez en fractions décimales de l'hectare : 25 ares; 42 ares; 142 centiares ; 1 650 centiares.

468. Le dixième de l'hectare, qu'est-il par rapport à l'are; — au centiare ?

469. Combien l'are vaut-il de centièmes d'hectare; de dixièmes d'hectare; de millièmes d'hectare; de centaines de centiare; de dizaines de centiare ?

470. Que vaut 1 m. q. si 6 ares valent 420 fr. ?

471. Combien y a-t-il d'ares, d'hectares et de centiares dans 35 012 mètres carrés; — 70 425 décamètres carrés;

472. Décomposez en multiples et sous-multiples du mètre carré les nombres suivants : 6437 ares; 24060 centiares; 105 hectares.

473. Qu'est le mètre carré par rapport à l'are, au centiare, à l'hectare ?

474. Qu'est le centiare par rapport au mètre carré, au kilomètre carré, au décamètre carré, au décimètre carré?

475. Combien de mètres de côté ont les carrés dont la superficie est : 1 are, 1 mètre carré, 1 décamètre carré, 1 centiare, 1 kilomètre carré ?

476. Dites la superficie des carrés ayant pour côté 8, — 7, — 6, — 10 m. ?

477. Quelle différence y a-t-il entre le décimètre carré et le dixième du mètre carré; — entre le centimètre carré et le centième du mètre carré.

478. Combien faudra-t-il de mètres carrés, de décimètres carrés, de centimètres carrés pour faire un are ?

479. Combien faudra-t-il de centiares, d'ares, d'hectares pour faire un kilomètre carré ?

480. Écrivez en un seul nombre : huit cent soixante sept ares deux cent vingt sept centimètres carrés.

ARE.

481. Exprimer en hectares, ares et centiares, la surface d'un champ rectangulaire de 243 m. 25 de longueur sur 55 m. 70 de largeur.

482. Un champ rectangulaire a une superficie de 2 hect. 9 ares; sa longueur est de 291 m. 50; quelle en est la largeur?

483. Un terrain rectangulaire a été payé 7126 fr. 70 et acheté au prix de 0 fr. 75 le mètre carré; quelle est la surface de ce terrain exprimée en ares et hectares?

484. L'are d'un terrain vaut 27 fr. 20. Exprimer en ares et centiares la contenance d'un terrain qui coûterait 147 fr. 08.

485. Dans un champ de 4 hectares 8 ares, on a récolté 1 hectol. 1/2 de blé. Quelle est la contenance d'un champ de même rendement dont la récolte a été de 27 hectolitres. Dire le prix à raison de 32 fr. l'are.

486. L'are du terrain vaut 25 fr. 50. Dire le prix de tous les multiples et sous-multiples de l'are.

487. Un champ de 4 hectares a fourni 1200 décalitres de blé. Dites quelle étendue il faudrait ensemencer pour récolter 76126 48 centilitres de blé

488. Dans un champ de 4 hect. 5 ares, on a récolté 150 hect. de blé pesant chacun 72 kgr. On demande la valeur du blé produit par un are, à raison de 24 fr. 75 les 73 kgr.

489. Une propriété de 199 m. 36 de long sur 86 m. 60 de large se vend à raison de 28 fr. 50 l'are. Quel est le prix de cette propriété.

490. Un cultivateur ensemence en blé un champ de 120 m. 80 de long sur 37 m. 80 de large; sachant qu'on emploie 4 litres de blé par are, quelle est la quantité de blé employée pour la totalité du champ?

491. Un hectare de terrain produit 18 hectolitres de blé. On demande d'exprimer en ares et centiares la surface qui produira 245 hectolitres.

492. En supposant que la récolte de blé par hectare soit de 12 sacs de 75 klg., quelle est la récolte obtenue dans un champ de 226 m. 30 de longueur sur 158 m. de largeur.

493. Un jardin a 20 m. 25 de longueur sur 15 m. 10 de largeur; il est partagé par une allée de 1 m. 20 de largeur dans le sens de la longueur. On demande, en ares la superficie qui peut être cultivée.

494. Un champ a une longueur de 230 m. 60 sur une largeur de 145 m. 10. Quelle est sa surface et la valeur de la récolte obtenue, si l'hectare produit 1 700 litres de blé à 18 fr. 50 l'hectolitre ?

495. Un propriétaire vend 3 pièces de terre, la première de 4 hectares 2 ares à 0 fr. 25 le m.q. ; la deuxième de 25 ares 18 centiares à 3 000 fr. l'hectare; la troisième de 225 m.q. à 28 fr. l'are. Quelle somme le propriétaire a-t-il retirée de sa vente¿

EXERCICES SUR LES MESURES DE VOLUME.

496. Combien le mètre cube vaut-il de dmc.; de cmc; de mmc.?

497. Combien y a-t-il de mètres cubes dans 2000 dmc.; dans 4 000 000 de cmc.; dans 7 400 dmc.; dans 1120750 mm. c?

498. Combien, dans 345 mètres cubes, aura-t-on de dm. c.; de cm. c.; de mm. c.?

499. Écrivez en chiffres les nombres suivants : Deux mille neuf cent dix mètres cubes sept cent cinquante centimètres cubes ; Cent soixante-dix décimètres cubes ; Trois cent six mètres cubes quatorze centimètres cubes ; Neuf mille quatre cent sept centimètres cubes ; Soixante-quatre dixièmes de mètre cube.

500. Combien le décimètre cube vaut-il : de dixièmes de dm. c.; de cm. c.; de centièmes de cm. c.; de centièmes de dm. c.; de mm. c.?

501. Combien le dixième du mètre cube vaut-il : de dm. c.; de cm. c.; de mm. c.?

502. Quel sous-multiple du mètre cube exprime des millièmes de mètre cube; des millionièmes de mètre cube; des billionièmes de mètre cube?

503. Pour faire un volume de 20 m. c., combien faudra-t-il de dm. c.?

504. Quel est le sous-multiple qui exprime les millièmes du mètre cube; — des millièmes du cm. c.; — des millièmes du dm. c.?

PROBLÈMES SUR LES MESURES DE VOLUME.

505. Écrire en centimètres cubes : 30 m. c., 28 dm. c., 45 cm. c.

506. Écrire en mètres cubes : 5 460 dm. c., 49 cm. c.

507. Écrire en décimètres cubes : 295 m. c., 2 dm. c., 580 mm. c.

508. Convertir en centimètres cubes : 406 m. c., 502 dm. c.

509. Quel est le poids d'une poutre ayant les dimensions suivantes : longueur 5 m. 65, largeur 0 m. 40, épaisseur 0 m. 50, sachant que le dm. c. de bois pèse 0 kgr 846.

510. Sachant qu'il faut 5 mètres cubes d'air par élève, combien pourra-t-on en recevoir dans une salle de 8 mètres de long, 5 mètres de large et 4 mètres de haut?

511. Un bloc de marbre a 2 mètres de longueur, 0 m. 95 de large et 0 m. 57 d'épaisseur. Quel en est le volume?

512. Le volume d'un bloc de fer est de 425 dm. c.; sa longueur est 0 m. 95 et sa largeur 0 m. 35. Quelle est son épaisseur?

513. On a payé 380 fr. un tas de fumier dont les dimensions sont les suivantes : largeur 8 m. 40, largeur 7 m. 25, épaisseur 2 m. 45. Que vaut 1 mètre cube de ce fumier et combien gagnerait-on en le revendant 2 fr. 75 le mètre cube?

514. Que coûte un bloc de pierre de 3 mètres de longueur, 1 m. 25 de large et 0 m. 65 d'épaisseur, sachant que le prix de la pierre est de 7 fr. le mètre cube?

515. Calculer la hauteur d'un tas de fumier du prix de 524 fr., sa longueur étant de 9 mètres et sa largeur de 3 m. 80. On sait que le mètre cube de fumier coûte 12 fr.

516. Quel est en mètres cubes le volume d'une salle de 6 m. 75 de long sur 4 m. 30 de large et 4 mètres de haut?

517. Quel est en décimètres cubes le volume d'une salle dont chaque dimension est égale à 4 mètres?

518. Quelle est la hauteur d'une chambre dont le volume est 120 m. c. 75 dm. c., si la longueur est de 6 m. 08 et la largeur de 5 m. 57?

519. Une salle a 6 m. 25 de long, 4 de large et 3 de hauteur. Quel est le poids de l'air qui y est contenu, sachant que le décimètre cube d'air pèse 1 gr. 293?

520. Quelle devra être la longueur d'une salle de classe, sachant qu'elle doit contenir 50 élèves à qui il faut à chacun 2 m. c. 25 dm. c. d'air pour respirer; la largeur étant 5 m. 20 et la hauteur 4 m.

521. Un bassin peut contenir 755 mètres cubes d'eau; il a une longueur de 36 m. 75, un profondeur de 2 m. 50. Quelle en est la largeur?

522. Un tas de blé de 15 m. de longueur, 8 m. 50 de large et 1 m. 50 de haut, a été vendu 33 379 fr. 50. Quel est le prix du mètre cube?

523. Combien gagnerait un terrassier qui creuserait un fossé de 78 mètres de longueur, 0 m. 75 de large et 0 m. 95 de profondeur, si ce terrassier était payé a raison de 0 fr. 65 le mètre cube?

EXERCICES SUR LES MESURES DE BOIS DE CHAUFFAGE.

524. Combien, dans 10 stères, aurait-on de décastères; de doubles stères; de demi-décastères; de décistères?

525. Combien trouve-t-on de stères dans 50 décistères; 9 décastères; 10 doubles stères; 120 décistères?

526. Quel est le multiple du stère et quelle en est la valeur?

527. Quel est le sous-multiple du stère et combien en faut-il pour valoir l'unité ?

528. Écrivez en chiffres les quantités suivantes, en prenant le stère pour unité : Trois cent dix stères sept décistères; Soixante-cinq décistères; Vingt décastères dix décistères.

529. Dites ce que le double stère est par rapport au stère; au demi-décastère ; au décastère; au décistère?

530. Combien faut-il de stères; de demi-décastères; de décistères; de doubles stères, pour faire un décastère?

531. Combien le double stère contient-il : de stères; de décistères; de dixièmes de stère; de centièmes de stère?

532. Dites ce que le double décastère est à l'égard du demi-décastère.

533. Combien y a-t-il de décistères dans 1 décastère; 1 stère; 18 décastères; 74 stères?

PROBLÈMES SUR LES MESURES DE BOIS DE CHAUFFAGE

534. Une personne achète 270 stères de bois à 10 fr. le stère ; elle les revend 120 fr. le décastère. Combien a-t-elle gagné ?

535. Un tas de bois renferme 3 stères; sa longueur est 2 mètres ; la longueur des bûches, 0 m. 50. On demande la hauteur de ce tas.

536. Un tas de bois a 5 mètres de longueur, 0 m. 75 de largeur et 2 m. 50 de hauteur. On l'achète 90 fr. le décastère. Combien payera-t-on?

537. On achète une première fois 2 stères 3 décistères de bois à 12 fr. le stère; une deuxième fois 5 demi-décistères à 10 fr. le stère. Combien payera-t-on?

538. Un bûcheron abat dans une journée 2 arbres pouvant donner 5 stères de bois. Il a pour son salaire 1/10e du bois. Combien peut-il gagner par mois de 25 jours si le bois se vend 0 fr. 75 le décistère?

539. Un marchand de bois vend à une première personne 7 Ds. 5 de bois; à une deuxième 345 ds ; à une troisième 19 st. 3. Combien en tout ?

540. On a acheté un tas de bois de 8 m. 5 de long, 1 m. 10 de large et 3 m. de haut. Quel est le volume en stères?

541. On emploie par jour pour le chauffage d'un établissement 0 ds. 85. Combien de Ds du 1er novembre au 31 mars?

542. Un marchand de bois a acheté un tas de bois de 7 m. 30 de long et 2 m. 20 de haut. Quelle est la longueur des bûches, le volume étant 17 st. 60?

543. Un stère de bois a 1 m. de long. La longueur des bûches étant 1 m. 10, quelle est la hauteur?

544. Votre père a fait couper dans son bois 25 st. 5 de grands bois et 12 st. 5 de bois à charbon. Il vend le grand bois 10 fr. le stère et le bois à charbon 5 fr. Que retire-t-il de cette vente?

545. Quel bénéfice votre père a-t-il fait en vendant ce bois, si l'ouvrier qui a fait son ouvrage lui a pris pour abattre le grand bois 2 fr. 75 et pour le bois à charbon 0 fr. 75 par stère.

546. Un marchand vend 15,192 fr. un tas de bois de 19 Ds. 62. Le prix de revient de l'achat est 12,518 fr. 35. De combien s'en faut-il que le bénéfice par stère soit de 2 fr.

547. Un marchand vend 14 stères 22 de bois, 623 fr. 35. Sachant qu'il a gagné 12.25 p. 100, trouver le prix d'achat du stère de bois.

EXERCICES SUR LES MESURES DE CAPACITÉ.

548. Combien y a-t-il de Dl. dans chacun des nombres suivants : 10 litres; 20 litres; 40 litres; 50 litres; 100 litres ?

549. Combien de litres aura-t-on avec 5 Dl. ; — 3 Dl. ; — 1 kl ; — 4 Ml. ?

550. Dites combien on trouve de Dl., d'hl., de kl., et de Ml. dans 124 768 litres.

551. Ecrivez en chiffres les quantités suivantes : Neuf cent quarante-cinq litres ; Trois hectolitres dix-neuf litres ; Deux mille deux cent cinquante centilitres ; Cent dix mille soixante décalitres.

552. Combien faut-il de litres ; de Dl. ; d'hl. ; de kl. pour faire un Ml. ?

553. Décomposez en multiples et sous-multiples du litre, le nombre 43 678 lit. 56.

554. Dites combien il y a d'hl. dans 325, — 472, — 5 637, — 10 000 litres?

555. Combien y a-t-il de kl. dans 4000, — 720 000, — 16 728 litres ?

556. Dites combien on trouve de litres dans 27, — 133, — 728 décalitres?

557. Quel nombre de litres aura-t-on avec 2, — 21, — 64, — 72 hectolitres?

558. Combien 21, — 64, — 200, — 209, — 708 myrialitres font-ils de litres ?

559. Quel est le multiple du litre qui vaut : 10 Dl.; 100 dl.; 10 hl.; 0.01 du kl. ?

560. Quelle mesure égale 0,1 d'hl. ; 0,01 d'hl. ; 10 hl. ; 0,001 hl.?

561. Quel est le multiple du litre qui égale : 1 000 cl.; 100 Dl. ; 10 000 dl. ?

562. Quelle est la mesure qui représente le 0,1 du ml.; 10 kl. ; 0,01 du Dl. ?

563. Si un litre de vin coûte 0 fr. 70, quel sera le prix du Dl.; de l'hl. ; du dl.?

564. Si l'hl. de vin coûte 80 fr., que vaut le Dl.; le litre; le double-dl.; le demi-dl?

565. Décomposez en multiples et sous-multiples du litre le nombre 647 546 cl.

566. Ecrivez en chiffres neuf cent dix mille six cent sept décilitres.

567. Nommez tous les multiples et sous-multiples du litre en indiquant leur valeur par rapport au litre ?

PROBLÈMES SUR LES MESURES DE CAPACITÉ.

568. Sachant qu'une pièce de vin de 225 litres coûte 135 fr., on demande : 1° le prix de revient de 1 litre de ce vin ; 2° d'une bouteille de 0 lit. 875.

569. Sachant qu'il faut 20 litres de lait pour faire 800 gr. de beurre, combien faudra-t-il de litres de lait pour faire 3 kg. 500 de beurre ?

570. Un débitant achète une pièce de vin de 225 litres pour 112 fr. 50. Il paye 0 fr. 15 de droits par litre, et revend le litre 0 fr. 75. Quel est son bénéfice total ?

571. Dans un grenier de 3 m. 25 de long sur 4 m. 60 de large, on a disposé du blé jusqu'à une hauteur de 0 m. 45. Quel est le prix de ce blé à raison de 70 fr. les 2 hl. ?

572. Quelle est la capacité d'un vase qui a 20 cent. de longueur, 12 cent. de largeur et 15 cent. de hauteur ?

573. Le kilogramme d'huile coûtant 1 fr. 80, on demande le prix du litre, sachant que 6 litres d'huile pèsent 5 kgr. 550.

574. Le sac de haricots de 2 hl. coûte 75 fr. Quel est le prix de 12 litres ?

575. Si l'hectolitre de blé coûte 28 fr., combien pourra-t-on avoir de dl. pour 845 fr. ?

576. Sur un plancher qui a 3 m. 25 de longueur et 2 m. 056 de largeur, on a disposé une couche de blé ayant 2 m. 15 de hauteur. Quelle en est la valeur à 4 fr. 75 le double-Dl. ?

577. Le grain contenu dans un coffre contenant 3 m. c. 837 a été vendu 931 fr. Quel est le prix de l'hl. de ce grain ?

578. L'eau-de-vie coûte 125 fr. l'hl. en l'achetant en gros. Combien un débitant qui la revend 0 fr. 10 le petit verre gagne-t-il sur un baril de 50 litres ? On sait qu'un litre contient 18 petits verres.

579. Un marchand a acheté 92 doubles-Dl. de vin à 60 fr. l'hectl. Combien les a-t-il payés et combien a-t-il gagné sur le tout s'il fait un bénéfice de 3 fr. sur le Dl. ?

580. On peut extraire 5 lit. 75 d'huile d'un demi-hl. de noix. Combien faudra-t-il de demi-décal. de noix en une année à une famille qui consomme en moyenne tous les mois 2 lit. 5 d'huile ?

581. Un marchand a acheté 8 pièces de vin de Bourgogne, chacune de 225 litres, à raison de 50 fr. l'hl. ; il paye de plus 1 fr. 50 par double-Dl. pour frais de transport. A quel prix devra-t-il revendre le litre de ce vin s'il veut gagner 160 fr. sur le tout ?

582. Une laitière fournit tous les jours 3 litres de lait à une famille. Combien en vend-elle de doubles-décil. en un an, et combien reçoit-elle par mois, si elle vend son lait 0 fr. 25 le litre ?

583. Un débitant de vin avait un tonneau de 250 litres qu'il avait acheté à raison de 85 fr. l'hect. Il y ajoute 25 litres d'eau et revend le tout à 1 fr. 25 le litre. Combien a-t-il gagné ?

584. On a 3 tonneaux de vin de chacun 2 hl. 25 à 7 fr. 50 le décal.

On met ce vin dans des bouteilles de 0 lit. 75. A combien revient la bouteille, sachant qu'il y a eu 6 litres de perte par tonneau?

585. Quelle est la valeur de 24 hect. de vin si le demi-Dl. a coûté 3 fr. 25. ?

586. Quel est le bénéfice réalisé par un marchand de vin qui met une pièce de vin de 225 litres en bouteilles de 0 lit. 75, sachant qu'il gagne 0 fr. 25 par bouteille et qu'il y a un déchet de 5 litres de lie.

587. Un cultivateur a vendu à un meunier 4 voitures de blé contenant chacune 29 sacs de 6 doubles-décal. Combien doit-il rapporter, sachant qu'il a vendu son blé 20 fr. 50 l'hl. ?

EXRERCICES SUR LES POIDS.

588. Combien y a-t-il de Dg. dans : 10 gr. ; 20 gr. ; 100 gr. ; 1 000 gr. ; 6 000 gr.

589. Combien aura-t-on de grammes avec 5 Dg. ; 11 kg. ; 25 kg. ; 200 centigr. ; 20 décigr. ; 2 000 milligr. ?

590. Dites combien on aura de Dg. ; d'hg. ; de kg. ; de mg. ; avec 867 421 gr. ?

591. Écrivez en chiffres les quantités suivantes : Huit cent soixante-cinq grammes; Six cent dix-sept décagr.; Deux mille kilogrammes; Mille neuf cent dix-sept décigr.

592. Combien faut-il de grammes; de dg. ; d'hg. ; de kg. pour faire 1 Mg. ?

593. Décomposez en multiples et sous-multiples du gramme le nombre 6 734 280 gr. 635.

594. Dites combien il y a de kg. dans 1 000, — 1 875 et 4 682 860 gr.

595. Combien faut-il de grammes pour faire les poids suivants : 20 Dg. ; 0,1 d'hg. ; 10 hg. ; 1 kg. ; 0,01 de kg. ; 1 mg. ?

596. Dites combien on trouve de grammes dans 10, 60, 67, 100 hg.

597. Quel nombre de grammes aura-t-on avec 3, 40, 48, 110 Dg. ?

598. Combien 3, 4, 7, 8, 57, 125 kg. font-ils d'hg. ?

599. Quel est le multiple du gramme qui vaut 10 Dg. ; 10 hg. ; 0,01 d'hg. ?

600. Quel poids égale 0,1 d'hg. ; 0,01 de kg. ; 10 hg. ; 10 000 gr. ?

601. Quel est le poids représenté par 0,1 de Mg. ; 10 hg. ; 0,1 de kg. ; 1 000 gr. ?

602. Si 1 kilog. de sucre coûte 1 fr. 10, quel sera le prix de l'hg., du Dg.

603. Si un gramme d'or monnayé vaut 3 fr. 10, quelle sera la valeur du Dg. ; de l'hg. ; du kg. et du kg. d'or monnayé?

604. Décomposez en multiples et sous-multiples du gramme, le nombre 510 752 850 centigrammes.

PROBLÈMES SUR LES POIDS.

605. On a acheté 180 kgr. d'une certaine marchandise pour 450 fr. Les frais de transport et d'emballage se sont élevés à 45 fr. On revend cette marchandise à raison de 2 fr. 60 le kgr. Que perd-on sur 1 kgr. et sur les 180 kgr. ?

606. Un épicier a payé 230 fr. pour un hectolitre d'huile; il la revend à raison de 2 fr. 90 le kgr. Sachant qu'un litre de cette huile pèse 915 gr., quel est son bénéfice?

607. Une personne achète une même quantité en poids d'une certaine marchandise à 3 fr. 50 le kgr. et d'une autre à 4 fr. Elle dépense en tout 69 fr. 50. Combien a-t-elle acheté de kgr. de chaque espèce de marchandise?

608. On a acheté 17 sacs de farine pesant chacun 175 kgr. pour 1 338 fr. 75. En revendant cette farine, on a perdu 145 fr. 50. On demande: 1° le prix de vente d'un kgr.; 2° combien a-t-on perdu par sac?

609. Un vase vide pèse 324 gr.; rempli d'eau, il pèse 2 435 gr. Trouver la capacité du vase?

610. Une récolte en froment a été vendue à raison de 25 fr. les 100 kgr. et a produit une somme de 4 832 fr. On avait ensemencé 10 hectares 64 ares. Quel est, en décalitres, le rendement par hectare, le poids de l'hectolitre étant 76 kg.

611. Du blé donne 75 p. 100 de son poids en farine. la farine absorbe 70 p. 100 de son poids d'eau, et pendant la cuisson de la pâte, il s'évapore 53 p. 100 d'eau. Quelle est la quantité de pain obtenue avec 6 000 kgr. de blé?

612. Un marchand a acheté 60 quintaux de charbon à 72 fr. 50 la tonne. Il en revend 1/3 à raison de 0 fr. 95 le kgr., et le reste à raison de 8 fr. 75 le quintal. Combien a-t-il gagné sur le tout?

613. Un épicier a acheté de l'huile à 120 fr. les 100 kgr. Il la revend au détail 0 fr. 75 le demi-kilogr. Que gagne-t-il sur 1 kgr.

614. On demande la quantité de pain que l'on pourra retirer de 2 566 kilog. de farine, sachant que l'eau entre dans la fabrication du pain, pour les 17 centièmes du poids de la farine.

615. Un vase vide pèse 3 kil. 625; rempli de vin, il pèse 14 kil. 100. Quelle est sa capacité, le vin ayant une densité égale à 0,97 de celle de l'eau.

616. On a acheté 12 kil. de sucre pour 14 fr. 50. Sachant que le kgr. de sucre coûte 3 fois moins que le café, combien aura-t-on de kgr. de café pour 21 fr. 70.

617. Quels poids doit-on employer pour peser avec le moins de poids possible un paquet pesant 3 457 grammes.

618. On place sur le plateau d'une bascule au 1/10e les poids suivants pour faire équilibre à une malle : 1° 1 poids de 5 kilogrammes, 2° 1 poids de 1 hectogramme, 3° 1 poids de 5 décagrammes. Quel est le poids de la malle.

619. Transformer en quintaux le nombre 38 147 272 grammes.

620. La densité du vin de Bordeaux est 0,921. Que pèse une feuillette de vin contenant 136 litres, en supposant que le tonneau vide ait un poids de 15 kilogr.

621. Un bec de gaz consomme 125 litres de gaz par heure et brûle pendant 4 heures chaque jour. Si 1 m.c. de gaz pèse 2342 grammes, quel est le poids de gaz dépensé par ce bec.

622. Un bloc de pierre a un volume de 125 dm.c. Quel est son poids si la densité de cette pierrre est 2,52 ?

EXERCICES SUR LES MESURES DE MONNAIE.

623. Combien y a-t-il de décimes et de centimes dans 5 fr.; 4 fr.; 9 fr.; 12 fr.; 25 fr.; 90 fr.; 100 fr.; 256 fr.; 1870 fr.

624. Combien valent de francs chacune des quantités ci-après: 14 décimes; 125 centimes; 2540 millimes; 321 centimes; 75 décimes?

625. Écrivez en chiffres les nombres suivants : Cent six francs soixante-dix centimes ; Quatre cent vingt centimes ; Deux mille sept-cent vingt millimes; Soixante-cinq décimes.

626. Quel sous-multiple du franc écrit-on au rang des dixièmes; — des centièmes; — des millièmes ?

627. Combien, pour faire un franc, faut-il de décimes ; — de centimes; — de millimes?

628. Quel est le titre des monnaies d'or et d'argent ?

629. Nommez les pièces d'or dont on fait usage; — les pièces d'argent ; — les pièces de bronze ; — les billets de banque.

630. Dites le poids de chacune des pièces d'or ; — des pièces d'argent; — de bronze.

631. Dans quelle proportion le cuivre est-il employé dans les monnaies d'or ; — dans la pièce de 5 fr. en argent ; — dans les autres pièces d'argent?

632. De quels métaux sont composées les monnaies de bronze et dans quelle proportion ?

633. A poids égal, combien l'or monnayé vaut-il de fois l'argent ? A poids égal, combien l'argent monnayé vaut-il de fois le bronze ?

634. Comment feriez-vous pour payer, avec des billets de banque, de l'or, de l'argent et du bronze, la somme de 2745 fr. 75 ?

635. Quelle est la valeur d'une somme en or qui pèse 1 gr. 6129 ; — 3 gr. 2258 ; — 32 gr. 258 ?

636. Quel est le poids de la pièce d'or de 20 fr.; — de la pièce de 50 fr. ?

637. Quelle est la valeur d'une somme en argent qui pèse 5 gr. ; — 1 gr. ; — 2 gr. 50 ; — 10 gr. ; — 25 gr. ?

638. Quel est le poids des cinq pièces d'argent?

639. Quelle est la valeur d'une pièce en bronze pesant 1 gr. ; 2 gr.; 10 gr. ; 5 gr. ?

640. Que pèsent 15 pièces en bronze de 0 fr. 05; de 0 fr. 01; de 0 fr. 02 ; de 0 fr. 10?

641. Combien pourrait-on faire de pièces de 5 fr. avec un lingot pesant 4 kgr. 300 au titre de 0,900?

642. Un enfant a reçu 10 fr. pour aller en commission; il achète

6 kgr. de sucre à 1 fr. 10 le kgr. On demande combien il lui reste. Quel est le poids, s'il a reçu 0 fr. 60 en sous et le reste en argent ?

643. La pièce de 5 fr. pesant 25 gr., on demande quel est le poids d'argent pur contenu dans 4875 fr. de pièces de 5 fr.

644. Une somme en or pèse 3875 gr. Combien vaudrait-elle si elle était : 1° en argent, 2° en cuivre ?

645. Un particulier doit 8075 fr. Il paye 2/5 en or, et 2/5 en argent, et le reste en cuivre. Quel est le poids de la somme payée ?

646. On a acheté 27 fr. 15 la moitié d'une pièce de toile. On demande le prix de la pièce : 1° en francs, 2° en décimes, 3° en centimes?

647. On veut payer une somme de 357 fr. avec des pièces de 5 fr. et de 2 fr. Sachant que le nombre des pièces de chaque espèce doit être le même, on demande le nombre de ces pièces.

648. On a un lingot d'alliage d'argent de 3 kgr. 625. Combien pourra-t-on fabriquer avec de pièces de 5 fr., de 2 fr. ou de 1 fr. ?

649. En supposant que l'indemnité de 5 milliards ait été payée en pièces de 20 fr., quel en aurait été le poids et combien aurait-il fallu d'hommes pour la porter, en donnant à chacun 80 kgr.

650. Calculer le poids de la pièce de 20 fr.

651. On a 4500 pièces d'or de 10 fr. On demande quel en est le poids total, et quel est le poids d'or pur qu'elles contiennent?

652. Une personne veut payer 143 fr. en pièces de 5 fr. et de 2 fr. ; elle en met trois de 2 fr. pour une de 5. On demande combien elle devra employer de pièces de 5 fr. et de 2 fr. pour faire ce payement.

653. Combien pèsent 95 fr. en or, — en argent, — en bronze?

654. Combien de pièces de 5 fr. pourra-t-on faire avec un lingot d'argent du poids de 350 gr. au titre 0,900 ?

655. On a un lingot d'argent pur du poids de 819 gr. On demande combien il faudra lui allier de cuivre pour l'amener au titre des pièces de 5 fr.

656. A poids égal, l'or valant 15,5 fois plus que l'argent et l'argent 20 fois plus que le bronze, on demande quel serait le poids d'une somme de 155 fr. : 1° en argent, 2° en or, et 3° en bronze.

657. Combien entre-t-il d'or pur et de cuivre dans la pièce de 100 fr. ?

658. On a un lingot d'or pur qui pèse 2 kgr. 800. On demande son prix, sachant que le kgr. d'or pur vaut 3437 fr.

659. Quel est le poids total des pièces de monnaies françaises ? Quelle serait la valeur d'un même poids d'argent monnayé ?

660. Un homme peut porter 60 kgr. sur son dos; on demande quelle somme en bronze il porterait de cette façon.

EXERCICES SUR LES MESURES DE TEMPS.

661. Quelle est l'unité de mesure du temps ?

662. Quel est le plus grand des multiples du temps?

663. Quel est le plus petit ?

664. Qu'est-ce que l'année civile ?

665. Qu'est-ce que l'année véritable ? .

666. Pourquoi y a-t-il tous les quatre ans une année bissextile?

667. Qu'est-ce que la minute par rapport au jour ?

668. Qu'est-ce que la seconde par rapport à l'heure ?

PROBLÈMES SUR LE TEMPS.

669. Combien y a-t-il de mois dans un demi-siècle?

670. Le mois de février 1887 compte 28 jours; combien contient-il d'heures, de minutes et de secondes ?

671. Combien 10 jours et 8 heures font-ils de minutes ?

672. Dites combien 16 846 minutes font de jours et d'heures.

673. Combien y a-t-il d'heures dans 13 846 720 secondes ?

674. Réduisez 12 jours et 15 heures en secondes.

675. Dites combien 18 726 436 minutes font de jours.

676. Combien y a-t-il de minutes dans une semaine ?

677. Combien y a-t-il d'heures dans une année bissextile ?

678. Ajoutez ensemble 17 h. 15' 26', — 27' 8' et 3 h. 0' 40'.

679. De 17 h. 8' 20', ôtez 9 h. 12' 36'.

PROBLÈMES DE RÉCAPITULATION SUR LE SYSTÈME MÉTRIQUE

DONNÉS À L'EXAMEN DU CERTIFICAT D'ÉTUDES.

680. Un seau plein d'eau pèse 17 klg. 750. Quand on retire la moitié de l'eau, il ne pèse plus que 10 klg. 500. — Que doit-il peser quand il est vide, et quelle est sa contenance en litres? (*Seine.*)

681. Quel est le poids d'un lingot au titre de 0,810 renfermant 638 gr. 4 d'or fin. (*Orthez.*)

682. Une bouteille vide pèse 550 grammes; pleine d'eau elle pèse 1 klg. 380. On demande quel est son poids quand elle est remplie d'alcool, le décilitre de ce liquide pesant 81 gr. 4. (*Ardennes.*)

683. On demande le poids de 75 mc. 390 d'air, sachant que l'eau pèse 77 fois plus que l'air. (*Nord.*)

684. Un réservoir cubique de 0 m. 80 de côté est à moitié rempli d'huile. Combien pourrait-on, avec cette huile, emplir de bouteilles de 2 litres, et combien vaudrait toute cette huile à 12 fr. le décalitre? (*Lozère.*)

685. Quel est le poids du cuivre contenu dans la somme de 47 fr. en pièces de 1 fr. ? Quel est le poids de la même somme en or? (*Aube.*)

686. Quatre hectares, 8 ares, 25 centiares de terrain coûtent 28 169 fr. 25. Combien vaut un lot carré de 120 m. 75 de côté? (*Seine.*)

687. On a un tapis de 3 m. 50 de large sur 4 m. 20 de long. On veut le doubler avec de l'étoffe qui a 1 m. 10 de large. Combien en faut-il de mètres? (*Nord.*)

688. Une pièce de terre ayant la forme d'un rectangle dont les deux côtés de l'angle droit mesurent 26 m. 20 et 54 m. 60 a été payée 200 francs. A quel prix cela met-il l'hectare? (*Angers.*)

689. Lorsque le mètre carré de terrain vaut 0 fr. 45, quel est : 1° le prix de l'are, 2° de l'hectare? (*Morbihan.*)

690. Combien pourrait-on planter d'arbres, en les espaçant de 1 m. 50, autour d'un champ rectangulaire de 155 mètres de long, et d'une surface de 1 hectare 28 ares 65? (*Seine.*)

691. Une somme en argent pèse 389 gr. 5; elle comprend le plus grand nombre possible de pièces de 5 fr., puis de 2 fr., de 0 fr. 50 et de 0 fr. 20. Quel est le nombre de pièces de chaque espèce? (*Isère.*)

692. Une citerne a 1 m. de long, 0 m. 90 de large et 0 m. 84 de haut. Elle est pleine jusqu'à un décimètre du bord. Combien contiert-elle de décalitres? (*Aveyron.*)

693. Une fontaine donne 175 hectolitres d'eau en 2 minutes et demie. Combien sera-t-elle de temps à remplir une fontaine qui a 7 m. 25 de long, 4 m. 80 de large et 6 m. de profondeur? (*Ardennes.*)

694. Quelle serait la valeur d'une somme d'argent pesant autant qu'une pierre de 0 m. 12 de long, 0 m. 08 de large et 0 m. 05 d'épaisseur, sachant que cette pierre pèse 3 fois autant que l'eau à volume égal? (*Seine.*)

695. Quel poids ferait équilibre à une somme d'argent composée de 20 pièces de 5 fr. et de 40 pièces de 0 fr. 50? (*Morbihan.*)

696. Une femme économe fait doubler un tapis ayant 3 m. 25 de long sur 2 m. 50 de large, avec une étoffe qui a 0 m. 65 de large et qui vaut 0 fr. 75 le mètre. Elle le fait border avec un galon à 5 centimes le mètre. Trouver le prix total de la doublure et du galon. (*Paris.*)

697. Combien coûtera, à 68 fr. le cent de tuiles, la couverture d'une maison dont la toiture a 45 m. 50 de long sur 24 m. 20 de large, sachant qu'il faut 40 tuiles par mètre carré? (*Marseille.*)

698. Pendant une pluie, l'eau recueillie dans un bassin déposé en plein air s'est élevée à 135 millimètres. Quel est, en litres, le volume de l'eau tombée sur 1 mètre carré de terrain? (*Marne.*)

699. Il est tombé pendant un orage une hauteur d'eau de 6 mill. 1/2. Quel est le nombre d'hectolitres d'eau tombée sur un territoire de 12 kil. carrés? (*Charente-Inférieure.*)

700. Une citerne a 3 m. 25 de longueur, 2 m. 20 de largeur, et 3 mètres de profondeur. Combien faudra-t-il faire de voyages pour la remplir avec un tonneau contenant 5 hl. 25? (*Morbihan.*)

701. Il faut 1 mètre carré de superficie et 4 mètres de hauteur à un élève. Combien faudra-t-il de mètres cubes pour 42 élèves réunis dans une classe? (*Carpentras.*)

702. Quelle est la somme d'argent qui pèserait autant que trois décilitres d'eau pure? Quel est le poids du cuivre : 1° si la somme est en pièces de 5 francs ; 2° en pièces de 1 franc ; 3° en pièces de 50 centimes? (*Nord.*)

703. Quelle somme faudra-t-il en argent monnayé pour équilibrer les 2/10 d'un quintal métrique? (*Pas-de-Calais.*)

704. Combien faudrait-il de pièces de 5 francs en argent pour peser autant que 0 l. 78 d'eau pure à 4 degrés? (*Tarn-et-Garonne.*)

705. Quel est le poids du cuivre contenu dans 748 pièces de 5 fr et dans 625 pièces de 2 fr.? (*Seine.*)

706. Quelle est la somme en argent dont le poids est le même que celui de 5 l. 1/2 d'eau? (*Nord.*)

707. Un kilogramme d'or monnayé vaut 3,100 francs; que pèse une somme en or de la valeur de 207,700 francs? (*Pas-de-Calais.*)

EXERCICES SUR LES PUISSANCES ET LES RACINES

708. Quelle est la 3e puissance de 5 ?

709. Quelle est la 5e puissance de 4 ?

710. Indiquez que 4, 7, 8 et 12 doivent être élevés à la 4e puissance.

711. Quel est le carré de 27?

712. Quel est le cube de 72?

713. Indiquez que l'on doit extraire la racine carrée de 127, de 216, de 834 et de 629.

714. Que signifient les expressions suivantes : $\sqrt[3]{729}$ $\sqrt[4]{8724}$?

PROBLÈMES.

715. Quelle est la superficie d'un carré de 46 m. 5 de côté?

716. Quel est le volume d'un cube de 6 m. 7 de côté?

717. Extrayez la racine carrée de 18 428.

718. Extrayez la racine carrée de 2 728 à un centième près.

719. Extrayez la racine carrée de 246346.

720. Extrayez la racine carrée de 2,724.

721. Extrayez la racine cubique de 16 846.

722. Extrayez la racine cubique de 6,724 à un centième près.

723. Quel est le côté d'un carré dont la superficie est 126 m. 28?

724. Quelle est l'arête d'un cube de 427 m. c. 7368?

EXERCICES SUR LES MULTIPLES, LES DIVISEURS ET LES CARACTÈRES DE DIVISIBILITÉ

725. Pourquoi 18 est-il un multiple de 9?

726. Pourquoi 35 est-il multiple de 5 et de 7?

727. Pourquoi 5 est-il un diviseur de 25 ?

728. Pourquoi 8 et 3 sont-ils diviseurs de 24 et de 48?

729. Pourquoi 4 est-il diviseur commun à 12, 16, 20 et 28?

730. Trouver les facteurs de 12, de 21 et de 36?

731. Trouver 5 nombres qui aient 3 pour facteur commun.

732. Par quels nombres 124 est-il divisible?

733. Pourquoi 3 250 est-il divisible par 125?

734. Pourquoi 729, — 468, — 3 717, — 46 836 sont-ils divisibles par 9?

735. Pourquoi 14 454 et 133 408 sont-ils divisibles par 9?

736. A quoi reconnaît-on que 7, 17 et 31 sont des nombres premiers?

737. Pourquoi 7 et 12 sont-ils premiers entre eux?

PROBLÈMES.

738. Quels sont les facteurs premiers de 720?

739. Trouvez six multiples de 4.

740. Trouvez 3 multiples communs à 3, 7, 5 et 6.

741. Trouvez les diviseurs communs à 84, 28 et 42.

742. Multipliez 625 par 732 et faites la preuve par 9.

743. Divisez 36 472 par 69 et faites la preuve par 9.

744. Cherchez les nombres premiers jusqu'à 50.

745. Décomposez 3 672 en ses facteurs premiers.

746. Cherchez le plus petit commun multiple à 12, 25, 36 et 44.

747. Trouvez le plus commun diviseur à 1 016 et 1 056.

748. Trouvez le plus grand commun diviseur à 672, 428 et 1 284.

EXERCICES SUR LES FRACTIONS

749. De quelles divisions $\frac{5}{6}$, $\frac{3}{7}$, $\frac{8}{9}$ et $\frac{11}{15}$ sont-ils le quotient?

750. Quel est le quotient de $3:8$, de $5:7$, de $8:11$ et de $7:13$?

751. Rendez les fractions $\frac{3}{5}$, $\frac{7}{12}$, $\frac{4}{7}$ et $\frac{8}{15}$ 5 fois plus grandes.

752. Rendez les mêmes fractions 4 fois plus petites.

753. Rendez les fractions $\frac{6}{9}$, $\frac{12}{15}$, $\frac{9}{12}$ et $\frac{15}{21}$ 3 fois plus grandes.

754. Rendez les mêmes fractions trois fois plus petites.

755. Démontrez que $\frac{3 \times 5}{4 \times 5} = \frac{3}{4}$.

756. Démontrez que $\frac{16:4}{24:4} = \frac{4}{6}$.

757. Démontrez que $\frac{5}{5} = 1$; que $\frac{18}{15}$ est plus grand que 1 et que $\frac{5}{6}$ est plus petit que 1.

758. Quelle est la plus grande des trois fractions $\frac{6}{7}$, $\frac{6}{9}$ et $\frac{6}{11}$?

759. Quelle est la plus petite des trois fractions $\frac{7}{15}$, $\frac{7}{12}$ et $\frac{7}{18}$?

760. Réduisez $\frac{2}{3}$ et $\frac{6}{7}$, — $\frac{3}{9}$ et $\frac{7}{11}$, — $\frac{4}{7}$ et $\frac{8}{13}$ au même dénominateur.

761. Réduisez au même dénominateur $\frac{4}{7}, \frac{3}{4}, \frac{6}{9}$ et $\frac{3}{5}$.

762. Réduisez au même dénominateur $\frac{3}{8} \frac{5}{6}$ et $\frac{7}{12}$.

763. Simplifiez les fractions $\frac{5}{10}, \frac{3}{9}, \frac{24}{36}, \frac{18}{27}, \frac{5}{45}, \frac{25}{40}$, et $\frac{13}{26}$.

764. Réduisez à leurs moindres termes $\frac{12}{36}, \frac{18}{45}, \frac{22}{44}, \frac{34}{68}, \frac{105}{315}$.

765. Simplifiez l'expression fractionnaire $\dfrac{12 \times 35 \times 18 \times 26}{13 \times 7 \times 27 \times 4}$.

$$\frac{16 \times 54 \times 81 \times 125}{50 \times 36 \times 18 \times 2}.$$

766. Extrayez les entiers de $\frac{272}{7}$, de $\frac{386}{9}$, de $\frac{816}{27}$, et de $\frac{4164}{36}$.

767. Transformez $48\frac{1}{5}$, $12\frac{6}{9}$, $17\frac{28}{36}$, $272\frac{1}{8}$ et $171\frac{5}{13}$ en expression fractionnaire.

768. Réduisez $\frac{5}{6}, \frac{3}{4}, \frac{6}{16}, \frac{9}{15}$ et $\frac{6}{12}$ en fractions décimales.

769. Réduisez $\frac{5}{7}, \frac{3}{11}, \frac{7}{9}, \frac{6}{13}$ en fractions décimales.

770. Réduisez $\frac{5}{12} \frac{6}{15} \frac{7}{20} \frac{13}{35}$ et $\frac{7}{24}$ en fractions décimales.

EXERCICES SUR L'ADDITION DES FRACTIONS.

771. $\frac{6}{7} + \frac{3}{7} + \frac{5}{7} =$ **772.** $\frac{3}{9} + \frac{7}{8} + \frac{4}{5} =$

773. $\frac{6}{8} + \frac{3}{15} + \frac{5}{12} + \frac{21}{32} =$ **774.** $17\frac{1}{3} + 14\frac{5}{6} + 8\frac{3}{4} =$

PROBLÈMES.

775. J'ai acheté d'abord $\frac{2}{3}$ de mètre d'étoffe, puis $\frac{3}{5}$, puis $\frac{7}{9}$; combien en ai-je acheté de mètres en tout?

776. Combien $\frac{5}{7}, \frac{4}{8}$ et $\frac{15}{19}$ d'hectolitres font-ils d'hectolitres?

777. Un ouvrier a fait 5 m. $\frac{1}{3}$, puis 7 m. $\frac{5}{8}$; combien a-t-il fait de mètres en tout?

778. En ajoutant $\frac{6}{9}$ à $\frac{1}{4}$, quelle sera la fraction totale?

779. Trois barils d'huile contiennent le premier 17 l. $\frac{1}{5}$, le deuxième 14 l. $\frac{5}{8}$ et le troisième 21 l. $\frac{3}{11}$. Combien contiennent-ils en tout?

780. On a vendu $\frac{1}{3}$, $\frac{1}{4}$ et $\frac{1}{7}$ d'une pièce d'étoffe; quelle partie totale a-t-on vendue?

781. Si $15\frac{1}{3}$ et $28\frac{1}{7}$ sont le reste et le plus petit nombre d'une soustraction, quel est le plus grand?

EXERCICES SUR LA SOUSTRACTION DES FRACTIONS.

782. $\frac{8}{9} - \frac{5}{9} =$

783. $\frac{3}{4} - \frac{1}{3} =$

784. $\frac{17}{17} - \frac{8}{11} =$

785. $3 - \frac{3}{4} =$

786. $12\frac{1}{4} - \frac{1}{9} =$

787. $4\frac{1}{3} - 2\frac{3}{4} =$

PROBLÈMES.

788. J'avais $\frac{13}{14}$ de mètre et j'en ai donné $\frac{2}{5}$ de mètre; que me reste-t-il?

789. J'ai vendu les $\frac{5}{8}$ de ma marchandise; que me reste-t-il?

790. J'avais 17 kgr. 3 de raisin et j'en ai vendu 12 kgr. $\frac{1}{5}$; que me reste-t-il?

791. Que faut-il ôter à $12\frac{1}{3}$ pour avoir $7\frac{5}{6}$?

792. Un voyageur fait 17 kil. en 3 heures; un autre en fait 9 en deux heures; combien le premier fait-il de plus par heure?

793. Que reste-t-il de 21 m. $\frac{3}{15}$ quand on en a vendu 17 m. $\frac{5}{6}$?

ADDITIONS ET SOUSTRACTIONS COMBINÉES.

794. $\left(\frac{2}{3} + \frac{1}{4}\right) - \frac{5}{6} =$

795. $\left(\frac{3}{9} + \frac{5}{6} + \frac{2}{11}\right) - \left(\frac{3}{7} + \frac{4}{9}\right) =$

796. $\left(\frac{6}{7} + \frac{4}{5} + 2\frac{1}{5}\right) - \left(1\frac{5}{6} + \frac{1}{3}\right) =$

797. $\left(4+6+\dfrac{1}{4}\right)-\left(3+2\dfrac{1}{3}+\dfrac{4}{9}\right)=$

798. J'ai 128 l. $\dfrac{1}{4}$ d'huile dans une barrique ; que me reste-t-il si j'en vends 12 l. $\dfrac{1}{3}$, puis 27 l. $\dfrac{5}{9}$?

799. Un tonneau plein pèse 142 kgr. $\dfrac{1}{3}$; vide il pèse 17 kgr. $\dfrac{5}{8}$. Que pèse le liquide contenu ?

800. Quel est le nombre auquel il manque $2\dfrac{1}{3}+6\dfrac{1}{4}$ pour égaler $17\dfrac{2}{8}$?

801. J'ai acheté 3 m. $\dfrac{2}{3}$ de drap pour me faire un vêtement. Je mets $1\dfrac{1}{5}$ pour le pantalon et $\dfrac{5}{7}$ de mètre pour le gilet ; combien me reste-t-il pour la redingote ?

EXERCICES SUR LA MULTIPLICATION DES FRACTIONS.

802. $\dfrac{5}{6}\times 4=$

803. $7\times\dfrac{2}{3}=$

804. $\dfrac{3}{4}\times\dfrac{7}{8}=$

805. $\dfrac{6}{11}\times\dfrac{4}{12}=$

806. $3\times 4\dfrac{1}{4}=$

807. $4\dfrac{1}{4}\times 2\dfrac{1}{9}=$

808. $\dfrac{3}{4}\times\dfrac{5}{6}\times\dfrac{2}{3}=$

809. $21\dfrac{5}{5}\times 17\dfrac{3}{8}=$

810. $4\dfrac{1}{5}\times\dfrac{2}{1}=$

PROBLÈMES.

811. A $\dfrac{3}{4}$ de fr. le mètre combien valent 8 mètres ?

812. A 2 fr. $\dfrac{1}{6}$ le litre, combien valent 18 litres ?

813. Si une barrique contient 17 litres, combien y aura-t-il de litres dans les $\dfrac{6}{7}$ de cette barrique ?

814. Si un mètre de toile vaut 2 fr., que vaudront 17 m. $\dfrac{1}{4}$?

815. Si une bouteille contient $\frac{3}{4}$ de litre, quelle fraction du litre y aura-t-il dans les $\frac{5}{7}$ de la bouteille?

816. On a acheté 32 kgr. $\frac{3}{11}$ de café, à raison de 2 fr. $\frac{3}{7}$ le kilogr. Combien a-t-on payé ?

ADDITIONS, SOUSTRACTIONS ET MULTIPLICATIONS COMBINÉES.

817. $\left(\frac{3}{7}+\frac{6}{9}\right)\times 4=$

818. $7\times\left(\frac{1}{3}\times\frac{3}{7}\right)=$

819. $\left(\frac{3}{5}+\frac{6}{7}\right)\times\left(\frac{4}{9}\times\frac{3}{5}\right)=$

820. $\left(6\frac{1}{4}\times\frac{2}{3}\right)\times\frac{4}{11}\times 5\frac{1}{6}=$

821. On a $\frac{2}{3}$ plus $\frac{5}{8}$ de mètre d'une étoffe qui vaut 24 fr. le mètre? Que valent ensemble les deux coupons?

822. J'ai vendu 3 h. $\frac{2}{3}$ plus 7 h. $\frac{5}{9}$ de vin valant 13 fr. l'hectolitre. Combien ai-je reçu ?

823. J'avais 225 m. d'étoffe, j'en ai vendu les $\frac{3}{11}$ plus les $\frac{2}{7}$; combien me reste-t-il de mètres ?

824. Une fontaine donne 42 hl. $\frac{1}{4}$ par jour ; combien donnera-t-elle de litres dans $\frac{3}{5}$ de jour, et combien restera-t-il de cette dernière quantité si l'on en ôte 7 hl. $\frac{3}{11}$?

825. J'avais 206 francs. Je dépense les $\frac{3}{4}$ des $\frac{6}{8}$ des $\frac{2}{3}$ de cette somme; que me reste-t-il?

826. Un ouvrier qui gagne 4 fr. 27 par jour a travaillé d'abord $\frac{2}{3}$ de jour, puis $\frac{3}{7}$ et enfin $\frac{8}{9}$ de jour. Combien doit-il recevoir?

EXERCICES SUR LA DIVISION DES FRACTIONS.

827. $\frac{3}{9}:7=$

828. $7:\frac{3}{11}=$

829. $\frac{5}{6}:\frac{7}{8}=$

830. $\frac{6}{11}:\frac{2}{3}=$

831. $4:2\frac{5}{6}=$

832. $13\frac{1}{4}:7\frac{2}{3}=$

PROBLÈMES.

833. On a les $\frac{12}{15}$ d'une pièce d'étoffe à partager entre 6 personnes. Quelle sera la fraction revenant à chacune?

834. On a 17 mètres à partager en parts égales à $\frac{7}{8}$ de mètre; combien pourra-t-on faire de parts?

835. Les $\frac{5}{6}$ d'un nombre valant 47; quel est ce nombre?

836. On achète $3\frac{2}{3}$ de toile pour 15 francs; quel est le prix du mètre?

837. 16 kg. $\frac{1}{3}$ de café ont coûté 72 fr. $\frac{5}{6}$; quel est le prix d'un kilogramme?

838. En 17 heures $\frac{1}{3}$ on fait 264 m. d'ouvrage. Combien en fait-on dans une heure?

839. Quel est le nombre qui diminué de ses $\frac{5}{7}$ donne 126?

840. 525 fr. sont les $\frac{5}{6}$ d'une dette; quelle est cette dette?

ADDITIONS, SOUSTRACTIONS, MULTIPLICATIONS ET DIVISIONS COMBINÉES.

841. $\left(\frac{2}{3}+\frac{4}{9}\right):\frac{5}{8}=$

844. $\left(\frac{3}{9}\times 2\frac{1}{8}\right):5=$

842. $\left(3\frac{1}{4}-1\frac{5}{6}\right):3=$

845. $27:\left(\frac{2}{9}+\frac{6}{7}\right)=$

843. $\left(\frac{6}{7}\times\frac{5}{8}\right):4=$

846. $48\frac{1}{3}:\left(\frac{4}{9}\times\frac{5}{8}\right)=$

847. J'ai 17 hectolitres $\frac{2}{3}$ plus 6 h. $\frac{3}{7}$ de vin à partager entre 12 personnes. Quelle sera la part de chacune?

848. J'ai 12 l. $\frac{2}{3}$ et 17 l. $\frac{8}{11}$ d'huile. Je veux mettre cette huile dans des bouteilles de $\frac{6}{7}$ de litre; combien me faudra-t-il de bouteilles?

849. Quel est le nombre dont les $\frac{2}{3}$ des $\frac{3}{4}$ font 725?

850. J'avais 87 klg, $\frac{6}{7}$ de sucre ; j'en ai vendu les $\frac{2}{3}$, Combien ai-je reçu si le sucre vaut 1 fr, 10 le kilogr, ?

851. Quel est le nombre dont les $\frac{3}{4}$ sont égaux aux $\frac{6}{7}$ de 128 ?

852. Un marchand avait 127 m. $\frac{2}{3}$ de drap ; il en vend 48 m. $\frac{5}{6}$ et il partage le reste en parts de 2 m. $\frac{3}{7}$. Combien peut-il faire de parts ?

PROBLÈMES DE RÉCAPITULATION SUR LES FRACTIONS ORDINAIRES

DONNÉS A L'EXAMEN DU CERTIFICAT D'ÉTUDES,

853. Un ouvrier gagne 80 fr, par mois ; il dépense 2/5 de son gain pour son entretien et en envoie 1/4 à ses parents. On demande quelle somme lui reste au bout de l'année. (*Seine.*)

854. Une personne se sert de bouteilles telles que 4 ont la même capacité que 3 litres. Combien lui en faut-il pour mettre en bouteilles une feuillette de vin de 114 litres, qui lui coûte 86 fr., et à combien lui revient la bouteille de vin? (*Cantal.*)

855. Un mari et sa femme consomment une pièce de vin de 228 litres en dix mois. Au mari seul elle durerait 306 jours, combien de temps durera-t-elle à la femme seule ? (*Nord.*)

856. Un élève fait 90 lignes en 1 h. 25 m. ; un second en fait 260 en 3 h. 1/2 ; un troisième en fait 132 en 2 h. 3 m. Combien ces 3 élèves mettront-ils de temps pour faire 3 652 lignes ? (*Chabanais, Charente.*)

857. Une personne achète à 9 fr. 75 le mètre une pièce de drap dont la moitié contient 21 mètres. Il se trouve que 3/15 de la pièce est gâté et ne peut être vendu. Combien doit-elle revendre le mètre pour ne rien perdre sur son marché ? (*Ardennes.*)

858. On a vendu une parcelle d'un champ qui représente les 2/5 de la totalité. La partie restante vaut 1 800 fr. Trouver la surface totale du champ, le prix du mètre carré étant de 0 fr. 34. (*Seine.*)

859. Quel est le nombre qui, augmenté de 16, devient égal aux 7/3 de sa valeur primitive ? (*Puy-de-Dôme.*)

860. Avec un bâton équivalent aux 2/9 du décamètre, on a mesuré un terrain carré et on a trouvé que la longueur du bâton était comprise 130 fois 1/2 dans le côté du terrain. Quelle est la surface de ce terrain ? (*Frontignan.*)

861. Un marchand a acheté 175 mètres de drap à 17 fr. 80 le mètre. Il en a revendu les 3/7 avec 14 p. 100 de bénéfice, et le reste avec 8 p. 100 de perte sur le prix d'achat. On demande combien il a gagné. (*Seine.*)

862. Un chêne a fourni 650 planches de 1 m. 20 de longueur, 6 centimètres de largeur et 25 millimètres d'épaisseur. On sait qu'il y a eu 1/5 de déchet pour l'équarrissage et le sciage. Quel était en stères le volume primitif du chêne? (*Jura.*)

863. Une cuve a une contenance de 8 m. 6. Elle est pleine aux 3/4 de vin à 48 fr. l'hectolitre. Quel est le prix de ce vin? (*Paris.*)

864. Six personnes doivent payer ensemble, en commun, une somme de 27 fr. Plusieurs d'entre elles sont insolvables, les autres payent chacune 2 fr. 25 de plus. Combien de personnes sont insolvables? (*Vienne.*)

865. Pour faire une robe, une marchande emploie 16 mètres d'étoffe valant 1 fr. 75 le mètre; la façon et la garniture coûtent les 5/7 du prix de l'étoffe. On demande combien elle a gagné par robe en en vendant 15 pour 615 fr. 25. (*Seine.*)

866. Le mètre cube de pierres cassées ne contient environ que 6/11 de mètre cube, à cause des vides. Lorsque le décimètre cube de pierres non cassées pèse 2 kgr. 5, quel est le poids du mètre cube de pierres cassées? (*Calvados.*)

867. En tirant 25 litres 5/7 d'un fût de vin, on en réduit le contenu à ses 3/7. Combien ce fût renfermait-il de litres? (*Gironde.*)

868. Un litre de lait donne en moyenne 15 centilitres de crème et 1 litre de crème donne 25 décagrammes de beurre. Trouver d'après cela combien 100 litres de lait donneront de kilogrammes de beurre.

869. Un propriétaire a vendu les 4/7 d'une pièce de terre de 3,458 mètres carrés à raison de 658 fr. l'are, et le reste à 5 fr. 70 le mètre carré. Combien a-t-il reçu pour le tout? (*Seine.*)

870. On achète pour un pensionnat 15 kil. 35 de viande à 0 fr. 90 le 1/2 kilog. S'il y a 3/7 d'os qui n'ont aucune valeur, on demande à combien revient le kilogramme sans l'os? (*Haute-Saône.*)

871. Lorsque les 3/4 d'un mètre de drap valent 12 fr., que valent les 5/7 d'un mètre de drap? (*Pas-de-Calais.*)

872. Une locomotive a parcouru 178 kilomètres 5 hectomètres en 5 heures et quart. Combien a-t-elle parcouru de kilomètres à l'heure? (*Nord.*)

873. Une tonne d'huile est pleine aux 3/4, et il y a 1 h. 8 l. 5 d'huile dans la tonne. Quelle en est la capacité? (*Pas-de-Calais.*)

874. Un particulier a du blé qui lui coûte 22 fr. l'hectolitre; il veut le vendre en gagnant les 2/15 du prix d'achat. Quelle quantité doit-il donner pour 88 fr.? (*Gironde.*)

875. Les 3/4 du bois que contient un magasin ont été vendus 900 fr. à raison de 15 fr. le stère. Combien de stères sont restés en magasin et quelle en est la valeur? (*Vienne.*)

876. Un morceau de bœuf de 6 kilog. a été vendu avec les os à raison de 1 fr. 05 le kilogr. Le poids des os est le 1/7 du poids total. On demande à quel prix revient le kilog. de viande désossée? (*Tarn-et-Garonne.*)

877. Un tonneau plein de vin pèse 125 kilogr.; vide, il pèse

18 kg. 5/11 Quel est en onzièmes de kilogr. le poids du vin? Quel est le nombre de litres, si le litre de vin pèse 935 grammes ? (*Meuse.*)

878. Les 2/3 d'une succession étant partagés également entre 5 héritiers, chacun d'eux reçoit 15425 fr. Quel est le montant de la succession? (*Orne.*)

879. En général 11 gerbes de blé produisent 1 hectolitre de grain. On donne aux dépiqueurs 0 fr. 90 par hectolitre. On demande combien gagnent par jour 8 ouvriers qui ont mis 3 jours 1/2 à dépiquer 1925 gerbes. (*Lot-et-Garonne.*)

880. Une personne achète 8 mètres de soie de 0 m. 70 de largeur pour faire une robe. Quel est le nombre de vers à soie qui y ont travaillé, si l'un de ces petits animaux peut fournir le fil nécessaire à la confection de 2 centimètres carrés 3/4 d'étoffe? (*Ardennes.*)

881. On a coupé le 1/5 d'une pièce d'étoffe contenant 21 mètres sur une largeur de 1 m.20.Combien, avec le reste, pourra-t-on faire de stores pour deux fenêtres qui ont 2 m. 40 de haut sur 1 m. 20 de large? (*Ardennes.*)

EXERCICES SUR LES PROPORTIONS

882. Quel est le rapport par différence de 8 à 6, de 17 à 9, de 25 à 16 ?

883. Quel est le rapport par quotient de 2 à 5, de 6 a 11, de 12 à 25 ?

884. Quel est le rapport par quotient de 16 à 3, de 11 à 5, de 7 à 4 ?

885. Faites une proportion avec les nombres 3, 12, 4 et 16.

886. Faites une proportion avec les nombres 5, 10, 7 et 14.

887. Faites une proportion avec les nombres 8, 18, 16 et 9.

888. Dans la proportion $\frac{15}{30} = \frac{3}{6}$, dites quels sont les extrêmes.

889. Dans la proportion $\frac{15}{30} = \frac{3}{6}$, dites quels sont les moyens?

890. Dans la proportion $\frac{6}{8} = \frac{18}{x}$, cherchez l'extrême inconnu.

891. Dans la proportion $\frac{7}{x} = \frac{14}{24}$, cherchez le moyen inconnu.

892. Donnez un exemple de quantités directement proportionnelles ?

893. Donnez un exemple de quantités inversement proportionnelles.

PROBLÈMES SUR LES RÈGLES DIVERSES

894. 27 mètres de toile ont coûté 135 fr. Combien coûteront 42 mètres de la même toile ?

895. 15 terrassiers ont mis 17 jours pour creuser un fossé. Combien 8 terrassiers auraient-ils mis de jours pour faire le même travail?

896. Une modiste a mis 17 mètres de ruban à 12 chapeaux. Combien en mettrait-elle pour faire 45 chapeaux?

897. Pour faire 14 pantalons, il faut 16 m. 4/5. Combien faudrait-il de mètres pour faire 81 pantalons?

898. On a employé 127 bouteilles pour loger 98 litres de vin. Combien faudrait-il de bouteilles semblables pour loger 227 litres?

899. 28 ouvriers ont mis 42 jours 3/4 pour faire un travail. Combien 15 ouvriers mettraient-ils de jours?

900. 35 m. 5 de toile ont coûté 90 fr. 25. Combien coûteraient 72 m. 5?

901. 17 ouvriers ont mis 15 jours à faire une tranchée de 312 mètres. Combien 35 ouvriers mettraient-ils de jours pour faire une tranchée de 487 mètres?

902. 35 mètres de terrain d'une largeur de 15 mètres ont coûté 728 fr. On demande ce que coûteraient 72 mètres du même terrain sur une largeur de 42 mètres?

903. 27 mètres d'étoffe ayant 5/7 de mètre de large ont coûté 48 fr. 25. On demande le prix de 72 mètres d'étoffe de la même qualité ayant 1 m. 1/3 de large.

904. Quelle somme rapporteraient 728 fr. placés à 5 p. 100 pendant un an et 5 mois?

905. Que vaudrait une somme de 789 fr., placée à 4 1/2 p. 100, au bout de 14 mois?

906. 820 fr. placés pendant 15 mois ont rapporté 51 fr. 25 d'intérêt. A quel taux les avait-on prêtés?

907. 736 fr. placés pendant 16 mois ont rapporté 54 fr. 75 d'intérêt. A quel taux étaient-ils placés?

908. Quel est le capital qui, placé à 5 p. 100 pendant 17 mois, a rapporté 87 fr. 55?

909. Quel est le capital qui, placé à 4 1/2 p. 100 pendant 20 mois, a rapporté 188 fr. 25?

910. 2 472 fr. placés à 5 p. 100 ont rapporté 165 fr. 10. Pendant combien de temps sont-ils restés placés?

911. 1 472 fr. placés à 6 p. 100 ont rapporté 109 fr. 50. Combien de temps sont-ils restés placés?

912. Quelle est la somme qui, placée à 5 p. 100 pendant 19 mois, est devenue 543 fr. 00, capital et intérêts réunis?

913. Un employé a versé 272 fr. à une caisse d'épargne qui donne 3 fr. 75 p. 100 d'intérêt. Combien touchera-t-il au bout de 7 mois et 20 jours?

914. Quel escompte subirait un billet de 435 fr. payable à 60 jours, à 6 p. 100?

915. Quelle est la valeur actuelle d'un billet de 312 fr. payable dans 42 jours, à 6 p. 100?

916. Un négociant a reçu deux billets l'un de 346 fr. payable à 30 jours et l'autre de 146 fr. payable à 60 jours. Combien recevra-t-il s'il les fait escompter à 6 p. 100?

917. Nous sommes au 20 mars et j'ai un billet de 746 fr. payable le 17 mai. Combien recevrai-je si je le fais escompter à 6 p. 10 ?

918. Pour un billet de 720 fr. payable à 90 jours j'ai subi un escompte de 9 fr. A quel taux l'ai-je fait escompter?

919. Quelle était la somme portée sur un billet, payable à 60 jours, pour lequel j'ai supporté un escompte de 12 fr. à 6 p. 100?

920. Un billet de 800 fr. a subi un escompte de 12 fr. à 6 p. 100. A combien de jours était-il payable?

921. Un marchand de porcelaines a acheté 17 douzaines d'assiettes pour 60 fr. 25. Combien doit-il les revendre la douzaine pour gagner 18 p. 100?

922. Un marchand de grains a acheté 178 hectolitres de blé à 19 fr. 80. Combien doit-il les revendre en tout pour gagner 17 p. 100?

923. Un boucher a acheté deux bœufs pesant l'un 345 kilog. et l'autre 412. Ces bœufs lui ont coûté ensemble 1 225 fr. On estime le déchet à 1/6 du poids total. Combien le boucher devra-t-il revendre le kgr. de viande nette pour gagner 14 p. 100?

924. J'ai acheté une terre de 12 h. 25 ares à raison de 0 fr. 75 le mètre carré. Je l'ai revendue 92 000 fr. Combien ai-je perdu p. 100?

925. On a acquis 46 moutons pesant en moyenne 45 kgr. à 0 fr. 90 le kilogr. Il en est mort 7. Combien faudrait-il revendre chaque mouton restant pour ne perdre que 3 1/2 p. 100?

926. Un libraire expédie 45 volumes à 1 fr. 75; 108 volumes à 0 fr. 90 et 215 volumes à 0 fr. 70. A combien s'élèvera sa facture s'il fait une remise de 17 p. 100?

927. J'ai acheté 12 mètres de drap à 7 fr. 20 le mètre; 14 m. 25 de toile à 1 fr. 45 le mètre et 7 douzaines de mouchoirs à 6 fr. 85 la douzaine. Combien ai-je à payer si l'on me fait une remise de 7 p. 100?

928. Un fonctionnaire touche 2,400 fr. par an jusqu'au 30 avril. A cette époque, il est augmenté de 600 fr. Quelle somme lui a-t-on donnée pour l'année entière si, à la retenue de 5 p. 100, on ajoute celle du 12e de son augmentation?

929. Que coûtent 140 fr. de rente 3 p. 100 au cours de 81 fr. 40?

930. Que coûtent 725 fr. de rente 3 p. 100 au cours de 79 fr. 80 courtage et timbre compris. (*Le courtage est de* 1 *fr.* 25 *par* 1,000 *fr. de capital, et le timbre de* 1 fr. 50.)

931. Que coûtent 836 fr. de rente à 4 1/2 p. 100, au cours de 107 fr. 20, courtage et timbre compris.

932. Quel est le cours de la rente 4 1/2 p. 100, lorsque 725 fr. de rente coûtent 15 825 fr.?

933. Combien perd-on en achetant 225 fr. de rente 3 p. 100 au cours de 81 fr. 20, et qu'on revend au cours de 79 fr. 75.

934. A quel taux place-t-on son argent, lorsqu'on achète du 3 p. 100 au cours de 82 fr. 20?

935. A quel taux place-t-on son argent, lorsqu'on achète du 4 1/2 au cours de 103 fr. 20 ?

936. Quel est le plus avantageux : le 3 p. 100 à 81 fr. 25 ou le 4 1/2 à 107 fr. 20 ?

937. Quelle somme dois-je débourser, courtage et timbre compris, pour me faire une rente de 2 500 fr. en achetant du 3 p. 100 au cours de 79 fr. 70 ?

938. J'ai acheté 6 obligations du Crédit foncier à 325 fr. l'une ; elles rapportent chacune 15 fr. Combien aurai-je de revenu et à quel taux ai-je placé mon argent ?

939. Quand les actions du chemin de fer du Nord sont à 1 725 fr. et qu'elles donnent un dividende de 86 fr., à quel taux place-t-on son argent ?

940. Le droit de courtage des actions étant de 1/800 du capital, combien dépensera-t-on pour acquérir 7 actions de la Banque de France à 5 725 fr. l'une ?

941. Un père laisse à ses enfants 70 000 fr., qu'ils doivent se partager proportionnellement à leurs âges, qui sont 7 ans, 9 ans et 12 ans. Quelle sera la part de chacun ?

942. Partagez 840 fr. proportionnellement à 2, 3, 4 et 5.

943. Partagez 8 726 proportionnellement a 2/5, 3/4 et 5/6.

944. Quatre ouvriers ont reçu 1 225 fr. pour un travail qu'ils ont fait. Le premier a travaillé 16 jours ; le deuxième 12 jours ; le troisième 19 jours et le quatrième 21 jours. Combien revient-il à chacun ?

945. Partagez 28 728 proportionnellement à 4 1/3, 2 1/5 et 3 1/4.

946. Trois associés ont mis en commun, le 1er 17 000 fr. ; le 2e 12 000 fr. et le 3e 21 000 fr. ; ils ont fait un bénéfice de 16 000 fr. Quelle est la part de chacun ?

947. Quatre marchands ont mis en commun le 1er 1 700 fr. pendant 7 mois, le 2e 1 400 pendant 8 mois, le 3e 1 690 fr. pendant 12 mois et le 4e 800 fr. pendant 20 mois. En se séparant, ils ont un bénéfice de 1,780 fr. ; que revient-il à chacun ?

948. La grêle a ravagé quatre communes qui ont perdu : la 1re 40 000 fr., la 2e 54 000 fr., la 3e 70 000 fr. et la 4e 80 000 fr. L'État leur accorde une indemnité de 30 000 fr. Que revient-il à chacune ?

949. Deux associés ont fait un bénéfice de 12 000 fr., dont 5 000 fr. reviennent au 1er et 7 000 fr. au 2e. Le premier avait mis 24 000 fr. ; combien avait mis le 2e ?

950. 3 associés ont perdu 17 000 fr. ; le premier, qui avait mis un capital de 13 000 fr., a 4 000 fr. de perte. Quelle est la mise du 2e et du 3e, s'ils se partagent le reste de la perte proportionnellement à 6 et à 7 ?

951. On mélange ensemble 15 hectolitres d'avoine à 6 fr. 25, 14 hectolitres à 5 fr. 40 et 17 hectolitres à 5 fr. 90. Combien faut-il revendre l'hectolitre du mélange pour gagner en tout 40 fr. ?

952. On mélange 108 litres de vin à 0 fr. 60 avec 216 litres à 0 fr. 70

et 135 litres à 0 fr. 90. Combien faut-il revendre le litre du mélange pour gagner 20 p. 100?

953. On mélange 25 hectolitres de blé à 21 fr. 40 avec du blé à 23 fr. 60. Combien faut-il mettre d'hectolitres de ce dernier pour que l'hectolitre du mélange vaille 22 fr. 70?

954. On a du blé à 21 fr. 40; on y mélange 72 hectolitres de blé à 18 fr. 80. Combien en avait-on si le mélange revient à 20 fr. 60?

955. Combien faut-il ajouter de litres d'eau à 180 litres de vin à 0 fr. 75 pour pouvoir revendre le mélange 0 fr. 55 le litre, en gagnant 18 p. 100?

956. On ajoute 40 litres d'eau à 275 litres de vin à 0 fr. 80. Combien vaudra le litre du mélange et combien faudra-t-il revendre l'hectolitre pour gagner 15 p. 100?

957. Combien faut-il mélanger de kgr. de café à 2 fr. 40 et à 3 fr. 20, pour avoir un mélange valant 2 fr. 80?

958. Combien faut-il mélanger de blé à 18 fr. 20 l'hectolitre et à 21 fr. 40 pour avoir du blé à 19 fr. 60?

959. On fond ensemble trois lingots d'or: le 1er de 4 kgr. au titre de 0,835, le 2e de 8 kgr. au titre de 0,920, et le 3e de 16 kgr. au titre de 0,950. Quel sera le titre du nouveau lingot?

960. On fond ensemble 25 kgr. de cuivre et 13 kgr. 6 d'étain. Le cuivre vaut 2 fr. 70 le kgr. et l'étain 5 fr. 50. Quel est le prix du kgr. de l'alliage?

961. On a un lingot d'or pur pesant 4,215 gr. On demande combien il faut y ajouter de grammes d'un lingot au titre de 0,925 pour avoir un alliage au titre de 0,950.

962. On a 25 kgr. de cuivre à 2 fr. 75. On demande combien il faut y ajouter de kgr. d'étain à 5 fr. 40 pour avoir un alliage du prix de 3 fr. 85 le kgr.

963. Combien faut-il ajouter de cuivre à un lingot d'argent au titre de 0,950 pesant 12 kgr. pour avoir l'alliage des monnaies? Combien vaudrait le nouveau lingot?

964. On fond un lingot d'or au titre de 0,800, pesant 816 gr., avec 112 gr. d'or pur et 45 gr. de cuivre. Quel est le titre du nouveau lingot?

965. On a deux lingots d'or: l'un au titre de 0,800 et l'autre au titre de 0,950. Combien faut-il prendre de kgr. de chacun d'eux pour avoir 35 kgr. de l'alliage des monnaies? Dire combien vaudrait le nouveau lingot.

966. Le bronze des monnaies se compose de 95 parties de cuivre, 4 d'étain et 1 de zinc. Dites quel poids de chacun de ces métaux se trouve dans 745 fr. de monnaie de bronze.

967. On a acheté 4 kgr. de café à 3 fr. 60, 7 kgr. à 2 fr. 40 et 8 kgr. à 2 fr. 90. Quel est le prix moyen du kgr.?

968. Dans une semaine un ouvrier tâcheron a gagné: lundi 3 fr. 80; mardi 5 fr. 25; mercredi 4 fr. 60; jeudi 6 fr. 75; vendredi 4 fr. 10, et samedi 3 fr. 80. Quel est le prix moyen de sa journée?

969. 3 moutons pèsent : le 1er 42 kg. 125 ; le 2e 47 kg. 250, le 3e 51 kg. 225. Quel est le poids moyen d'un mouton ?

970. Un marchand a 470 hectolitres de vin qui lui a coûté 56 fr. 25 l'hectolitre ; il en vend 102 hectolitres à 61 fr. 40, 107 a 54 fr. 25 et le reste à 65 fr. 20. Combien a-t-il gagné en moyenne par hectolitre ?

PROBLÈMES DE RÉCAPITULATION GÉNÉRALE

971. Quand il est midi à Paris, quelle heure est-il à Rome, qui se trouve à 10° de longitude est ?

972. Il est 11 h. 40 à Londres quand il est midi à Paris. A quelle longitude se trouve Londres?

973. Une machine a parcouru un arc de 38° 25′ 12″ en une heure. Combien lui faudrait-il de temps pour parcourir la circonférence entière?

974. Quelle heure est-il lorsque les deux aiguilles d'une horloge sont l'une sur l'autre entre 8 h. et 9 h. ?

975. Un marchand a vendu successivement 1/4, 1/5 et 1/6 d'une pièce de drap, et il lui reste 46 m. Quelle était la longueur de la pièce?

976. Quel est le nombre qui a 18 de différence entre ses 7/9 et ses 5/6 ?

977. Un ouvrier fait 4 m. 2/3 en 1 h. 2/5 ; combien en fera-t-il en 4 h. 3/4 ?

978. Un ouvrier ferait un ouvrage en 5 jours ; un second le ferait en 6 jours et un troisième en 8 jours. Si on les fait travailler ensemble, en combien de temps l'ouvrage sera-t-il terminé?

979. Trois ouvriers réunis feraient un ouvrage en 1 jour 1/2. Le premier seul le ferait en 4 jours 2/3, le deuxième en 5 jours 1/4. Combien faudrait-il de temps au troisième pour faire l'ouvrage seul?

980. Pour creuser un canal on s'adresse à 3 compagnies. La première compagnie mettrait 15 jours pour terminer l'ouvrage, la deuxième 12 jours et la troisième 10 jours. Pour aller plus vite, on prend les 3/4 de la première compagnie, les 4/5 de la deuxième et les 5/6 de la troisième. En combien de temps le travail sera-t-il fait?

981. Un bassin est alimenté par 3 robinets. Le 1er le remplirait seul en 2 h. 2/3, le 2e en 3 h. 3/4 et le 3e en 4 h. 2/5. Une pompe le viderait en 6 h. 1/4. Ce bassin étant vide, on ouvre les 3 robinets et on fait fonctionner la pompe ; en combien de temps sera-t-il rempli ?

982. Une personne dépense 1/3 de ce qu'elle a dans son porte-monnaie, puis 1/5 du reste et 1/4 du deuxième reste. Elle possède encore 12 fr. Combien avait-elle d'abord ?

983. Un ouvrier dépense 1/3 de ce qu'il gagne pour sa nourriture ; 1/8 pour son habillement et 1/10 en menus frais. Combien gagne-t-il par an, sachant qu'il économise 836 francs ?

984. 5 ouvriers travaillant 12 h. par jour ont moissonné un champ de 235 ares dans un jour. Combien 12 ouvriers travaillant 10 heures par jour en auraient-ils moissonné ?

985. Pour faire un plancher, il faut 420 planches de 0 m. 12 de large sur 2 m. 10 de long. Combien faudrait-il de planches de 0 m. 15 de large sur 2 m. 40 de long ?

986. Lorsque pour gagner 2 400 francs en 12 jours, 50 ouvriers ont travaillé 10 heures par jour, combien faudra-t-il que 32 ouvriers travaillent d'heures par jour pendant 18 jours, pour gagner 2 534 fr. 40 ?

987. Pour transporter 25 quintaux de marchandises l'espace de 20 myriamètres, on paye 25 francs. Combien peut-on expédier de quintaux de marchandises l'espace de 36 myriamètres pour 40 francs ?

988. Un mètre de drap de 7/8 de large coûte 24 francs. Combien coûte un mètre d'un autre drap qui a 9/10 de large ?

989. 15 hommes ont fait, en 15 journées de 12 heures, un mur de 45 mètres de long, 3 m. 25 de haut et 0 m. 75 d'épaisseur. Quelle sera la hauteur d'un mur de 60 mètres de long et 0m.80 d'épaisseur qui doit être fait par 20 hommes en 18 jours de 10 heures ?

990. On place un capital de 54 000 francs à 5 p. 100 pour 2 ans et 8 mois. Combien doit-on toucher d'intérêt ?

991. Un certain capital placé à 4 p. 100 pendant 3 ans et demi a rapporté 3 556 francs d'intérêt. Quel est ce capital ?

992. Pendant combien de temps faut-il placer 24 000 francs à 5 p. 100 pour toucher 3 270 francs d'intérêt ?

993. A quel taux faut-il placer 4700 fr. pour toucher 840 fr. d'intérêt au bout de 4 ans ?

994. Une personne place 1/4 de son capital à 5 p. 100 ; la 1/2 à 6 p. 100 et le reste à 4 p. 100. On demande quel est son capital, sachant qu'elle touche annuellement 6 300 fr. d'intérêt.

995. Une personne a placé un certain capital à 5 p. 100, et, au bout de 3 ans 4 mois, elle a touché, tant pour le capital que pour les intérêts simples, 35 000 fr. Quel était son capital et combien a-t-elle touché pour les intérêts ?

996. Un capitaliste a placé 1/4 de son argent à 6 p. 100, les 2/3 à 4 p. 100 et le reste à 5 p. 100. Au bout de 2 ans 1/2, il touche, capital et intérêts compris, 15 697 fr. 30. Quel était son capital ?

997. Un commerçant emprunte à un banquier 80 000 fr. à 5 p. 100. Il doit rembourser cette somme, avec les intérêts, dans 4 ans 9 mois. Combien le banquier recevra-t-il en tout ?

998. On fait des achats pour 840 fr. Le marchand fait un escompte de 3 1/2 p. 100. Combien doit-on verser à la caisse ?

999. Je dois 3 800 fr. payables dans 9 mois. En remboursant de suite, on me fait un escompte de 3 p. 100 par an. Combien dois-je payer ?

1000. J'ai payé 1 180 fr. pour une facture sur laquelle on m'a fait un escompte de 2 1/2 p. 100. Quel est le montant de la facture ?

1001. Quel est le montant d'un billet payable dans 90 jours, sachant que le banquier qui l'a escompté à 6 p. 100 a retenu 6 fr. 45 ?

1002. On présente un billet de 1 800 fr. à 60 jours, à l'escompte, chez un banquier qui donne 1782 fr. Quel est le taux de l'escompte ?

1003. Une personne achète 18 pièces de vin à 150 fr. l'une. Elle fait un billet payable dans 9 mois. L'escompte étant de 6 p. 100 par an, quel devra être le montant de ce billet ?

1004. Un banquier escompte, le 1er mars, un billet de 700 fr. échu le 20 juin. L'escompte étant de 6 p. 100, combien doit-il donner ?

1005. On achète 30 caisses de sucre pesant chacune 160 kg. à raison de 0 fr. 95 le kg. Comme on paye comptant, on obtient 4 p. 100 de tare et 5 p. 100 d'escompte. Combien doit-on payer ?

1006. Un marchand a acheté 30 pièces de drap contenant chacune 52 m. 50 à raison de 15 fr. le mètre avec un escompte de 8 p. 100. Il les revend à raison de 16 fr. 25 le mètre, et accorde un escompte de 6 fr. 50 p. 100. Quel bénéfice fait-il ?

1007. Quelle somme faut-il pour acheter 600 fr. de rente 4 1/2 p. 100 au cours de 90 fr. (courtage non compris) ?

1008. Pour acheter 900 fr. de rente 3 p. 100 on a dû payer, sans compter le courtage, 19 899 fr. Quel était le cours de la rente ?

1009. A quel taux réel place-t-on son argent quand on achète du 4 1/2 p. 100 au cours de 89 fr. 80 ?

1010. Un capitaliste achète 1 200 fr. de rente 4 1/2 p. 100 au cours de 95 fr. 40, et les revend quelques jours après au cours de 95 fr. 10. Combien a-t-il perdu ?

1011. Une personne dispose de 40 000 fr. pour acheter du 3 p. 100. Le cours étant de 66 fr. 30, elle attend quelques jours et le cours s'élève à 68 fr. 10. Ayant acheté à ce dernier cours, quelle rente a-t-elle perdue ?

1012. A quel taux place-t-on son argent en achetant des actions du chemin de fer d'Orléans au cours de 1 300 fr., chaque action donnant un intérêt fixe de 15 fr. et un dividende de 85 fr. ?

1013. On a 270 fr. à partager proportionnellement aux nombres 4, 6 et 8. A combien se montera chaque part ?

1014. Partagez 19 400 en parties proportionnelles à 2/5, 11/20 et 4/9.

1015. 2 ouvriers ont entrepris un travail. Le 1er y a travaillé 15 jours et 8 heures par jour, le 2e 14 jours pendant 10 heures par jour. Ils ont reçu 156 fr. Combien revient-il à chacun ?

1016. Une personne lègue par testament une somme de 55 500 fr. à répartir de la façon suivante entre son neveu, son cousin et son filleul, la part du neveu sera à celle du cousin comme 8 est à 5, et celle du cousin à celle du filleul comme 7 est à 4. Quelle sera la part de chacun ?

1017. Une somme de 4 050 fr. a été gagnée dans un commerce par 3 associés. Le premier avait mis 2 400 fr. ; le deuxième 3,000 fr. et le troisième la 1/2 du total des deux autres. Partager leur gain à proportion de la mise de chacun.

1018. 4 associés ont gagné 21 175 fr. Faire le partage de façon que le premier ait 4 250 fr. de plus que le deuxième; le deuxième 1 700 fr. de plus que le troisième, et le troisième 1 175 fr. de plus que le quatrième.

1019. 3 associés ont gagné la somme de 21 840 fr. Le premier avait mis 15 000 fr. pendant 10 mois; le deuxième 18 000 fr. pendant un an et le troisième 12 000 fr. pendant 15 mois. Combien revient-il à chacun sur le bénéfice, à proportion de sa mise?

1020. Une personne dont le revenu est de 2 300 fr. a dépensé 1 500 fr. dans les 7 premiers mois de l'année. De combien doit-elle diminuer sa dépense journalière pendant les 5 derniers mois pour que la somme qui lui reste soit suffisante?

1021. Une maîtresse lingère a fait en 15 jours 6 douzaines de chemises qui lui sont payées 5 fr. 75 la pièce. Combien a-t-elle gagné par jour si elle a fourni l'étoffe à 1 fr. 25 le mètre, à raison de 2 mètres pour une chemise, et si les fournitures (fil, aiguilles, boutons) lui reviennent à 0 fr. 25 par chemise?

1022. Un maître de pension achète des livres pour ses élèves. Il en commande 200 au libraire, qui les lui fournit à raison de 15 fr. 60 la douzaine et lui donne le treizième gratis. Quelle somme doit-il revendre chaque volume pour gagner 50 fr. sur le tout?

1023. Un tailleur a une pièce de drap de 50 mètres; il veut en faire en nombre égal des gilets, des pantalons et des redingotes; combien pourra-t-il confectionner de chacun de ces vêtements sachant qu'il emploie pour un gilet 0 m. 70 de drap, pour un pantalon 1 m. 20 et pour une redingote 3 m. 10?

1024. Un fermier emploie chez lui quatre domestiques qu'il nourrit et qu'il paye en moyenne 35 fr. par mois. Quel bénéfice ferait-il annuellement si au lieu de nourrir ces 4 personnes il leur donnait 30 fr. par mois de plus à chacune? La nourriture lui revient à 1 fr. 25 par jour et par personne.

1025. La somme de 2 nombres est 1 560, leur différence 240; quels sont ces 2 nombres?

1026. Un cultivateur a récolté 350 hectl. de blé et 150 hectl. de pommes de terre. Il vend le blé 3 fr. 95 le double décalitre, et les pommes de terre 5 fr. 75 l'hectl. Quelle somme retire-t-il de cette vente et quel serait le nombre d'ares de terrain qu'il pourrait acheter avec cette somme, le mètre carré valant 75 fr.?

1027. Quel serait le volume d'une masse d'eau qui pèserait autant que 3 250 fr. en monnaie d'argent?

1028. Un industriel emploie annuellement 20 000 kgr. de houille à 2 fr. 50 le quintal. Il a en outre à payer les frais de transport, qui s'élèvent à 0 fr. 35 par tonne et par kilomètre. Quelle est sa dépense totale si la houille lui est envoyée de 225 kilomètres?

1029. Un jardin est entouré d'une grille de 220 barreaux placés à 0 m. 15 de distance, et fermée par une porte de 2 m. 25 de largeur. Quel est le périmètre de ce jardin et quelles en sont les dimensions si la longueur est double de la largeur?

1030. Une salle a pour dimensions : longueur 10 m. 25, largeur 6 m. 10, hauteur 4 m. 35. Quel est le volume d'air qu'elle contient et quel est le poids de cet air si 1 litre d'air pèse 1 gr. 293?

1031. On veut échanger un terrain de 2 hectares 6 ares contre un autre de 108 ares 25 centiares. Sachant que le 1er coûtait 26 fr. le mètre carré, on demande le prix de l'are du 2e.

1032. Un marchand de vin achète 3 tonneaux de vin de chacun 228 litres, qui lui coûtent 600 fr. en tout. Le 1er coûtait 75 fr. l'hectolitre, le 2e 78 fr. l'hectolitre. On demande : 1° quel est le prix de l'hectolitre du troisième vin : 2° combien, en mélangeant les trois sortes de vins, il doit revendre le litre pour gagner 125 fr.

1033. Un fermier possède 25 vaches, 10 bœufs et 150 moutons qui lui fournissent annuellement 400 kgr. de fumier chacun. Il vend ce fumier à raison de 5 fr. 50 le mètre cube de 550 kgr. Quel prix retire-t-il de cette vente?

1034. On veut tapisser une chambre de 4 mètres de long, 3 mètres de large et 3 mètres de haut, avec un papier dont la largeur est de 0 m. 80. Quelle longueur de papier faudra-t-il et quel sera le montant de la dépense si le rouleau de 10 m. coûte 3 fr. 25?

1035. Pour doubler un tapis de 7 mètres de long sur 3 m. 50 de large, on emploie de l'étoffe ayant 0 m. 90 c. de large. Combien en faudra-t-il et quelle sera la dépense à faire, la doublure coûtant 1 fr. 25 le mètre?

1036. Quels sont les poids qui feraient équilibre à une somme composée de 10 pièces de 20 fr. en or, 15 pièces de 2 fr. en argent et 25 pièces de 0 fr. 10 en bronze?

1037. Une montre retarde de 12 minutes par jour. On la met à l'heure exacte à 7 heures du matin. Quelle heure marque-t-elle le lendemain à 10 heures du matin?

1038. Combien y a-t-il d'heures, de minutes et de secondes dans 3 ans?

1039. 1/3 + 1/4 + 1/2 du nombre des ouvriers employés dans une usine donnent ce nombre, plus 20. Quel est ce nombre?

1040. Un particulier laisse en mourant une fortune ainsi partagée : 1/2 à sa sœur, 1/3 du reste à son neveu et le reste partagé entre 12 pauvres qui ont chacun 50 fr. Quelle était la fortune de ce particulier?

1041. Un réservoir est alimenté par deux fontaines. La 1re le remplirait en 7 heures; la 2e le remplirait en 5 heures; un orifice d'écoulement le viderait en 10 heures. On demande en combien d'heures le bassin pourrait être rempli, si l'on faisait manœuvrer en même temps les 2 fontaines et l'orifice d'écoulement?

1042. Une personne a besoin de 25 mètres de toile blanchie; quelle quantité de toile écrue doit-elle acheter si par le nettoyage cette étoffe se raccourcit de 1/18 de sa longueur?

1043. Un ouvrier dépense 1/5 de son gain pour se nourrir, les 4/5 du reste pour s'habiller et se loger ; au bout de l'année il a économisé 250 fr. On demande quel est son gain pour l'année et combien il gagne par jour s'il n'est occupé que 20 jours par mois.

1044. Un ouvrier ferait un ouvrage en 20 jours, un 2e le ferait en 10 jours et un 3e le ferait en 5 jours. S'ils travaillent ensemble, quel temps mettront-ils pour faire ce même ouvrage?

1045. Pour le chaulage d'un champ de 40 ares, un cultivateur emploie 375 kgr. de chaux par hectare. Cette chaux ayant pour densité les 3/4 de celle de l'eau, coûte 1 fr. 50 l'hectolitre. Combien le cultivateur dépensera-t-il?

1046. Un champ non plâtré produit 236 bottes de trèfle de 7 kg. 5 chacune; plâtré il fournit 1/4 en plus. Quel est le bénéfice donné par le plâtre, si le foin se vend 10 fr. 50 les 100 kgr.?

1047. Trouver un nombre dont les 2/3 des 3/4 égalent 34?

1048. Partager 500 fr. entre deux personnes de manière que la première ait les 4/21 de la deuxième?

1049. 25 ouvriers travaillant 10 heures par jour feraient un ouvrage en 15 jours. Combien 20 ouvriers mettraient-ils de temps à faire le même ouvrage s'ils ne travaillent que 8 heures par jour?

1050. Lorsque le blé vaut 22 fr. l'hectolitre, on paye 0 fr. 36 le kilogramme de pain. Combien doit-on payer le pain lorsque l'hectolitre de blé coûte 27 fr. 50?

1051. Un chemin de fer prend 37 fr. 80 par tonne pour transporter des marchandises d'un lieu à un autre par petite vitesse. A combien s'élèvera le port d'un colis qui pèse 245 kilogr.?

1052. Quelle est la somme qui placée à 4 1/2 p. 100 par an produira capital et intérêt réunis 2 425 fr.?

1053. A quel taux place-t-on son argent en achetant du 3 p. 100 au cours de 75 fr.?

1054. Un banquier qui retient 4 1/2 p. 100 d'escompte a donné 438 fr. sur un billet payable dans 25 jours. Quel était le montant du billet?

1055. La rente 3 p. 100 étant au cours de 72 fr., quelle somme doit-on verser pour avoir une rente de 600 fr.?

1056. Un agent de change avait acheté 800 fr. de rentes 4 p. 100 au cours de 82 fr.; il les a revendues 85 fr. Quel bénéfice a-t-il réalisé?

1057. On achète un terrain de 6 h. 9 a. 12 c. pour 15 228 fr. On le revend avec un bénéfice de 8 p. 100. Quel est le prix auquel on revend le mètre carré?

1058. On fait venir de la Martinique un vaisseau contenant 30 tonnes de café dont le prix est de 65 000 fr. L'entrée à la douane coûte 125 fr. par quintal. On vend ce café avec un bénéfice de 12 p. 100, quel est le prix du kilogramme?

1059. Un marchand a acheté 2 pièces d'étoffe pour 354 fr. Il revend 5 mètres de cette étoffe pour 17 fr. 50 en faisant un bénéfice de 0 fr. 50 par mètre. On demande la longueur de chaque pièce, si la deuxième a 6 mètres de plus que la première.

1060. 18 tonneaux contiennent ensemble 396 décalitres de vin; les 7 premiers contiennent ensemble 16 hectolitres. On demande la capacité de chacun des autres.

1061. Le litre de lait pur pèse 1,030 grammes; une marchande en a reçu 15 litres dont le poids est de 15 kgr. 375. On demande quelle quantité d'eau contient ce lait.

1062. Un vase plein d'eau pèse 11 kgr. 200 gr.; plein d'huile, il pèse 10,477 gr. On demande la capacité du vase, et son poids quand il est vide, si la densité de l'huile est 0,915.

1063. La distance entre Paris et Lyon est de 512 kilomètres. Le quintal de farine coûte 25 fr. à Paris et 25 fr. 75 à Lyon. On demande à quelle distance de ces deux villes le quintal de farine revient au même prix si le transport coûte 0 fr. 006 par quintal et par kilomètre.

1064. Un bec de gaz brûle 1 hl. 1/2 de gaz par heure, et le mètre cube de gaz coûte 0 fr. 30. On demande la dépense occasionnée en un an par 47 becs allumés en moyenne 5 heures et demie par jour.

1065. Une ligne de chemin de fer ayant 2 voies de 250 klm. est parcourue en sens contraire par 2 trains. Le 1er part à 6 h. du matin en faisant 40 klm. à l'heure; le 2e fait 48 klm. à l'heure. On demande : 1° à quelle heure ce dernier doit partir pour arriver en même temps que le premier, 2° à quelle heure aura lieu le croisement, et 3° à quelle distance des deux points de départ.

1066. La betterave contient environ 6 p. 100 de son poids de sucre; mais dans l'extraction, on perd à peu près 2 p. 100 du poids du sucre. On sait qu'un hectare de terrain donne environ 36 000 kgr. de betteraves. On demande quelle étendue de terrain il faudrait ensemencer pour fournir des betteraves à une sucrerie qui donne annuellement 600 000 kgr. de sucre.

1067. 2 fontaines rempliraient un bassin en 8 h. 1/2; la première seule le remplirait en 18 heures. On demande le temps que mettrait la deuxième fontaine seule pour remplir le même bassin.

1068. Une personne qui a la passion du jeu, perd d'abord le 1/4 de sa fortune, puis les 2/5 du reste, et enfin les 3/4 du deuxième reste. Elle possède encore 243 fr. On demande la fortune primitive de cette personne.

1069. On demande l'heure qu'il est à Cayenne quand il est midi à Paris, si la longitude de Cayenne est 54°35′ (ouest).

1070. On a acheté une première fois 8 kgr. de café et 5 kgr. de thé et l'on a payé 82 fr.; une deuxième fois l'on a acheté au même prix 6 kgr. de café et 7 kgr. de thé pour 94 fr. Quel est le prix du kgr. de café?

1071. Une personne place le 1/4 de sa fortune à 5 p. 100 et le ste à 6 p. 100. Au bout de 8 mois, elle retire, capital et intérêts compris, 12850 fr. On demande le capital que possédait cette personne.

1072. On a un lingot d'or au titre de 0,750 et pesant 3 kgr. 400 gr. Combien faut-il y ajouter d'or pur pour l'amener au titre de 0,9.

1073. Le pavage d'une route de 18 km. de longueur a coûté 675 000 francs. Les pavés sont à faces carrées de 0 m. 20 de côté et reviennent tout posés à 0 fr. 30 pièce. On demande la largeur de la partie pavée de cette route.

1074. Sur un terrain de 178 m. 40 de long et 100 mètres de large, on répand une couche d'engrais de 0 m. 03 d'épaisseur. On demande le prix de cet engrais à raison de 0 fr. 30 l'hectolitre.

1075. Les grandes roues d'un chariot ont 1 m. 20 de diamètre et les petites 0 m. 70. Combien les petites roues feront-elles de tours de plus que les grandes dans un trajet de 5 800 mètres?

1076. Un emballeur a demandé 47 fr. 80 pour la confection d'une caisse cubique fermée, à raison de 2 fr. 60 le mètre carré. On demande combien on pourrait placer d'objets de 1/3 décimètre cube de volume, sachant que la paille et le papier enveloppant ces objets occuperaient un volume de 0 m³ 359 375 c³.

1077. On achète, à raison de 60 fr. l'are, un terrain ayant la forme d'un trapèze rectangle de 35 m. de hauteur, dans lequel la grande base a 60 mètres, la petite base 40 mètres et le côté oblique 50 mètres. On fait entourer cette propriété d'un grillage qui coûte 2 fr. le mètre linéaire. On demande le prix de revient total

1078. Une cuisine est pavée avec des triangles équilatéraux de 0 m. 30 de côté, on demande la surface de cette cuisine, sachant qu'il y a 200 pavés.

1079. On demande la différence de poids entre une pièce de 5 fr. en argent et une pièce de 100 fr. en or.

1080. On demande la surface latérale d'un clocheton formé d'une partie cylindrique ayant 1 m. 90 de diamètre et 2 mètres 10 de hauteur, et d'une partie conique ayant 2 m. 10 de côté et même base que le cylindre.

1081. Combien contient d'hectolitres un bassin cylindrique de 20 mètres de diamètre et de 5 de profondeur?

1082. Le côté d'un pain de sucre a 0 m. 70 de longueur et le rayon de la base est de 0 m. 14. On demande la surface de papier nécessaire pour envelopper ce pain de sucre, en admettant qu'il en faille 1/8 en plus pour les recouvrements.

1083. Combien faudrait-il acheter de mètres de taffetas à 0 m. 75 de largeur pour faire un ballon de 6 m. de rayon, en admettant qu'il faille 1/8 en plus pour les joints et recouvrements? Combien aussi ce ballon contiendrait-il de m³ de gaz?   •

1084. Dans une famille, on brûle 6 sacs de coke par mois; on fait du feu 5 mois par année. Quelle est la dépense annuelle de chauffage de cette famille, sachant que le sac de coke vaut 2 fr. 15, et qu'on paye 0 fr. 025 par sac et par étage? (La famille demeure au cinquième étage.)

1085. On achète 2 tonneaux contenant ensemble 213 kgr. d'huile. Le premier tonneau contient 22 kgr. de plus que le deuxième. Déterminer la valeur de l'huile contenue dans chaque tonneau, sachant que la densité est 0,915, et que le litre d'huile vaut 1 fr. 25.

1086. Un corps plongé dans un vase plein d'eau fait déborder 3 kgrs 025 d'eau. Quel est le volume de ce corps?

1087. Quel est le poids de l'argent pur et du cuivre contenus dans 545 pièces de 5 fr.?

1088. Un champ de forme rectangulaire a 516 mètres de périmètre. Déterminer sa surface, sachant que l'un des côtés est les 3/5 du côté contigu; et sa valeur, si l'are vaut les 2/3 de 100 fr.

1089. Un fermier vend pour 8135 fr. de blé, à 26 fr. 50 l'hect. Quelle est en ares la surface du terrain ayant produit ce froment, sachant qu'un hectare de terre donne 20 hect. de blé?

1090. Les 2/3 d'un mètre de drap valant 11 fr., que vaudront les 5/8 d'un mètre de même drap?

1091. Quel est le plus avantageux de placer 3425 fr. de manière à avoir 160 fr. d'intérêts par an, ou de les placer de façon à avoir 98 fr. 50 au bout de 8 mois?

1092. Un ouvrier achète un habillement. Le 1er mois il en paye 1/3; le 2e mois 1/4 et le 3e mois 25 fr. qu'il redoit. Que coûte l'habillement?

1093. 15 ouvriers feraient un ouvrage en 25 jours. Au bout de 8 journées de travail, ils s'adjoignent 5 autres ouvriers. Dans combien de jours le travail sera-t-il terminé?

1094. Le mètre cube de gaz se paye 0 fr. 30 à Paris. Sachant qu'un bec de gaz consume 125 litres par heure, quelle est la dépense annuelle d'une famille qui a 2 becs de gaz allumés tous les jours pendant 3 heures 1/2?

1095. On verse dans un tonneau 85 litres de vin à 0 fr. 65; 72 litres à 0 fr. 55, puis on remplit le tonneau avec de l'eau. En supposant que le litre du mélange revienne à 0 fr. 58, quelle est la contenance du tonneau?

1096. On empierre un chemin de 7 m. 25 de largeur sur 2 kilom. 645 m. de longueur. L'épaisseur de l'empierrement est 0 m. 25. Quelle sera la dépense si le mètre cube de pierre vaut 6 fr. 45?

1097. Un stère de bois pesant 925 kilogs coûte 25 fr. 35. Si l'on veut gagner 6 fr. 25 par stère, combien devra-t-on vendre 1000 kilogs de ce bois?

1098. Une cuve rectangulaire ayant 0 m. 75 de long sur 0 m. 48 de large et 0 m. 35 de profondeur, on demande quel serait le poids de l'eau qui remplirait cette cuve aux 5/6?

1099. Un piéton part à 5 heures du matin en faisant 4 kilom. 7 par heure; 3 heures 1/2 après, part, du même point, et suivant la même direction, un cavalier faisant 10 kilom. 1/4 par heure. A quelle heure et à quelle distance se rencontreront-ils?

1100. Les villes de Paris et de Besançon sont distantes de 406 kilomètres. Deux trains partent à la même heure de Paris et de Besançon, en venant à la rencontre l'un de l'autre, le premier avec une vitesse de 57 kilom. 4 à l'heure, et l'autre avec une vitesse de 45 kilom. 2 à l'heure. Dans combien de temps et à quelle distance de Paris se rencontreront-ils?

1101. Un employé gagne 2,700 fr. par an; on lui retient 1/20 de ses appointements pour la retraite. S'il veut mettre 200 fr. par an à la caisse d'épargne, combien peut-il dépenser par jour?

1102. Dans une famille le père gagne 4 fr. 25 par jour, la mère 2 fr. 75 et chacun des deux fils 3 fr. 45. Quelle économie annuelle cette famille peut-elle faire, sachant que le père chôme 57 jours chaque année, la mère 65 jours, et chacun des fils 56 jours? La dépense quotidienne est de 9 fr. 85.

1103. Quel est le revenu d'un champ ayant la forme d'un trapèze dont la grande base égale 175 m., la petite base 125 m. et la hauteur 95 m. 25? On sait que l'are donne 4 gerbes de blé, que chaque gerbe donne 4 litres de grain, que l'hectolitre de blé pèse 75 kilogs et que le quintal de grain vaut 22 fr. 75.

1104. Quel est le poids d'un sac contenant 8645 fr. en or, 728 fr. 5 en argent et 25 fr. 35 en bronze?

1105. Dans un théâtre il y a 600 places à 5 fr. et à 3 fr. La salle de théâtre étant pleine, la recette ayant été de 2290 fr., déterminer le nombre de places à 5 fr. et à 3 fr.

1106. On veut tapisser une chambre avec du papier à 0 fr. 75 le rouleau. Le rouleau a 8 mètres sur 0 m. 50; la pose est payée 0 fr. 30 le m. q.; la bordure à placer en haut et en bas revient à 0 fr. 20 le mètre toute posée. On demande quelle sera la dépense, sachant que la chambre a 5 m. 75 de long, 3 m. 90 de large et 2 m. 90 de haut et qu'elle est percée d'une fenêtre ayant 2 m. 10 sur 1 m. 15 et d'une porte ayant 1 m. 90 sur 1 m. 15?

1107. Une fontaine donne 6 litres d'eau en 4 minutes. On demande en combien de minutes et de secondes elle remplira un vase de 48 2/3 litres de capacité?

1108. Que dépensera-t-on pour doubler un tapis de 3 m. 20 de longueur sur 2 m. 40 de largeur avec de l'étoffe qui a 0 m. 80 de largeur, et qui coûte 1 fr. 15 le mètre?

1109. Quel est l'intérêt à 6 p. 100 d'une somme de 6,300 fr. placée pendant 5 mois 10 jours? — Quelle sera en mètres carrés la surface du champ que l'on achètera avec cet intérêt si l'are de ce terrain coûte 32 fr.?

1110. On veut construire autour d'un jardin qui a 35 mètres de long et 28 mètres de large un mur haut de 2 m. 20 et épais de 0 m. 30. Quelle sera la dépense à raison de 22 fr. le mètre cube?

1111. Un tailleur emploie 3 m. 50 de drap pour confectionner une redingote qu'il vend 65 fr. Combien pourra-t-il confectionner de redingotes dans une pièce de drap de 87 m. 50, et combien gagnera-t-il sur le tout, si le mètre de drap lui coûte 10 fr. 50 et si la façon et les fournitures lui reviennent à 16 fr. 50 par redingote?

1112. Un marchand achète une pièce d'étoffe de 120 mètres qu'il paye 3 fr. 25 le mètre. Il en trouve 12 m. 60 qu'il ne peut vendre que 2 fr. 75 le mètre. Combien devra-t-il vendre le mètre du reste pour réaliser un bénéfice de 128 fr. 40 sur le tout?

1113. On veut carreler une cuisine longue de 3 m. 50 et large de 2 m. 80 avec des carreaux ayant 0 m. 20 de côté. Quelle sera la dépense si les carreaux coûtent 12 fr. le cent et si le prix de la pose est compté à raison de 1 fr. 25 le mètre carré?

1114. Un tonneau qui a une contenance de 225 litres est rempli aux 3/5 avec du vin qui coûte 70 fr. l'hectolitre; on le remplit avec d'autre vin coûtant 55 fr. l'hectolitre. Combien devra-t-on revendre le litre du mélange si on veut gagner 20 fr. par hectolitre?

1115. Un champ de 145 mètres de long sur 122 mètres de large est ensemencé en blé; quel sera le prix de la récolte sachant que la production par are est de 22 litres et que le blé coûte 15 fr. 50 l'hectolitre?

1116. Un champ rectangulaire a coûté 750 fr.; sa longueur est 72 mètres. Quelle est sa largeur si l'hectare de ce terrain coûte 2 500 fr.?

1117. Quelle somme pourra-t-on fabriquer en pièces de 1 fr. avec un lingot d'argent pur du poids de 248 gr. 325?

1118. Pour peser un flacon rempli d'eau, on lui fait équilibre avec une somme de 42 fr. 50 en argent et une autre de 0 fr. 80 en bronze. Quelle est la capacité du vase s'il pèse vide 85 grammes?

1119. Une lampe reste allumée 5 heures par jour et brûle 40 grammes d'huile par heure. Quelle sera la dépense d'éclairage pour un mois, si le litre d'huile coûte 1 fr. 10 et pèse 920 grammes?

1120. Un employé qui gagne 2 400 fr. par an, a pu économiser dans son année une certaine somme qu'il a placée à 3 1/2 p. 100 et qui lui rapporte 16 fr. 95. On demande quelle a été sa dépense par jour?

1121. Un champ qui a la forme d'un triangle a été vendu 3 960 fr.; sa hauteur est de 450 mètres. Quelle en est la base, sachant que l'are du terrain vaut 32 fr.?

1122. Un particulier achète une maison 57 000 fr. Il y fait faire pour 3 000 fr. de réparations. Le montant des loyers s'élève par an à 6 300 fr. et les frais à 950 fr. A quel taux a-t-il placé son argent?

1123. Combien faudra-t-il de temps pour remplir un réservoir long de 12 mètres, large de 8 mètres et profond de 3 m. 50, s'il est alimenté par des robinets qui fournissent ensemble 250 litres d'eau par minute?

1124. Un marchand achète 27 hectolitres de vin à 45 fr. l'hectolitre. Il en revend le 1/3 à 0 fr. 50 le litre, et le reste à 0 fr. 55. Calculer son bénéfice, si les frais de transport se sont élevés à 122 fr. 50 pour le tout?

1125. Un fermier a 125 moutons qu'il a achetés 20 fr. l'un. Il les revend : les 3/5 à raison de 42 fr. l'un, et le reste à 45 fr. Il a dépensé 1 050 fr. pour leur nourriture. Quel est son bénéfice ?

1126. Un entrepreneur a employé 75 ouvriers pendant 35 jours. Sachant que 20 de ces ouvriers gagnent 5 fr. par jour, combien gagnent les autres, si l'entrepreneur a déboursé 11 681 fr. 25 ?

1127. Un particulier a fait deux parts de sa fortune. La première placée à 4 1/2 p. 100 lui rapporte annuellement 1 250 fr. ; la deuxième placée à 3 fr. 25 p. 100 rapporte 1 335 fr. Aurait-il avantage ou perte à placer le tout à 4 p. 100, et quelle sera par an la perte ou le gain ?

1128. Un épicier achète une première fois pour 360 fr. et une deuxième fois pour 348 fr. de café de même qualité. S'il en a acheté 5 kgr. de plus la première fois que la deuxième, on demande le poids total de son café ? En supposant qu'il veuille gagner 103 fr. 25 sur ses deux achats, que devra-t-il revendre le kgr. ?

1129. Une famille achetait autrefois son vin, au détail, à 0 fr. 80 le litre. Elle le prend maintenant au vignoble ; elle le paye 46 fr. l'hl. Le prix de transport s'élevant à 16 fr. par pièce de 228 litres et les frais d'entrée et d'octroi à 43 fr. 02 par hl., on demande l'économie qu'elle réalise par an, si elle boit en moyenne 1 lit. 5 de vin par jour ?

1130. 3 ouvriers sont occupés ensemble à un ouvrage. Travaillant séparément, le premier le ferait en 4 jours, le deuxième en 3 jours et le troisième en 5 jours. Si l'on tient compte de leur activité, combien gagneraient-ils chacun par jour s'il faut 18 fr. 80 pour le salaire total de la journée ?

1131. Une fontaine met 45 minutes pour remplir un réservoir d'une contenance de 360 litres. Un robinet adapté à ce réservoir permet de le vider en 60 minutes. Quelle quantité d'eau y aurait-il au bout de 20 minutes, la fontaine et le robinet coulant ensemble. (On supposera le réservoir vide au commencement des 20 minutes.)

1132. On sait que la farine rend les 5/6 de son poids en pain. Combien fera-t-on de pains de 4 kgr. avec un sac pesant 200 kgr. et quel sera le bénéfice brut du boulanger, s'il paye la farine 54 fr. les 100 kgr. et s'il revend chaque pain 0 fr. 75 ?

GÉOMÉTRIE

1. Définition. — La **Géométrie** est la science qui a pour objet la mesure de l'étendue des **corps.**

2. Étendue. — L'étendue est la place que les corps occupent dans l'espace.

3. Dimensions. — Les corps ont trois **dimensions :** la **longueur,** la **largeur** et la **hauteur,** qu'on appelle aussi **épaisseur** ou **profondeur.**

4. Ligne, surface, volume. — Selon qu'on considère l'étendue sous une, deux ou trois dimensions à la fois, elle porte différents noms, ainsi :

1° On appelle **ligne** l'étendue considérée sous une seule dimension, la *longueur.*

2° On appelle **surface** l'étendue considérée sous deux dimensions, la *longueur* et la *largeur.*

3° On appelle **volume** l'étendue considérée sous ses trois dimensions.

Le *volume* est l'étendue complète d'un corps.

LES LIGNES. — LE POINT.

5. Ligne droite. — La **ligne droite** est le plus court chemin d'un point à un autre (AB, fig. 1, n° 1).

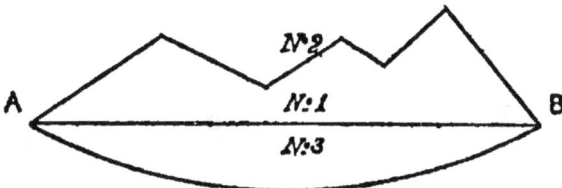

Fig. 1. — N° 1, ligne droite ; n° 2, ligne brisée ; n° 3, ligne courbe.

L'idée d'une ligne droite peut nous être donnée par un fil bien tendu.

En géométrie, les lignes sont censées n'avoir aucune largeur.

6. Ligne brisée. — La **ligne brisée** est une ligne composée de lignes droites (AB, fig. 1, n° 2).

7. Ligne courbe. — La **ligne courbe** est une ligne qui n'est ni droite, ni composée de lignes droites (AB, fig. 1, n° 3).

8. REMARQUE. — On désigne une ligne par deux lettres placées à chaque extrémité.

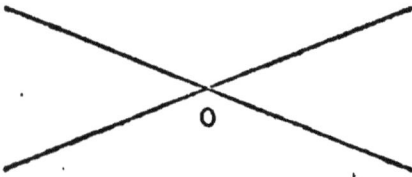

Fig. 2.

Les lignes de la fig. 1 doivent se lire chacune : ligne AB.

9. Point. — On appelle **point** un endroit quelconque de l'espace.

Les extrémités d'une ligne sont des points (A et B, fig. 1).

10. Point d'intersection. — On appelle **point d'intersection** l'endroit où deux lignes se coupent (O, fig. 2).

PERPENDICULAIRE, OBLIQUES.

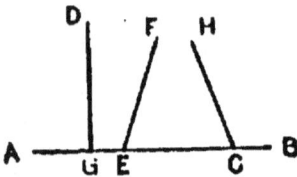

Fig. 3. — Perpendiculaire, obliques.

11. Ligne perpendiculaire. — La ligne perpendiculaire est celle qui ne penche ni à droite, ni à gauche, lorsqu'elle en rencontre une autre (GD, fig. 3).

12. Ligne oblique. — Les **lignes obliques** sont celles qui penchent à droite ou à gauche, lorsqu'elles en rencontrent une autre (EF, CH, fig. 3).

VERTICALE, HORIZONTALE.

13. Fil à plomb. — On appelle **fil à plomb** un fil à l'extré-

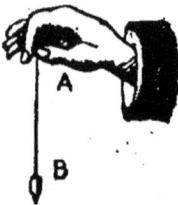

Fig. 4. — Fil à plomb.

Fig. 5. — Ligne horizontale.

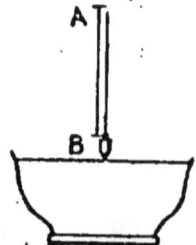

Fig. 6. — La verticale est perpendiculaire à l'horizontale.

mité duquel on a attaché un corps pesant, soit un morceau de fer, soit une balle de plomb (fig. 4).

14. Ligne verticale. — La **ligne verticale** est une ligne droite qui suit la direction du fil à plomb (AB, fig. 4).

15. Ligne horizontale. — La **ligne horizontale** est une ligne qui suit la direction de la surface de l'eau bien tranquille (AB, fig. 5).

16. REMARQUE. — La ligne verticale est perpendiculaire à l'horizontale (AB, fig. 6).

PARALLÈLES, CONCOURANTES.

17. Parallèles. — On appelle **parallèles** des lignes qui sont à égale distance l'une de l'autre, et qui ne peuvent jamais se rencontrer, si loin qu'on les prolonge (AB, CD, fig. 7).

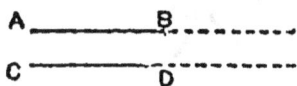

Fig. 7. — Parallèles.   Fig. 8. — Concourantes.

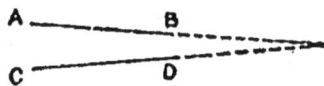

18. Concourantes. — On appelle **concourantes** des lignes qui vont en se rapprochant et qui finissent par se rencontrer si on les prolonge suffisamment (AB, CD, fig. 8).

CIRCONFÉRENCE, RAYON, DIAMÈTRE.

19. Circonférence. — On appelle **circonférence** une ligne courbe fermée (A, fig. 9), dont tous les points sont également distants d'un point intérieur appelé **centre** (O, fig. 9).

20. Rayon. — On appelle **rayon** une ligne droite qui va du centre à la circonférence (OB, OC, OD, OE, OF, fig. 9).

21. Diamètre. — On appelle **diamètre** une ligne droite qui passe par le centre et qui joint deux points opposés de la circonférence, en la divisant en deux parties égales (EF, fig. 9).

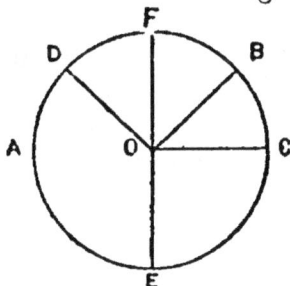

Fig. 9. — Circonférence, rayons, diamètre.

22. REMARQUE. — Le diamètre est égal à deux rayons.

ARC, CORDE, SÉCANTE, TANGENTE.

23. Arc. — On appelle **arc** une portion quelconque de la circonférence (AB, fig. 10).

Un arc est une ligne courbe.

13

24. Corde. — On appelle **corde** la ligne droite qui joint les extrémités d'un arc (AB, fig. 10).

25. Sécante. — On appelle **sécante** une ligne droite qui coupe la circonférence en deux points (CD, fig. 10).

26. Tangente. — On appelle communément **tangente** une

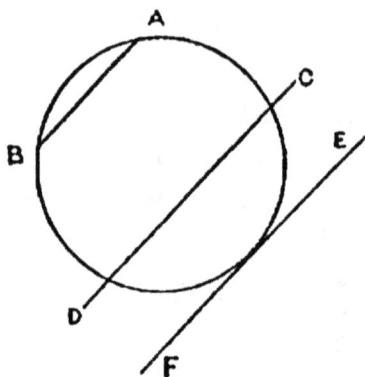

Fig. 10. — Arc, sécante, tangente.

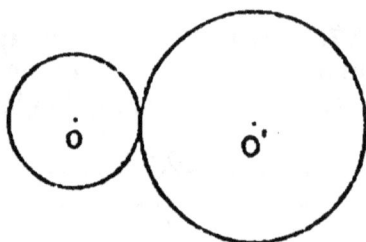

Fig. 11. — Courbes tangentes.

ligne droite qui touche la circonférence en un seul point (EF, fig. 10).

27. REMARQUE. — Quand deux lignes courbes se touchent en un seul point, on dit aussi qu'elles sont tangentes l'une à l'autre (Circ. O et O', fig. 11).

LES ANGLES.

28. Angle. — On appelle **angle** l'espace compris entre deux lignes droites qui se coupent en un point qu'on appelle **sommet.** Ces deux lignes se nomment **côtés de l'angle.**

29. Sortes d'angles. — On distingue trois sortes d'angles : l'angle *droit*, l'angle *aigu* et l'angle *obtus*.

30. Angle droit. — On appelle **angle droit** l'angle formé par deux lignes perpendiculaires qui se coupent (ABC, fig. 12).

Fig. 12. — Angle droit.

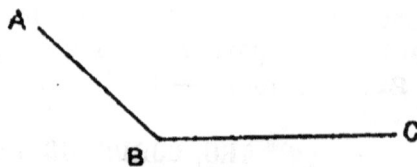

Fig. 13. — Angle obtus.

31. Angle obtus. — On appelle **angle obtus** un angle plus grand que l'angle droit (ABC, fig. 13).

32. Angle aigu. — On appelle **angle aigu** un angle plus petit que l'angle droit (ABC, fig. 14).

33. Remarques. — I. — Les angles droits sont tous égaux.

II. — La grandeur d'un angle dépend de l'écartement de ses côtés.

Fig. 14. — Angle aigu.

III. — Pour désigner un angle, on le nomme par les trois lettres qui déterminent les côtés, en plaçant la lettre du sommet au milieu.

Quand il n'y a pas à se tromper, on se contente de désigner un angle par la lettre du sommet.

Les angles ci-dessus se lisent *angles* ABC, ou simplement *angles* B.

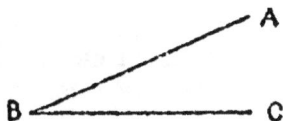

MESURE DE LA CIRCONFÉRENCE.

34. Degrés. — Toute circonférence se divise en 360 parties égales qu'on appelle **degrés**.

Le degré se divise en 60 parties égales appelées **minutes**;
La minute se divise en 60 parties égales appelées **secondes**;
La seconde se divise en 60 parties égales appelées **tierces**; etc.

Exemple. — Un nombre exprimant des degrés porte à sa droite un petit zéro : 36° se lit 36 *degrés*.

Un nombre exprimant des minutes porte à sa droite une virgule : 26′ se lit 26 *minutes*.

Un nombre exprimant des secondes porte à sa droite deux virgules : 25″ se lit 25 *secondes*.

La division de la circonférence sert également à apprécier la grandeur des angles et à en déterminer la valeur.

MESURE DES ANGLES.

35. Valeur et mesure des angles. — Dans une circonférence, deux diamètres perpendiculaires l'un à l'autre (AB, CD, fig. 15) forment quatre angles droits (AOC, COB, BOD, DOA, fig. 15).

Les quatre angles droits comprennent toute la circonférence ou 360°.

Un angle droit vaut donc le quart de la circonférence ou 90° (COB, fig. 15).

Un angle aigu étant plus petit que l'angle droit vaut moins de 90° (COE, fig. 15).

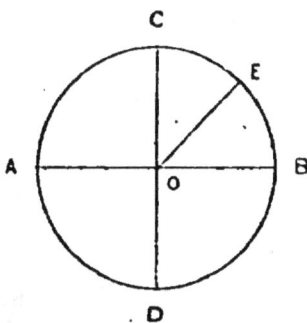

Fig. 15.

Pour mesurer exactement le nombre de degrés d'un

angle *aigu* ou d'un angle *obtus*, on se sert du rapporteur.

36. Rapporteur. — Le **rapporteur** est un demi-cercle en corne ou en cuivre dont la demi-circonférence a été divisée en 180 parties égales, c'est-à-dire en 180 degrés (fig. 16).

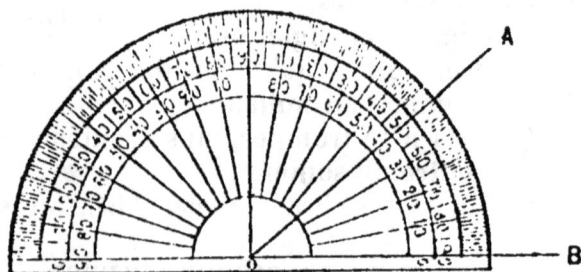

Fig. 16. — Rapporteur.

37. Usage. — Pour mesurer un angle, on place le centre O du rapporteur sur le sommet de l'angle, et son diamètre sur l'une des lignes. Le nombre correspondant à l'autre côté de l'angle en indique la valeur.

L'angle AOB vaut exactement 50°.

38. REMARQUE. — On voit par l'exemple ci-dessus qu'un angle a pour mesure le nombre de degrés de l'arc compris entre ses côtés.

LES SURFACES.

39. Surface. — On appelle **surface** l'extérieur ou le dehors des corps. C'est l'étendue considérée sous deux dimensions.

Les surfaces sont limitées par des lignes droites ou par des lignes courbes.

40. Superficie. — La surface des corps s'appelle aussi **superficie.**

41. Sortes de surfaces. — On distingue deux sortes de surfaces : les *surfaces planes* et les *surfaces courbes.*

42. Surface plane. — On appelle **surface plane,** ou **plan,** une surface telle, que si l'on trace une ligne droite sur cette surface tous les points de la ligne se confondent dans la surface.

La surface d'une glace est une surface plane.

43. Surface courbe. — On appelle **surface courbe** une surface qu'une ligne droite ne peut toucher qu'en un point.

La surface d'une boule est une surface courbe.

SURFACES PLANES.

44. Limites des surfaces planes. — Les surfaces planes peuvent être limitées par des lignes droites ou par des lignes courbes.

LES POLYGONES.

45. Polygones. — Les surfaces planes limitées par des lignes droites portent le nom de **polygones** (fig. 17, 18, 19).

Parmi les polygones, on distingue principalement le *triangle* et le *quadrilatère*.

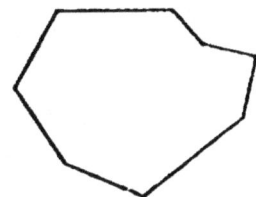 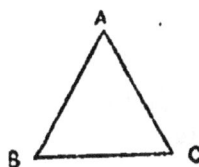 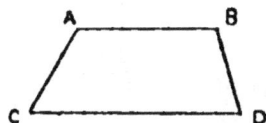

Fig. 17. — Polygone.   Fig. 18. — Triangle.   Fig. 19. — Quadrilatère.

46. Triangle. — Le **triangle** est une surface limitée par trois lignes droites qui se coupent deux à deux (fig. 18).

47. Quadrilatère. — Le **quadrilatère** est une surface limitée par quatre lignes droites qui se coupent deux à deux (fig. 19).

LES TRIANGLES.

On distingue quatre sortes de triangles :

48. Triangle équilatéral. — 1° Le **triangle équilatéral**, qui a les trois côtés égaux (AB = BC = CA, fig. 20).

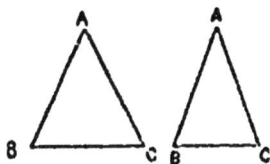 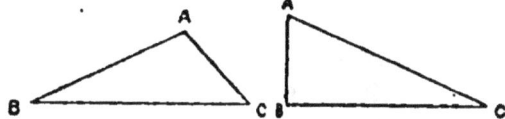

Fig. 20.   Fig. 21.   Fig. 22.   Fig. 23.
Triangle équi-   Triangle   Triangle scalène.   Triangle rectangle.
latéral.   isocèle.

49. Triangle isocèle. — 2° Le **triangle isocèle**, qui n'a que deux côtés égaux (AB = AC, fig. 21).

50. Triangle scalène. — 3° Le **triangle scalène**, qui a es côtés inégaux (AB, BC, CA, fig. 22).

51. Triangle rectangle. — 4° Le **triangle rectangle**, qui a un angle droit (B, fig. 23).

52. Base et hauteur. — Dans les triangles on distingue la *base* et la *hauteur*.

La **base** est l'un des côtés du triangle (AB, fig. 24).

La **hauteur** est la perpendiculaire abaissée du sommet sur la base (CO, fig. 24).

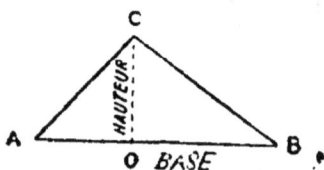

Fig. 24.

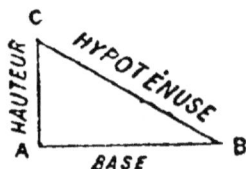

Fig. 25.

Dans le triangle rectangle, la *base* et la *hauteur* sont les côtés de l'angle droit (AB et CA, fig. 25).

53. Hypoténuse. — Le troisième côté d'un triangle rectangle, opposé à l'angle droit, porte le nom d'**hypoténuse** (CB, fig. 25).

LES QUADRILATÈRES.

On distingue six sortes de quadrilatères :

54. Carré. — 1° Le **carré**, qui a les côtés égaux, parallèles deux à deux, et les angles droits (A, B, C, D, fig. 26).

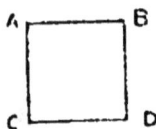

Fig. 26. — Carré.

Fig. 27. — Rectangle.

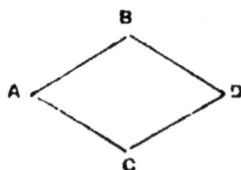

Fig. 28. — Losange.

55. Rectangle. — 2° Le **rectangle**, qui a les côtés opposés égaux et parallèles, et les angles droits (A, B, C, D, fig. 27).

56. Losange. — 3° Le **losange**, qui a les quatre côtés égaux, parallèles deux à deux, sans avoir les angles droits (A, B, C, D, fig. 28).

57. Paraléllogramme. — 4° Le **parallélogramme**, qui a les côtés opposés égaux et parallèles, sans avoir les angles droits (A, B, C, D, fig. 29).

58. Remarque. — Il est facile de voir que le carré, le rectangle et le losange sont aussi des parallélogrammes.

59. Trapèze. — 5° Le **trapèze**, qui a deux côtés parallèles et inégaux (AB, CD, fig. 30).

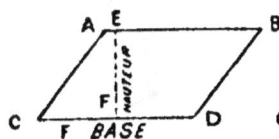

Fig. 29.
Parallélogramme.

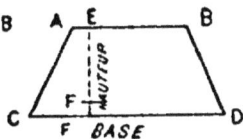

Fig. 30.
Trapèze.

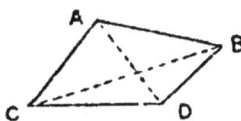

Fig. 31.
Quadrilatère irrégulier.

60. Quadrilatère irrégulier. — 6° Le **quadrilatère irrégulier**, qui a les quatre côtés inégaux et non parallèles (AB, BD, DC, CA, fig. 31).

61. Diagonales. — On appelle **diagonales** les lignes qui joignent les angles opposés d'un quadrilatère (CB et AD, fig. 28 et 31).

62. Base et hauteur. — Dans les quadrilatères on distingue aussi la *base* et la *hauteur* :

1° Dans le carré et le rectangle, la base et la hauteur sont deux des côtés perpendiculaires (CD et AC, fig. 26 et 27).

2° Dans le losange, la base est la plus grande diagonale (AD, fig. 28), la hauteur est la plus petite (CB, fig. 28).

3° Dans le parallélogramme, la base est l'un des plus longs côtés parallèles (CD, fig. 29) et la hauteur est la perpendiculaire qui joint ces deux côtés (EF, fig. 29).

4° Dans le trapèze, les deux côtés parallèles sont les deux bases (AB, CD, fig. 30), et la hauteur est la perpendiculaire qui joint ces deux bases (EF, fig. 30).

LES POLYGONES.

On distingue plusieurs sortes de polygones, dont les quatre principaux sont :

63. Pentagone. — 1° Le **pentagone** qui a cinq côtés (fig. 32).

64. Hexagone. — 2° L'**hexagone** qui a six côtés (fig. 33).

Fig. 32. — Pentagone.

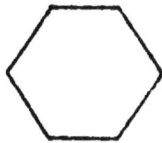

Fig. 33. — Hexagone.

Fig. 34. — Octogone.

65. Octogone. — 3° L'**octogone** qui a huit côtés (fig. 34).

66. Décagone. — 4° Le **décagone** qui a dix côtés (fig. 35).

67. Polygone régulier. — On appelle **polygone régulier** celui qui a les côtés égaux ainsi que les angles (fig. 36).

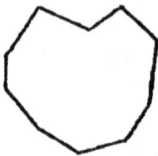 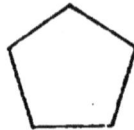 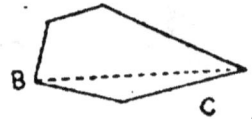

Fig. 35. — Décagone.   Fig. 36. — Polygone   Fig. 37. — Polygone
                              régulier.   irrégulier.

68. Polygone irrégulier. — On appelle **polygone irrégulier** celui dont les côtés et les angles sont inégaux (fig. 37).

69. Directrice. — On appelle **directrice** la ligne qui joint les sommets des deux angles les plus éloignés d'un polygone, comme la ligne BC dans le polygone irrégulier de la figure 37.

SURFACES LIMITÉES PAR DES LIGNES COURBES.

Parmi les surfaces limitées en tout ou en partie par des lignes courbes, on distingue le *cercle*, le *demi-cercle*, le *quart de cercle*, le *secteur*, le *segment*, la *couronne* et *l'ellipse*.

70. Cercle. — Le **cercle** est l'espace limité par une circonférence (fig. 38).

71. Demi-cercle. — Le *demi-cercle* est l'espace compris entre un diamètre et la circonférence (fig. 39).

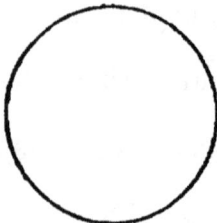 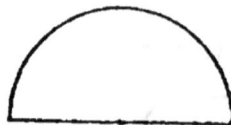  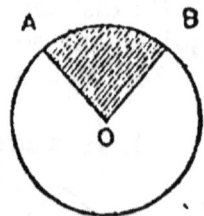

Fig. 38. — Cercle.   Fig. 39. — Demi-   Fig. 40. — Quart   Fig. 41.
                           cercle.   de cercle.   Secteur.

72. Quart de cercle. — Le **quart de cercle** est l'espace compris entre deux rayons perpendiculaires et la circonférence (fig. 40).

73. Secteur. — Le **secteur** est l'espace compris entre un arc de cercle et deux rayons quelconques (AOB, fig. 41).

74. Segment. — Le **segment** est l'espace compris entre une corde et un arc quelconque (AOB, fig. 42).

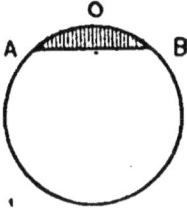

Fig. 42. — Segment.   Fig. 43. — Couronne   Fig. 44. — Couronne
                              régulière.   irrégulière.

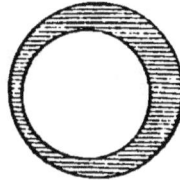

75. Couronne. — On appelle **couronne** l'espace compris entre deux circonférences, dont l'une entoure l'autre (fig. 43 et 44).

On distingue deux sortes de couronnes :

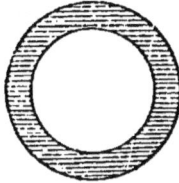

1° **La couronne régulière**, qui est l'espace compris entre deux circonférences ayant même centre (fig. 43).

2° **La couronne irrégulière**, qui est l'espace compris ntre deux circonférences n'ayant pas le même centre (fig. 44).

76. Ellipse. — L'ellipse est une ligne courbe telle que la somme des distances de chacun de ses points à deux points intérieurs fixes est constante MF' et NF (fig. 45).

Ces deux points intérieurs se nomment **foyers de l'ellipse** (F,F', fig. 45).

77. Axes de l'ellipse. — Dans une ellipse on distingue le *grand axe* et le *petit axe.*

Fig. 45. — Ellipse.

Le **grand axe** est la ligne droite qui joint les points opposés les plus éloignés de l'ellipse (AB, fig. 45).

Le **petit axe** est la ligne droite qui coupe perpendiculairement le grand axe en son milieu (CD, fig. 45).

La surface plane enfermée par une ellipse porte aussi le nom d'*ellipse.*

78. Polygones inscrits et circonscrits. — Les polygones peuvent être *inscrits* dans un cercle ou *circonscrits* à ce cercle.

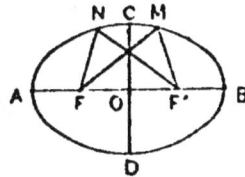

79. Polygones inscrits. — Les polygones inscrits sont des polygones dont les sommets de tous les angles sont sur une circonférence (ABCDE, fig. 46).

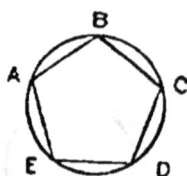

Fig. 46. — Polygone inscrit.   Fig. 47. — Polygone circonscrit.

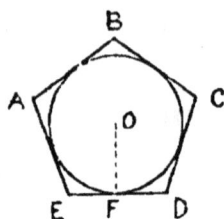

80. Polygones circonscrits. — Les polygones circonscrits sont des polygones dont tous les côtés sont tangents à la circonférence (ABCDE, fig. 47).

81. Apothème. — Dans les polygones réguliers, on distingue l'*apothème*.

L'apothème est la perpendiculaire qui va du milieu de l'un quelconque des côtés au centre du cercle (FO, fig. 47).

DESSIN GÉOMÉTRIQUE.

82. Définition. — On appelle **dessin géométrique** le dessin qui a pour but de représenter les corps ayant une forme régulière. Ce dessin se fait à main levée ou avec des instruments.

83. Dessin à main levée. — On appelle **dessin à main levée** le dessin exécuté à la main, sans le secours d'instruments.

84. Dessin graphique. — On appelle **dessin graphique** le dessin fait à l'aide de divers instruments dont les principaux sont : la *règle*, l'*équerre*, le *compas* et le *tire-lignes*.

85. La règle. — La **règle**, plate ou carrée, sert à tracer des lignes droites.

86. L'équerre. — L'**équerre**, planchette en forme de triangle rectangle, sert à tracer des parallèles et des perpendiculaires.

87. Le compas. — Le **compas** est un instrument en cuivre qui sert à tracer des circonférences ou à reporter une dimension sur le papier.

88. Le tire-lignes. — Le **tire-lignes** est un instrument qui sert à tracer des lignes de grosseur régulière. — Selon sa forme, on l'emploie seul ou fixé à l'une des branches d'un compas.

TRACÉ DES LIGNES ET DES ANGLES.

89. — I. Tracer une ligne droite entre deux points donnés. — Soit les points A et B que l'on veut joindre par une ligne droite.

On place la règle de telle sorte que l'un de ses bords touche à la fois les points A et B, et l'on fait courir une pointe à tracer, crayon, plume ou tire-lignes, du point A au point B (fig. 48).

Fig. 48. — Règle et ligne.

90. — II. Mener une parallèle à une droite AB par un point C.

EXEMPLE. — Soit le point C par lequel on veut faire passer une parallèle à AB :

1er *Procédé*. — D'un point quelconque P, sur AB, avec une ouverture de compas égale à PC, on décrit l'arc CP'. Puis, du point C, avec la même ouverture de compas, on décrit un arc indéfini P.x, sur lequel on prend DP, égal à CP' : on joint CD, et l'on a la parallèle demandée (fig. 49).

2e *Procédé*. — On place l'un des longs côtés de l'équerre le long de AB et on appuie la règle contre le côté

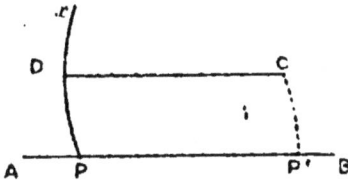

Fig. 49.

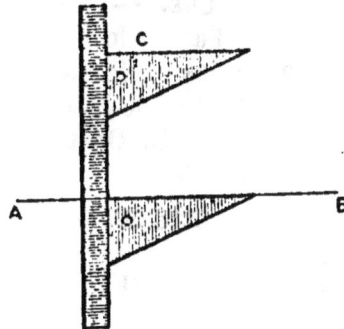

Fig. 50.

le plus petit; on fait ensuite glisser l'équerre jusqu'à ce qu'elle rencontre le point C et l'on trace une ligne droite par ce point. Cette ligne est la parallèle demandée (fig. 50).

91. — III. Élever une perpendiculaire au milieu d'une droite.

EXEMPLE. — Soit la droite AB au milieu de laquelle il faut élever une perpendiculaire.

Des extrémités A et B, avec une ouverture de compas plus grande que la moitié de la ligne AB, on trace des arcs de cercle qui se coupent en I et en O. On mène IO, qui est la perpendiculaire demandée (fig. 51).

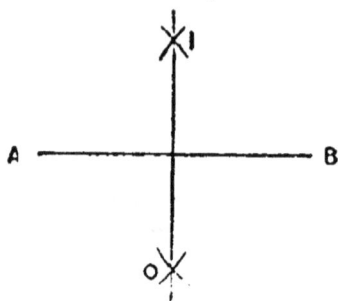 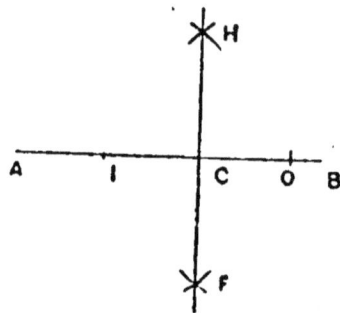

Fig. 51.   Fig. 52.

92. — IV. Elever une perpendiculaire à un point quelconque d'une droite.

EXEMPLE. — Soit la droite AB et le point C, d'où il faut élever une perpendiculaire :

A droite et à gauche de ce point, on prend les distances égales CO et CI ; des points I et O, avec une ouverture de compas plus grande que CI, on trace des arcs de cercle qui se coupent en H et en F ; la ligne CH est la perpendiculaire demandée (fig. 52).

93. REMARQUE. — La construction précédente peut aussi s'exécuter à l'aide de la règle et de l'équerre. Le long de AB, on place un des côtés de l'angle droit de l'équerre que l'on fait glisser sur une règle jusqu'à ce que l'autre côté de l'angle droit effleure le point C. On trace la ligne CH qui est la perpendiculaire demandée.

94. — V. Elever une perpendiculaire à l'extrémité d'une droite.

PREMIER CAS. — Si la droite peut être prolongée, on la prolonge d'une quantité égale à elle-même, et l'on procède comme si l'on voulait élever la perpendiculaire au milieu de la droite entière.

DEUXIÈME CAS. — Si la droite ne peut pas être prolongée, on procède de la manière suivante.

EXEMPLE. — Soit la droite AB, à l'extrémité B de laquelle on veut élever une perpendiculaire :

D'un point quelconque O, avec une ouverture de compas égale à OB, on décrit une circonférence qui coupe la ligne au point E. On joint E à O, et l'on prolonge EO jusqu'à ce qu'elle coupe la circonférence au point F; on trace la ligne FB, qui est la perpendiculaire demandée (fig. 53).

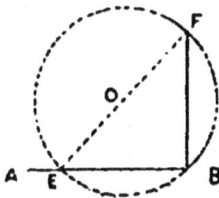

Fig. 53.

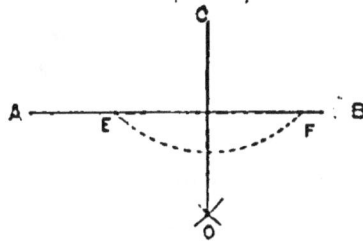

Fig. 54.

95. — VI. Par un point pris hors d'une droite, abaisser une perpendiculaire sur cette droite.

EXEMPLE. — Soit la droite AB, sur laquelle on veut abaisser une perpendiculaire du point C :

Avec une ouverture de compas suffisante, on trace du point C un arc de cercle, coupant AB aux points E et F. De chacun de ces points, avec une ouverture de compas plus grande que 1/2 EF, on trace au-dessous de AB des arcs de cercle qui se coupent au point O; on trace la ligne OC, qui est la perpendiculaire demandée (fig. 54).

96. REMARQUE. — On comprend aisément que les perpendiculaires des figures 53 et 54 auraient pu être tracées à l'aide de l'équerre glissant sur une règle, comme dans la remarque précédente. Dans le dessin, ce moyen est plus rapide.

97. — VII. Mener une tangente à un cercle en un point donné de la circonférence.

EXEMPLE. — Soit le cercle dont le centre est en O, et le point A sur la circonférence par lequel on veut mener une tangente au cercle :

On mène le rayon OA, et l'on élève une perpendiculaire AB à l'extrémité A. On prolonge cette perpendiculaire suivant AC, et la ligne BC est la tangente demandée (fig. 55).

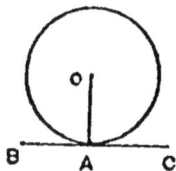

Fig. 55.

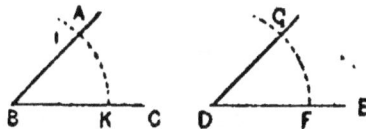

Fig. 56.

98. — VIII. Faire un angle égal à un angle donné.

EXEMPLE. — Soit l'angle ABC, auquel on veut faire un angle égal :
Du point B, avec une ouverture de compas quelconque, on trace

l'arc IK. Ceci fait, on mène à côté une ligne DE, sur laquelle on prend une longueur DF égale à BK. Avec D pour centre et DF pour rayon, on trace un arc de cercle indéfini sur lequel on prend un arc FG égal à IK, on joint D à G, et l'on a l'angle GDF égal à ABK (fig. 56).

99. REMARQUE. — On aurait pu tracer cet angle à l'aide du rapporteur, en mesurant d'abord l'angle donné, en plaçant ensuite la base du rapporteur suivant DE et en marquant le point G sur le cercle au nombre de degrés voulus. En menant DG, on aurait eu l'angle demandé. Dans le dessin, ce moyen est le plus souvent employé.

DU TRACÉ DE QUELQUES SURFACES.

100. — **I. Tracer un carré égal à un carré donné.**

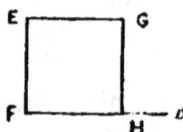

Fig. 57.

EXEMPLE. — Soit le carré ABDC : On trace une ligne indéfinie F.x, sur laquelle on prend une longueur FH, égale à CD ; aux points F et H, on élève des perpendiculaires FE et HG, égales à FH ; on joint les points E et G, et l'on a le carré demandé (fig. 57).

101. — **II. Tracer un rectangle égal à un rectangle donné.**

EXEMPLE. — Soit le rectangle ABDC :

On trace une ligne indéfinie F.x, sur laquelle on prend une longueur FH, égale à CD ; on mène FE et HG perpendiculaires à FH, et égales à AC ; on joint les points EG et l'on a le rectangle demandé (fig. 58).

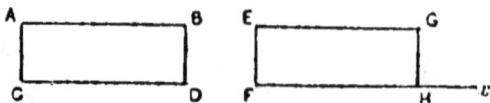

Fig. 58.

102. — **III. Tracer un triangle égal à un triangle donné.**

EXEMPLE. — Soit le triangle ABC :

On trace une ligne indéfinie D.x, et sur cette ligne on prend DF égal à BC. Au point D, on fait un angle égal à l'angle ABC, et l'on

mène la ligne indéfinie D*y*. Sur cette ligne, on prend DE égal à BA ;
on joint EF, et l'on a le triangle EDF, égal à ABC (fig. 59).

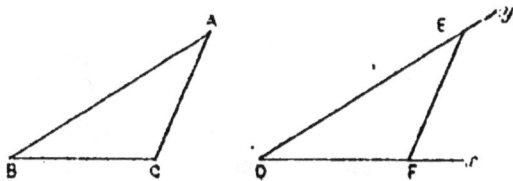

Fig. 59.

103. — IV. Tracer un parallélogramme égal à un parallélogramme donné.

EXEMPLE. — Soit le parallélogramme ABDC :

On mène EF, égale à CD. Au point E on fait un angle FE*x*, égal à
ACD ; on prend EG égal à AC, et du point G, on mène GH parallèle
et égale à EF ; on joint le point F au point H, et l'on a le parallélogramme
demandé (fig. 60).

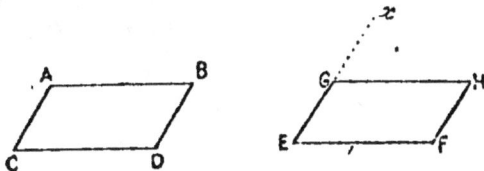

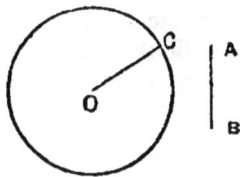

Fig. 60.   Fig. 61.

**104. — V. Tracer une circonférence autour d'un point
donné comme centre avec un rayon déterminé.**

EXEMPLE. — Soit O, le centre fixé, et AB le rayon donné : |

Le compas ayant une ouverture OC égale à AB, on place la pointe
sèche au point O et l'on trace le cercle avec la pointe à tracer fixée à
l'autre branche du compas (fig. 61).

**105. — VI. Faire passer une circonfé-
rence par deux points donnés.**

EXEMPLE. — Soient les deux points A et B (fig. 62) :

On joint les deux points par une ligne droite AB,
sur le milieu M de laquelle on élève une perpendiculaire MP. D'un point quelconque O de cette
perpendiculaire, avec une ouverture de compas égale à OA, on

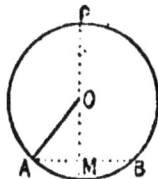

Fig. 62.

décrit une circonférence qui passera par les deux points A et B.

Pour faire cette construction, il faut que OA soit plus grand que la moitié de AB ou au moins égal, AO serait alors le diamètre.

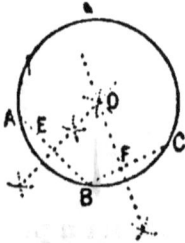

Fig. 63.

106. — VII. Faire passer une circonférence par trois points donnés.

EXEMPLE. — Soient les points A, B et C, par lesquels on veut faire passer une circonférence :

On joint A et B, B et C, par des lignes droites; par les milieux E et F des lignes AB et BC, on élève des perpendiculaires qui se coupent en O; avec une ouverture de compas égale à OA, on décrit une circonférence qui passe par les trois points donnés (fig. 63).

107. — VIII. Trouver le centre d'une circonférence.

EXEMPLE. — Soit une circonférence dont le centre est inconnu. On mène les cordes AB et BD, sur le milieu desquelles on élève des perpendiculaires EO, FO qui se coupent au point O. Ce point O est le centre cherché (fig. 64).

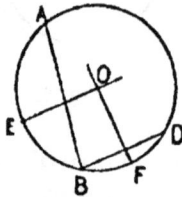

Fig. 64.

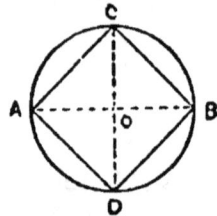

Fig. 65.

108. — IX. Inscrire un carré dans un cercle.

EXEMPLE. — Soit le cercle O dans lequel on veut inscrire un carré : On trace dans le cercle deux diamètres perpendiculaires AOB, COD on joint les points ACBD et l'on a un carré inscrit (fig. 65).

109. — X. Inscrire un hexagone régulier dans un cercle.

EXEMPLE. — Soit le cercle dont le centre est en O (fig. 66), et dont le rayon est OB, dans lequel on veut inscrire un hexagone :

Avec une ouverture de compas égale à OB, on divise la circonférence en six parties égales, et l'on joint les points de division par des lignes

roites; le polygone qui en résulte est un hexagone régulier, inscr
ans le cercle.

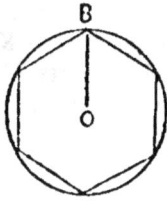

Fig. 66.

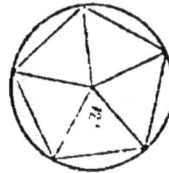

Fig. 67. — l'polygone inscrit.

**110. — XI. Inscrire un polygone régulier d'un nombre
quelconque de côtés dans un cercle.**

EXEMPLE. — Soit à inscrire un pentagone, par exemple :
Sachant que la circonférence a 360°, on divise 360 par le nombre des
ôtés, 5, et l'on a pour quotient 72°, qui est la mesure de l'arc sous-
endu par chacun des côtés du pentagone et la mesure de l'angle formé
ar les deux rayons qui vont du centre aux extrémités de l'arc. Avec
e rapporteur, on fait au centre cinq angles de 72°, et on en prolonge
es côtés jusqu'à la circonférence; — on joint les points de division, et
on a le pentagone inscrit demandé (fig. 67).
On peut procéder de la même façon pour tous les polygones réguliers,
uel que soit le nombre de leurs côtés (1).

**111. — XII. — Circonscrire un polygone régulier à
un cercle.**

EXEMPLE. — Soit à circonscrire un carré à un cercle, dont le centre
st en O :
On inscrit d'abord le carré ABCD. Par le
milieu de chacun des côtés, on élève des per-
endiculaires qui coupent la circonférence aux
oints EFGH. Par chacun de ces points, on mène
es tangentes au cercle. Ces tangentes se coupent
ux points IJLK, et forment un carré circonscrit
lg. 68).
Cette construction est applicable à tous les poly-
ones réguliers.

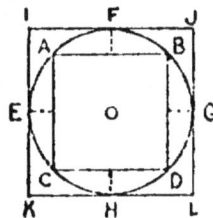

Fig. 68. — Carré
circonscrit.

**112. — XIII. Construire une ellipse connaissant le
grand axe et les deux foyers.**

EXEMPLE. — Soit le grand axe AB et les foyers FF' :
1er *Procédé.* — Des foyers FF' avec AO, moitié de AB, on décrit des

(1) Le circulo-diviseur de M. Mora permet de résoudre le problème de la façon
a plus simple et la plus exacte.

arcs qui se coupent en C et en D et déterminent le petit axe. On divise OF' en deux parties quelconques, par un point I, et du point F avec AI pour rayon, on décrit deux arcs de cercle K et L. Du point F' avec BI pour rayon on décrit deux arcs coupant les premiers en K et en L. On fait la construction inverse pour déterminer les points M et N. On a ainsi 8 points de l'ellipse. En changeant le point I, on peut obtenir quatre autres points. En réunissant tous ces points par une ligne courbe, on a l'ellipse demandée (fig. 69).

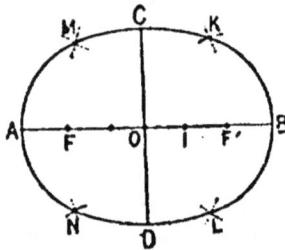

Fig. 69. — Ellipse.

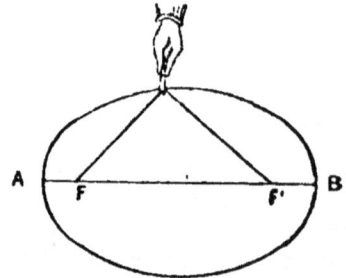

Fig. 70. — Ellipse au cordeau.

2e *Procédé.* — On prend un fil, égal à AB. On le fixe par ses extrémités, aux foyers FF'; on fait *glisser une pointe* à tracer le long du fil, et l'on décrit la demi-ellipse supérieure; on place le fil de l'autre côté de l'axe, et l'on obtient l'autre demi-ellipse par le même procédé (fig. 70).

DIVISION DES LIGNES DROITES, DES ANGLES ET DE LA CIRCONFÉRENCE EN PARTIES ÉGALES.

113. — I. Diviser une ligne droite en deux parties égales.

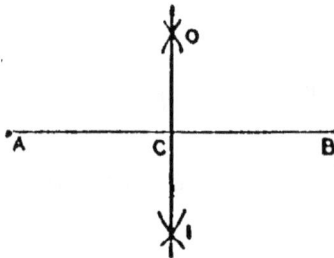

Fig. 71.

EXEMPLE. — Soit la ligne AB à diviser en deux parties égales :

Des points A et B, avec une ouverture de compas plus grande que demi AB on trace des arcs qui se coupent en O et en I; la droite OI partage, au point C la ligne AB en deux parties égales (fig. 71).

114. — REMARQUE. — Si l'on voulait partager la ligne AB en quatre parties égales, il suffirait d'opérer pour les longueurs AC et CB comme on a opéré pour la ligne entière AB.

115. — II. Diviser une ligne droite en un nombre quelconque de parties égales.

EXEMPLE. — Soit la ligne AB à diviser en sept parties égales :

De l'extrémité A, on trace une ligne indéfinie A*x* sur laquelle on porte les longueurs égales, 1, 2, 3, 4, 5, 6, 7 ; on joint le point I au point B, et, par les numéros 1, 2, 3, 4, 5, 6, on mène des parallèles à IB. Ces parallèles divisent la droite AB en sept parties égales AC, CD, DE, EF, FG, GH, HB (fig. 72).

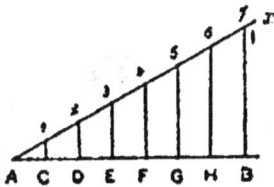

Fig. 72.

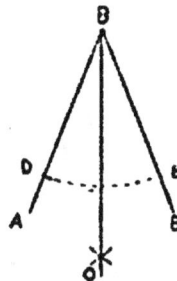

Fig. 73.

116. — III. Diviser un angle en deux parties égales.

EXEMPLE. — Soit l'angle ABC à diviser en deux angles égaux :

Du sommet B, on trace l'arc DE et des points D et E on décrit des arcs qui se coupent en O ; on joint le point O au point B, et l'on a les deux angles demandés (fig. 73).

117. — Bissectrice. — L'on appelle *bissectrice* la ligne qui divise un angle en deux parties égales.

118. — IV. Partager un angle en quatre, huit, seize parties égales.

Après avoir divisé un angle en deux parties égales, chaque partie obtenue pourrait être partagée à son tour de la même manière, de façon à obtenir successivement deux, quatre, huit, seize angles égaux entre eux.

119. — V. Partager une circonférence en quatre, huit, seize parties égales.

On divise une circonférence en deux parties égales en traçant un diamètre.

Si dans la même circonférence on trace un second diamètre

perpendiculaire au premier, la circonférence sera divisée en quatre parties égales.

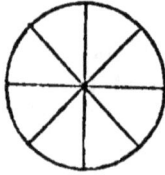

Fig. 74.

En continuant à subdiviser en deux parties égales les angles formés par ces divers diamètres, on parviendra à diviser la circonférence en huit, en seize, etc., parties égales (fig. 74).

120. — REMARQUE. — Les angles, les arcs et la circonférence peuvent aussi être divisés en un nombre quelconque de parties égales à l'aide du rapporteur.

TOISÉ ET ARPENTAGE

I. — MESURE DES LIGNES.

121. — I. Mesure des lignes droites.

EXEMPLE. — Soit à mesurer la ligne droite qui joint les points A et B
1º *Sur le papier.*

On mène la droite AB et on en mesure la distance à l'aide d'un double décimètre, ou de toute règle divisée en décimètres, centimètres, millimètres. On trouve par ce moyen que la ligne AB à 0^m,034 (fig. 75).

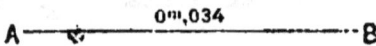

Fig. 75.

2º *Dans un appartement: comme la longueur d'un mur, la largeur d'un plancher, la hauteur d'une porte,* etc.

On porte le mètre sur la longueur indiquée autant de fois qu'il est possible: si on l'a porté 5 fois, la longueur est de 5 mètres ; si, après l'avoir porté 5 fois, il reste une petite distance à mesurer, on l'apprécie en décimètres et en centimètres.

3º *Dans un champ.*

Sur un terrain, il importe de déterminer la ligne avant de la mesurer. La ligne peut être une ligne quelconque ou une perpendiculaire abaissée d'un point sur une droite.

Fig. 76.

1º Dans le premier cas on place d'abord des jalons (1) à chacun des points A et B et on en fait ensuite placer un troisième entre les deux points, en C, par exemple, dans l'alignement des deux premiers (fig. 76).

(1) Un jalon est une tige de fer bien rigide, ou un morceau de bois bien dressé, pointu à l'un des bouts pour être fixé en terre, et muni d'une fente à l'autre extrémité. — On place une feuille de papier dans cette fente pour rendre le jalon visible de loin.

La ligne ainsi déterminée, on cherche combien de fois elle contient un décamètre et on apprécie le reste en mètres et en décimètres, s'il y a lieu.

2° Dans le deuxième cas, après avoir marqué par un jalon le point D duquel on doit abaisser une perpendiculaire à la ligne donnée, on cherche sur cette ligne le point C d'où, avec l'équerre d'arpenteur, on peut voir à la fois selon les faces de l'équerre

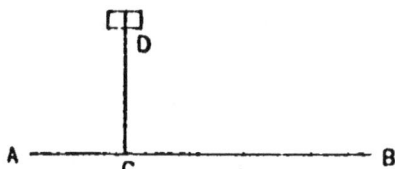

Fig. 77.

qui déterminent l'angle droit, les extrémités de la ligne AB et le point C (fig. 77).

La ligne CD, ainsi déterminée, est la perpendiculaire demandée, et elle se mesure comme toute autre ligne droite.

122. Chaîne d'arpenteur. — La mesure des lignes dans les champs se fait avec la chaîne d'arpenteur.

La **chaîne d'arpenteur** est un décamètre formé de chaînons de deux décimètres de long. Les mètres sont indiqués par les boucles jaunes placées de cinq en cinq chaînons; le demi-décamètre est marqué par une petite tige de fer. Le premier et le dernier chaînon n'ont qu'un décimètre, mais ils sont munis chacun d'une poignée qui a elle-même un décimètre (fig. 78).

En mesurant on place une fiche (fig. 79) ou petite tige de fer munie d'un crochet, après chaque décamètre.

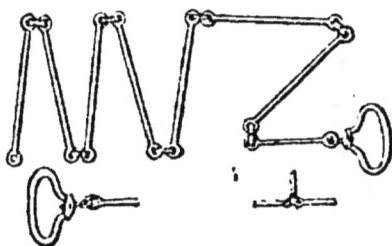

Fig. 78. — Décamètre-chaîne ou chaîne d'arpenteur.   Fig. 79. — Fiche.

Le nombre de fiches indique combien la ligne contient de décamètres.

123. Équerre d'arpenteur. — L'équerre d'arpenteur est une boîte en cuivre de forme octogonale, que l'on fixe à l'extrémité d'un bâton bien dressé et muni d'une pointe en fer à l'autre bout. — Quatre des faces de cette équerre sont simplement pourvues d'une fente. — Les quatre autres faces ont

une fenêtre ou **pinnule,** traversée verticalement par un fil fin.
Quatre faces sont perpendiculaires deux à deux, de telle sorte
que les lignes de visée AB, CD, se coupent
à angles droits. — Les faces intermé-
diaires déterminent avec celles-ci des
angles de 45° (fig. 80).

**124. Mesure du rayon, du diamètre
et de la circonférence.** — 1° Lorsque l'intérieur du cercle est accessible, le
rayon et le diamètre étant faciles à déterminer, on mesure ces lignes comme des
lignes droites ordinaires ; mais, dans ce
cas, il est presque impossible de mesurer
la circonférence.

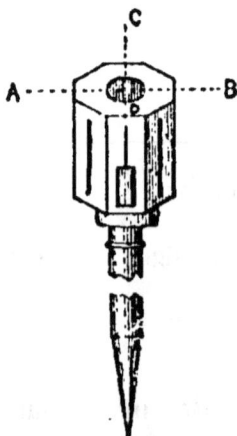

Fig. 80. — Équerre
d'arpenteur.

2° Lorsque l'intérieur du cercle est
inaccessible, comme lorsqu'il s'agit d'un
fût de colonne ou d'un tronc d'arbre, on
trouve la circonférence en entourant la colonne ou le tronc
d'arbre avec une corde, dont on mesure ensuite la longueur ;
mais, dans ce cas, on ne peut mesurer ni le diamètre ni le
rayon.

La géométrie a trouvé le moyen d'avoir la longueur de la
circonférence, du diamètre et du rayon, sans mesurer celles de
ces lignes qui sont inaccessibles. Ce moyen est fondé sur la
propriété suivante :

125. PROPRIÉTÉ. — *Dans tous les cercles, la circonférence est
égale au diamètre multiplié par le nombre 3,1416.*

Dans les calculs, ce nombre, qui est le rapport de la circonférence au diamètre, est représenté par la lettre grecque π et
est nommé le rapport *Pi*, du nom de cette lettre.

D'après cette règle et d'après ce que l'on sait que le diamètre est le double du rayon, on a écrit les formules suivantes :

1° Circ. $= R \times 2 \times \pi$ ou $2 \pi R$, formule plus souvent employée.

2° $D = \dfrac{Circ.}{\pi}$

3° $R = \dfrac{Circ.}{2 \times \pi}$

EXEMPLE. — Dans le premier cas, en supposant le rayon égal à
3 mètres, on aurait :

Circonférence $= 3 \times 2 \times 3,1416 = 18^m,7896$.

Dans le deuxième cas, en supposant la circonférence égale à 18^m,7896, on aurait :

$$D = \frac{18,7896}{3,1416} = 6 \text{ mètres.}$$

Et, dans le troisième, avec la même circonférence, on aurait :

$$R = \frac{18,7896}{2 \times 3,1416} = 3 \text{ mètres.}$$

On peut donc écrire les règles suivantes :

126. Première règle. — La circonférence est égale au produit du double du rayon multiplié par 3,1416.

127. Deuxième règle. — Le diamètre est égal au quotient de a circonférence divisée par 3,1416.

128. Troisième règle. — Le rayon est égal au quotient de la circonférence divisée par 2 fois 3,1416.

129. — III. Mesure des côtés du triangle rectangle. — Propriété du triangle rectangle. — *Dans tout triangle rectangle, le carré construit sur l'hypoténuse est équivalent à la somme des carrés construits sur les deux autres côtés.*

Cette propriété permet d'obtenir la longueur d'un côté qu'on ne peut mesurer, si l'on connaît la longueur des deux autres.

Les deux règles suivantes en sont la conséquence :

130. Première règle. — Pour obtenir la longueur de l'hypoténuse d'un triangle rectangle lorsqu'on connaît la longueur des deux autres côtés, on fait la somme du carré de ces côtés et on en extrait la racine carrée.

Exemple. — Soit le triangle rectangle ABC (fig. 81), on aura :

$$3^2 + 4^2 = 9 + 16 = 25$$
$$\text{Hypoténuse} = \sqrt{25} = 5.$$

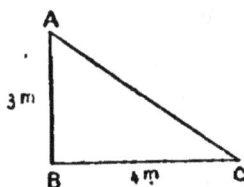

Fig. 81.

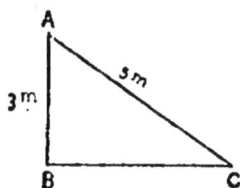

Fig. 82.

131. Deuxième règle. — Pour avoir la longueur d'un côté d'un triangle rectangle, connaissant l'hypoténuse et un côté, on retranche le carré du côté connu du carré de l'hypoténuse et on extrait la racine carrée du reste :

EXEMPLE. — Soit le triangle ABC (fig. 82), on aura :

$$5^2 - 3^2 = 25 - 9 = 16.$$

$$\text{Côté } BC = \sqrt{16} = 4.$$

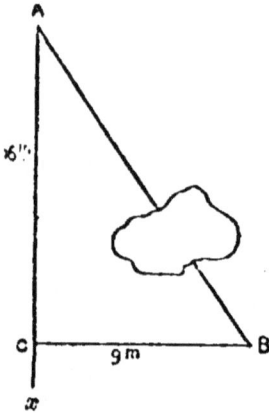

132. PROBLÈME. — *Mesurer la distance des deux points AB, séparés par un obstacle (fig. 83).*

SOLUTION. — Du point A, on mène une ligne indéfinie A*x*. Sur cette ligne, on abaisse une perpendiculaire BC et l'on a ainsi le triangle rectangle ABC, dont les côtés de l'angle droit AC et BC sont accessibles.

Si l'on a AC = 16 mètres et CB = 9 mètres, on aura :

1° $\overline{16}^2 + \overline{9}^2 = 256 + 81 = 337.$

2° Hypoténuse AB = $\sqrt{337}$ = 18ᵐ,35 par défaut à 0,01 près.

Fig. 83.

II. — MESURE DES SURFACES.

133. Définition. — Mesurer une surface ou en chercher la superficie, c'est chercher combien cette surface contient de mètres carrés ou de parties de mètre carré.

Tous les triangles et tous les quadrilatères pouvant être ramenés au rectangle, nous donnerons d'abord le moyen d'obtenir la superficie de ce polygone.

134. Rectangle. — RÈGLE. — On obtient la superficie du rectangle en multipliant la base par la hauteur.

DÉMONSTRATION. — Soit le rectangle ABDC dont la base CD a 4 mètres de longueur et la hauteur CA, 3 mètres.

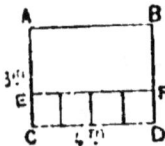

Si, à 1 mètre de hauteur, on mène à CD une parallèle EF, et si ensuite on divise CD en quatre parties égales et que l'on mène à cette ligne des perpendiculaires par chaque point de division, on partagera le petit rectangle EFCD en quatre parties égales chacune à 1 mètre carré (fig. 84).

Fig. 84.

On pourra dire alors :

Si pour 1 mètre de hauteur on a 4 mètres carrés de superficie, pour 3 mètres on aura une superficie 3 fois plus grande ou 4 mètres carrés répétés 3 fois, soit $4 \times 3 = 12$ mètres carrés.

135. Carré. — RÈGLE. — On obtient la superficie du carré en multipliant son côté par lui-même.

EXEMPLE. — Soit le carré ABDC, dont le côté égale 4 mètres (fig. 85). On aura :

$$S = 4 \times 4 = 16 \text{ mètres carrés.}$$

136. REMARQUE. — Le carré est un rectangle dont la base et la hauteur sont égales.

137. Triangle. — RÈGLE. — On obtient la superficie d'un triangle en multipliant la base par la moitié de la hauteur.

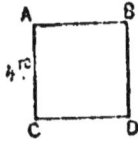

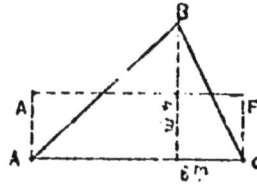

Fig. 85.   Fig. 86.

EXEMPLE. — Soit le triangle ABC, dont la base a 6 mètres et la hauteur 4 mètres (fig. 86); on aura :

$$S = 6 \times \frac{4}{2} = 12 \text{ mètres carrés.}$$

138. REMARQUE. — Un triangle est équivalent à un rectangle de même base et d'une hauteur égale à la moitié de la sienne (AEFC, fig. 83) (1).

139. Parallélogramme. — RÈGLE. — On obtient la superficie d'un parallélogramme en multipliant la base par la hauteur.

EXEMPLE. — Soit le parallélogramme ABDC, dont la base est 7 mètres et la hauteur 4 mètres (fig. 87), on aura :

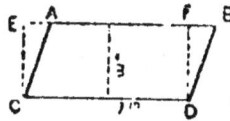

Fig. 87.

$$S = 7 \times 4 = 28 \text{ mètres carrés.}$$

140. REMARQUE. — Un parallélogramme est équivalent à un rectangle de même base et de même hauteur (EFDC, fig. 87).

141. Losange. — RÈGLE. — On obtient la superficie d'un losange en multipliant l'une des diagonales par la moitié de l'autre.

(1) On peut se rendre compte de cette équivalence, ainsi que de celle du parallélogramme et du trapèze ci-dessous indiqués, à l'aide de figures découpées dans du papier ou du carton.

EXEMPLE. — Soit le losange ABCD (fig. 88), dont les diagonales sont 9 mètres et 4 mètres, on aura :

$$S = 9 \times \frac{4}{2} = 9 \times 2 = 18 \text{ mètres carrés.}$$

142. REMARQUE. — Un losange se compose de deux triangles égaux, ayant pour base l'une des diagonales et pour hauteur la moitié de l'autre.

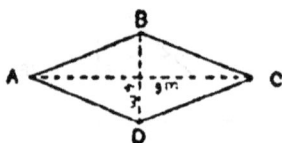

Fig. 88.

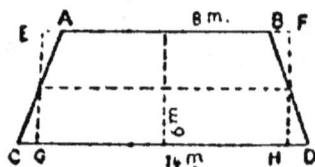

Fig. 89.

143. Trapèze. — RÈGLE. — On obtient la superficie d'un trapèze en multipliant la moitié de la somme de ses bases par la hauteur.

EXEMPLE. — Soit le trapèze ABDC dont les bases ont 14 mètres et 8 mètres et la hauteur 6 mètres (fig. 89), on aura :

$$S = \frac{14 + 8}{2} \times 6 = 11 \times 6 = 66 \text{ mètres carrés.}$$

144. REMARQUE. — Un trapèze est équivalent à un rectangle ayant la même hauteur et une base moyenne entre ses deux bases parallèles (EFHG, fig. 89).

145. Quadrilatère irrégulier. — RÈGLE. — On obtient la superficie d'un quadrilatère irrégulier en le divisant en deux triangles par une ligne directrice et en cherchant ensuite la superficie de chacun des triangles.

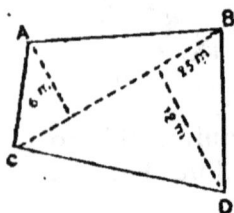

Fig. 90.

EXEMPLE. — Soit le quadrilatère ABDC, que l'on a divisé en deux triangles CAB et CDB, (fig. 90) :

1° S. de CAB $= 25 \times \dfrac{6}{2} = 25 \times 3 = 75$ mètres carrés.

2° S. de CDB $= 25 \times \dfrac{12}{2} = 25 \times 6 = 150$ mètres carrés.

DC $= 75 + 150 = 225$ mètres carrés.

146. Polygone irrégulier. — RÈGLE. — On obtient la superficie d'un polygone irrégulier en menant une directrice entre les sommets de deux de ses angles les plus éloignés et en partageant le polygone en triangles rectangles et en trapèzes, par des perpendiculaires abaissées de tous les sommets des autres angles sur cette directrice.

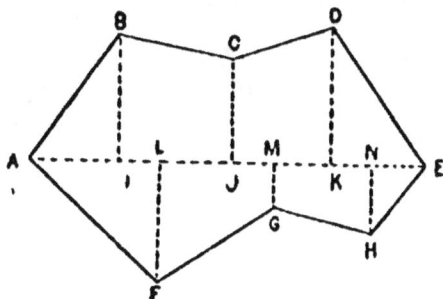

Fig. 91.

EXEMPLE. — Soit le polygone ABCDEHGF (fig. 91) :

On mène la directrice AE et l'on abaisse les perpendiculaires BI, CJ, DK, FL, GM, HN, et l'on divise ce polygone en quatre triangles rectangles et en quatre trapèzes, dont on trouve la surface par les moyens connus. La somme de ces triangles et de ces trapèzes donne la surface totale du polygone.

147. Polygone régulier. — RÈGLE. — *On obtient la superficie d'un polygone régulier en multipliant le périmètre ou la somme des côtés par la moitié de l'apothème.*

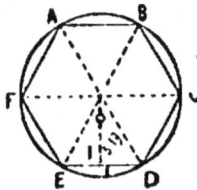

Fig. 92.

EXEMPLE. — Soit le polygone régulier ABCDEF (fig. 92), dont chaque côté a 6 mètres et dont l'apothème OI a 5m,19, on aura :

$$S = (6 + 6 + 6 + 6 + 6 + 6) = 36 \times \frac{5,19}{2} = 186^{mq},84.$$

148. REMARQUE. — Un polygone régulier peut être décomposé en autant de triangles égaux qu'il a de côtés, ces triangles ayant tous pour base l'un des côtés égaux, et pour hauteur l'apothème du polygone.

149. Surface du cercle. — RÈGLE. — On obtient la surface du cercle *par deux procédés* :

1° En multipliant la circonférence par la moitié du rayon;

2° En multipliant le carré du rayon par le rapport 3,1416.

Ce deuxième procédé est le seul généralement employé.

EXEMPLE. — Soit le cercle dont le centre est en O et dont le rayon OB a 5 mètres (fig. 93), on aura :

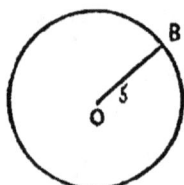

Fig. 93.

$$S = 5^2 \times 3,1416 = 25 \times 3,1416 = 47^{mq},1240.$$

150. Secteur. — RÈGLE. — On obtient la superficie du secteur par deux procédés :

1° En multipliant la longueur de l'arc par la moitié du rayon.

EXEMPLE. — Soit le secteur BOA (fig. 91) dont l'arc a 7 mètres de longueur et le rayon 5 mètres, on aura :

$$S = 7 \times \frac{5}{2} = 7 \times 2,50 = 17^{mq},50.$$

2° En multipliant la surface totale du cercle par le nombre de degrés du secteur en divisant le résultat par 360.

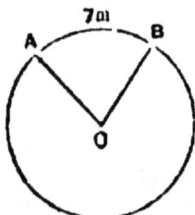

Fig. 91.

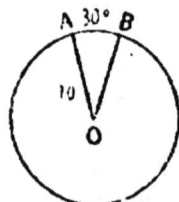

Fig. 95.

EXEMPLE. — Soit le secteur AOB (fig. 95), dont l'arc AB a 30°, dans un cercle dont le rayon a 10 mètres, on aura :

$$S \text{ du cercle} = 10^2 \times 3,1416 = 100 \times 3,1416 = 314^{mq},16.$$
$$S \text{ du secteur} : \frac{3,1416 \times 30}{360} = 26^{mq},16.$$

151. Segment. — RÈGLE. — On obtient la surface d'un segment en cherchant la surface du secteur correspondant, et en retranchant de cette surface la surface du triangle extérieur au segment.

152. Couronne. — RÈGLE. — On obtient la superficie d'une couronne en cherchant la surface des deux cercles et en retranchant la plus petite de la plus grande.

153. Ellipse. — RÈGLE. — On obtient la superficie de l'ellipse en multipliant la moitié du grand axe par la moitié du petit axe et le produit ainsi obtenu par 3,1416.

EXEMPLE. — Soit une ellipse dont le grand axe a 12 mètres et le petit axe 6 mètres, on aura :

$$S = \frac{12}{2} \times \frac{6}{2} \times 3,1416 = 56^{mq},5488.$$

PLAN D'UN TERRAIN.

154. Définition. — On appelle **plan d'un terrain** un dessin qui représente en petit tous les détails de ce terrain en gardant les proportions existant entre ces détails.

155. Règle. — Pour faire le plan d'un terrain, il faut rapporter sur le papier toutes les lignes qui le limitent en les réduisant proportionnellement et en conservant les angles.

Pour réduire les lignes, on convient de représenter un mètre par une longueur moindre, par exemple par un *millimètre*.

EXEMPLE. — Soit à faire le plan d'un terrain dont les mesures sont indiquées dans le croquis suivant (fig. 96).

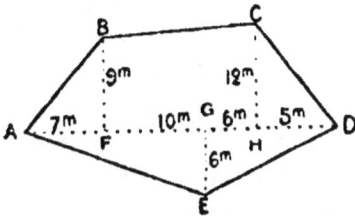

Fig. 96. — Croquis.   Fig. 97. — Plan.

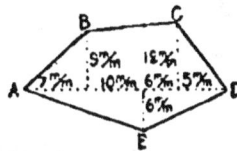

Sur le papier, avec un double décimètre, je trace une ligne de $7 + 10 + 6 + 5 = 28$ millimètres, et je marque les points F, G, H, aux distances indiquées.

Par ces points, j'élève les perpendiculaires FB, GE et HC auxquelles je donne les longueurs indiquées 9^{mm}, 6^{mm} et 12^{mm}. Je joins ensuite les points A, B, C, D, E et j'ai le plan demandé (fig. 97).

Ce plan, dont les longueurs sont mille fois plus petites que sur le terrain, est dit tracé à l'*échelle* de $\dfrac{1}{1000}$. Il a une surface un million de fois plus petite que celle du terrain.

156. Échelle. — On appelle **échelle** d'un plan le rapport qui existe entre les longueurs d'un plan et les longueurs réelles du terrain qu'il représente.

EXEMPLE. — Les échelles dont les rapports sont exprimés par les fractions $\dfrac{1}{100}$, $\dfrac{1}{500}$, $\dfrac{1}{2500}$, etc., indiquent que les longueurs du plan sont 100 fois, 500 fois, 2500 fois, etc., plus petites que celles du terrain.

157. Nivellement. — On appelle nivellement une opération d'arpentage qui a pour but de faire connaître de combien un point est plus élevé que l'autre.

Le nivellement s'opère au moyen du *niveau d'eau* et des *mires*.

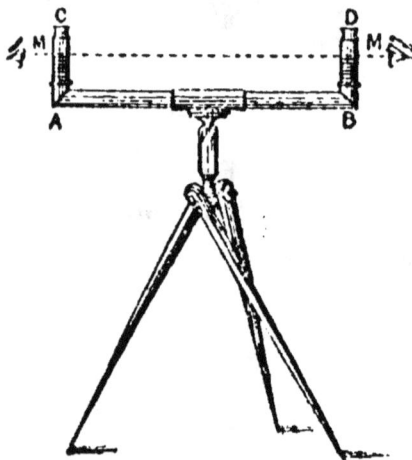

Fig. 98. — Niveau d'eau.

158. Niveau d'eau. — Le **niveau d'eau** est un tube en fer-blanc recourbé à angle droit à ses extrémités (CABD, fig. 98), muni à chacune de celles-ci d'une fiole en verre, ouverte par le fond de telle sorte que chacune des deux fioles communique avec le tube. — Si l'on remplit le tube d'eau de façon à ce que l'eau apparaisse dans les fioles, la ligne de visée MM' qui passe par les deux niveaux est toujours une ligne horizontale.

L'instrument est pourvu d'une douille qui permet de le fixer sur un trépied (fig. 98).

159. Mires. — Les **mires** sont des règles de 2 à 4 mètres de hauteur, divisées en centimètres. Elles sont munies d'une plaque carrée, nommée **voyant**, divisée en quatre petits carrés peints alternativement en blanc et en rouge. Cette plaque peut à volonté glisser le long de la règle ou y être fixée par une vis (fig. 99).

160. Manière d'opérer. — Soit à déterminer la différence de niveau qui existe entre les points A et B (fig. 100).

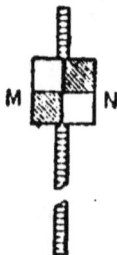

Fig. 99.

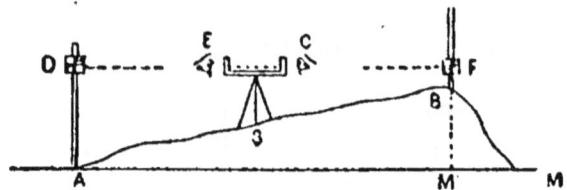

Fig. 100.

On place une mire en A et en B, et le niveau en un point intermédiaire S. On se place successivement en E et C et l'on fait fixer les voyants D et F selon la ligne de visée. On lit sur la mire les deux hauteurs AD et BF : supposons qu'elles soient 1m,60 et 0m,40, la différence 1m,60 — 0m, 40 = 1m,20 indique que le point B est plus élevé de 1m,20 que le point A.

LES SOLIDES

DÉFINITIONS GÉNÉRALES.

161. Solides. — On appelle **solides** tous les corps qui ont de la consistance.

Dans la géométrie, on ne considère que deux sortes de solides : les **polyèdres** et les **corps ronds.**

162. Polyèdres. — On appelle **polyèdres** des solides dont les faces sont des polygones.

163. Corps ronds. — On appelle **corps ronds** des solides dont la surface ou quelques-unes des faces sont arrondies.

LES POLYÈDRES.

On distingue quatre sortes de polyèdres principaux : le *cube*, le *parallélépipède*, le *prisme* et la *pyramide.*

164. Cube. — Le **cube** est un solide limité par six faces qui sont des carrés égaux (fig. 101).

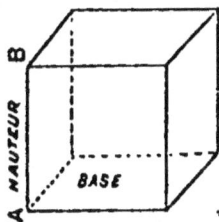

Fig. 101. — Cube.

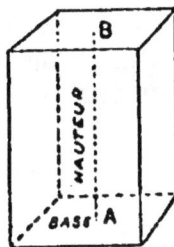

Fig. 102. — Parallélépipède.

165. Base et hauteur. — On appelle **base** d'un cube l'une quelconque de ses faces.

On appelle **hauteur** d'un cube la longueur d'un de ses côtés (AB, fig. 101).

166. Parallélépipède. — Le **parallélépipède** est un solide limité par six parallélogrammes égaux deux à deux (fig. 102).

Dans ce solide, les parallélogrammes égaux sont opposés.

167. Base et hauteur. — On appelle **base** d'un parallélé pipède la surface de l'une quelconque de ses faces.

On appelle **hauteur** d'un parallélépipède la perpendiculaire qui mesure la distance de la base à la face opposée (BA, fig. 102).

Lorsque les parallélogrammes sont des rectangles, le parallélépipède se nomme **parallélépipède rectangle**.

168. Prisme. — Le **prisme** est un solide dont les deux bouts sont des polygones égaux et les faces latérales sont des parallélogrammes (fig. 103).

169. Base et hauteur. — On appelle **base** d'un prisme la surface du polygone qui forme l'une de ses faces opposées.

On appelle **hauteur** d'un prisme, la perpendiculaire qui mesure la distance entre les deux extrémités du prisme (BA, fig. 103).

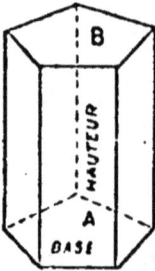

Fig. 103. — Prisme droit.

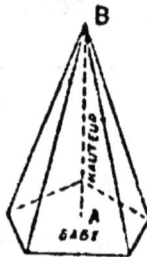

Fig. 104. — Pyramide.

170. Prisme droit et oblique. — Lorsque les faces latérales d'un prisme sont des rectangles, le prisme se nomme **prisme droit**; il est dit **oblique** dans le cas contraire.

171. REMARQUE. — Un parallélépipède est un prisme qui a quatre faces latérales.

172. Pyramide. — La **pyramide** est un solide terminé en pointe, dont la **base** est un polygone, et dont les faces latérales sont des triangles (fig. 104).

173. Hauteur. — On appelle **hauteur** de la pyramide, la perpendiculaire abaissée du sommet sur la base (BA, fig. 104).

Fig. 105. Cylindre.

LES CORPS RONDS.

On distingue quatre principaux corps ronds : le *cylindre*, le *cône*, le *tronc de cône* et la *sphère*.

174. Cylindre. — Le **cylindre** est un corps rond, allongé, dont les deux bouts sont des cercles et dont le diamètre est le même dans toute la longueur.

Ce solide, qu'on appelle **cylindre de révolution**, est engendré par un rectangle qu'on fait tourner autour d'un de ses côtés (fig. 105).

175. Base et hauteur. — On appelle **base** d'un cylindre l'un quelconque des cercles qui le terminent.

On appelle **hauteur** d'un cylindre la perpendiculaire qui mesure la distance des deux bases (BA, fig. 105).

Cette perpendiculaire est égale à la longueur du cylindre.

176. Cône. — Le cône est un solide terminé en pointe et dont la base est un cercle.

Ce solide, nommé aussi *cône de révolution*, est engendré par un triangle rectangle qu'on fait tourner autour d'un des côtés de l'angle droit (fig. 106).

177. Hauteur. — On appelle **hauteur** d'un cône la perpendiculaire abaissée du sommet sur la base (BA, fig. 106).

178. Arête. — On appelle **arête** d'un cône la ligne droite oblique qui va de la circonférence de base au sommet (CB, fig. 106).

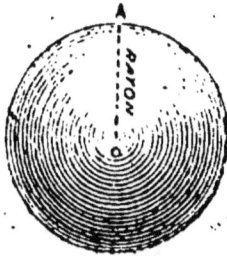

Fig. 106. — Cône.　Fig. 107. — Tronc de cône.　Fig. 108. — Sphère.

179. Tronc de cône. — On appelle **tronc de cône** le solide qui reste après qu'on a coupé un cône par un plan parallèle à sa base et que l'on a enlevé le cône situé au-dessus de ce plan (fig. 107).

180. Bases et hauteur. — On appelle **bases** d'un tronc de cône les deux cercles qui le limitent à chaque extrémité.

On appelle **hauteur** du tronc de cône la perpendiculaire qui mesure la distance entre les deux bases (BA, fig. 107).

181. Sphère. — La **sphère** est un solide en forme de boule, dont tous les points de la surface sont à égale distance d'un point intérieur appelé centre (fig. 108).

Ce solide est engendré par un cercle tournant autour d'un de ses diamètres

182. Rayon. — On appelle **rayon** d'une sphère la ligne droite qui joint le centre de la sphère à un point quelconque de la surface (AO, fig. 108).

SURFACE DES SOLIDES.

183. Cube. — RÈGLE. — Le cube étant un volume à six faces carrées égales, on en obtient la surface en multipliant le carré de son côté par 6.

Exemple. — Soit un cube de 4 mètres de côté, on aura :

$$S = 4^2 \times 6 = 16 \times 6 = 96 \text{ mètres carrés.}$$

184. Parallélépipède, prisme, pyramide, tronc de pyramide. — La surface totale de ces corps se compose de deux parties : la *surface des bases*, et la *surface des faces latérales*.

185. Surface des bases. — Règle. — I. Quand le solide n'a qu'une base, comme la pyramide, on cherche la surface du polygone qui la forme.

II. — Quand le solide à deux bases égales comme le parallélépipède et le prisme, on cherche la surface de l'une d'elles, quelle que soit la nature du polygone qui le forme, et on la multiplie par 2.

III. — Quand il y a deux bases inégales, comme dans le tronc de pyramide, on cherche la surface de chacune d'elles et on en fait la somme.

Surface des faces latérales. — Règle. — On obtient la surface des faces latérales en cherchant la surface de l'une d'elles et en la multipliant par le nombre des côtés.

186. Surface totale. — Règle. — On obtient la surface totale en additionnant la surface des bases et la surface latérale (1).

187. Surface du cylindre. — Règle. — On obtient la surface d'un cylindre en cherchant :

1º La surface de la base et en la multipliant par 2.

2º La surface latérale qui s'obtient en multipliant la circonférence de la base par la hauteur du cylindre.

3º La somme des résultats ci-dessus.

Exemple. — Soit un cylindre dont le rayon est 3 mètres et la hauteur 5 mètres, on aura :

1º Surface des bases $3 \times 3 \times 3,1416 \times 2 = 56^{mq},5488.$

2º Surface latérale $(3 \times 3 \times 3,1416) 5 = 94^{mq},248.$

3º Surface totale $56^{mq},5488 + 94^{mq},248 = 150^{mq},7968.$

188. Surface du cône. — Règle. — On obtient la surface du cône en cherchant :

1º La surface de la base.

2º La surface latérale, qui s'obtient en multipliant la circonférence de la base par la moitié de la longueur de l'arête.

3º La somme des résultats ci-dessus.

---

(1) Toutes ces surfaces étant des polygones, on les obtiendra en suivant les règles indiquées plus haut.

EXEMPLE. — Soit un cône de 3 mètres de rayon, dont l'arête a 6 mètres de long, on aura :

1º Surface de la base $= 3 \times 3 \times 3{,}1416 = 28^{mq}{,}2744.$

2º Surface latérale $= (3 \times 3 \times 3{,}1416) \times \dfrac{6}{2} = 56^{mq}{,}5488.$

3º Surface totale $= 28{,}2744 + 56{,}5488 = 84{,}8232.$

189. Surface du tronc de cône. — RÈGLE. — On obtient la surface du tronc de cône en cherchant :

1º La surface de chacune des deux bases, et en additionnant les résultats.

2º La surface latérale, qui s'obtient en additionnant les deux circonférences, en prenant la moitié du résultat, et en multipliant cette moitié par l'arête.

3º Les sommes des deux résultats précédents.

EXEMPLE. — Soit un tronc de cône dont les rayons soient 3 et 2 mètres et dont l'arête ait 4 mètres, on aura :

1º Surface des bases
$$\begin{cases} 1º\ 3 \times 3 \times 3{,}1416 = 28^{mq}{,}2744. \\ 2º\ 2 \times 2 \times 3{,}1416 = 12^{mq}{,}5488. \\ 3º\ 28^{mq}{,}2744 + 12^{mq}{,}5664 = 40^{mq}{,}8408. \end{cases}$$

2º Surface latérale
$$\begin{cases} 1º\ (3 \times 3 \times 3{,}1416) + (2 \times 2 \times 3{,}1416) = 31^{mq}{,}460. \\ 2º\ \dfrac{31{,}460}{2} \times 4 = 62^{mq}{,}920. \end{cases}$$

3º Surface totale $40{,}8408 + 62{,}920 = 103^{mq}{,}7608.$

190. Surface de la sphère. — La surface de la sphère est égale à 4 cercles d'un même rayon.

191. RÈGLE. — *On obtient la surface d'une sphère en cherchant la surface d'un cercle de même rayon et en multipliant le résultat par 4.*

EXEMPLE. — Soit une sphère d'un rayon de 3 mètres, on aura :
$$S = 3 \times 3 \times 3{,}1416 \times 4 = 113^{mq}{,}0976.$$

CUBAGE

VOLUME DES SOLIDES.

192. Définition. — Chercher le volume d'un corps, c'est chercher combien il occupe de mètres cubes dans l'espace.

193. Cube. — RÈGLE. — On obtient le volume du cube en multipliant son côté deux fois par lui-même.

EXEMPLE. — Soit un cube de 3 mètres de côté, on aura :
$$\text{Vol.} = 3 \times 3 \times 3 = 27 \text{ mètres cubes.}$$

194. Parallélépipède et prisme. — Règle. — On obtient le volume du parallélépipède et du prisme en multipliant la surface par la hauteur.

Exemple. — Soit un parallélépipède de 12mq de base et de 7 mètres de hauteur, on aura :

$$\text{Vol.} = 12 \times 7 = 84 \text{ mètres cubes.}$$

195. Pyramide. — Règle. — On obtient le volume d'une pyramide en multipliant la surface de sa base par le tiers de la hauteur.

Exemple. — Soit une pyramide de 16 mètres carrés de base et de 6 mètres de hauteur, on aura :

$$\text{Vol.} = 16 \times \frac{6}{3} = 32 \text{ mètres cubes.}$$

196. Tronc de pyramide. — Règle. — On obtient le volume d'un tronc de pyramide en cherchant le volume de trois pyramides ayant même hauteur et dont les bases seraient :

1° *La base inférieure du tronc ;*

2° *La base supérieure ;*

3° *Une moyenne proportionnelle entre ces deux bases.*

197. {Remarque. — On obtient une moyenne proportionnelle entre deux nombres en multipliant ces deux nombres l'un par l'autre et en extrayant la racine carrée du produit.

Exemple. — Soit un tronc de pyramide dont la base inférieure est 16 mètres carrés, dont la base supérieure est 4 mètres carré et dont la hauteur est 6 mètres, on aura :

$$\text{Vol. de la 1}^{re} \text{ pyr. : } 16 \times \frac{6}{3} = 32 \text{ mètres cubes.}$$

$$\text{2}^e \text{ pyr. : } 4 \times \frac{6}{3} = 8 \text{ mètres cubes.}$$

$$\text{3}^o \text{ pyr. : } \sqrt{16 \times 4} \times \frac{6}{3} = 8 \times 2 = 16 \text{ mètres cubes.}$$

$$\text{Vol. total} = 32 + 8 + 16 = 56 \text{ mètres cubes.}$$

198. Cylindre. — Règle. — On obtient le volume du cylindre en multipliant la surface de la base par la hauteur.

Exemple. — Soit un cylindre d'un rayon de 2 mètres et de 5 mètres de hauteur, on aura :

$$\text{Vol.} = 2 \times 2 \times 3,1416 \times 5 = 62^{mc},832.$$

199. Cône. — On obtient le volume du cône en multipliant la surface de la base par le tiers de la hauteur.

EXEMPLE. — Soit un cône d'un rayon de 2 mètres et de 5 mètres de hauteur, on aura :

$$\text{Vol.} = 2 \times 2 \times 3,1416 \times \frac{5}{3} = 20^{mc},944.$$

200. Tronc de cône. — RÈGLE. — On obtient le volume du tronc de cône en cherchant le volume de trois cônes ayant même hauteur et dont les bases seraient.

1° *La base inférieure du tronc ;*
2° *La base supérieure ;*
3° *Une moyenne proportionnelle entre les deux bases.*

EXEMPLE. — Soit un tronc de cône dont les rayons sont 3 mètres et 2 mètres et dont la hauteur est 5 mètres, on aura :

$$\text{Vol. du 1}^{er}\text{ cône} = 3 \times 3 \times 3,1416 \times \frac{5}{3} = 47^{mc}, 1220.$$

$$2^e \text{ cône} = 2 \times 2 \times 3,1416 \times \frac{5}{3} = 20^{mc},9440.$$

$$3^e \text{ cône} = \sqrt{3 \times 3 \times 3,1416) + (2 \times 2 \times 3,1416)} \times \frac{5}{3} = 25^{mc},6508.$$

$$\text{Vol. total} = 47,1220 + 20,9440 + 25,6508 = 93^{mc},7168.$$

201. Sphère. — RÈGLE. — On obtient le volume d'une sphère en multipliant sa surface par le tiers de son rayon.

EXEMPLE. — Soit une sphère de 6 mètres de rayon, on aura :

$$\text{Vol.} = 6 \times 6 \times 3,1416 \times \frac{6}{3} = 226^{mc},1952.$$

EXERCICES ET PROBLÈMES

GÉOMÉTRIE

1. Tracez et déterminez cinq lignes droites, cinq lignes brisées et cinq lignes courbes.

2. Tracez 10 lignes droites se coupant deux à deux, et marquez les points d'intersection.

3. Tracez et déterminez cinq perpendiculaires à une droite.

4. Tracez et déterminez cinq obliques à une droite.

5. Tracez cinq lignes verticales et cinq lignes horizontales.

6. Tracez une circonférence avec un diamètre et trois rayons.

7. Tracez une circonférence, et déterminez une corde, une sécante et une tangente.

8. Tracez deux circonférences tangentes.

9. Tracez deux circonférences qui se coupent.

10. Tracez les trois sortes d'angles.

11. Tracez un arc de cercle et mesurez-le.

12. Tracez quatre angles différents et mesurez-les.

13. Tracez les quatre sortes de triangles et indiquez la base et la hauteur.

14. Tracez les six sortes de quadrilatères; indiquez la base et la hauteur des cinq premiers, et tracez une directrice dans le sixième.

15. Tracez deux pentagones, deux hexagones, et un décagone irréguliers.

16. Tracez un hexagone et un décagone réguliers.

17. Déterminez un cercle, avec un secteur et un segment dans ce cercle.

18. Tracez deux couronnes irrégulières et deux couronnes régulières.

19. Menez une parallèle à une ligne AB.

20. Élevez une perpendiculaire au milieu d'une ligne DE.

21. D'un point quelconque sur une ligne AB, élevez une perpendiculaire.

22. Élevez une perpendiculaire à l'extrémité B d'une ligne AB.

23. D'un point O en dehors de la droite AB, menez une perpendiculaire à cette droite.

24. Tracez un cercle et menez une tangente à un point A de la circonférence.

25. Tracez un angle et faites-en trois égaux.

26. Tracez quatre carrés égaux et quatre rectangles égaux.

27. Tracez trois triangles égaux.

28. Tracez trois parallélogrammes égaux.

29. Déterminez trois points C, E, F et faites passer une circonférence par ces trois points.

30. Inscrivez un pentagone dans un cercle.

31. Circonscrivez un hexagone à un cercle.

32. Tracez deux ellipses.

33. Tracez trois lignes et divisez-les en quatre parties égales.

34. Tracez cinq lignes et divisez-les en cinq parties égales.

35. Partagez une circonférence en huit parties égales.

36. Tracez cinq angles et menez des bissectrices.

37. Tracez trois cubes ayant 0 m. 015, 0 m. 018 et 0 m. 021 de côté.

38. Tracez un parallélépipède dont la base soit un rectangle ayant pour dimensions 0 m. 021 et 0 m. 016.

39. Tracez un prisme triangulaire.

40. Tracez une pyramide dont la base soit un carré.

41. Tracez un cône, un tronc de cône et une sphère.

PROBLÈMES.

42. Une circonférence a 8 m. 25 de longueur. Quel est son diamètre, — son rayon ?

43. Le diamètre d'une circonférence est 1 m. 4. Quelle est la longueur de cette circonférence ?

44. Quelle est la longueur d'une circonférence de 0 m. 75 de rayon ?

45. Un bassin circulaire a 28 m. 12 de tour. Quelle est la distance du bord de ce bassin à un poteau qui est au milieu ?

46. Un bassin circulaire a un rayon de 3 m. 25. Quelle est, à l'intérieur, la longueur du mur qui l'entoure ?

47. Une colonne a 2 m. 75 de tour. Quelle est la longueur d'une tige de fer qui la traverse en son milieu et qui dépasse de 0 m. 15 de chaque côté ?

48. Les deux côtés de l'angle droit d'un triangle rectangle sont 6 mètres et 7 m. 4. Quelle est la longueur de l'hypoténuse (1) ?

_____

(1) Quelques-uns de nos problèmes sont une application de la propriété du carré de l'hypoténuse dont les élèves doivent s'habituer à faire un fréquent usage.

49. L'hypoténuse d'un triangle rectangle a 16 mètres. Quelle est la longueur de deux autres côtés s'ils sont égaux ?

50. Quelle est la hauteur d'un triangle équilatéral dont les côtés ont chacun 6 m. 4.

51. Dans un triangle isocèle, les côtés égaux ont chacun 8 m. 3 et la base a 5 m. 4. Quelle est la hauteur de ce triangle?

52. Quelle est la superficie d'un carré de 9 m. 25 de côté?.

53. Quel est le côté d'un carré dont la superficie est de 164 m. q. 70 ?

54. Quelle est la superficie d'un rectangle de 27 m. 6 de long et de 17 m. 6 de large ?

55. On veut paver une pièce carrée de 7 mètres de côté, avec des carreaux ayant 0 m. 21 de côté. Combien faudra-t-il de ces carreaux et quelle sera la dépense s'ils coûtent 28 francs le mille et si la pose revient à 1 fr. 65 le mètre carré?

56. On a un champ rectangulaire de 117 mètres de long et 48 m. 2 de large. On le vend à raison de 45 francs l'are. Combien recevra-t-on ?

57. On veut faire crépir les murs d'un jardin ayant 45 mètres de long et 16 mètres de large. A combien s'élèvera la dépense si le mètre carré de crépi revient à 0 fr. 75, et si l'on crépit les murs des deux côtés?

58. On emploie 1 620 carreaux en forme de losange, dont la petite diagonale est 0 m. 14 et la grande 0 m. 22, pour paver une grande salle. Quelle est la superficie de la salle?

59. On a une prairie en forme de triangle dont la base est 218 m. 6 et la hauteur 42 m. 5. Quel est le poids du fourrage sec fourni par cette prairie, sachant que chaque mètre carré peut en fournir 1 kgr. 525 gr. ?

60. S'il faut 15 mètres cubes de fumier pour fumer un hectare de terre, quelle quantité sera nécessaire pour fumer un champ en forme de triangle rectangle dont la base et la hauteur sont 72 mètres et 56 m. 8?

61. Un champ quadranguiaire a deux côtés parallèles qui ont 128 mètres et 136 m. 5 de longueur ; la distance entre ces deux côtés étant 67 mètres, quelle est en ares la superficie du champ, et quelle serait sa valeur à 2 500 francs l'hectare ?

62. La directrice d'un quadrilatère irrégulier a 112 mètres, et les perpendiculaires abaissées des deux autres angles ont 28 m. 5 et 74 m. 7. Quelle est la superficie de ce quadrilatère?

63 à **70.** Tracer des polygones irréguliers à 4, 5, 6, 7, 8, 9, 10 et 11 côtés, les coter, en faire calculer la superficie et en faire chercher la valeur à un prix donné.

71. Quelle est la superficie formée par 1 425 carreaux en forme d'hexagones réguliers dont le côté a 0 m. 06 et dont l'apothème a 0 m. 0519?

72. Quelle est la surface d'un cercle de 7 m. 25 de rayon?

73. Quel est le diamètre d'un cercle de 287 m. q. 16 de superficie?

74. Quelle est la circonférence d'un cercle de 12 m. q. 7246 de superficie?

75. Quelle est la superficie d'un cercle dont la circonférence a 112 m. 6?

76. Quelle est la superficie d'un secteur dont l'arc a 6 m. 25, si le cercle auquel il appartient a 3 m. 20 de rayon?

77. Quelle est la superficie d'un secteur dont l'arc a 44 degrés, si le rayon du cercle est de 1 m. 6?

78. Quelle est la superficie d'une couronne formée par deux cercles dont l'un a 2 m. 6 et l'autre 1 m. 8 de rayon?

79. Quelle est la superficie d'une ellipse dont le grand axe a 17 m. 6 et le petit 6 m. 8?

80 à 85. Donner six croquis différents et faire faire le plan à l'échelle de 1 à 1000.

86. Quelle est la différence de niveau de deux points A et B si sur la mire en A on a lu 1 m. 16 et sur la mire en B 0 m. 27?

87. Quel serait le côté d'un carré équivalent à un rectangle de 140 mètres de base et de 78 mètres de hauteur?

88. Quelle serait la base d'un rectangle ayant 28 mètres de hauteur, équivalent à un triangle de 76 mètres de base et de 46 mètres de hauteur?

89. Quelle serait la hauteur d'un triangle de 64 m. 6 de base, s'il est équivalent à un losange dont les diagonales sont 82 m. 4 et 48 m. 5.

90. Quelle serait la hauteur d'un trapèze dont les deux bases sont 46 m. 8 et 52 m. 7, s'il est équivalent à un carré de 38 m. 6 de côté?

91. Quelle est la hauteur d'un triangle isocèle de 28 mètres de base, si les côtés égaux ont chacun 66 mètres de long?

92. Quelle est la hauteur d'un triangle équilatéral dont les côtés ont 72 mètres de long?

93. Quelle est la superficie de ce triangle?

94. Quelle est la base moyenne d'un trapèze de 16 mètres de hauteur, s'il est équivalent à un rectangle dont les dimensions sont 28 mètres et 44 mètres?

95. Quelle est la petite diagonale d'un losange dont la grande diagonale a 48 mètres, s'il est équivalent à un parallélogramme dont la base est 60 m. 4 et la hauteur 26 mètres?

96. Quelle est la surface totale d'un cube de 1 m. 6 de côté?

97. Quelle est la superficie latérale d'un parallélépipède rectangle dont la hauteur est 6 m. 4 et dont la base est un rectangle dont les dimensions sont 0 m. 3 et 0 m. 25?

98. Quelle est la surface totale du même parallélépipède?

99. Quelle est la surface totale d'un prisme triangulaire dont la longueur est 3 m. 25 et dont le triangle de base a pour base 0 m. 72 et pour hauteur 0 m. 30?

100. Quelle est la surface totale d'une pyramide quadrangulaire dont le côté a 0,96 et dont les triangles latéraux ont 1,25 de hauteur?

101. Quelle est la surface totale d'un tronc de pyramide quadrangulaire dont les bases ont 1 m. 6 et 0 m. 80 de côté et dont les trapèzes latéraux ont 3 m. 2 de hauteur?

102. Quel est le volume d'une poutre dont les dimensions sont 7 m. 20, 0 m. 20 et 0 m. 12?

103. Quelle est la valeur d'un tas de fumier de 4 m. 6 de long, 2 m. 5 de large et 0 m. 9 de hauteur?

104. Quelle serait la valeur de ce fumier à 15 fr. 25 le mètre cube?

105. Un bassin dont les dimensions sont 3 m. 4, 2 m. 7 et 1 m. 8 est rempli aux 2/3. Combien faudrait-il de litres d'eau pour le remplir?

106. Une citerne dont les dimensions sont 2 m. 8, 1 m. 2 et 3 m. 6 est pleine d'eau. Combien faudrait-il de barriques de 225 litres pour contenir cette eau?

107. Quelle est la longueur d'une poutre de 0 m. 16 de côté, si son volume est 0 m. c. 746?

108. Quel est le volume d'une pyramide dont la base a 17 m. 2644 et dont la hauteur est 7 m. 3?

109. Quel serait en quintaux métriques le poids de cette pyramide si la densité de la matière qui la compose est 3,25?

110. Quel est le volume d'un tronc de pyramide dont les bases ont 3 m. q. 1246 et 2 m.q. 16, si la hauteur est 3 m. 72.

111. Quelle serait la valeur de cette pyramide si la matière qui la compose vaut 11 fr. 85 le mètre cube?

112. Quelle est la surface latérale d'un cylindre dont le rayon est 0 m. 06 et dont la hauteur est 2 m. 70?

113. Quelle est la surface totale du même cylindre?

114. Quelle est la surface latérale d'un cône dont le cercle de base a pour rayon 0 m. 92 et dont l'arête a 2 m. 20 de long?

115. Quelle est la surface totale de ce même cône?

116. Quelle est la surface des bases d'un tronc de cône, si ces bases ont pour rayons 0 m. 15 et 0 m. 12?

117. Quelle en serait la surface totale, si l'arête a 1 m. 16?

118. Quelle est la surface d'une sphère de 0 m. 72 de diamètre?

119. Quel est le rayon d'une sphère dont la surface est 12 m. q. 1428?

120. Quel est le volume d'un cylindre de 3 m. 6 de long, si son diamètre est 0 m. 30?

121. Quelle est la circonférence d'un cylindre dont le volume est 4 m. c. 142 728 et dont la longueur est 7 m. 2?

122. Quel est le rayon d'un cylindre dont le volume est 3 m. c. 176 et dont la longueur est 12 m. 6?

123. Quelle est la longueur d'un cylindre dont le volume est 16 m. c. 178 420 et dont le rayon est 0 m. 8?

124. Quel est le poids d'une colonne cylindrique de 6 m. 5 de hauteur, dont le tour mesure 2 m. 70, si la densité de la matière est 2,75?

125. Quel est le volume d'un cône de 1 m. 72 de hauteur et dont le cercle de base a pour rayon 0 m. 38?

SCIENCES NATURELLES

GÉNÉRALITÉS

LA TERRE

SA FORME, SES DIMENSIONS, SES MOUVEMENTS, SA CONSTITUTION.

1. La terre. — La terre est une masse énorme qui se meut dans l'espace.

2. Atmosphère. — La terre est entourée d'une enveloppe d'air au milieu de laquelle vivent ses habitants. Cette enveloppe porte le nom d'atmosphère.

3. Forme de la terre. — La terre a la forme d'une boule. Cette vérité est démontrée par les faits suivants :

1° En quelque lieu que ce soit, l'atmosphère semble former une voûte qui s'abaisse sur le sol et le rencontre en une ligne circulaire appelée *horizon*. Ce fait ne se produirait pas si la terre n'était pas ronde.

2° Les matelots qui rentrent au port aperçoivent d'abord, de loin, le sommet des tours, la cime des clochers ; et les habitants du rivage, qui attendent le navire, voient la pointe des mâts avant la coque du vaisseau.

Si la convexité de la terre ne cachait pas aux yeux l'église et la coque du vaisseau, on les verrait avant le clocher et les mâts, parce qu'à distance égale on distingue les gros objets avant les petits.

3° Enfin, un voyageur qui, partant d'un point de la terre, va toujours droit devant lui, revient au point de départ après avoir fait le *tour du monde*.

La rotondité de la terre n'est pas parfaite. Le globe s'aplatit à deux points diamétralement opposés qui sont les **pôles**. De plus, les montagnes et les vallées accidentent sa surface. Mais les monts les plus élevés sont à peine sur le globe ce qu'est un grain de sable sur une boule à jouer. De loin, la boule nous paraît uniformément ronde et nous n'apercevons pas le grain de sable.

Le volume de la terre est considérable; elle n'a pas moins de quarante millions de mètres de tour, soit près de treize millions de mètres de diamètre.

4. Mouvements de la terre. — La terre tourne sur elle-même, en face du soleil, de l'ouest à l'est, dans l'espace de vingt-quatre heures. Ce mouvement, appelé **mouvement de rotation**, détermine le jour et la nuit.

En même temps, la terre tourne autour du soleil et accomplit un mouvement appelé **mouvement de translation**, en un an (365 jours et un quart). Ce dernier mouvement produit avec l'inclinaison de l'axe de la terre le retour des saisons, **printemps, été, automne, hiver,** ainsi que l'inégalité des jours et des nuits.

Une toupie tournant autour d'un point fixe donne une idée assez exacte des deux mouvements de la terre.

5. Matières terrestres. — **Roches.** — **Mers.** — Le globe terrestre est formé de matières de nature différente disposées en couches et appelées **roches**. On suppose que sa masse, d'abord incandescente, s'est refroidie peu à peu ; l'écorce seule de la terre serait solide; au centre se trouverait encore la matière en fusion.

La surface de la terre est occupée dans les trois quarts de son étendue par les **eaux**, dont la masse forme les **mers**.

LA MATIÈRE

MATIÈRE ORGANISÉE, MATIÈRE INORGANIQUE. — LES TROIS RÈGNES DE LA NATURE.

6. Matière. — On appelle **matière** tout ce que nous pouvons voir, toucher, sentir.

Tous les êtres qui existent à la surface du globe, tous les corps qui constituent sa masse sont composés de matière.

7. Division de la matière. — La matière se présente à nous sous les aspects les plus divers; mais dans la multiplicité des formes qu'elle affecte, elle est soumise à des lois fixes.

1° Elle est **organisée** quand elle forme des êtres vivants, comme les plantes, les arbres, les vers, les insectes, les poissons, les animaux de toute sorte, qui sont pourvus de ces **organes** dont le fonctionnement entretient la vie en eux. Les poumons, le cœur, l'estomac et autres parties du corps sont des organes.

2° Elle est **inorganique** quand elle constitue des corps inanimés, pierres, roches, cristaux, eau, etc.

8. Qualités distinctives des êtres. — 1° Chacune des parties d'un **être animé** ne peut vivre longtemps indépendamment des autres : si l'on dépèce une mouche, enlevant successivement la tête, les ailes, les pattes, le thorax et l'abdomen, la mouche n'existera plus, et chaque partie se décomposera bientôt.

Les différentes parties d'un **corps inanimé** peuvent exister séparément, parce qu'elles ne forment pas des organes. Cassez une pierre, vous aurez deux pierres plus petites qui continuent à subsister. Divisez un verre d'eau en deux, les deux parties dureront indéfiniment, si aucune force étrangère n'agit pour les décomposer.

2° Les **êtres vivants** naissent, se nourrissent, grandissent, et meurent.

Les **corps inanimés** ne naissent pas d'êtres semblables à eux, n'ont pas besoin de se nourrir pour subsister, et peuvent durer indéfiniment.

9. Animaux et Végétaux. — Parmi les êtres animés, les uns, plus perfectionnés, peuvent se mouvoir quand ils le veulent, et ils sentent qu'on les touche ou qu'on les blesse : ce sont les **animaux;** les autres vivent fixés à l'endroit où ils sont nés et généralement ils ne paraissent pas sentir : ce sont les **végétaux.**

Les animaux se nourrissent en absorbant d'autres animaux, des végétaux et des matières inorganiques.

Les végétaux tirent leur nourriture de la terre, de l'eau, de l'air, etc.

Animaux ou végétaux, quand ils sont détruits, redeviennent matière inerte. Leur dépouille, rendue à la nature, forme des aliments pour les êtres qui vivent après eux.

10. Règnes. — En résumé, la totalité des êtres se divise en trois groupes distincts ou **règnes :**

1° **Le règne animal,** qui comprend tous les animaux;

2° **Le règne végétal,** qui comprend tous les végétaux;

3° **Le règne minéral,** qui est l'ensemble de tous les corps inorganiques : pierres, métaux, minerais, roches, air, eau, etc.

PREMIÈRE PARTIE

RÈGNE ANIMAL

L'HOMME ET LES ANIMAUX

11. Variété des animaux. — L'échelle du règne animal est très étendue. Elle va de l'homme aux animaux tout à fait inférieurs : coraux, éponges, qui se confondent avec les plantes, et les infusoires, que l'on ne peut apercevoir sans le secours du microscope.

La variété des types est très grande. Il existe des animalcules dont l'organisation est aussi simple que celle des végétaux. Ces infiniment petits vivent dans les eaux et dans les divers liquides; ils sont charriés dans l'air; ils peuplent les chairs et les organes des grands animaux.

Il y a des colosses qui habitent les forêts de certaines parties du globe, comme l'éléphant; d'autres qui vivent dans les mers, comme la baleine.

12. L'homme. — Mais, de tous les animaux, aucun n'est comparable à l'homme.

L'homme est le premier des êtres par la perfection de son organisme et la puissance de ses facultés intellectuelles.

L'harmonie de ses formes, l'élégance que lui donne la station verticale, sa démarche, son port, la grâce et la fierté de sa physionomie, tout le place physiquement au-dessus des autres êtres. De plus, il est doué de la raison, de la parole et de la sensibilité morale. Il sait apprécier le beau et faire le bien.

L'homme le plus près de la bête, le sauvage cafre ou australien, ne peut jamais être confondu avec le singe, qui est l'animal le plus ressemblant à l'homme.

LE SQUELETTE DE L'HOMME.

13. Le squelette. — Le corps humain doit sa forme au squelette, charpente osseuse à laquelle s'attache la chair revêtue de la peau.

14. Parties du squelette. — Le squelette se divise en trois parties : la **tête**, le **tronc**, les **membres**.

15. Os de la tête. — Dans la tête on distingue : 1° le *crâne*, boîte arrondie formée de plusieurs os plats soudés entre eux et protégeant le **cerveau** ; 2° la *face*, dont les os principaux sont ceux du *nez*, des *pommettes des joues*, et des *mâchoires*.

16. Os du tronc. — Le tronc, composé du *sternum*, de l'*épine dorsale* et des *côtes*, est une cage en tronc de cône aplatie en avant et en arrière. Sa cavité, qui reçoit les organes essentiels à la vie, est moindre près du cou que dans la partie inférieure.

Le **sternum**, situé en avant, est un os plat et spongieux.

L'**épine dorsale** ou **colonne vertébrale**, placée en arrière, est une suite de trente-trois petits os appelés **vertèbres** ; chaque vertèbre porte extérieurement une proéminence épineuse, et est percée d'un trou en son milieu. Le centre de la colonne vertébrale forme donc un canal où est logée la **moelle épinière**.

Les **côtes** sont au nombre de douze de chaque côté. Ce sont des os longs et recourbés, qui s'attachent tous en arrière à l'épine dorsale, mais dont sept seulement

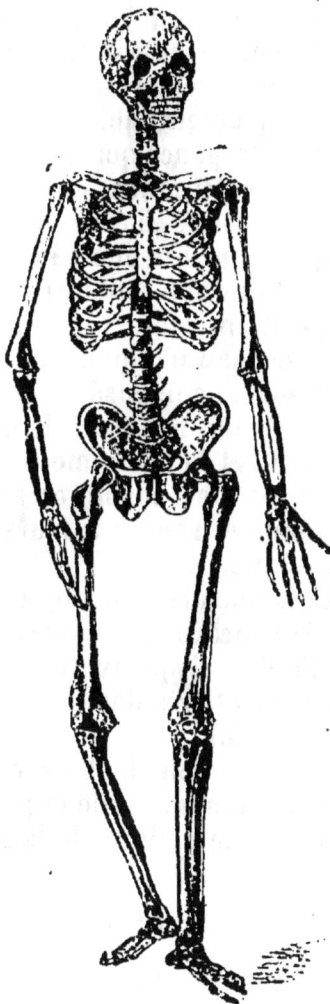

Fig. 1. — Squelette de l'homme.

se soudent au sternum. Les cinq côtes inférieures ou **fausses côtes** se relient chacune à celle qui est au-dessus d'elle.

17. Os des membres. — Les membres sont au nombre de quatre : deux supérieurs, les *bras*, et deux inférieurs, les *jambes*.

18. Les bras. — Les membres supérieurs ou les **bras** se composent chacun de l'*épaule*, du *bras* proprement dit, de l'*avant-bras* et de la *main*.

L'épaule joint le bras au tronc. Elle est formée en avant d'un os rond appelé **clavicule**, et en arrière d'un os large et aplati appelé **omoplate**.

Le **bras** n'a qu'un seul os, l'**avant-bras** en a deux. La main comprend le **poignet**, la **main** proprement dite et les **doigts**. Le poignet renferme huit os, la main en a cinq prolongés par les cinq doigts, qui se divisent chacun en trois **phalanges**, excepté le pouce qui n'en a que deux.

19. Les jambes. — Les membres inférieurs ou les **jambes** se composent chacun des *hanches*, de la *cuisse*, de la *jambe* proprement dite et du *pied*.

Les **hanches** sont formées par deux os volumineux qui se rejoignent en avant et relient les cuisses au tronc.

La **cuisse** n'a qu'un os long et fort. La **jambe** en a deux. Le **pied** est composé de trois parties: un des sept os de la première forme le **talon**; la deuxième partie est le pied proprement dit, et la troisième comprend les cinq **orteils**.

Les os des membres sont cylindriques dans leur partie moyenne et renflés à leurs extrémités pour faciliter les **articulations**.

A chaque articulation, une partie ronde s'emboîte dans une partie concave; un **cartilage**, membrane lisse humectée par un liquide visqueux, recouvre l'extrémité des os et rend le mouvement très doux. Des **ligaments** élastiques consolident l'articulation.

L'articulation du bras et de l'avant-bras forme le **coude**; celle de la cuisse et de la jambe constitue le **genou**, protégé en avant par le petit os de la **rotule**.

LE SQUELETTE DES ANIMAUX.

20. Variations du squelette des animaux. — Le squelette des animaux à os varie avec les espèces et suivant le milieu où ils doivent vivre.

Le *singe* a les mâchoires proéminentes. Ses quatre membres sont très longs et terminés tous quatre par des mains (1), ce qui lui permet de grimper facilement.

Dans le squelette du *cheval*, le crâne et la face sont très al-

---

(1) Les extrémités des membres inférieurs des singes sont véritablement des pieds; mais le pouce y est opposable aux autres doigts, comme dans les mains, et l'on a confondu ces organes. C'est ce qui a fait donner improprement aux singes le nom de **quadrumanes**.

longés. Les phalanges à l'extrémité des membres sont réunies dans un seul os. Le pied ou sabot n'est qu'un ongle.

Le *chien*, le *chat* et la plupart des carnassiers ont les membres relativement forts.

Chez les *oiseaux*, les mâchoires sont remplacées par un bec de substance cornée; le sternum est large avec une saillie très accentuée en son milieu. Les membres antérieurs deviennent des ailes qui permettent à la plupart d'entre eux de s'élever dans les airs.

La *grenouille* n'a pas de côtes. Les *serpents* en ont un grand nombre, mais ils sont dépourvus de membres. Les *poissons* n'ont que des membres rudimentaires : les nageoires, à l'aide desquelles ils se meuvent dans l'eau.

Si les squelettes de ces animaux à os sont très divers, ils se ressemblent sur un point : tous ont une épine dorsale composée de vertèbres. Chez un grand nombre d'entre eux, la colonne vertébrale se prolonge pour former la *queue*.

Chez les animaux inférieurs, insectes, vers, mollusques, etc., le squelette osseux disparaît.

ENTRETIEN DE LA VIE DES ANIMAUX.

Pour vivre, l'homme et les animaux doivent assurer l'accomplissement régulier des fonctions de leur organisme.

Ces fonctions sont de deux genres :

21. Fonctions de relation. — 1° Les **fonctions de relation**, qui mettent l'individu en rapport avec les autres êtres, par le **mouvement** et les **sens**.

Mais ces fonctions ne pourraient s'accomplir sans le **système nerveux**, qui agit sur tous les organes par les **nerfs**.

Les organes du mouvement sont les **os** et les **muscles**.

Les sens, qui sont les différentes manifestations de la faculté de sentir, sont au nombre de cinq : le **toucher**, la **vue**, l'**ouïe**, l'**odorat** et le **goût**; ils ont chacun des organes spéciaux.

22. Fonctions de nutrition. — 2° Les **fonctions de nutrition**, qui entretiennent les organes par l'alimentation et par le développement de la chaleur animale nécessaire à la vie.

L'alimentation des animaux exige trois séries de phénomènes : la **digestion**, la **circulation** et la **respiration**, qui s'opèrent à l'aide d'appareils (1) particuliers.

---

(1) On appelle *appareil* un ensemble d'organes destinés à l'accomplissement de la même fonction.

23. Santé ou maladie. — Lorsque tous les organes fonctionnent régulièrement, l'individu est en état de **santé**. Si un accident quelconque trouble une des fonctions de la vie, il y a **indisposition** ou **maladie** suivant la gravité du cas. La maladie qui persiste ou la cessation brusque et totale de certaines fonctions amène la **mort**.

On se maintient en bonne santé si l'on observe les règles de **l'hygiène**, science qui a pour objet la conservation de la santé.

LES MOUVEMENTS DES ANIMAUX.

24. Mouvements. — On constate chez les animaux : 1° les mouvements involontaires ou mouvements de la *vie végétative*, qui s'opèrent sans l'intervention de la volonté, et 2° les *mouvements volontaires* subordonnés à la volonté.

Les battements du cœur, les contractions de l'estomac, certains clignotements des yeux, quelques frissons qui secouent le corps, etc., sont des mouvements que nous ne sommes pas libres de provoquer ou de suspendre.

Au contraire, nous pouvons à volonté faire mouvoir nos membres et certaines parties de la face.

25. Organes des mouvements. — **Os, muscles.** — Les os du squelette sont les organes passifs du mouvement volontaire ; les *muscles* en sont les organes actifs.

Les **muscles** ne sont autre chose que la chair des animaux. Très développés chez certaines espèces, ils constituent alors la viande que nous consommons pour notre alimentation.

Chaque muscle est formé de **fibres** réunies en faisceau et enveloppées dans une petite membrane très fine.

Renflés en leur milieu, les muscles s'aplatissent à leurs extrémités et se terminent par une sorte de courroie blanche et élastique appelée **tendon**. C'est par les tendons qu'ils s'attachent aux os.

Les muscles les plus développés chez l'homme sont ceux de la *cuisse*, du *mollet*, et le *biceps* du bras.

26. Production des mouvements. — Les mouvements volontaires sont produits par la contraction des muscles sous l'impulsion de la force nerveuse mise en action par la volonté. Le muscle qui se contracte soulève l'os auquel il est attaché et le poids que cet os peut supporter. Pour revenir au repos, il suffit au muscle de se détendre.

Les muscles sont très nombreux et portent divers noms suivant le rôle qu'ils jouent.

27. Nécessité de la gymnastique. — L'excès de mouvement, la trop grande tension des muscles amènent la fatigue ; mais un exercice modéré entretient la santé et fortifie le corps. De là, l'utilité de la gymnastique pour les personnes qui ne se livrent pas habituellement à des travaux manuels.

LE SYSTÈME NERVEUX.

Le système nerveux, qui excite les mouvements et reçoit les impressions extérieures, comprend, chez l'homme et les grands animaux, le *cerveau*, la *moelle épinière* et les *nerfs*.

Le cerveau et la moelle sont formés d'une substance molle, blanche dans certaines parties et grise en d'autres.

28. Le cerveau. — Le cerveau est une masse arrondie offrant à sa surface des replis nombreux. Il comprend deux parties : le *cerveau* et le *cervelet*, qui sont logés dans le *crâne*.

29. La moelle. — La moelle continue le cerveau en passant par un trou du crâne nommé *trou occipital*, et occupe le canal de la colonne vertébrale.

30. Les nerfs. — Les nerfs sont des cordons de substance blanchâtre qui partent tous par paires de la base du crâne ou de l'épine dorsale, et se ramifient à l'infini dans les diverses parties du corps. Il n'y en a pas moins de **quarante et une** paires.

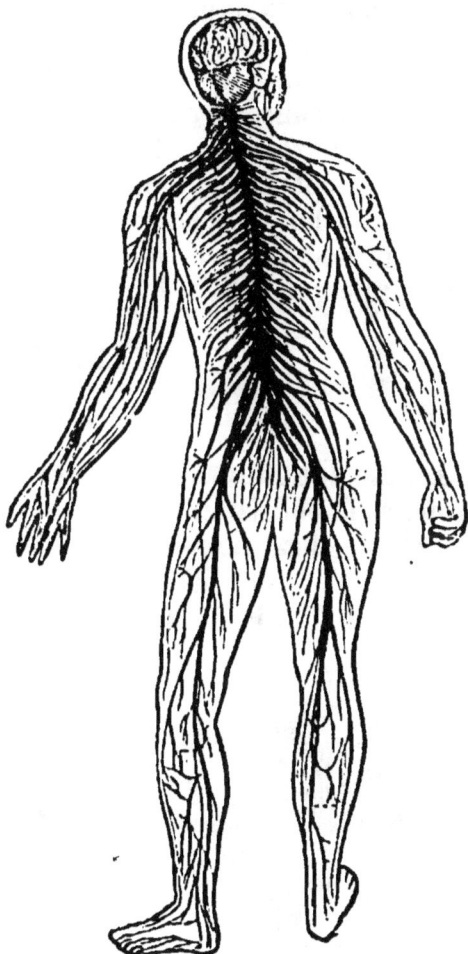

Fig. 2. — Système nerveux.

Le système nerveux des animaux devient moins compliqué à mesure que l'on descend l'échelle des êtres. Chez les insectes il est déjà bien réduit. On n'en trouve plus trace chez certains zoophytes.

31. Action du système nerveux. — C'est à l'aide du système nerveux que l'homme pense, manifeste sa volonté et éprouve des sensations.

32. Pensée, volonté. — Le cerveau est l'organe de l'intelligence et de la volonté. C'est donc à l'aide du cerveau que l'homme pense et veut. Les nerfs ne servent qu'à transmettre la volonté de l'homme aux organes qui doivent l'exécuter.

Prenons un exemple : si je pense qu'il est nécessaire que ma main se ferme, et que je le veuille, ma volonté est transmise par les nerfs aux muscles de ma main qui agissent sur les différents os de cet organe, et aussitôt ma main se trouve fermée.

33. Sensations. — Le cerveau est aussi l'organe des **sensations**, dont les nerfs ne sont que les conducteurs.

Si je touche un objet froid avec la main, les nerfs qui vont de cet organe au cerveau y portent la sensation éprouvée; le cerveau perçoit, et j'ai la notion du froid.

LES SENS.

LE TOUCHER.

34. Le toucher. — Le **toucher** nous permet d'apprécier la forme et la consistance des corps.

Il réside chez l'homme dans la peau, et plus particulièrement dans la main, qui peut se mouler sur les objets qu'elle palpe.

Les animaux touchent les choses généralement avec l'organe qui leur sert à prendre leur nourriture. Le cheval, le bœuf, le chien touchent avec les lèvres, l'éléphant avec sa trompe. Quelques espèces ont des organes spéciaux du toucher, comme les antennes des papillons et les tentacules de certains mollusques.

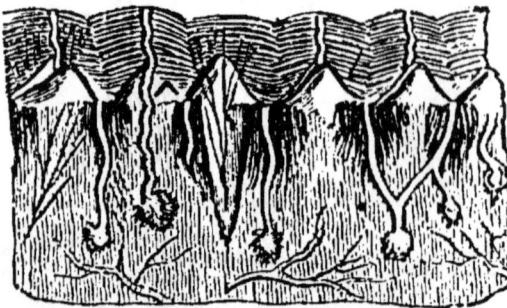

Fig. 3. — Coupe de la peau.

35. La peau. — La peau, organe du toucher, protège aussi les chairs. Elle se compose de l'**épiderme**, membrane mince recouvrant le **derme**, qui est plus épais. Le derme des animaux fournit le cuir.

A la surface du derme sont de petites ondulations où les filets nerveux se ramifient en **papilles**, qui reçoivent les impressions du toucher.

36. Sueur, pores. — Dans l'épaisseur de la peau, on trouve des glandes nombreuses qui sécrètent la **sueur**. Ce liquide s'échappe à la surface de la peau par de petits trous appelés **pores**.

37. Les races. — La peau de l'homme est diversement colorée suivant la race. Ce sont de petites granulations noires, jaunes ou rouges, qui teintent la peau dans les races de couleur. On distingue plusieurs races d'hommes, qui sont :

1º La **race blanche**, qui se reconnaît à la blancheur de sa peau, à son visage ovale, à son front développé et à ses yeux fendus horizontalement. La race blanche est répandue dans le monde entier; mais elle paraît originaire de l'Asie et de l'Europe ;

2º La **race jaune**, ou mongole, qui a la peau jaune, la face aplatie, le front bas et les yeux fendus obliquement. Elle occupe surtout l'Asie orientale;

3º La **race noire**, qui a la peau noire ou brune, les cheveux crépus, le crâne long et étroit, le front fuyant, la mâchoire supérieure saillante et les lèvres épaisses. Elle est originaire d'Afrique;

4º La **race rouge**, qui peuplait autrefois l'Amérique et qui tend à disparaître.

Les autres races se rattachent à ces quatre principales.

38. Poil. — Chez les animaux, la peau est rarement nue ; elle est couverte de **poils**, qui ont leur racine dans le derme. L'homme lui-même a les *cheveux* et la *barbe*. Les poils se transforment et deviennent des **piquants** sur le corps du hérisson, des **plumes** sur les oiseaux, des **écailles** sur les poissons.

39. Ongles. — Les ongles de l'homme et des animaux sont également des poils réunis et transformés en **matière cornée**.

LA VUE.

Sous l'influence de la lumière, la **vue** nous permet de distinguer les êtres qui nous environnent et de nous rendre compte des couleurs et des formes.

16*

40. Les yeux. — Les **yeux** sont les organes de la vue. L'homme en a deux, logés, au-dessous du front, dans des cavités osseuses appelées **orbites**. Les yeux sont protégés par les poils des **sourcils** et par ceux des paupières appelés **cils**.

41. Parties de l'œil. — Chaque œil forme un petit globe enveloppé d'une membrane blanche appelée la **sclérotique**, ou *blanc de l'œil*. Les parties principales de l'œil sont, d'avant en arrière : la **cornée transparente**, l'**iris** percé en son milieu par la **pupille**, le **cristallin**, l'**humeur vitrée** et la **rétine**. La rétine est l'épanouissement du nerf optique, qui porte au cerveau les impressions reçues par l'œil.

L'œil des grands animaux est pareil à celui de l'homme. Les insectes ont plusieurs yeux à facettes réunis en un seul de chaque côté de la tête. L'écrevisse et quelques crustacés ont les yeux placés à l'extrémité de petites antennes. Les animaux inférieurs sont souvent dépourvus des organes de la vue.

L'OUIE.

L'ouïe transmet au cerveau les impressions produites sur nous par le son.

42. Les oreilles. — Les organes de l'ouïe sont les **oreilles**, placées chez l'homme sur le côté de la tête, un peu plus bas que la tempe.

43. Organes de l'oreille. — L'oreille se compose, à l'extérieur, du **pavillon**, et à l'intérieur, d'une cavité creusée dans l'os du rocher et comprenant plusieurs canaux et des membranes sur lesquelles reposent de petits os. Le **nerf auditif** pénètre dans la partie la plus profonde de l'oreille interne.

44. La voix. — L'homme, qui entend les sons, a la faculté d'en émettre. Il a la **voix**; d'autres animaux l'ont aussi, mais l'homme seul est doué de la *parole*, au moyen de laquelle il communique facilement avec ses semblables.

45. Organes de la voix. — L'organe de la voix est le **larynx**, qui sert également pour la respiration. Pour articuler les mots, l'homme se sert en outre de la *langue*, du *palais*, des *dents* et des *lèvres*.

L'ODORAT.

L'odorat est le sens qui nous fait connaître les odeurs. Il a son siège dans les fosses nasales.

46. Le nez. — L'organe principal de ce sens est la **mem-**

brane pituitaire placée au fond du nez, à l'entrée des voies respiratoires, et sur laquelle l'air aspiré apporte les parcelles odorantes des corps.

Le nerf propre à l'odorat est le **nerf olfactif.**

Tous les animaux supérieurs ont ce sens ; mais, à partir des insectes, plusieurs animaux paraissent en être dépourvus.

LE GOUT.

Le **goût** nous fait apprécier la **saveur** des corps solubles. Les corps qui n'ont pas de saveur appréciable sont dits **insipides;** ceux qui en ont sont **sapides.**

47. Organes du goût. — La **langue** est le principal organe du goût. Ce sont les **papilles nerveuses** de la langue qui reçoivent les impressions produites par les corps sapides.

Chez beaucoup d'animaux inférieurs le goût paraît peu développé ou absent.

FONCTIONS DE NUTRITION.

48. Définition. — On appelle **fonctions de nutrition** les actes de la vie par lesquels les animaux se nourrissent, c'est-à-dire entretiennent la vie en eux.

49. Distraction. — On distingue trois sortes de fonctions de nutrition : la **digestion,** la **circulation** et la **respiration.**

I. — DE LA DIGESTION.

50. Digestion. — La **digestion** est la fonction par laquelle les animaux absorbent et s'assimilent les aliments nécessaires à leur nourriture.

51. Aliments. — L'homme et les animaux se nourrissent en absorbant des **aliments** qui sont transformés par l'acte de la digestion. Une partie de ces aliments devient du sang, de la chair, des os et sert à entretenir la matière des organes et à produire de la chaleur ; l'autre partie, impropre à la nutrition, est rejetée hors du corps.

Les aliments sont composés de matières animales ou végétales ; quelques substances minérales, entre autres l'eau et le sel marin, entrent aussi dans l'alimentation.

52. Alimentation des animaux. — Les animaux qui mangent la chair sont dits *carnivores;* ceux qui se nourrissent de plantes ou d'herbes sont *herbivores;* quelques-uns ne vivent

que d'insectes et reçoivent la qualification d'*insectivores;* les
animaux qui peuvent se nourrir des substances les plus diverses
sont des *omnivores* (qui mangent de tout).

53. Appareil digestif. — L'appareil digestif des animaux
est un tube affec-
tant des formes
différentes dans
ses diverses par-
ties. Cet appareil
existe chez tous
les animaux supé-
rieurs; il manque
chez les vers in-
testinaux et au-
tres êtres infé-
rieurs.

L'appareil di-
gestif de l'homme
comprend : la
bouche, le *pha-
rynx,* l'œsophage,
l'estomac et les in-
testins.

54. Bouche.—
La bouche est
une cavité qui
s'ouvre dans la
face. Elle est for-
mée par les mâ-
choires et les
joues. La mâ-
choire supérieure
est immobile et
fait corps avec
une voûte osseuse
appelée **palais.**

Fig. 4. — Appareil digestif.

La mâchoire inférieure se meut de haut en bas, de manière à ce
que la bouche puisse s'ouvrir et se fermer. La **langue,** dont la
base est attachée au fond de la bouche, couvre en grande
partie la cavité formée par l'os maxillaire inférieur.

55. Pharynx, œsophage. — Le **pharynx,** ou **arrière-
bouche,** est un tube en entonnoir, faisant suite à la bouche;

il est continué par l'œsophage, qui est également un canal, aboutissant à l'estomac.

56. Estomac. — L'estomac est une poche en forme de musette qui reçoit les aliments absorbés.

57. Intestins. — Les **intestins** sont formés par un tube qui se recourbe et se replie plusieurs fois sur lui-même.

On appelle **petits intestins** ceux de dimensions moindres faisant suite à l'estomac, et **gros intestins** ceux qui forment l'extrémité de l'appareil digestif.

Auprès des organes proprement dits de la digestion, se trouvent des organes accessoires, tels que : les **glandes salivaires** près des mâchoires, le **foie** et le **pancréas**, logés dans le ventre ou **abdomen**.

. **58. Les dents de l'homme et des animaux.** — Chez la plupart des animaux, les mâchoires portent de petits os qui servent à broyer les aliments'; ce sont les **dents**, dont la forme varie suivant le genre de nourriture de l'animal.

Les dents des carnivores sont aiguës; elles coupent et déchirent la chair. Celles des herbivores sont en forme de plateau, garni de petits mamelons arrondis, de manière à pouvoir broyer la pâture. Les insectivores ont des dents hérissées de petits mamelons pointus.

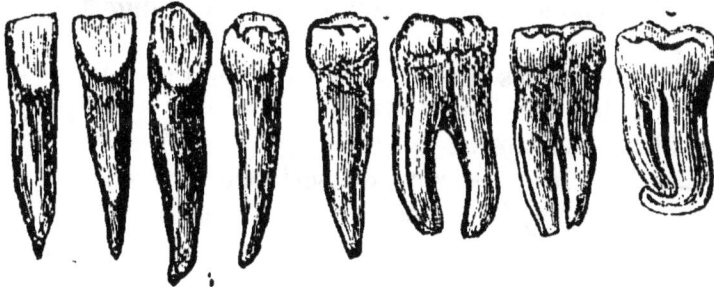

Fig. 5. — Dents de l'homme.

59. Division des dents. — L'homme, qui mange à la fois des matières animales et végétales, a trois sortes de dents : des *incisives* qui coupent, des *canines* qui déchirent, et des *molaires* qui broient les aliments.

Les **incisives,** placées en avant, sont au nombre de huit, quatre à chaque mâchoire; nous avons quatre **canines** placées à côté des incisives en haut et en bas, et vingt **molaires** situées en arrière des canines, soit **seize** dents par mâchoire, et **trente-deux** dents en tout, pour un homme adulte.

Les enfants n'en ont d'abord que vingt, ce sont les **dents de lait**, qui tombent vers l'âge de sept ans et sont remplacées par d'autres plus fortes et plus nombreuses.

60. Matière des dents. — Les dents sont formées d'une matière osseuse appelée *ivoire*, recouverte d'une couche brillante qui est l'*émail*.

La partie de la dent qui s'enfonce dans l'os de la mâchoire est la **racine**; celle qui est en dehors de la gencive est la **couronne**; la couronne seule est couverte d'émail.

61. Actes de la digestion. — Les principaux actes de la digestion sont : la *préhension*, la *mastication*, l'*insalivation*, la *déglutition*, la *digestion stomacale* et la *digestion intestinale*.

62. Préhension. — La plupart des animaux saisissent directement les aliments avec les lèvres et les dents. L'homme les porte à sa bouche à l'aide des mains. Les singes et l'écureuil se servent également des membres antérieurs pour prendre leur nourriture; l'éléphant se sert, à cet effet, de sa trompe.

Cet acte par lequel les animaux saisissent la nourriture se nomme la **préhension**.

63. Mastication, insalivation. — Introduits dans la bouche, les aliments sont *mâchés*, c'est-à-dire broyés, triturés par les dents; puis, imbibés de la salive qui sort des glandes salivaires, ils forment une véritable pâte, et la digestion commence.

L'acte par lequel les aliments sont mâchés s'appelle la **mastication**; celui par lequel ils sont imprégnés de salive se nomme l'**insalivation**.

64. Déglutition. — Par une série de mouvements de la langue et des joues, la *bouchée* est formée en boule sur le dos de la langue et poussée dans la gorge. Le pharynx se contracte et la bouchée *avalée* descend dans l'estomac.

La boule d'aliments que l'on avale à chaque fois se nomme **bol alimentaire**.

L'acte par lequel le bol alimentaire est introduit dans l'estomac est la **déglutition**.

65. Digestion stomacale. — Là les aliments sont digérés, c'est-à-dire transformés en une bouillie grise, presque liquide, nommée **chyme**. Cette transformation est due à l'action de la salive qui a tout d'abord mouillé les aliments, puis à un liquide appelé **suc gastrique**, qui suinte des parois de l'estomac et décompose les matières absorbées.

Cet acte porte le nom de **digestion stomacale**.

66. Digestion intestinale. — La digestion ne s'achève pas complètement dans l'estomac. Quand la bouillie sort de cet organe, elle passe dans l'intestin grêle, où, sous l'influence d'un suc nommé **bile**, qui vient du foie, et d'un autre suc qui vient du pancréas et qu'on nomme **suc pancréatique**, elle se divise en deux parties. L'une, blanche et très liquide, nommée **chyle**, comprend tout ce qui peut nourrir le corps, et est absorbée par de petits vaisseaux qui la portent dans le sang. L'autre renferme les rebuts de la digestion; elle descend dans le gros intestin pour être expulsée hors du corps.

Ce dernier acte porte le nom de **digestion intestinale.**

II. — DE LA CIRCULATION.

67. Définition. — La circulation est la fonction par laquelle le sang est porté dans toutes les parties du corps pour nourrir les organes, pour les accroître ou pour les entretenir.

68. Le sang. — Le **sang**, formé par les aliments que nous absorbons, renferme tous les éléments qui constituent notre chair et nos os. C'est un liquide qui porte en suspension la matière même dont nous sommes formés. Il est rouge chez l'homme, le chien, le chat, le cheval et chez tous les animaux qui ont des os. Il est blanc dans le corps des insectes (mouches, abeilles, papillons). Le sang de l'escargot et du hanneton est teinté en jaune; celui d'autres petits animaux est parfois rosé.

69. Appareil de la circulation. — L'appareil de la circulation est composé d'organes spéciaux. Ce sont : le *cœur*, les *artères* et les *veines*.

70. Cœur. — Le **cœur** est un muscle creux, en forme de cône dont la base serait en haut.

Le cœur se remplit de sang, qu'il projette dans les artères comme le ferait une pompe. Il est formé de deux parties séparées par une cloison verticale: **cœur gauche** et **cœur droit.** Chaque partie renferme deux cavités qui communiquent entre elles par une étroite ouverture, ce sont : l'**oreillette** à la base du cœur, le **ventricule** à la pointe.

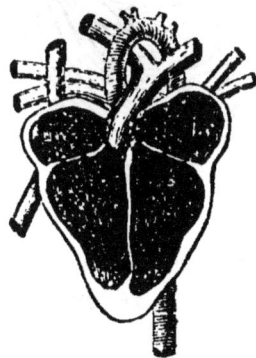

Fig. 6. — Le cœur.

71. Artères. — Les **artères** sont les vaisseaux qui, partant du cœur, portent le sang dans le corps. Elles sont formées de membranes dures et résistantes.

Il n'y a en réalité qu'une artère, qui se divise en un nombre infini d'artères de plus en plus petites, comme les branches d'un arbre.

72. Veines. — Les **veines** sont au contraire molles et souples. Ce sont les vaisseaux qui ramènent le sang au cœur.

Il n'y a aussi en réalité qu'une veine divisée en un nombre considérable de rameaux.

73. Mouvement du sang. — Le sang exécute un continuel va-et-vient du cœur aux extrémités les plus éloignées de cet organe.

Le sang propre à la vie remplit le cœur gauche. Quand le ventricule gauche se contracte, il lance le sang dans les artères, qui le portent par tout le corps.

Mais en parcourant le corps, le sang, qui était **rouge vermeil** et chargé de matières nutritives, devient **noir** et impropre à entretenir la vie. Il passe alors dans les veines par l'intermédiaire des **vaisseaux capillaires**, et est ramené dans l'oreillette droite du cœur, avec le chyle provenant des aliments et qu'il a reçu en route.

De l'oreillette droite, le sang noir passe dans le ventricule droit qui, en se contractant, le chasse par un conduit nommé **artère pulmonaire**, dans les poumons, où l'air que nous respirons lui rend sa belle couleur rouge.

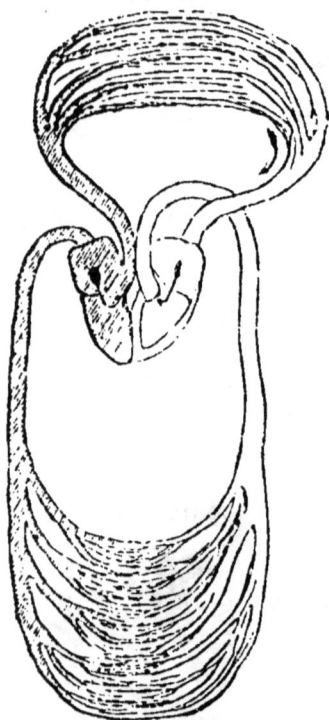

Fig. 7. — Mouvement du sang.

Le sang, redevenu vivifiant, retourne au cœur gauche par la **veine pulmonaire**, qui débouche dans l'oreillette gauche. Passant de l'oreillette gauche dans le ventricule gauche, le sang rouge est de nouveau lancé dans la circulation par les artères.

74. Remarque. — Chez tous les grands animaux à os et à sang rouge, la circulation se fait comme chez l'homme. Cependant le cœur des reptiles, serpents, lézards, crapauds, etc., diffère de celui de l'homme, en ce qu'il n'a qu'un ventricule et deux oreillettes. Le cœur des poissons est unique, il n'a qu'un ventricule et une oreillette. Enfin l'appareil circulatoire des insectes se réduit à un simple canal percé de trous sur les côtés.

III. — DE LA RESPIRATION.

75. Définition. — La **respiration** est la fonction par laquelle l'air est introduit dans les poumons pour revivifier le sang impur qui vient du cœur.

76. Action de l'air sur le sang. — Le sang qui revient au cœur droit par les veines est *noir*; c'est que, dans son parcours à travers les organes, le sang rouge et pur a laissé la plus grande partie des matières nutritives qu'il contenait, et s'est chargé de résidus qui le souillent en lui donnant cette couleur noire. Pour qu'il redevienne vermeil et nutritif, il faut qu'il passe à travers les poumons, où il est mis en contact avec l'air.

77. Organes de la respiration. — Les organes de la respiration chez l'homme sont : le *larynx*, la *trachée-artère*, les *bronches* et les *poumons*.

78. Larynx. — Le larynx est placé dans l'arrière-bouche en avant du pharynx ; il est composé de cartilages durs, dont un, qui fait saillie en avant, forme la **pomme d'Adam**.

C'est dans le larynx que se forme la **voix**.

79. Trachée-artère. — La trachée-artère est un canal cartilagineux, à parois résistantes, qui va du larynx aux bronches.

80. Les bronches. — En arrivant dans la poitrine, la trachée-artère se partage en deux branches qui elles-mêmes se divisent en un grand nombre de rameaux appelés **bronches**. Les bronches se terminent par de petites ampoules qu'une pellicule très fine sépare à peine des vaisseaux sanguins.

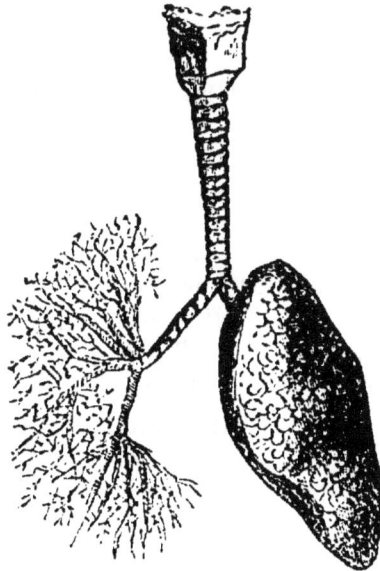

Fig. 8. — Bronches et poumons.

81. Les poumons. — Les poumons sont deux organes volumineux, formés d'un tissu spongieux dans lequel se trouvent les bronches et les vaisseaux sanguins.

82. Jeu de la respiration. — Le jeu de la respiration, qui est très simple, se compose de deux actes : l'*inspiration* et l'*expiration*.

Lorsque le thorax se dilate, l'air qui entre par la bouche et les narines remplit les poumons : c'est l'**inspiration**.

Lorsque, au contraire, les côtes de chaque côté et le diaphragme en dessous pressent sur les poumons, l'air est chassé au dehors par la bouche et le nez : c'est l'**expiration**.

Les mouvements d'inspiration et d'expiration se succèdent ainsi alternativement comme ceux d'un soufflet. S'ils cessaient, l'homme mourrait étouffé, **asphyxié**. Un homme placé dans un milieu privé d'air ou ne contenant que de l'air vicié serait également asphyxié.

Pour être respirable, l'air doit contenir un cinquième de son volume d'*oxygène*. L'oxygène est le gaz qui dans l'air brûle les corps.

83. Chaleur animale. — L'air introduit dans les poumons y apporte donc de l'oxygène, qui, au fond des bronches, se trouve en contact avec le sang noir. L'oxygène brûle toutes les impuretés dont est chargé ce sang, et le liquide nourricier reprend sa couleur vermeille. [Cette action constante de l'air sur le sang produit la chaleur dont nous avons besoin pour vivre. Le corps de l'homme est donc un véritable foyer.

IV. — RÉSUMÉ.

84. — En résumé : 1° la digestion élabore les aliments propres à constituer le sang qui nous nourrit ; 2° la circulation porte ce sang dans toutes les parties du corps, où il laisse les matières nutritives et d'où il ramène les résidus de la vie ; 3° la respiration brûle toutes les impuretés qui souillaient le sang revenant au cœur, et cette combustion entretient en nous la chaleur.

CLASSIFICATION DES ANIMAUX

85. Nécessité d'une classification. — Le nombre des animaux étant très grand, il a fallu, pour les reconnaître, les classer, c'est-à-dire les répartir en groupes distincts suivant leur forme et leur structure.

86. Vertébrés et invertébrés. — Ainsi tous les animaux qui existent peuvent d'abord être rangés en deux grandes catégories :

I. Les animaux qui ont des os et une épine dorsale composée de vertèbres : les **vertébrés;**

II. Les animaux qui n'ont pas d'os et par conséquent pas de vertèbres : les **invertébrés.**

87. Subdivisions. — Ces derniers animaux sont si nombreux et si différents les uns des autres, qu'on peut les subdiviser en trois groupes :

1° Ceux dont le corps est composé d'anneaux : les **annelés;**

2° Ceux dont le corps, dépourvu de squelette, est mou : les **mollusques;**

3° Ceux qui sont composés d'un point central autour duquel toutes les parties du corps rayonnent : les **rayonnés.**

Ces groupes sont appelés **embranchements,** et l'on dit que le règne animal se divise en quatre embranchements : les *vertébrés,* les *annelés,* les *mollusques* et les *rayonnés.*

Chacun de ces embranchements se divise en *classes,* les classes se subdivisent en *ordres* et les ordres en *espèces.*

1er Embranchement : LES VERTÉBRÉS.

88. Caractères généraux des vertébrés; classes de vertébrés. — Les vertébrés ont tous un squelette composé d'os. Ce squelette varie de forme : il n'est pas le même chez l'homme que chez le cheval ; celui du chien diffère de celui de la poule et plus encore de celui du serpent; les **arêtes** des poissons, quoique de véritables os, ne ressemblent pas non plus aux os des animaux vivant dans l'air. Mais ce qui caractérise les vertébrés, c'est que tous ont un cerveau et une moelle épinière logée dans la colonne vertébrale, qu'ils ont un cœur musculeux, que leur sang est rouge, et que leur corps pourrait être divisé en deux parties tout à fait semblables si on le coupait dans le sens de la longueur.

89. Division des vertébrés. — Les vertébrés se divisent en cinq classes : les **mammifères** (porte-mamelles), les **oiseaux,** les **reptiles** (serpents, lézards), les **batraciens** (grenouilles) et les **poissons.**

1. LES MAMMIFÈRES.

90. Caractères généraux des mammifères. — Les mam-

mifères sont ainsi appelés parce qu'ils portent des mamelles où se trouve le lait dont ils nourrissent leurs petits dans le jeune âge. Ce sont les animaux dont l'organisation est la plus parfaite. Ils ont le corps couvert de poils plus ou moins longs et plus ou moins serrés; leurs quatre membres semblables servent à la marche, excepté chez l'homme, dont la station est verticale et dont les membres sont différents. Les mammifères respirent à l'aide de poumons dès leur naissance; ils ont le sang chaud et mettent au monde des petits vivants.

91. Division de la classe des mammifères en ordres. — La classe des mammifères a été divisée en plusieurs *ordres*. Les animaux qui appartiennent au même ordre ne diffèrent les uns des autres que par certains détails, mais ils diffèrent beaucoup de ceux des autres ordres. Ainsi le *singe*, la *chauve-souris*, le *hérisson*, le *chien*, le *lapin*, le *bœuf*, le *cheval*, la *baleine*, appartiennent chacun à un ordre distinct et ne se ressemblent que dans les points communs à tous les mammifères. Au contraire, le *chien* et le *loup* se ressemblent beaucoup, parce que ces animaux sont du même *ordre* et de la même *espèce*.

Les principaux ordres de mammifères sont : les *primates* comprenant les *bimanes* et les *quadrumanes*, les *chéiroptères*, les *carnassiers*, les *rongeurs*, les *ruminants*, les *pachydermes*, les *amphibies* et les *cétacés*.

92. PRIMATES. — 1° Bimanes. — L'homme est le seul des mammifères qui ait deux pieds et deux mains, et qui se tienne constamment debout sur les membres postérieurs, quand il marche.

Il forme à lui seul l'ordre des **bimanes**, c'est-à-dire l'ordre des animaux à deux mains.

93. 2° Quadrumanes. — Les singes. — Les singes ne sont pas des animaux de nos contrées; il ne s'en trouve

Fig. 9. — Singe.

qu'une seule espèce en Europe, le **magot**, qui habite les rochers de Gibraltar, au sud de l'Espagne.

Les grands singes sont de tous les mammifères ceux qui se rapprochent le plus de l'homme par leur conformation. Ils s'en distinguent cependant d'une manière bien nette. Leur crâne est plus petit, chez eux la face s'allonge en museau. De plus, si les grands singes peuvent se tenir debout, ce n'est pas leur manière ordinaire de se tenir ; ils sont destinés à marcher à quatre pattes et surtout à grimper sur les arbres, car tous leurs membres se terminent par des mains (1), ce qui fait qu'on appelle l'ordre des singes l'ordre des **quadrumanes** (quatre mains).

Les plus grands singes sont : l'**orang-outang**, que l'on trouve en Océanie. Sa taille peut dépasser 2 mètres; il vit dans des huttes qu'il construit pour sa famille.

Le **chimpanzé**, qui habite l'Asie et l'Afrique, est encore plus intelligent que l'orang-outang.

Le **gorille**, qui ne se rencontre que dans l'Afrique, est le plus fort et le plus dangereux des singes.

Les petits singes les plus répandus en France viennent du Brésil et de la Guyane; ce sont les **sajous**, animaux gais et intelligents.

94. CHÉIROPTÈRES. — Les chauves-souris. — La chauve-souris est un mammifère volant. Elle ne saurait être confondue avec les oiseaux, car elle a des mamelles à la poitrine pour

Fig. 10. — Chauve-souris.

allaiter un petit qu'elle met au monde vivant; elle a le corps couvert de poils et non de plumes; elle a des mâchoires armées de dents alors que les oiseaux n'ont qu'un bec.

La dentition de la chauve-souris montre qu'elle se nourrit d'insectes; elle a deux canines aiguës et des molaires hérissées de mamelons pointus.

Son corps ressemble à celui de la souris; ses ailes sont nues, d'où son nom de *chauve-souris*. Ces ailes sont formées par une

(1) V. *note*, p. 240.

peau très fine qui s'étend entre les doigts démesurément allongés, et enveloppe tout le corps de l'animal, même la queue. C'est cette particularité d'avoir la main en forme d'aile, qui a fait donner à cet ordre d'animaux le nom de **chéiroptères** (ailes aux mains).

La chauve-souris a le pavillon des oreilles très développé, surtout chez l'espèce appelée *oreillard*. Elle ne vole que le soir, au crépuscule, pour faire la chasse aux phalènes, papillons et insectes qui sont dans l'air à ce moment de la journée; on l'entend alors qui pousse un petit cri aigu. Pendant le jour, elle reste blottie dans un trou de mur ou dans un creux d'arbre, accrochée par l'ongle du pouce. C'est un animal très utile qu'il faut se garder de tuer.

95. Insectivores. — Comme la chauve-souris, le *hérisson*, la *taupe* et la *musaraigne* se nourrissent exclusivement d'insectes; pour ce fait on les appelle **insectivores**.

96. Hérisson. — Le **hérisson** est un petit animal très

Fig. 11. — Hérisson.

commun en France. Il vit tapi dans les mousses des haies. Son nom lui vient des piquants dont son corps est hérissé. Dès qu'il se voit attaqué, il rapproche sa tête de son ventre et se roule en boule; ses ennemis se mettent la gueule en sang sur ses épines, mais ne peuvent le mordre.

Fig. 12. — Taupe.

97. Taupe. — La **taupe** est plus petite que le hérisson : c'est un animal **fouisseur**, c'est-à-dire que, grâce à la conformation de ses pattes et de son museau, elle creuse facilement sous terre des galeries où elle vit se nourrissant de vers. A la surface du sol elle se traîne plutôt qu'elle ne marche. Le pelage de la taupe est d'un beau noir soyeux.

98. Musaraigne. — La **musaraigne** est le plus petit des mammifères ; elle ressemble à la souris, mais elle a le museau plus allongé et plus pointu. Elle vit dans des terriers et se nourrit d'insectes.

Ces trois insectivores rendent de grands services à l'agricul-

Fig. 13, — Musaraigne,

ture ; il est nécessaire de les protéger contre l'ignorance de certains cultivateurs qui pourchassent la taupe parce qu'elle laboure le sol des prairies, et qui tuent la [musaraigne et le hérisson par cruauté ou parce que de sots préjugés les font considérer comme nuisibles.

Il existe un grand nombre d'autres insectivores tant en France que dans le reste du monde.

99. CARNASSIERS. — **Le chien.** — Le **chien**, compagnon fidèle de l'homme, dont il est le serviteur vigilant et obéissant, a dû être autrefois un animal sauvage se nourrissant exclusivement de la chair des animaux qu'il chassait. S'il mange aujourd'hui du pain, ses dents n'en sont pas moins faites pour déchirer la chair ; ses canines sont très aiguës, ce qui est le signe caractéristique de tous les animaux **carnassiers**, que l'on reconnaît aussi à leurs griffes.

Les espèces de chiens sont très nombreuses. Les plus gros chiens sont le *terre-neuve*, le *chien des Alpes* et le *chien des Pyrénées.* Le chien de berger et le chien de chasse sont les plus communs, les plus utiles.

Fig. 14. — Le loup.

100. Le loup. — Le carnassier qui se rapproche le plus du chien est le **loup**, animal sauvage vivant dans les bois et se nourrissant de gibier ou de moutons.

Il faut citer aussi parmi les carnassiers nuisibles : **l'ours**, qui se rencontre dans les Alpes et dans les Pyrénées ; **l'hyène** et le **chacal**, que l'on trouve en Algérie ; le **renard**, la **fouine**, le **putois**, la **belette**, redoutables pour le gibier et pour les poulaillers ; la **loutre**, qui se nourrit de poisson et dépeuple les étangs.

101. Les chats. — Nous nourrissons dans nos maisons, à côté du chien, un autre carnassier appartenant à une famille d'animaux généralement voraces et dangereux, c'est le **chat**.

Le chat a des griffes très aiguës qui ne s'émoussent jamais

Fig. 15. — Le lion.

parce qu'elles peuvent se renfoncer dans une gaine qui les protège. Il est plus sanguinaire que le chien. Il dévore les souris et les oiseaux qu'il prend vivants.

Le **lion** d'Afrique dont la force est si grande, le **tigre** de l'Inde, si féroce, sont les deux plus grands animaux du genre chat, auxquels on doit ajouter la **panthère**, le **léopard** et le **jaguar**. On donne aussi aux chats le nom de *félins*.

102. Rongeurs. — Le lapin. — Le **lapin** est un petit animal d'un gris fauve, qui vit dans les garennes où il se creuse des terriers. Il a les membres postérieurs forts, la queue très courte, les oreilles longues et de gros yeux placés latéralement sur les côtés de la tête. On chasse le **lapin de garenne**, dont la chair est assez délicate, et l'on nourrit à l'état domestique les **lapins de clapier**.

Les mâchoires du lapin sont armées, en avant, d'incisives longues et tranchantes séparées des molaires par un large espace vide. Cette dentition lui permet de ronger l'écorce et la tige des plantes dont il se nourrit.

Tous les animaux qui ont un système dentaire pareil à celui du lapin sont classés dans l'ordre des **rongeurs**.

Les principaux rongeurs sont : le **lièvre**, qui est un peu plus gros que le lapin et qui ne se creuse pas de terrier ; l'**écureuil**, charmant petit animal roux, vivant dans les bois, sur les arbres dont il mange les fruits; les **souris**, **rats** et **mulots**, animaux très nuisibles dans les maisons et les champs; le **loir**, qui pille les fruits de nos vergers; la **marmotte**, qui vit dans les Alpes et qui, comme le loir, dort pendant toute une partie de l'hiver.

103. Ruminants. — **Le bœuf.** — De tous nos animaux domestiques, le bœuf est le plus fort. La puissance de ses muscles en fait un précieux auxiliaire du cultivateur. Sa chair nous fournit une nourriture substantielle; sa peau, ses cornes, sont utilisées par l'industrie; sa femelle, la vache, nous donne un lait abondant et d'excellente qualité, que les ménagères transforment en beurre et en fromage pour notre alimentation.

Le bœuf a une grosse tête, armée de cornes recourbées et terminée par un mufle arrondi; son cou est musculeux, ses membres forts, sa démarche lente et pesante; mais ce qu'il faut surtout remarquer en lui, c'est sa dentition et son estomac.

104. Dents et estomac des ruminants. — Le bœuf se nourrit d'herbe; il n'a pas d'incisives à la mâchoire supérieure, il est dépourvu de canines, ses molaires sont plates et propres à broyer la pâture. Il paît l'herbe des champs en la rasant à l'aide de sa langue rugueuse et des incisives de sa mâchoire inférieure.

Son estomac est composé de quatre poches différentes : la **panse**, le **bonnet**, le **feuillet** et la **caillette.**

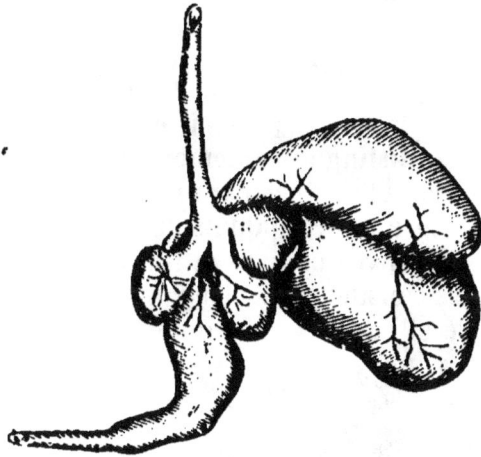

Fig. 16. — Estomac de ruminant.

La nourriture, avalée sans être mâchée, descend d'abord dans la **panse**, d'où elle passe dans le bonnet; de là, elle remonte dans la bouche où elle est broyée à nouveau et ravalée pour être digérée dans le feuillet et dans la caillette où elle arrive directement alors.

Quand le bœuf remâche ainsi la pâture, on dit qu'il **rumine**, et tous les animaux qui ont un estomac pareil à celui du bœuf sont appelés **ruminants.**

Tous les ruminants sont herbivores; ils ont la même dentition que le bœuf, et, comme lui, le pied fourchu avec des ongles formant sabot.

En France, on trouve à l'état domestique le **mouton** et la **chèvre**, et à l'état sauvage, dans les forêts, le **cerf** et le **chevreuil**.

Le chameau, si utile aux voyageurs qui traversent les déserts d'Afrique et d'Arabie; le **renne**, si précieux aux habitants des pays du Nord, et la **girafe**, sont aussi des ruminants.

Fig. 17. — Renne.

105. PACHY-DERMES. — Le cheval. — Le cheval se nourrit d'herbe comme le bœuf, le mouton et la chèvre; mais il ne rumine pas la pâture comme eux. Il s'en distingue également par d'autres caractères. Ses membres sont terminés par un sabot et non par des ongles séparés; sa tête ne porte jamais de cornes; sa mâchoire supérieure a des incisives comme la mâchoire inférieure.

Ses formes sont élégantes; il peut déployer une grande force et courir avec rapidité. Docile et intelligent, il rend les plus grands services à l'homme, soit que celui-ci le monte, soit qu'il l'attelle à la voiture, à la charrette ou à la charrue.

Les races de chevaux sont nombreuses, et l'homme arrive à les perfectionner à son gré.

Le cheval vit une trentaine d'années. Lorsqu'il est mort, ses crins et la corne de ses pieds sont employés dans l'industrie. Sa peau est transformée en un cuir souple et solide.

Fig. 18. — Éléphant.

L'épaisseur même de la peau est le signe distinctif de tous les animaux qui appartiennent au même ordre que le cheval, ordre auquel on a donné le nom de **pachydermes**, c'est-à-dire *animaux à peau épaisse.*

Les principaux pachydermes sont : l'**âne**, de la famille du cheval et domestique comme lui; le **porc** domestique dont la chair sert à l'alimentation ; le porc sauvage ou **sanglier.**

L'**éléphant**, que l'on trouve surtout dans l'Inde et en Afrique, est du même ordre; il est armé de défenses et pourvu d'une trompe avec laquelle il saisit les objets.

Le **rhinocéros**, le **zèbre** et l'**hémione** sont aussi des pachydermes.

MAMMIFÈRES AQUATIQUES.

Parmi les mammifères, il en est qui vivent dans l'eau et que nous devons considérer à part ; on les divise en *amphibies* et en *cétacés.*

106. AMPHIBIES. — Les **amphibies** sont des animaux qui vivent alternativement sur la terre et dans l'eau. Le plus connu est le *phoque.*

107. Le phoque. — Le **phoque**, qui habite les mers du Nord, est un animal doux et inoffensif, vivant de poissons.

Sa tête ressemble à celle d'un chien sans oreilles. La partie antérieure de son corps est celle d'un mammifère, mais ses pattes sont transformées en nageoires.

Fig. 19. — Phoque.

Le reste de son corps est effilé comme le corps d'un poisson; les membres postérieurs sont soudés et forment une véritable nageoire horizontale au-dessus de laquelle se voit la queue.

Il nage avec une grande facilité; mais il se meut bien péniblement à terre.

Le **morse** et l'**ottarie** sont de curieux amphibies se rapprochant des phoques.

108. CÉTACÉS. — Les *cétacés* ne vivent que dans la mer, et l'on pourrait les prendre pour des poissons si on ne les examinait pas attentivement. Le plus connu est la baleine.

109. La baleine. — La **baleine** est le plus grand des animaux actuels. Elle a la forme d'un gigantesque poisson. On
ne doit pas la confondre cependant avec les poissons, car elle
a des mamelles pour nourrir de lait le baleineau qu'elle met
au monde, et elle respire à l'aide de poumons.

Fig. 20. — Baleine.

La baleine peut atteindre jusqu'à 30 mètres de longueur.

Elle vit principalement dans les mers polaires, où les pê-
cheurs la poursuivent pour extraire de son corps de l'huile et
d'autres matières employées dans l'industrie.

Elle n'a pas de dents à proprement parler; ces organes sont
remplacés par de longues et larges bandes cornées, nommées
anons, qui lui remplissent la bouche et retiennent les petits
animaux dont elle fait sa nourriture.

C'est avec ces fanons, appelés *baleines,* que les dames renfor-
cent leurs corsets.

Les autres cétacés sont le **marsouin**, le **dauphin** et le **ca-
chalot.**

110. AUTRES MAMMIFÈRES. — Il existe encore plusieurs ordres
de mammifères, dont nous ne citerons que les suivants :

1° Les **fourmiliers**, dont le nom indique le genre de nourriture ;

2° Les **sarigues** et les **kanguroos**, qui ont au ventre une
poche où se logent leurs petits pendant la période de l'allaite-
ment ;

3° Les **ornithorynques** qui ont un bec et des pattes de
canard.

II. LES OISEAUX.

111. Caractères généraux. — C'est la seconde classe des vertébrés. Un oiseau se reconnaît à première vue aux plumes qui couvrent son corps et aux ailes qui lui servent à voler.

Dans le squelette des oiseaux, à peu près le même chez tous, les différents os correspondent à ceux des mammifères, mais ils n'ont pas la même forme. La tête est petite. Les mâchoires, dépourvues de dents, s'allongent pour devenir un **bec** de substance cornée. Le cou est long et composé de vertèbres très mobiles. Le sternum est large et offre une forte proéminence extérieure appelée **bréchet**. C'est sur le sternum, aux angles du bréchet, que s'insèrent les muscles très puissants destinés à mouvoir les ailes. Les pattes seules servent à la marche.

Les oiseaux ont trois estomacs : le **jabot**, où les aliments se ramollissent, le **ventricule**, et le **gésier** entouré d'un muscle puissant qui broie les graines en les contractant. Leur cœur est à quatre cavités ; ils respirent comme nous, mais leurs poumons sont traversés par l'air qui se loge dans le corps dont il diminue le poids. Ils ont un **larynx double** et modulent facilement leur voix.

Les oiseaux ne mettent pas au monde des petits vivants. Ils **pondent des œufs** dans des berceaux ou **nids**. La femelle **couve** les œufs, c'est-à-dire les réchauffe de son corps en restant constamment dessus. Au bout d'un certain temps, les petits éclosent. Avant d'être couvé, l'œuf renferme dans sa coquille un **jaune** qui nage dans un liquide **blanc**; quand l'œuf est couvé, le jaune et le blanc se transforment en un petit oiseau.

112. Division des oiseaux. — Les différents ordres d'oiseaux se distinguent surtout entre eux par l'extrémité des pattes et par le bec. On peut former tout d'abord deux grandes catégories :

1° Les oiseaux dont les doigts sont libres;

2° Les oiseaux dont les doigts sont plus ou moins unis par une membrane ou **palmure**.

La première catégorie comprend trois ordres :

Les **rapaces**, qui vivent de chair, ont les ongles crochus et le bec recourbé ;

Les **passereaux**, dont le bec est droit et les ongles faibles;

Les **grimpeurs**, qui ont deux doigts dirigés en avant et deux en arrière, pour grimper aux branches.

Les oiseaux de la seconde catégorie sont :

Les **gallinacés**, qui ont parfois les pattes garnies de plumes et entre les doigts une membrane peu apparente.

Les **échassiers**, qui n'ont pas tous les pattes palmées, mais qui les ont longues et nues.

Enfin, les **palmipèdes**, qui ont les doigts réunis par une large membrane, leur permettant de bien nager.

113. Rapaces. — L'aigle. — Les rapaces chassent les autres oiseaux et les petits mammifères. Leur bec crochu est fort et acéré ; leurs griffes puissantes sont appelées **serres**.

L'aigle est un des plus grands oiseaux et le plus fort des rapaces. Il vit sur le sommet des hautes montagnes du midi de l'Europe et du nord de l'Afrique. La femelle mesure un mètre de long parfois ; elle est redoutable quand on approche de son nid ou **aire**.

Fig. 21. — Aigle.   Fig. 22. — Chat-huant.

Les autres oiseaux de proie de nos contrées sont :

1° Le **vautour**, l'**épervier**, le **faucon**, l'**émerillon**, la **buse**, le **milan**, l'**émouchet** ou **crécerelleau** et le **hobereau** ;

2° Les **hiboux** ou **chats-huants**, comprenant :

1. Les **ducs**, dans lesquels on distingue le **grand-duc**, le **moyen-duc** et le **petit-duc**.

Les ducs ont les oreilles apparentes.

2. Les **chouettes**, parmi lesquelles on distingue l'**effraie**, la **hulotte** et la **chevêche**, qui ne chassent que la nuit. Ces derniers oiseaux vivent surtout de rats et de mulots ; ils rendent des services à l'agriculture.

114. Passereaux. — Le moineau et le pinson. — Le type des passereaux c'est le **moineau**, qui leur a donné son nom.

Tous les passereaux vivent d'insectes ou de grains ; ce sont, pour la plupart, des auxiliaires de l'agriculture et d'agréables chanteurs, comme les **fauvettes,** le **bouvreuil,** l'alouette, le **rossignol,** le **pinson.** Ce dernier oiseau est très commun en France : il bâtit jusque dans nos vergers son gentil petit nid de lichens garni à l'intérieur d'un fin duvet. Son plumage gris, avec deux bandes blanches et noires sur les ailes,

Fig. 23. — Pinson.

est assez élégant, et son chant n'est pas sans agrément.

Les passereaux qui sont *insectivores* ou *granivores*, et souvent les deux à la fois, se divisent en plusieurs genres, selon la forme de leur bec, qui indique leur mode de nourriture, ou la façon de saisir leur proie. Ce sont :

1° Les passereaux à *bec conique*, qui vivent de graines et d'insectes, tels que les **moineaux,** les **pinsons,** les **mésanges,** les **chardonnerets,** les **alouettes,** les **corbeaux** et les **corneilles ;**

2° Les passereaux à *bec grêle, court et échancré de chaque côté,* qui sont frugivores ou insectivores ; dans ce genre on distingue les **rossignols,** les **fauvettes,** les **rouges-gorges,** les **roitelets,** les **bergeronnettes,** les **merles** et les **grives.**

3° Les passereaux à *bec grêle et très allongé,* qui se nourrissent essentiellement de larves, comme les **huppes** et les **grimpereaux :** c'est à ce genre qu'appartiennent les oiseaux-mouches et les colibris d'Amérique.

4° Les passereaux à *large bec s'ouvrant en entonnoir,* qui vivent d'insectes dont ils font la chasse en volant et qu'ils engloutissent en quelque sorte ; les plus connus de ces oiseaux sont les **hirondelles,** les **mar-**

Fig. 24. — Engoulevent.

tinets, qui chassent pendant le jour, et les **engoulevents** ou **crapauds-volants,** qui ne sortent que la nuit.

115. Grimpeurs. — Les pics. — Les **grimpeurs** ne vivent guère à terre. Grâce à leurs ongles très pointus et à la disposition de leurs doigts, ils se fixent solidement sur les branches ou au tronc des arbres. Les grimpeurs les plus répandus en France sont le **coucou**, le **torcol** et le **pic**.

Ce dernier doit son nom à l'habitude qu'il a de piquer l'écorce des arbres pour découvrir les vers dont il se nourrit ; il a le bec fort et droit et il creuse le bois pour faire son nid. Les **perroquets**, apportés dans nos contrées et apprivoisés, sont des grimpeurs.

Fig. 25. — Pic.

116. Gallinacés. — La poule. — Les oiseaux de nos basses-cours appartiennent presque tous à l'ordre des **gallinacés**.

C'est le **coq**, dont le nom latin est *gallus*, qui a donné son nom à cette catégorie d'oiseaux, dans laquelle se trouvent les **pigeons**, les **pintades**, les **dindons**, les **faisans**, les **paons**, les **perdrix** et les **cailles**.

Le coq a un plumage à reflets brillants avec une queue en panache. Sa démarche est fière et hardie, sa tête porte une *crête* de chair rouge, et sous la gorge il a des *barbillons* de même couleur.

La poule est plus modeste et moins jolie ; son plumage est sans éclat et sa queue droite.

Fig. 26. — Poule.

Tous les deux ont souvent les pattes garnies de plumes, et leurs doigts sont reliés par une petite palmure. Ce sont là les caractères de l'ordre des gallinacés.

Les principaux gallinacés sont : les **dindons**, les **pintades**, les **faisans**, les **perdrix** et les **cailles**.

117. ÉCHASSIERS. — Le héron. — Les échassiers sont remarquables par la longueur de leurs pattes, dont les doigts sont à demi palmés.

Certains d'entre eux sont des *coureurs*, ils ne peuvent s'envoler : telle est l'**autruche**, qui habite les déserts du nord de l'Afrique. Mais, pour la plupart, ce sont des *oiseaux aquatiques* comme les **flamants**, les **cigognes**, la **bécasse**, la **bécassine**, le **héron**.

Ce dernier vit solitaire et triste sur le bord des étangs et des rivières. On le voit souvent posé sur une seule patte, dans l'eau, la tête enfoncée dans la plume, et attendant le poisson qu'il saisit d'un mouvement brusque et rapide avec son grand bec bien conformé pour la pêche.

Fig. 27. — Héron.　　　　Fig. 28. — Canard.

118. PALMIPÈDES. — Le canard. — Les palmipèdes sont des oiseaux nageurs. Leur patte est, en effet, un merveilleux aviron ; mais leur aile n'est pas toujours propre au vol. Le bec des palmipèdes est généralement aplati avec le bout rond comme chez le canard.

Le **canard** peut être pris comme le type de l'ordre. Il est dans nos basses-cours à l'état domestique ; sa chair est un aliment estimé, et son fin duvet fait de moelleux édredons. On trouve le canard à l'état sauvage, dans les marais du Nord, où il vit en bandes nombreuses.

L'**oie**, le **cygne**, la **sarcelle**, le **cormoran**, le **goéland** sont les palmipèdes les plus répandus dans notre pays.

III. LES REPTILES.

118. Caractères généraux. Division. — Les **reptiles** doivent leur nom à ce qu'ils *rampent*. Ramper, c'est se traîner sur le ventre. Quelques-uns d'entre eux ont des membres, d'autres n'en ont pas. Ce sont des animaux à température variable, qui s'engourdissent l'hiver. Ils ont le corps couvert d'écailles, et quand on les touche on éprouve une sensation assez vive de froid.

Les reptiles se divisent en **tortues** (ordre des *Chéloniens*), **lézards** (ordre des *Sauriens*), et **serpents** (ordre des *Ophidiens*).

120. CHÉLONIENS. — **Les tortues.** — Les **tortues** sont immédiatement reconnaissables à la boîte osseuse qui protège leur corps. Cette enveloppe est constituée en dessous par le [sternum très élargi et formant le **plastron**; en dessus, par les vertèbres et les côtes qui, soudés ensemble, deviennent la

Fig. 29. — Tortue.

carapace. La carapace est recouverte de la peau, écailleuse et souvent durcie.

Les quatre pattes, la tête et la queue sortent par d'étroites ouvertures.

Les plus grandes tortues sont celles qui vivent dans la mer. Elles atteignent des dimensions considérables. Les tortues d'eau douce et les tortues terrestres sont plus petites. On met la **tortue émyde** dans les jardins, qu'elle purge des limaces et des vers.

Fig. 30. — Lézard.

121. SAURIENS. — **Les lézards.** — Le joli **lézard vert** des buissons et le petit **lézard gris**, hôte des murailles, sont les types d'un ordre de reptiles fort nombreux. Ils ont quatre pattes, le corps garni d'écailles, la queue longue et fragile. L'un et l'autre sont inoffensifs; ils se nourrissent d'insectes et peuvent être très facilement apprivoisés.

Il n'en est pas ainsi des grands animaux de leur espèce, le **crocodile**, le **gavial**, le **caïman** ou **alligator**, qui vivent dans les fleuves des pays chauds.

Ces derniers animaux atteignent une assez grande longueur et sont très voraces. Leurs mâchoires redoutables portent des dents coniques aiguës, et leur peau est à l'épreuve de la balle.

122. Ophidiens. — **Les serpents.** — Les **serpents** n'ont pas de membres, leur corps est cylindrique et allongé. Leur squelette se réduit au crâne, à la colonne vertébrale, et à un grand nombre de côtes très mobiles. Leur gueule est armée de

Fig. 31. — Vipère.

dents fines et aiguës; elle peut s'élargir au point qu'ils avalent des animaux ayant plusieurs fois leur grosseur.

Les serpents sont **venimeux**, ou **non venimeux.**

Les **vipères** sont les seuls serpents venimeux de nos contrées. La plus commune, la **péliade**, est courte avec la tête triangulaire; sa peau brune est tachetée de noir. On la trouve fréquemment dans la forêt de Fontainebleau.

Le poison de la vipère est contenu dans des glandes communiquant par un canal avec deux dents creuses et en crochets.

Quand le serpent mord, les glandes sont comprimées et le venin se déverse dans les plaies faites par les crochets.

Le serpent à sonnette ou **crotale**, l'**aspic**, le **cobra** des Indes, les **trigonocéphales**, sont des serpents venimeux des pays chauds. Leur morsure amène sûrement et rapidement la mort.

Les **couleuvres**, si communes en France, et de formes variées, sont complètement inoffensives. Elles n'ont ni crochets ni venin ; elles vivent de lézards, de crapauds, de petits mammifères, et rendent ainsi quelques services à l'agriculture.

Dans les pays chauds, le **boa** et le **python** sont dangereux sans être venimeux ; ils atteignent une grande taille et étouffent de gros animaux, en les brisant dans les replis de leur corps. Quand ils ont avalé leur proie, ils tombent dans un engourdissement qui dure longtemps.

IV. LES BATRACIENS.

123. La grenouille. — Les **batraciens** sont des animaux qui ont la forme de la **grenouille**, type de la classe. La plupart sont aquatiques. Ils ont, comme les reptiles, le sang froid et la respiration pulmonaire lorsqu'ils sont adultes ; mais ils ont la peau nue et subissent dans leur jeunesse une série de transformations.

Ainsi, la grenouille dépose ses œufs sur les herbes des étangs ou des mares. Les petits êtres qui sortent de ces œufs ont le corps globuleux terminé par une longue queue, et une grosse tête ; ce sont les **têtards**. Ils n'ont pas de pattes et respirent par des *branchies* comme les poissons.

Après avoir vécu longtemps dans l'eau, les têtards acquièrent d'abord les pattes de derrière, puis les pattes de devant ; ils perdent ensuite leur queue et leurs branchies, et comme ils respirent alors à l'aide de poumons, ils vivent dans l'air. Mais ils peuvent rester longtemps sous l'eau.

La grenouille se nourrit d'insectes ; elle se meut en sautant, et nage avec une grande facilité, grâce à la force de ses membres de derrière et à la palmure qui relie ses doigts. La petite grenouille verte ou **rainette** est très jolie ; elle monte sur les arbres et fait entendre un roucoulement qui lui est particulier.

Le **crapaud** ressemble à la grenouille ; mais il est plus lourd de formes. De plus, les pustules dont son corps est couvert le rendent laid et repoussant. Il ne faut cependant pas le tuer, car il mange les limaces et les insectes nuisibles aux plantes.

V. LES POISSONS.

124. Caractères généraux des poissons. — Les poissons sont des vertébrés qui ne vivent que dans l'eau; hors de
leur élément naturel ils meurent rapidement.

Le squelette des poissons est formé de pièces plus ou moins
résistantes, mais il est semblable chez tous. La partie principale
est la colonne vertébrale avec des **arêtes** très développées. Le
crâne est allongé; les côtes sont généralement flottantes ou
n'existent pas; les membres sont remplacés par des nageoires;
la queue, toujours verticale, est conformée de manière à battre
l'eau comme une godille de batelier. La peau des poissons est
recouverte d'écailles diversement colorées.

Chez les poissons, l'appareil digestif comprend la bouche
avec des mâchoires armées de dents nombreuses, l'œsophage,
l'estomac et les intestins, comme chez les autres vertébrés.

Le sang est rouge; le cœur n'offre que deux cavités et joue
le rôle du *cœur droit* de l'homme. Il envoie le sang aux **branchies** qui servent de poumons, d'où le sang se répand dans le
corps. La circulation est donc simple.

Les poissons respirent l'air dissous dans l'eau par les *branchies,* disposées comme des lames de peigne sur les côtés de la
tête dans les **ouïes.**

Un certain nombre de poissons sont en outre pourvus d'une
vessie natatoire, sorte de sac qui se remplit d'air pour servir
à la respiration, ou pour permettre au poisson de s'élever à la
surface de l'eau.

Les poissons ne peuvent émettre aucun son; mais ils enten-
dent et ils voient.

Ils se reproduisent par des œufs que la femelle pond en
quantité considérable.

125. Divisions des poissons. — Suivant que les os du
squelette sont des arêtes dures ou seulement des cartilages, on
divise les poissons en **osseux** et en **cartilagineux.**

Ainsi la **perche,** le **mulet,** la **sole,** la **carpe,** l'**anguille,**
dont les arêtes sont dures et piquantes, appartiennent au premier groupe; tandis que la **raie,** l'**esturgeon,** le **requin** sont
classés dans le second.

On peut encore classer les poissons, d'après les eaux où ils
vivent, en **poissons de mer** et **poissons de rivière.** Les premiers sont de beaucoup les plus nombreux. Qu'ils soient de

mer ou de rivière, la plupart des poissons sont utilisés pour l'alimentation de l'homme.

126. Principaux poissons osseux. — La **perche**, souvent prise comme type des poissons à arêtes dures, habite les eaux vives des rivières où elle se nourrit de petits poissons. Elle est verte avec des bandes noires et atteint 40 centimètres de longueur. Ses nageoires, surtout celle qu'elle a sur le dos, sont dures et épineuses.

Le **mulet**, le **grondin**, le **maquereau**, le **thon**, qui habitent la mer, sont du même ordre que la perche.

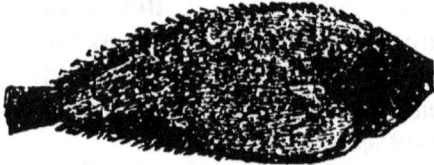

La **sole** vit dans la mer; elle a le corps aplati, les nageoires molles et attachées près des branchies. Sa peau est recouverte de fines écailles brunes; sous le ventre elle est nue et blanche. La chair de la sole est recherchée.

Fig. 32. — Sole.

La **plie**, le **turbot**, la **limande**, sont du même ordre que la sole.

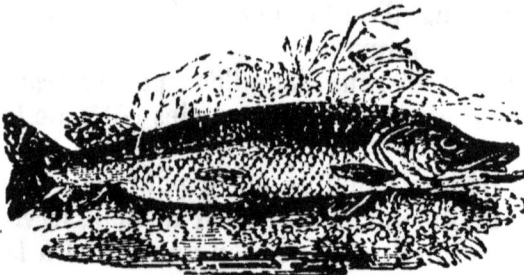

Le **brochet** habite les rivières et les étangs. Il a le corps allongé; deux de ses nageoires, qui sont molles, sont attachées au ventre. Son museau est effilé et ses mâchoires armées de dents très pointues. C'est un carnassier très vorace, qui dépeuple vite les lieux où il vit. Sa chair est très estimée.

Fig. 33. — Brochet.

La **carpe**, la **tanche**, le **goujon**, le **saumon**, la **truite**, etc., sont rangés dans le même groupe que le brochet, sans être des poissons de proie aussi carnassiers que lui.

Fig. 34. — Anguille.

L'**anguille** a de petites nageoires molles près de la tête; elle n'en a pas au ventre. Son corps est cylindrique et ressemble à celui du serpent. Elle se tient au fond des eaux douces, où elle mange des vers et de petits poissons. Elle paraît souvent sur nos tables. Le **congre** est une grosse anguille de mer.

127. PRINCIPAUX POISSONS CARTILAGINEUX. — Les poissons cartilagineux sont bien moins nombreux que les poissons osseux; mais quelques-uns d'entre eux atteignent une fort grande taille.

L'esturgeon, qui vit dans les mers, mais qui remonte quelquefois les fleuves de Russie, mesure 5 mètres environ; sa chair est comestible et il n'est pas dangereux.

Il n'en est pas de même du **requin,** qui atteint 8 mètres de long et qui est très vorace. Le requin est d'une grande force musculaire; il peut tuer un homme d'un coup de queue. Sa gueule est garnie de dents très nombreuses, crochues et disposées sur ses mâchoires comme celles d'une scie.

Fig. 35. — Raie.

On trouve le requin dans les mers équatoriales et jusque dans la Méditerranée.

La **raie,** que nous trouvons souvent sur nos tables, est un poisson de mer à os mous. Elle a le corps plat et peut atteindre de grandes dimensions.

La **torpille** est une sorte de raie munie d'un appareil électrique pour se défendre contre ses ennemis.

La **lamproie** a le corps fait comme celui d'une anguille; mais elle n'a pas de nageoires près de la tête; de plus sa bouche forme un cercle et n'est pas disposée pour mâcher. C'est un poisson de rivière dont on mange la chair.

128. REMARQUE. — Parmi les poissons de mer, il en est trois qui jouent un rôle important dans l'alimentation du monde entier. Ce sont la **morue,** la **sardine** et le **hareng.**

Ces poissons vivent en bandes : la morue, sur les côtes de l'Amérique du Nord ; la sardine, dans le golfe de Gascogne, et le hareng, dans la mer du Nord.

On conserve ces poissons salés, marinés, séchés, fumés ou dans l'huile, et ils font l'objet d'un commerce considérable.

2ᵉ Embranchement : LES ANNELÉS.

129. Caractères généraux des annelés. — Les annelés n'ont pas de squelette osseux et par conséquent pas de vertèbres. Leur corps est composé d'anneaux reliés ensemble par une membrane. Les membres, lorsqu'ils en ont, s'attachent deux à deux aux anneaux du corps. Les mâchoires ou **mandibules** varient suivant l'alimentation.

L'appareil digestif, bien simplifié chez les annelés supérieurs, est presque nul chez les vers.

La circulation se fait par un vaisseau dorsal qui est percé latéralement et qui peut se contracter. Le sang est blanc et bleuit à l'air.

Les annelés respirent à l'aide de petits tubes ou **trachées** qui pénètrent dans le corps et s'ouvrent entre les anneaux ; leurs ouvertures sont appelées **stomates**.

130. Divisions des annelés. — Les annelés qui ont des membres attachés par paires aux **segments** ou **articles** du corps forment le groupe des **articulés**. Ceux qui n'en ont pas sont rangés parmi les **vers**.

1. LES ARTICULÉS.

131. La peau des **articulés** est généralement durcie par une matière calcaire et forme un **squelette externe**. Leurs pattes sont composées de plusieurs articles réunis par des membranes qui permettent le mouvement.

On divise les articulés en quatre classes d'après le nombre des articles de leur corps et leur mode de respiration.

Les **insectes**, les **arachnides** et les **myriapodes** vivent dans l'air et respirent par des stomates. Les **crustacés** vivent dans l'eau et respirent à l'aide de branchies.

1. LES INSECTES.

132. Caractères généraux. — Les insectes, si nombreux et si divers, ont tous le corps formé de trois parties : la **tête**, le **corselet** ou **thorax**, et le **ventre** ou **abdomen**.

La **tête** porte les mâchoires ou **mandibules**, transformées en trompe chez les suceurs et garnie de petits organes qui palpent la nourriture ; elle porte en outre les **antennes**, organes du toucher, et les **yeux**, organes de la vue.

Les yeux des insectes sont composés d'une multitude de petits yeux complets réunis en un seul de chaque côté de la tête.

Le **corselet** d'un insecte comprend lui-même trois parties : le **protothorax**, qui porte la première paire de pattes ; le **métathorax** qui porte la seconde paire de pattes et la première paire d'ailes, et enfin le **mésothorax** auquel sont attachées la troisième paire de pattes et la seconde paire d'ailes. Tous les insectes ont six pattes, mais tous n'ont pas quatre ailes ; quelques-uns même n'en ont pas.

Le **ventre** de l'insecte est composé d'un certain nombre d'anneaux entre lesquels s'ouvrent les organes de la respiration ; quelquefois il se termine par une tarière qui sert à la femelle pour faire un trou dans lequel elle dépose ses œufs. Il peut être muni d'un aiguillon venimeux, comme chez la guêpe et l'abeille

Les insectes pondent des œufs; mais lorsque le petit est éclos, il subit diverses modifications ou **métamorphoses** avant d'être un insecte parfait.

Ainsi le papillon du ver à soie pond ses œufs très nombreux sur les branches du mûrier; les œufs éclosent et donnent naissance à un petit ver de 2 millimètres de long, c'est la **larve** du papillon, c'est le **ver à soie**, qui dévore

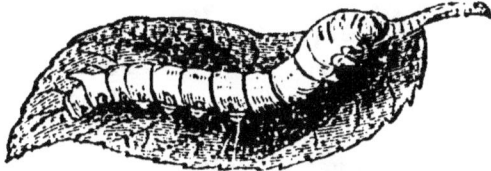

Fig. 36. — Ver à soie.

les feuilles du mûrier et grandit au point d'atteindre 8 centimètres au bout de trente-quatre jours.

A ce moment, le ver file la soie qui sort liquide de sa bouche, s'enferme dans un **cocon** et se transforme en **nymphe** ou **chrysalide**.

La chrysalide reste jusqu'à vingt jours dans le cocon, qu'elle perce ensuite pour s'échapper sous la forme d'un papillon lourd et blanchâtre.

La mouche subit des métamorphoses analogues : de son œuf déposé dans la viande ou dans un fruit, sort un petit ver, une **larve**, qui se nourrit de la viande ou de la pulpe du fruit. Il se ramasse ensuite en boule pour devenir une **nymphe**, qui se transforme à son tour en mouche. Ce sont surtout les larves des insectes qui dévorent les plantes et sont par conséquent très nuisibles.

133. Divisions des insectes. — Les insectes se divisent en plusieurs ordres distingués par le nombre ou la forme des ailes; les principaux sont :

1° Les **coléoptères**, insectes à ailes en étui;

2° Les **orthoptères**, insectes à ailes droites;

3° Les **névroptères**, insectes à ailes nervées;

4° Les **hyménoptères**, insectes à quatre ailes membraneuses;

5° Les **lépidoptères**, insectes à ailes écailleuses;

6° Les **diptères**, insectes à deux ailes;

7° Les **hémiptères**, insectes à ailes demi-membraneuses;

8° Les **aptères**, insectes sans ailes.

134. 1° COLÉOPTÈRES. — Le **hanneton**, avec lequel s'amusent les écoliers, est un redoutable mangeur de feuilles; mais sa larve, le **ver blanc**, est plus nuisible encore parce qu'elle passe trois années sous terre, coupant et mangeant les racines des plantes, avant de devenir un insecte parfait.

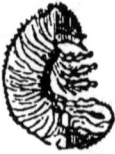

Le hanneton a quatre ailes dont deux, épaisses, dures et rousses, couvrent et protègent les deux autres.

Fig. 37 et 38. — Ver blanc et hanneton.

Tous les insectes ainsi constitués sont rangés dans l'ordre des **coléoptères**, dont les plus connus sont : le **cerf-volant**, les **scarabées**, les **carabes**, les **cantharides**, les **charançons**, les **coccinelles**.

135. 2° ORTHOPTÈRES. — Le **grillon**, petit insecte noir à tête luisante portant de longues antennes et dont les ailes droites couvrent tout le dos, est le type des **orthoptères**, parmi lesquels on trouve bien des insectes nuisibles : la **courtilière**, qui creuse le sol et ravage les jardins; les

Fig. 39. — Criquet.

sauterelles et les **criquets**, dont les invasions sont redoutées dans le nord de l'Afrique; la **blatte**, insecte vorace qui infeste les boulangeries.

136. 3° Névroptères. — La **libellule**, qui a de longues ailes nervées et souvent de jolies couleurs, est le type des **névroptères**. On l'appelle **demoiselle** à cause de sa taille mince et

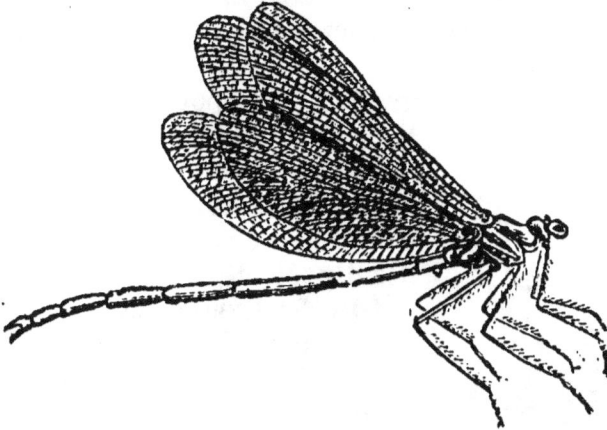

Fig. 40. — Demoiselle.

élégante. Elle se trouve surtout dans les vallées sur le bord des eaux.

Une espèce de libellule qui ne vit que quelques heures porte le nom d'**éphémère**.

137. 4° Hyménoptères. — Les **abeilles**, les **guêpes**, les **fourmis** sont les insectes les plus intéressants d'un ordre très nombreux, celui des **hyménoptères**. Elles ont quatre ailes à l'état parfait, et vivent en société.

Les abeilles sont cultivées par l'homme, qui les élève dans des ruches pour récolter le miel qu'elles produisent avec le suc des fleurs.

Les abeilles peuplant une ruche sont de trois sortes : les **ouvrières**, les **mâles** et la **reine**, la seule femelle qui ponde.

On trouve la même chose à peu près chez les fourmis, où les ouvrières n'ont pas d'ailes.

138. 5° Lépidoptères. — Les **papillons**, qui constituent l'ordre des

Fig. 41. — Papillon.

lépidoptères, sont d'espèces bien différentes ; tous subissent des métamorphoses analogues à celles du ver à soie. Beaucoup d'entre eux sont de jolis insectes aux ailes garnies de brillantes écailles; mais leurs larves sont de vilaines chenilles ou des vers repoussants, qui font de grands dégâts.

Les papillons de jour, **vanesses, argus, piérides**, etc., on des couleurs plus vives que les papillons de nuit, **sphinx, phalènes et paons**.

Tous ont les ailes couvertes d'une poussière écailleuse et la bouche allongée en trompe.

Fig. 42. — Punaise de bois.

139. 6° Diptères. — La **mouche** commune, les **cousins**, les **taons**, etc., qui n'ont que deux ailes, constituent l'ordre des **diptères**.

140. 7° Hémiptères. — Quelques insectes qui ont les premières ailes à moitié cornées forment l'ordre des **hémiptères**. Les principaux sont : la **cigale**, la **punaise de bois**, les **pucerons**, parmi lesquels on doit distinguer le **phylloxera** destructeur de nos vignobles.

141. 8° Aptères. — Enfin, pour terminer l'énumération des insectes, il faut citer les **aptères**, dépourvus d'ailes, dont les plus connus sont les **poux** et les **puces**, qui vivent en parasites sur les animaux et sur les personnes malpropres.

2. LES ARACHNIDES.

142. Araignées. — L'araignée est le type des **arachnides**, auxquels elle a donné son nom. Elle diffère des insectes par

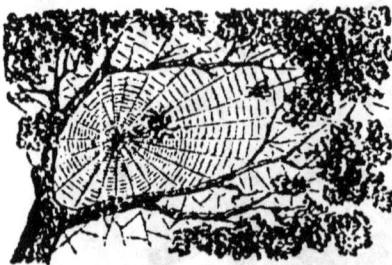

Fig. 43. — Araignée au centre de sa toile.

son corps, qui n'a que deux divisions. La tête et le thorax sont confondus en une seule partie; de plus, les araignées, ont huit pattes au lieu de six et n'ont jamais d'ailes.

Les araignées se reproduisent par des œufs, et les petits ne subissent aucune métamorphose. Elles sont carnassières et leurs mœurs varient suivant l'espèce.

Les unes filent une matière semblable à la soie et tissent des toiles dans les maisons ou dans les buissons, pour prendre les mouches dont elles se nourrissent. D'autres creusent dans la terre un trou qu'elles tapissent de leur substance soyeuse; d'autres encore sont errantes, comme les **faucheurs** à grandes pattes de nos champs et de nos prairies.

143. Scorpion. — Le **scorpion**, très commun dans le midi de la France, en Espagne, en Italie et en Afrique, est une sorte d'araignée. Sa queue formée d'anneaux porte un aiguillon venimeux, qui fait des blessures dangereuses.

La *gale* est causée par un petit insecte de la classe des araignées, l'**acarus**, qui pénètre sous la peau. Une autre espèce d'acarus vit dans le fromage.

3. LES MYRIAPODES.

144. — Les **myriapodes** ou **mille-pattes** ont un grand nombre de pieds, ainsi que l'indique leur nom. Chaque segment du corps porte une ou plusieurs paires de pattes et les segments sont nombreux.

Fig. 14. — Mille-pattes.

Les principaux myriapodes sont la **scolopendre**, ou mille-pattes, que l'on trouve sous les pierres, et le **iule**, myriapode noir, à pattes courtes et nombreuses, fort commun dans les champs et qui se roule en spirale lorsqu'on le touche.

4. LES CRUSTACÉS.

145. — Les **crustacés** ont la peau durcie en croûte résistante par des matières calcaires; de là le nom qu'on a donné à cette classe d'articulés.

Les crustacés sont aquatiques(1) et respirent par des branchies comme les poissons. Ils ont un appareil circulatoire plus développé que celui des insectes; leur sang est légèrement coloré. Ils se reproduisent par des œufs.

146. Écrevisse. — L'**écrevisse** est le crustacé le plus répandu dans nos contrées; elle habite les ruisseaux, dans l'eau vive et courante.

Sa tête, terminée par des pointes aiguës, porte deux longues antennes et des yeux placés à l'extrémité d'un appendice. Le

(1) Cependant le *cloporte* est un petit crustacé terrestre.

corselet, soudé à la tête, est très dur. La queue est terminée en nageoire.

L'écrevisse a dix pattes, dont huit seulement servent à la marche; la première paire, en avant, est terminée par deux fortes pinces.

L'écrevisse est un comestible très estimé.

On recherche aussi comme mets délicat la chair du **homard**, de la **langouste** et de la **crevette**, crustacés de mer qui ressemblent beaucoup à l'écrevisse.

Fig. 45. — Ecrevisse.

Les **crabes** ont le corps plus arrondi que celui de l'écrevisse; quelques-uns atteignent de fortes dimensions.

II. — LES VERS.

147. — Les **vers** forment le second groupe des annelés; ils n'ont pas de membres. Leur corps est mou et leurs organes intérieurs sont tout à fait rudimentaires.

Ils se divisent en trois classes : les **rotateurs**, les **annélides** et les **helminthes**.

Les **rotateurs** se meuvent en tournant sur eux-mêmes à l'aide de cils vibratoires. Ce sont des animaux demi-transparents qui vivent dans les eaux ou sous les mousses humides. Quand ils se dessèchent, ils n'ont plus de mouvement, ils sont morts en apparence; mais il est curieux de les voir renaître à la vie dès qu'ils sont humectés.

Les **annélides** ont le corps long, composé d'un grand nombre d'anneaux mous, unis entre eux. Ils vivent dans les sables

Fig. 46. — Ver de terre.

humides, comme les **arénicoles**; dans la terre, comme le **lombric** ou **ver de terre**; dans l'eau, comme la **sangsue**.

La sangsue habite dans les eaux douces des étangs, où elle se nourrit du sang qu'elle suce en s'attachant aux animaux. On l'emploie en médecine pour tirer le sang qui se porte en trop grande abondance à la partie malade du corps.

Fig. 17. — Sangsue.

Les **helminthes** ne peuvent vivre que dans le corps des autres animaux. Les principaux sont les **vers intestinaux**.

Certains helminthes, tels que le **ver solitaire**, subissent des métamorphoses diverses, avant d'atteindre leur complet développement.

3e Embranchement : LES MOLLUSQUES.

148. Caractères généraux. — Les mollusques sont invertébrés comme les annelés, mais leur corps n'est pas composé d'articles. Il est mou et sans forme définie. Leur peau sécrète parfois une substance calcaire qui devient une coquille protégeant l'animal.

Si la coquille est unique, elle est souvent contournée en spirale. Si elle est double, les deux parties ou **valves** peuvent être dissemblables; elles s'ouvrent en tournant autour du ligament qui les unit.

Les mollusques ont un appareil digestif peu apparent. Chez eux la circulation est incomplète et la respiration se fait par des branchies.

Quelques rares mollusques sont terrestres comme l'**escargot** et la **limace**; mais des milliers d'espèces vivent dans les eaux et surtout dans les mers; on les désigne sous le nom de **coquillages**.

On peut diviser les mollusques en **mollusques nus**, en **univalves** et en **bivalves**.

149. Principaux mollusques. — **Mollusques nus.** — Le plus gros des mollusques nus est le **poulpe**, appelé aussi **pieuvre**. Son corps est une masse charnue sur laquelle est placée la tête, reconnaissable aux yeux. Autour de la tête se trouvent huit longs bras ou **tentacules** dont l'animal se sert pour saisir sa proie, car il est carnassier et dévore des animaux assez gros. Le **calmar**, la **seiche**, autres mollusques nus, ont des tentacules comme le poulpe. — **La limace** des jardins est aussi un mollusque nu.

150. Mollusques univalves. — **L'escargot** est le type des mollusques univalves. Comme la limace, il se déplace en glissant sur le ventre et, comme elle, il a la tête munie de quatre cornes ou tentacules, dont deux portent les yeux et deux servent au toucher.

Fig. 48. — Escargot.

L'escargot a une coquille contournée en spirale; la limace est nue, avons-nous dit. On mange le premier; on éprouve de la répugnance pour la seconde, qui est, comme l'escargot, très nuisible aux légumes des jardins.

Il y a dans les mers un nombre considérable de coquillages qui sont du même ordre que l'escargot.

151. Mollusques bivalves. — **L'huître**, la **moule**, la **pétoncle**, les **clovisses**, les **palourdes** sont des coquillages à deux valves et sans tête. Ils vivent sur les hauts fonds des mers, attachés aux rochers ou enfoncés dans le sable.

Fig. 49. Moule.

On cultive les huîtres, qui sont très recherchées des gourmets; les meilleures sont celles de Marennes, de Cancale et d'Ostende; la plus grosse est le **pied** de **cheval**.

La moule, dont la chair est d'un beau jaune, est cultivée également dans l'Océan, surtout à Charron dans la Charente-Inférieure.

4ᵉ Embranchement : LES RAYONNÉS.

152. Caractères généraux. — L'organisation des **rayonnés** est des plus simples. Toutes les parties de leur corps rayonnent autour d'un point central comme les pétales d'une fleur. On les appelle aussi **zoophytes**, c'est-à-dire **animaux-plantes**, parce qu'ils se confondent parfois par leurs formes avec les êtres du règne végétal.

Les rayonnés n'ont guère d'autre organe qu'un appareil digestif réduit à un simple sac, qui est à la fois la bouche, l'estomac et l'anus. Ils vivent dans les eaux au milieu des matières dont ils se nourrissent.

153. Principaux rayonnés. — L'oursin, appelé aussi **châtaigne de mer**, est formé d'une coque globuleuse garnie de piquants. Son corps est une étoile de chair rougeâtre. On le trouve en abondance dans la Méditerranée. On le considère comme un mets délicat.

L'étoile de mer est une réunion de cinq branches disposées en étoile et formant chacune un animal complet.

Fig. 50. — Étoile de mer.

Fig. 51. — Éponge.

Si on casse une branche elle met 4 ou 5 jours à repousser.

Les **méduses**, masses gélatineuses avec de longs bras, qui flottent dans les eaux, et les **anémones de mer** sont des rayonnés faciles à étudier. Mais les plus curieux sont les **coraux** et les **éponges**. Les animaux qui font le corail sont des polypes en étoile. Ces animaux s'agglomèrent et meurent rapidement; leurs débris forment alors au fond de la mer des sortes d'arbres. On pêche le corail rouge pour en faire des ornements.

Les éponges sont également les débris de petits animaux dits **spongiaires**. Elles forment de petits buissons fixés sur les rochers au fond des eaux.

154. Infusoires, microbes. — A tous ces animaux, on peut ajouter les **infusoires**, êtres infiniment petits qui vivent dans certains liquides, et les **microbes**, animaux ou plantes nageant dans le sang des animaux et infestant leur organisme.

ANIMAUX UTILES

EMBRANCHEMENTS.	CLASSES.	ESPÈCES D'ANIMAUX.	OBSERVATIONS.
Vertébrés...	MAMMIFÈRES.....	*Chauve-souris, taupe, hérisson, musaraigne...*	Détruisent les insectes et les larves nuisibles à l'agriculture.
		Chien, chat, cheval, âne, éléphant, bœuf, chameau, renne...	Auxiliaires de l'homme.
		Cochon d'Inde, lapin, lièvre, cheval, âne, porc, chameau, bœuf, chèvre, mouton...	Fournissent à l'homme des aliments.
	OISEAUX..........	*Hibou, chouette, chat-huant...*	Détruisent les souris et mulots nuisibles à l'agriculture.
		Moineau, mésange, pinson, bouvreuil, linotte, sansonnet, fauvette, corneille et tous les passereaux...	Détruisent les insectes nuisibles à l'agriculture.
		Gallinacés et palmipèdes de basse-cour...	Servent à l'alimentation de l'homme.
	REPTILES.........	*Tortue grecque, tortue émyde, lézard vert, lézard gris...*	Détruisent les limaces et les insectes nuisibles à l'agriculture.
	BATRACIENS......	*Crapauds...*	Détruisent les limaces et les insectes nuisibles à l'agriculture.
		Grenouilles...	Servent à l'alimentation de l'homme.
	POISSONS........	*Tous les poissons, à peu d'exceptions près, sont utiles...*	Alimentation de l'homme.

Annelés......	INSECTES........	*Carabe doré, dystique, coccinelle, grillon, fourmi-lion...*	Ce sont des insectes carnassiers qui détruisent les petits insectes et les larves nuisibles à l'agriculture.
		Les *abeilles...*	Donnent le miel qui sert à la nourriture de l'homme.
		La *cochenille* et le *ver à soie...*	Employés dans l'industrie.
		La *cantharide...*	Employée en pharmacie.
	ARACHNIDES.....	*Araignées...*	Mangent les mouches et les petits insectes.
	MYRIAPODES.....		
	CRUSTACÉS.......	*Ecrevisse, crevette, langouste, homard, crabe...*	Servent d'aliment à l'homme.
	VERS..........	La *sangsue officinale...*	Employée en médecine.
Mollusques..	MOLLUSQUES TERRESTRES...	L'*escargot...*	Aliment.
	COQUILLAGES....	*Huître, moule, pétoncle, palourde...*	Servent à l'alimentation.
		Seiche et divers *coquillages...*	Employés dans l'industrie.
Rayonnés...	ÉCHINODERMES...	*Oursins...*	Servent à l'alimentation.
	POLYPES........	*Corail...*	Employé dans l'industrie.
	SPONGIAIRES.....	*Eponge...*	Employée aux usages domestiques.

ANIMAUX NUISIBLES.

EMBRANCHEMENTS.	CLASSES.	ESPÈCES D'ANIMAUX.	OBSERVATIONS.
Vertébrés...	MAMMIFÈRES.....	Putois, belette, fouine, marte, genette, renard, chat sauvage....	Dévastent les basses-cours, détruisent le gibier.
		Loutre..................	Dépeuple les étangs.
		Loup.	Mange les moutons, peut attaquer l'homme.
		Loir, lérot.	Détruisent les fruits des vergers.
		Rat, souris, campagnol, mulot...	Très nuisibles à l'agriculture et dans les maisons.
		Lapin.	Rongeurs qui deviennent nuisibles quand ils sont nombreux.
		Sanglier, blaireau..........	Fouillent les champs et sont nuisibles aux récoltes.
		Lion, tigre, panthère, jaguar, léopard, hyène, chacal.........	Animaux féroces qui ne se trouvent pas dans nos contrées.
	OISEAUX........	Hobereau, épervier, buse, aigle, vautour..............	Oiseaux de proie destructeurs des autres oiseaux.
		Abeillerole.	Mange les abeilles; seul passereau nuisible.
		Héron, cormoran, goéland, grèbe, plongeon.	Oiseaux pêcheurs qui mangent les poissons et les batraciens utiles.
		Pigeon, ramier, palombe,........	Nuisent à l'agriculture en mangeant les grains.
	REPTILES.	Vipère, aspic	Serpents venimeux dangereux.
	BATRACIENS.....	Crocodile, caïman............	Féroces, mais ne se trouvent pas en France.
	POISSONS........	La torpille, le gymnote..........	Poissons dangereux à cause de leur appareil électrique.
		Le requin..............	Poisson féroce, très vorace.

EMBRANCHEMENTS.	CLASSES.	ESPÈCES D'ANIMAUX.	OBSERVATIONS.
Annelés.....	INSECTES	Hanneton, cerf-volant, cétoine, bruche des pois, charançon, calandre du blé, capricorne, doryphore, dermeste.....	Coléoptères nuisibles à l'agriculture. — La dermeste détruit les fourrures.
		Blatte, perce-oreille, courtilière, sauterelle, criquet............	Nuisibles à l'agriculture.
		Termite.........	Insecte nuisible aux constructions en bois.
		Guêpes, frelons, fourmis, papillons et leurs chenilles, punaises de bois, pucerons, phylloxera...	Nuisibles à l'agriculture.
		Mouches, cousins, moustiques, poux, puces............	Nuisibles à l'homme, aux animaux ou aux végétaux.
	ARACHNIDES.....	Acarus de la gale, tique, scorpion...........	Nuisible à l'homme et aux animaux.
	MYRIAPODES.....	Mille-pieds du poirier..........	Nuisible à l'agriculture.
	CRUSTACÉS... ..	Cloporte............	Nuisible à l'agriculture.
	VERS.	Vers intestinaux, trichine.......	Nuisibles à l'homme et aux animaux.
Mollusques..	MOLLUSQUES TERRESTRES.......	Limaces et colimaçons non comestibles..	Nuisibles à l'agriculture.
	COQUILLAGES.....	Taret..................	Espèce de coquillage qui est nuisible aux navires et aux constructions marines.
Rayonnés...	ÉCHINODERMES....	....	"
	POLYPES.......	....	"
	INFUSOIRES.	Bactéridies, microbes, bacilles...	Paraissent être les germes qui causent certaines maladies.
	SPONGIAIRES....	....	"

DEUXIÈME PARTIE

RÈGNE VÉGÉTAL

———

La botanique. — Le règne végétal renferme toutes les plantes, qui ne sont ni moins nombreuses ni moins variées que les animaux.

La science des végétaux est la **botanique**.

Étudier la botanique, c'est apprendre à connaître les parties constitutives et les caractères de chaque plante; c'est aussi apprendre à distinguer les plantes entre elles et à les désigner chacune par son nom.

155. Différentes parties des plantes. — La plupart des plantes ne peuvent ni se mouvoir ni se déplacer; elles sont dépourvues des organes de locomotion que l'on trouve chez presque tous les animaux. Mais, comme ceux-ci, les plantes vivent, se nourrissent, se reproduisent et meurent. Elles ont donc des organes propres à la nutrition et à la reproduction.

Les organes de la nutrition sont la *racine*, la *tige* et les *feuilles*, c'est-à-dire les trois principales parties de la plante.

Les organes de la reproduction sont la *fleur* et le *fruit*.

Toutes ces parties se trouvent dans les grands végétaux; quelques-unes peuvent manquer dans les végétaux inférieurs.

Nutrition des végétaux : I. ORGANES DE NUTRITION

I. — RACINES.

156. La racine. — La racine est l'organe qui fixe au sol les végétaux terrestres; elle peut se développer non seulement dans la terre, mais encore dans l'eau, dans l'air et sur les végétaux qui nourrissent des plantes parasites.

La racine est généralement souterraine; elle se relie à la tige à un point appelé **collet**; elle est formée d'un **corps** principal et de racines secondaires ou **radicelles**. Ce sont les radicelles très ramifiées qui composent le **chevelu** des plantes.

157. Forme des racines. — La racine est **pivotante** quand elle est formée d'un pivot qui s'enfonce verticalement dans le sol. Si les radicelles sont rares et courtes, comme dans la carotte, elle est **pivotante simple**; si, au contraire, les radicelles sont longues et ramifiées, elle est **pivotante rameuse**, comme dans le chou ou le frêne.

La racine du blé et des herbes n'a point de pivot; le corps est très petit et les radicelles s'étendent horizontalement dans le sol : elle est dite **traçante** ou **fibreuse**.

On appelle **racine tubériforme** la racine du dahlia, de la filipendule, dont les fibres sont renflées en tubercules.

Les tiges de certaines plantes, telles que le fraisier, le maïs, la ronce, donnent naissance à des racines qui se développent dans

Fig. 52.
Racine pivo-
tante.

Fig. 53.
Racine pivotante
et rameuse.

l'air avant d'atteindre le sol : ces racines sont appelées **adventives** ou **aériennes**.

Lorsque l'on pique dans la terre une petite branche ou **bouture** de vigne, il se forme des racines adventives qui font bientôt de la bouture un végétal complet.

La racine est l'organe de l'absorption. C'est elle qui puise dans le sol les matières qui nourrissent la plante. Si elle est presque nulle chez quelques plantes aquatiques ou parasites, elle prend un développement considérable dans la carotte, le navet, la rave, et sert de nourriture à l'homme.

Ce sont les racines de certains végétaux qui fournissent les matières médicinales et les matières colorantes.

II. — TIGES.

158. La tige. — La tige est la partie de la plante qui, partant du collet, croît en sens inverse de la racine. Elle se

distingue nettement de cette dernière en ce que seule elle
porte des bourgeons et des feuilles.

La tige est ordinairement **aérienne**; quelques plantes cependant ont une tige **souterraine**.

159. Tiges aériennes. — Les tiges aériennes sont de tailles
et de formes très diverses. La tige des petites mousses n'a
qu'un millimètre de hauteur ; celle du palmier rotang atteint
300 mètres; les cactus ont une tige ressemblant à des tiges
réunies; la tige du fraisier est *rampante;* celle du liseron est
grimpante ; la hampe de la jacinthe diffère de celles de l'œillet
et de la girofiée. Tou-
tefois, on peut dire
qu'il y a trois espèces
principales de tiges
aériennes : le **tronc,**
le **stipe** et le **chaume.**

160. Tronc. — Le
tronc est la tige des
arbres de nos forêts et
de nos vergers, chêne,
hêtre, orme, tilleul,
poirier, prunier, ceri-

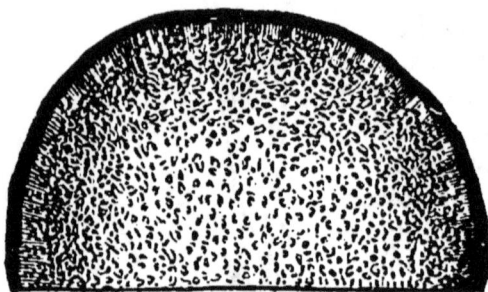

Fig. 54. — Coupe d'un stipe de palmier.

sier, etc. Il est *ligneux*, c'est-à-dire formé de bois. Il s'accroît
par couches concentriques qui s'emboîtent les unes dans les
autres et lui donnent l'aspect d'un cône. On distingue dans le
tronc plusieurs parties qui sont, en partant du centre : la **moelle**,
le **cœur de bois** ou bois dur, l'**aubier** et l'**écorce**. L'écorce
est elle-même formée de plusieurs parties distinctes, dont l'une
prend un développement considérable dans le chêne qui donne
le liège.

Souvent le tronc, arrivé à une certaine hauteur, se divise en
branches et rameaux; mais dans le sapin, le pin, le cyprès, il
continue jusqu'à la cime de l'arbre, qui a tout à fait la forme
d'un cône.

On peut assez facilement reconnaître l'âge d'un arbre dont le
tronc est coupé, en comptant les couches circulaires qui se sont
accumulées d'année en année autour de la moelle.

Dans les vieux arbres, cette moelle est réduite à une ligne centrale; mais dans les tiges de sureau et de figuier elle est abondante et gorgée de sucs.

161. Stipe. — On appelle **stipe** la tige des palmiers et de
certains arbres étrangers. Le stipe est cylindrique et non coni-

que; il ne s'accroît point par couches concentriques, il diffère
donc du tronc par sa structure autant
que par sa forme. C'est ce que montre
la coupe d'un stipe de palmier comparée
à celle d'un tronc de chêne.

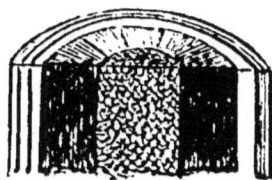

162. Chaume. — Le chaume est la
tige du blé et de plusieurs autres plantes.
Il est creux et présente de distance en
distance des nœuds d'où partent des
feuilles allongées et engaînantes.

Fig. 55. — Coupe d'un tronc
de chêne.

Les plantes de notre pays qui n'ont ni un tronc ligneux ni un
chaume ont une **tige herbacée** ne portant pas de nom spécial.

Fig. 56. — Chaume.

Fig. 57. — Rhizome.

163. Tiges souterraines. — Les tiges souterraines pourraient être confondues avec les racines si elles ne donnaient
point naissance à des bourgeons et à des feuilles. Elles sont de
trois sortes : le *rhizome*, le *tubercule* et le *bulbe*.

164. Rhizome. — Le **rhizome** s'étend sous terre comme
une racine : mais il porte des racines adventives et a des nœuds
d'où sortent les branches et les feuilles aériennes.

Le rhizome du sceau de Salomon et celui de l'iris sont les
plus beaux exemples de cette espèce de tige souterraine.

165. Tubercule. — Le **tubercule** est une tige souterraine arrondie, portant des yeux d'où sortent le bourgeon et les racines adventives. La pomme de terre et le topinambour sont les deux tubercules les plus répandus dans notre pays.

166. Bulbe. — Le bulbe est la tige de la tulipe, de la jacinthe, du lis, de l'ail, du safran, etc. On l'appelle souvent **oignon**. Il est formé d'un **plateau**, qui, en dessous, porte les racines, et sur lequel pousse la partie aérienne de la plante, et d'**écailles** ou **tuniques** enveloppant sa partie centrale.

Le bulbe à écailles du lis et le bulbe à tuniques de la jacinthe sont *simples;* celui de l'ail est *composé.*

La tige et la racine des plantes peuvent vivre une ou plusieurs années suivant l'espèce. Quand elles meurent au bout d'un an, la plante est dite **annuelle;** on l'appelle **bisannuelle** si elle dure deux ans, et **vivace** si elle vit davantage. Le blé, le lin, la fève sont des plantes annuelles; la carotte, la rave sont bisannuelles; la luzerne, les arbrisseaux et les arbres sont vivaces.

III. — LA FEUILLE.

167. La feuille. — La feuille est l'organe principal de la respiration des plantes, bien qu'elle joue aussi un grand rôle dans la nutrition proprement dite.

Une feuille complète comprend toujours trois parties : 1° le **limbe**, lame verte, mince et aplatie; 2° la **queue** ou **pétiole;** 3° la **gaine**, partie élargie du pétiole qui se rattache au rameau, qu'elle enveloppe comme un étui. Ces trois parties sont bien distinctes dans la feuille de la ficaire.

168. Limbe. — Le **limbe** est formé de nervures, fibres résistantes, et du **parenchyme**, partie molle et verte.

Lorsqu'une feuille d'eryngé (painchaud ou panicaud) est desséchée et décomposée, il reste une fine dentelle : ce sont les nervures qui persistent après la destruction du parenchyme.

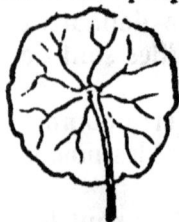

Les feuilles affectent diverses formes. Celle de la capucine est en disque; celle du buis, ovale; celle du glaïeul, en glaive; la feuille de la sagittaire ressemble à un fer de flèche; d'autres à un fer de lance, à un cœur, à une spatule, etc.

Fig. 58.
Feuille en disque.

Fig. 59.
Feuille en fer de lance.

Si le bord du limbe est uni, la feuille est **entière;** s'il est découpé, elle est **dentée, crénelée, palmée,** selon la forme.

169. Pétiole. — Le pétiole est long ou court; quelquefois il manque complètement et la feuille est **sessile** (l'œillet).

Si le pétiole ne porte qu'un seul limbe la feuille est **simple** (poirier, vigne); s'il porte plusieurs petites feuilles ou **folioles**, elle est **composée** (frêne, acacia, rosier).

170. Gaine. — La gaine n'est bien développée que dans la feuille de blé et autres feuilles **engainantes**. Elle se réduit souvent à un élargissement du pétiole.

171. Disposition des feuilles. — D'après leur disposition sur la tige, les feuilles sont : *alternes, opposées*, ou *verticillées*.

Elles sont **alternes**, quand elles sont isolées sur la tige (pêcher, lin).

Fig. 60.
Feuilles
opposées.

Fig. 61.
Feuilles
verticillées.

Elles sont **opposées**, lorsqu'elles sont disposées deux par deux en face l'une de l'autre (lilas, frêne, menthe).

Elles sont **verticillées**, quand, au nombre de cinq, six et plus, elles entourent la tige comme une collerette (garance, gratteron).

II. — FONCTIONS DE LA NUTRITION DES PLANTES

L'alimentation des végétaux est analogue à celle des animaux. Les lois de la vie sont les mêmes pour tous les êtres organisés.

La nutrition des plantes comprend quatre phénomènes principaux : l'*absorption*, la *digestion*, la *circulation* et la *respiration*.

172. Absorption. — Les plantes se nourrissent des matières minérales du sol et des gaz de l'air; quelques-unes sont **parasites** et vivent du suc des autres végétaux.

Trois plantes de nos pays, le *doséra*, la *grassette* et l'*utriculaire*, sont carnivores; elles digèrent les animalcules et les insectes pris par leurs feuilles, qui se recourbent sur eux et les enveloppent lorsqu'ils se posent sur elles.

Les racines absorbent les aliments minéraux du sol. Elles agissent sur les éléments solides du terrain pour les rendre solubles dans l'eau, qui est indispensable à la nutrition des plantes.

Les feuilles absorbent les gaz et les principes nutritifs de l'air.

173. Digestion. — Les aliments absorbés forment dans la racine surtout de la fécule, du sucre, des matières grasses ou azotées, qu'une véritable digestion décompose pour nourrir la tige et les organes qu'elle porte.

Les sucs qui agissent sur ces matières sont identiques à ceux sécrétés par les glandes et l'estomac des animaux.

174. Circulation. — La **circulation** dans les plantes se fait par des canaux infiniment petits appelés **vaisseaux**.

Le liquide nourricier est la **sève**.

La sève monte des racines vers les feuilles par les vaisseaux du centre de la tige; c'est la **sève brute** ou **ascendante**. Elle revient ensuite dans les divers organes par les vaisseaux du jeune bois ou aubier et de l'écorce; c'est la **sève nourricière** ou **descendante**.

La sève ascendante est la *sève du printemps*. Elle est abondante à la pousse des arbres. Parfois son cours se manifeste vers la fin de l'été à la *sève d'août*. La sève ascendante n'est pas complètement élaborée. Mais en se répandant dans les feuilles, qui jouent le rôle de poumons, elle acquiert au contact de l'air toutes les propriétés nutritives qui la transforment en *sève nourricière*.

Le liquide laiteux que l'on trouve dans le figuier et le laiteron ne doit pas être confondu avec la sève. C'est une sécrétion particulière comme la gomme, la résine, le caoutchouc, l'opium, etc., que produisent certaines plantes.

175. Respiration. — Les végétaux respirent comme les animaux; ils absorbent l'oxygène de l'air et exhalent de l'acide carbonique. Les feuilles sont les organes principaux de la respiration.

Pendant le jour, la respiration des végétaux est peu apparente parce que, sous l'influence des rayons solaires, les feuilles absorbent de l'acide carbonique qu'elles décomposent en fixant le carbone dans la plante et en laissant l'oxygène se dégager. Cet acte a longtemps été pris par erreur pour la respiration. C'est la **fonction chlorophyllienne** des végétaux verts.

Les plantes privées d'air pur meurent asphyxiées comme les animaux.

Les végétaux verts laissés longtemps à l'ombre ou dans l'obscurité deviennent blancs, grêles, et meurent *étiolés*, parce que la fonction chlorophyllienne ne s'accomplit pas.

REPRODUCTION DES VÉGÉTAUX

LA FLEUR.

176. Inflorescence. — La fleur est rattachée aux rameaux ou à la tige par la queue ou **pédoncule**. Quelques fleurs n'ont pas de queue et sont **sessiles**.

La disposition des fleurs sur la tige s'appelle **inflorescence**. Elle varie avec les espèces. Les fleurs du pavot et de la tulipe sont **solitaires** et placées à l'extrémité d'un long pédoncule. Celles de l'achillée forment un groupe appelé **corymbe**. Le groseillier fleurit en **grappe**; le noisetier en **chaton**, etc.

177. Différentes parties de la fleur. — Toute fleur complète renferme des organes mâles et des organes femelles avec une double enveloppe florale; c'est-à-dire quatre parties disposées en verticilles

Fig. 62. — Tulipe. Fig. 63. — Corymbe.

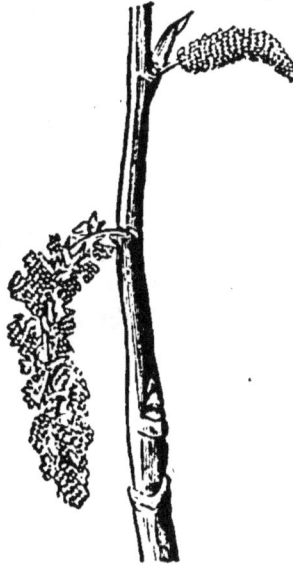

Fig. 64. — Grappe. Fig. 65. — Chaton.

concentriques : le **calice**, la **corolle**, les **étamines** et le

pistil. La fleur complète est à la fois mâle et femelle, c'est-à-dire **hermaphrodite**.

Si une des parties manque, la fleur est **incomplète**. Elle est **nue**, quand le calice et la corolle n'existent pas ; **unisexuée mâle**, si elle n'a que des étamines ; **unisexuée femelle**, si elle ne porte que le pistil.

178. Le calice. — Le calice est de dehors en dedans le premier verticille de la fleur. Il est formé de feuilles ordinairement vertes qui recouvrent le bouton avant l'éclosion.

Chacune de ces feuilles est un **sépale**.

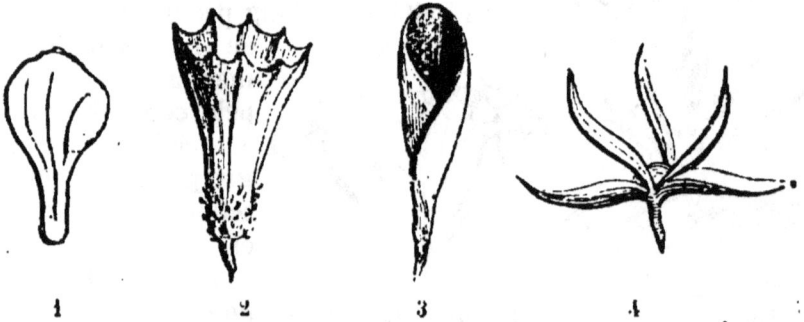

Fig. 66. — 1. Sépale. — 2 et 3. Fleur monosépale. — 4. Fleur polysépale.

Si les sépales sont distinctement séparés, le calice est **polysépale** ; il est **monosépale** quand ses parties sont soudées entre elles.

Au centre du calice est un petit plateau charnu, le **réceptacle**.

Le calice du fuchsia, du pied d'alouette et de plusieurs autres plantes est coloré et pourrait être confondu avec la corolle.

Celui du coquelicot est **caduc** et tombe quand la fleur s'épanouit, tandis que celui du mouron rouge est **persistant**, c'est-à-dire qu'il accompagne le fruit.

Fig. 67.
Corolle régulière
polypétale.

Les petites feuilles vertes qui entourent le calice de quelques fleurs sont des **bractées**. Elles sont nombreuses et colorées dans la marjolaine.

179. La corolle. — La corolle est la seconde enveloppe florale. Elle est blanche ou de couleurs vives, rarement verte. Les feuilles de la corolle sont les **pétales**. S'ils sont distincts, la fleur est **polypétale** ; elle est **monopétale** quand ils sont soudés.

La corolle **régulière** est formée de pétales égaux entre eux, insérés sur le réceptacle à la même hauteur et à des distances égales. Quand la fleur n'offre pas ces dispositions, la corolle est **irrégulière**.

La fleur du pois a une corolle polypétale, irrégulière, en forme de papillon ; dans la menthe et la gueule de loup, la corolle est monopétale et irrégulière ; **labiée**, à lèvres, pour la menthe ; **personée**, en masque, pour la gueule de loup.

180. Les étamines. — Les étamines et le pistil sont les parties essentielles de la fleur.

Les étamines sont les organes mâles ; le pistil est formé des organes femelles.

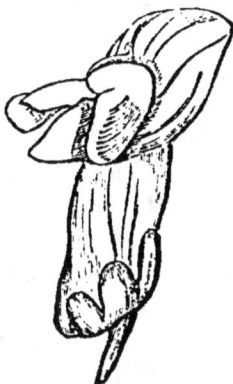

Chaque étamine se compose de trois parties : le **filet**, petit support mince et

Fig. 68. — Corolle irrégulière monopétale (gueule de loup).

allongé ; l'**anthère**, sachet à deux loges placé à l'extrémité du filet ; et le **pollen** qui est une fine poussière, le plus souvent jaune, contenue dans l'anthère.

Le filet peut manquer ; alors l'étamine est sessile. Les filets des étamines sont soudés en un seul groupe dans la mauve, en deux groupes dans le haricot, en plusieurs groupes dans le ricin. Le plus souvent les filets sont libres et distincts.

Le nombre des étamines varie. La valériane rouge n'en a qu'une ; le lilas en a deux, et l'iris trois. Beaucoup de fleurs en ont moins de vingt ; dans la pivoine et les pavots, on les compte par centaines.

Les étamines s'insèrent sur le réceptacle, sur le calice et parfois sur la corolle.

181. Le pistil. — Les organes femelles qui composent le pistil sont les **carpelles**. Chaque carpelle comprend trois parties : l'**ovaire**, le **style**, le **stigmate**.

L'**ovaire** est un renflement vert et arrondi renfermant les **ovules** ou grains rudimentaires.

Fig. 69. Étamine.

Fig. 70. Pistil.

Le **style** est le prolongement de la partie supérieure de l'ovaire. Il a la forme d'un fil creux.

Le **stigmate** est l'épanouissement de l'extrémité du style. Quand le style manque, comme dans le pavot, le stigmate est un petit mamelon sessile.

182. Fécondation. — Les ovules ne deviennent des graines

propres à reproduire le végétal qu'après avoir été fécondées par le pollen des anthères, qui se répand sur le stigmate et pénètre dans l'ovaire par le canal du style.

Quand la fécondation est accomplie, les étamines, la corolle, le style, le stigmate, et parfois le calice, se fanent, se dessèchent et tombent. Il ne reste à la plante que l'ovaire qui se développe et devient un fruit.

183. Plantes monoïques et dioïques. — Certaines plantes ne portent jamais de fleurs hermaphrodites. Le maïs a sur le même pied des fleurs mâles et des fleurs femelles. Ces plantes sont nommées **monoïques**.

D'autres, telles que le chanvre, ont les fleurs à étamines sur un pied et les fleurs à pistil sur un autre; le pollen est alors porté par le vent ou par les insectes qui visitent les fleurs mâles. Ces plantes sont appelées **dioïques**.

LE FRUIT.

184. Fruit. — Le fruit est formé d'une enveloppe appelée **péricarpe** et des **grains**.

Dans les fruits charnus, le péricarpe est épais et composé d'une pulpe pleine de jus sucré. Dans les fruits secs, l'enveloppe est au contraire mince et sèche.

Fig. 71. — Pomme.   Fig. 72. — Pavot.

La plupart des fruits de table sont charnus. Les uns sont à noyau, comme la prune, la cerise, l'abricot, la pêche. La pomme et la poire sont des fruits à pépins. La groseille et le raisin sont des baies. Les noix, les amandes sont des fruits charnus dont on mange l'amande ou noyau.

Les fruits secs sont nombreux et variés. Chez les uns, tels

que le grain du froment et celui du sarrazin, le péricarpe ne s'ouvre pas pour laisser tomber la graine. Chez les autres, le péricarpe s'ouvre et la graine s'échappe ; telles sont la gousse du pois, la silique du chou et la capsule du pavot.

185. Graine. — La graine est la partie essentielle du fruit ; c'est elle qui donne naissance à un végétal semblable à celui qui l'a produite.

Le germe de la plante future est l'**embryon**, sorte de végétal miniature renfermé dans la graine. On y distingue une petite tige, la **tigelle**, portant à une de ses extrémités un bourgeon terminal, la **gemmule**, qui deviendra la partie aérienne de la plante, et à l'autre, la **radicule**, petit pivot qui donnera la racine.

Un ou deux petits appendices latéraux se rattachent à la base de la tigelle pour compléter l'embryon. Ce sont les **cotylédons**. Les cotylédons forment les premières feuilles de la plante quand la graine germe.

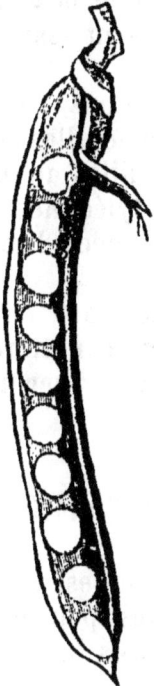

Fig. 73. — Gousse de pois.

Les graines à deux cotylédons sont **dicotylédones** (le haricot, la fève) ; celles qui n'en ont qu'un seul sont **monocotylédones** (le blé, le maïs). On appelle **acotylédones**, les graines sans cotylédons (graines de fougères ou de champignons).

186. Germination. — La germination est la série des phénomènes que présente une graine donnant naissance à un jeune végétal. Pour que la germination s'accomplisse, la graine doit être dans des conditions particulières. Il lui faut de l'air, une certaine quantité d'humidité et de chaleur. Trop d'eau la noierait, trop de chaleur l'empêcherait de germer.

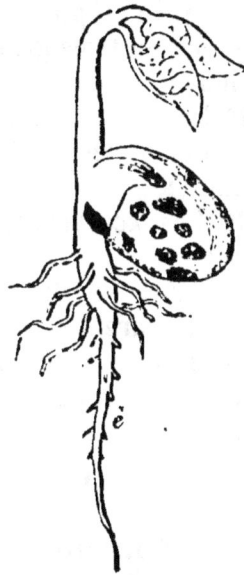

Fig. 74. — Germination.

Sous l'influence de l'humidité et de la chaleur, la graine se ramollit et gonfle ; son enveloppe se déchire ; la radicule se développe en un petit cône, s'enfonce dans le sol, produit une racine et des radicelles qui puisent les sucs nutritifs du terrain ; la tigelle s'allonge et sort de terre, tandis que la gemmule s'épanouit et donne des feuilles qui accomplissent leurs fonctions.

Si la graine est un haricot, les deux cotylédons sortent de terre avec la tigelle ; ils verdissent comme des feuilles et ne se flétrissent que lorsque la plante a quatre feuilles au moins. C'est ce qui se produit pour la plupart des dicotylédonées. Pour le blé, le maïs, le lis et les autres monocotylédonées, le cotylédon reste sous terre, où il se flétrit.

Pendant la germination, le nouveau végétal sorti de l'embryon puise sa nourriture dans l'albumen ou la matière farineuse des cotylédons, jusqu'à ce que ses organes lui permettent de vivre des éléments du sol.

CLASSIFICATION DES VÉGÉTAUX

187. Division. — La division du règne végétal est analogue à celle du règne animal. Toutes les plantes peuvent être classées en trois grands embranchements d'après la structure de leur graine :

1° Les DICOTYLÉDONÉES, dont l'embryon a deux cotylédons ;

2° Les MONOCOTYLÉDONÉES, qui ont un embryon à un seul cotylédon ;

3° Les ACOTYLÉDONÉES, plantes dont l'embryon est dans le cotylédon.

Les plantes des deux premiers embranchements ont des fleurs apparentes ; on les appelle **phanérogames**. Les acotylédonées sont, au contraire, des **cryptogames**, c'est-à-dire que leurs organes de reproduction sont cachés : elles n'ont pas de fleurs.

I. — LES DICOTYLÉDONÉES.

188. Caractères généraux. — Leur embryon a deux cotylédons. On les reconnaît encore à d'autres caractères distinctifs. La racine est pivotante ; la tige, souvent rameuse, est composée de couches concentriques et elle a une écorce ; les feuilles sont à nervures entre-croisées et les fleurs ont généralement quatre parties à chaque verticille.

189. Division des dicotylédonées. — Les dicotylédonées se divisent en trois groupes :

Les MONOPÉTALES, dont la corolle est formée de pétales soudés entre eux ;

Les POLYPÉTALES, à corolle formée de pétales distincts ;

Les APÉTALES, dont la fleur est sans pétales, sans corolle.

Chaque groupe renferme un nombre considérable de *familles* qui se subdivisent en *genres*, *espèces* et *variétés*. Nous ne pou‑ vons citer que les principales.

MONOPÉTALES.

190. PRIMULACÉES. — Le type des **primulacées** est la *pri‑ mevère officinale*, cette charmante fleur jaune citron, qui éclot au printemps dans les prairies et que l'on désigne ordinairement sous le nom de *coucou*. Les fleurs de la primevère donnent une tisane pectorale et adoucissante. Elles ont cinq dents ou lobes, et les cinq étamines sont insérées sur la corolle.

Le *mouron* des champs est de la même famille. Celui qui est à fleurs rouges est un poison pour les oiseaux, tandis que les graines du *mouron blanc* sont pour eux une nourriture excel‑ lente. Les longs épis du *plantain* (genre des plantaginées) sont également donnés aux oiseaux en volière.

191. SOLANÉES. — Les **solanées** ont des fleurs régulières à cinq lobes et à cinq étamines. Elles renferment des plantes vénéneuses, *belladone, stramoine, tabac, jusquiame*, et des plantes alimentaires, *pomme de terre, tomate, aubergine, piment*, etc.

La **belladone** croît dans les bois et sur le bord des chemins. C'est une herbe à tige dressée ; ses fleurs sont en cloches, d'un violet livide. Son fruit est une baie noire et luisante ressemblant à une cerise sans queue. Il empoisonne les imprudents qui se laissent prendre à son goût dou‑ ceâtre. La belladone est employée en médecine comme calmant du sys‑ tème nerveux.

Fig. 75. — Belladone.

La **stramoine** a des feuilles découpées, une fleur blanche ; son fruit est une capsule garnie de piquants, d'où son nom de *pomme épineuse.* Elle renferme un poison violent et est utilisée dans le traitement de l'asthme.

Le **tabac** est une plante cultivée qui a été apportée d'Amérique en Europe par *Nicot*. Ses feuilles contiennent un poison énergique appelé *nicotine.* C'est la nicotine qui engourdit l'intelligence des fumeurs, anéantit leur volonté et leur fait perdre la mémoire.

La **jusquiame** est une plante annuelle ou bisannuelle qui croît de mai à juillet dans les décombres et au bord des chemins pierreux. Elle est aussi vénéneuse que la belladone.

La **pomme de terre** nous a été apportée d'Amérique et sa culture fut implantée en France à la fin du siècle dernier par le philanthrope Parmentier. C'est la tige souterraine de la plante que nous mangeons.

Dans la **tomate**, ou pomme d'amour, et dans l'**aubergine**, nous mangeons le fruit. Le fruit du **piment** confit dans le vinaigre devient un condiment apprécié dans plusieurs pays.

192. Campanulacées. — Les fleurs dont la corolle est en cloche appartiennent presque toutes à la famille des **campanulacées**, où se trouvent la **raiponce** et les **campanules** des bois.

193. Convolvulacées. — Le **liseron** des champs, le *volubilis* des jardins et la *cuscute,* parasite des trèfles et des luzernes, sont des **convolvulacées.**

194. Personées. — Les **personées** ont une corolle en mufle d'animal ; c'est à cette famille qu'appartient la **digitale pourprée**, plante herbacée qui croît spon-

Fig. 76. — Liseron.

tanément dans les terrains primitifs et dont les feuilles sont employées contre les maladies de cœur. La *gueule-de-loup* ou *muflier*, et la *véronique*, sont aussi des personées.

195. Labiées. — Les **labiées**, très voisines des personées, constituent une famille nombreuse de plantes à tige carrée et à corolle irrégulière à deux lèvres.

La **menthe**, le *romarin*, la *lavande*, le *thym*, l'*hysope*, sont des labiées aromatiques cultivées dans les jardins. Leurs essences sont utilisées par la parfumerie, par la médecine et par les fabricants de liqueurs.

La *sauge*, le *serpolet*, la *marjolaine*, sont les labiées les plus connues de nos champs, de nos bois et de nos prairies.

196. Composées. — La grande famille des **composées** comprend plus de neuf mille espèces diverses. Leur caractère commun est la réunion des fleurs en tête sur un réceptacle commun. Chaque fleur s'appelle un fleuron quand la corolle est entière, et un demi-fleuron quand la corolle est irrégulière.

Les composées cultivées sont nombreuses. L'*artichaut*, le *cardon*, la *laitue*, le *salsifis* sont des plantes comestibles. La *reine-marguerite*, les *cinéraires*, le *soleil* font l'ornement de nos jardins.

Le *bluet* des blés, la *pâquerette* et le *chrysanthème* des prairies, sont de charmantes composées qui croissent spontanément.

La *bardane* ou *lappa*, qui a de larges feuilles étalées et des fruits garnis de

Fig. 77. — Bluet des blés.

Fig. 78. — Bourrache.

poils raides s'accrochant aux habits, l'*armoise*, le *tussilage* ou *pas-d'âne*, etc., sont les composées médicinales les plus répandues.

197. Familles diverses. — La **verveine** donne son nom aux **verbénacées**, comme la **bourrache** donne le sien aux **borraginées**, qui sont pour la plupart médicinales. Le **laurier-rose**, abondant en Algérie, est une **apocynée**; sa feuille renferme de l'acide prussique, poison redoutable.

POLYPÉTALES.

198. Ombellifères. — Les **ombellifères** forment une famille très nombreuse. Elles doivent leur nom à la disposition des fleurs en ombelle ou *parasol*.

20

Nous cultivons dans nos jardins le *persil* et le *cerfeuil* qui assaisonnent nos aliments ; le *céleri*, dont la tige est comestible ;

Fig. 79. — Ombellifère.

l'*angélique*, employée par les confiseurs ; le *fenouil* et l'*ache* (céleri sauvage) sont utilisés dans certaines maladies. Toutes ces ombellifères renferment une essence aromatique dont l'odeur est très prononcée.

La *carotte*, à racine rouge, pivotante et charnue, qui fournit un aliment apprécié, et le *panais* qui sert de nourriture aux animaux domestiques, sont encore des ombellifères.

Une plante de cette famille, la *ciguë*, est vénéneuse et cause souvent des accidents mortels, parce qu'elle croît au pied des murs des jardins et qu'on la confond facilement avec le cerfeuil et le persil, dont elle n'a cependant pas l'odeur.

199. Renonculacées. — Le type de cette famille est le *bouton d'or*, si commun dans les prairies. Leurs fleurs sont généralement belles. On cultive comme plantes d'ornement les *renoncules*, les *anémones*, les *pivoines*, les *pieds-d'alouette* et autres renonculacées. L'*aconit-napel* qui renferme un poison dangereux, et les *ellébores* qui sont vénéneuses, appartiennent aussi à cette famille.

200. Rosacées. — Les **rosacées** ont comme les renonculacées des étamines très nombreuses ; mais elles ont un fruit différent. Cette famille comprend plusieurs espèces d'arbres et de plantes herbacées.

Fig. 80. — Rosacée.

L'*églantine* des buissons, dont la fleur odorante a cinq pétales d'une couleur rosée, nous offre le type des rosacées. Les rosiers cultivés sont des variations du genre.

Le *pommier*, le *poirier*, l'*abricotier*, le *prunier*, le *pêcher* et la plupart de nos arbres à fruit sont de la famille des rosacées, qui nous donne également la *fraise* et la *framboise*.

201. Légumineuses ou papilionacées. — Les **légumineuses** sont caractérisées par leur fruit, qui est une *gousse* ou légume. La corolle des légumineuses est en forme de papillon, de là leur nom de *papilionacées*. Elle a cinq pétales ; le pétale supérieur est large et étalé, on l'appelle l'*étendard ;* les pétales moyens sont les *ailes*, et les deux inférieurs se rapprochent et forment comme le devant d'un navire, d'où le nom de *carène* donné à cette partie de la fleur. La famille des légumineuses compte au moins sept mille espèces.

Les unes sont alimentaires, telles sont : le *pois*, la *fève*, le *haricot*, la *lentille*. D'autres sont des plantes fourragères, les *trèfles*, le *sainfoin*, la *luzerne*, la *lupuline*. Le *genêt*, l'*ajonc* et le *cytise* sont des arbrisseaux : l'*acacia* est un arbre.

Fig. 81. — Papilionacée.

202. CRUCIFÈRES. — Ces plantes sont ainsi nommées parce que seules elles portent des fleurs à quatre pétales disposés en *croix*, avec six étamines dont deux plus petites que les quatre autres. Le fruit des crucifères est une silique s'ouvrant à deux valves avec une cloison au milieu. Quand le fruit est court, on l'appelle silicule.

Les crucifères comprennent un grand nombre de plantes alimentaires : les *choux-cabus*, les *choux-fleurs*, le *navet*, la *rave*, les *radis*. Une espèce de chou, le *chou-cavalier*, est spécialement réservée à la nourriture des animaux domestiques.

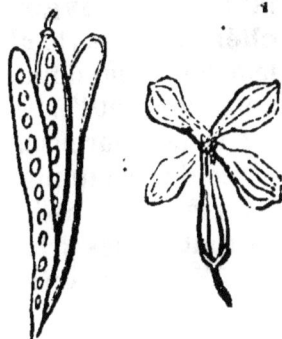

Fig. 82. — Silique et fleur de chou.

Le *cresson* de fontaine, que l'on mange en salade ou sans apprêt, a des propriétés antiscorbutiques que l'on trouve aussi dans le *cochléaria* et la *cardamine*.

Le *colza* et la *navette* sont cultivés pour l'huile que l'on extrait de leur graine. Le fruit du *pastel* donne une belle couleur bleue; on cultive cette crucifère dans les environs d'Albi et de Toulouse. La *giroflée* est une plante d'ornement. Dans les champs poussent spontanément la *bourse-à-pasteur* et la *ravenelle*. La *moutarde* est également une crucifère.

Fig. 83. — Guimauve.

203. MALVACÉES ET PLANTES DIVERSES. — La famille des **malvacées** se distingue par la réunion des filets des étamines en un seul groupe.

A cette famille appartiennent la *mauve* et la *guimauve*, employées en médecine comme adoucissants, et la *rose trémière*, plante d'ornement. Les *cotonniers* sont des malvacées.

Les *pavots* forment la famille des **papavéracées**. Une espèce donne l'opium, une autre espèce est cultivée dans le nord de la France et fournit l'huile d'œillette. L'*œillet* et la *nielle des blés* sont des **caryophyllées**. Les *courges*, les *melons*, les *potirons* et les *citrouilles* appartiennent à la famille des **cucurbitacées**.

APÉTALES.

204. — Les plantes herbacées apétales sont nombreuses. C'est à ce groupe qu'appartiennent le *sarrasin* ou *blé noir*, si répandu en Bretagne, et l'*oseille* potagère, deux plantes de la famille des **polygonées**; la *betterave* et les *épinards* qui sont des **chénopodées**; le *chanvre* dont les fibres servent à faire la toile, le *houblon* qui donne à la bière son amertume, et l'*ortie* dont la piqûre est si douloureuse, sont trois espèces de la famille des **urticées**. Mais les fleurs apétales se trouvent surtout sur les arbres.

205. AMENTACÉES. — Cette famille comprend presque tous les

Fig. 84. — Chanvre.

Fig. 85. — Châtaignier.

arbres feuillus de nos forêts. Les **amentacées** ont des fleurs apétales unisexuées; les fleurs mâles sont en chaton ou en épi, les fleurs femelles sont peu apparentes. Leurs fruits sont divers, celui du *noyer* et celui du *noisetier* sont comestibles; on mange aussi dans quelques pays les *faînes* du *hêtre*. Les *châ-*

taignes sont un aliment savoureux; le *gland* du chêne est recueilli pour la nourriture des porcs.

Le bois des arbres est employé pour les constructions. Celui du *chêne* est dur et compacte ; il ne se décompose que fort lentement. Le *hêtre* et le *charme* donnent aussi un bois estimé. Celui du *peuplier* et du *saule* est un *bois blanc* peu résistant, mais fort recherché pour les travaux qui demandent peu de soin. L'écorce des amentacées, surtout celle du *chêne*, renferme le *tannin* qui rend le cuir imputrescible ; on l'emploie pour tanner les *peaux*.

206. Conifères. — Les **conifères** sont des arbres toujours verts dont les feuilles affectent le plus souvent la forme d'aiguilles. Leur tige droite donne naissance à des branches horizontales qui se raccourcissent de plus en plus vers la cîme. Ils ont donc la forme d'un cône. Les fleurs des conifères sont apétales, les unes mâles, les autres femelles. Les fruits sont parfois réunis en *cônes* écailleux, comme dans la *pomme de pin*.

Le *sapin* qui abonde dans les pays du nord et dont le bois est journellement employé dans les constructions; le *pin maritime* qui couvre les Landes et dont on tire la résine en faisant une incision au tronc à la sève montante ; le *cyprès*, l'*if*, le *mélèze*, le *genévrier*, sont les principaux conifères de nos contrées.

Fig. 86. — Le sapin.

II. — LES MONOCOTYLÉDONÉES.

207. Caractères généraux. — L'embryon des **monocotylédonées** n'a qu'un seul cotylédon. On reconnaît ces plantes à leur racine fibreuse gardant toujours son organisation première ; à leur tige sans écorce, plus dure, dans les arbres, à l'extérieur qu'au centre ; à leurs feuilles dont les nervures sont droites et parallèles entre elles ; à leurs fleurs qui n'ont ordinairement que trois parties. Les monocotylédonées de notre pays sont des herbes. Dans les pays chauds, cet embranchement renferme des arbres nombreux, surtout les *palmiers*, qui rendent de grands services à l'homme.

Les principales familles à citer sont : les *liliacées*, les *iridées* et les *graminées*.

208. LILIACÉES. — Le **lis**, qui donne son nom à cette famille, en est le type. La tige souterraine est un bulbe écailleux. Sa fleur est blanche et belle; on le cultive comme plante d'ornement. On cultive également pour leurs fleurs les *tulipes*, les *jacinthes*, les *fritillaires*, les *asphodèles* et les *hémérocales*.

Les liliacées alimentaires sont : l'*ail*, l'*oignon*, l'*échalotte*, la *ciboule* et le *poireau*.

209. IRIDÉES. — L'*iris d'Allemagne* et l'*iris de Florence* cultivés dans nos jardins et qui ont de larges fleurs sont, avec l'*iris* à fleurs jaunes des rivières, les **iridées** les plus répandues. Leur tige souterraine est un rhizome odorant que l'on emploie parfois en parfumerie; leurs feuilles aériennes ont la forme de glaives.

Fig. 87. — Le lis.

Les *glaïeuls* et le *safran* sont des iridées.

210. GRAMINÉES. — La famille des **graminées** est une des plus nombreuses du règne végétal. Les graminées de notre pays sont des plantes herbacées dont la tige est un chaume, avec une feuille engaînante partant de chaque nœud. Leurs fleurs sont réunies en épi, et les fruits d'un grand nombre d'espèces servent à la nourriture de l'homme.

Le *froment*, le *seigle* et l'*orge*, cultivés depuis les temps les plus reculés, ont un épi serré et barbu. L'épi de l'*avoine* est en grappe lâche. Le *maïs* a une tige creuse, grosse et forte, terminée par un panache de fleurs mâles; ses fleurs femelles sont disposées en régime à l'aisselle des feuilles.

Les herbes des pelouses et les plantes des prairies sont presque toutes des graminées; celles des friches et des marais sont des **joncées** ou des **cypéracées**, familles très voisines.

III. — LES ACOTYLÉDONÉES.

211. Caractères généraux. — Les plantes de ce dernier

embranchement n'ont ni embryon ni cotylédon ; leurs graines, appelées *spores*, ne sont point produites par des fleurs. Les plus importantes sont les *fougères*, les *mousses*, les *lichens*, les *algues* et les *champignons*.

212. FOUGÈRES. — Les **fougères** sont remarquables par leurs grandes feuilles composées à belles frondaisons. Dans les régions tropicales, les fougères atteignent la taille des arbres. Dans les régions tempérées, ce sont des plantes herbacées. La *capillaire noire*, dont on fait un sirop pectoral, est une fougère.

213. MOUSSES. — Les **mousses** sont de petites plantes vertes à feuilles en écailles. Elles poussent dans les lieux humides, sur les arbres, sur les toits et sur les rochers.

214. LICHENS. — Les plaques colorées qui s'étendent sur les arbres et sur les rochers sont des **lichens**. Le *lichen d'Islande* donne une pâte pectorale. La *teinture d'orseille* est aussi fournie par des lichens.

215. ALGUES. — Les **algues** vivent dans les eaux. On appelle généralement *conferves* celles des eaux douces ; *fucus* ou *varechs*, celles de la mer. Sur nos côtes de l'Océan, on recueille les varechs pour faire des engrais.

216. CHAMPIGNONS. — Ce sont des végétaux sans feuilles n'ayant pas la couleur verte. Les plus rempli communs sont formés d'un pied à sa base et d'un chapeau arrondi garni en dessous de petites lames.

On mange un grand nombre de champignons, dont les principaux sont : l'*oronge*, les *cèpes*, la *morille* et la *truffe*, singulier champignon souterrain.

L'*ergot du seigle*, l'*oïdium de la vigne*, les *moisissures* sont des champignons. La *teigne* de la tête est causée par un de ces végétaux microscopiques.

Fig. 88. — Fougère.

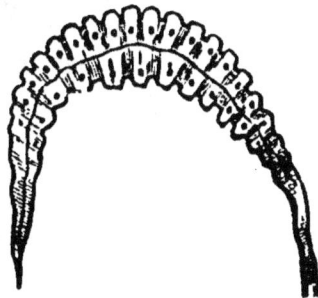

Fig. 89. — Algue.

TROISIÈME PARTIE

RÈGNE MINÉRAL

---

217. Règne minéral ; les trois états de la matière. — Le règne minéral renferme tous les êtres inertes, privés de vie. Les êtres inorganiques offrent une aussi grande variété que les êtres animés. Plusieurs sciences, telles que la *géologie*, la *minéralogie* et la *chimie*, sont fondées sur leur étude.

Les corps inanimés se présentent à nous sous trois états différents. Ils sont *solides*, *liquides* ou *gazeux*.

218. Solides. — Les corps **solides** sont ceux qui, comme les roches, les pierres, le bois, le fer, résistent sous la main et conservent la forme qu'ils ont tant qu'une force quelconque n'agit pas sur eux pour les briser ou les désagréger.

Les corps solides sont plus ou moins durs. Ainsi le beurre et l'argile, qui se pétrissent dans la main, sont des solides aussi bien que le marbre et le fer, si durs et si résistants.

219. Liquides. — Les **liquides** sont moins résistants que les corps solides ; on peut plonger la main dans leur masse sans effort, et on ne peut les prendre à la main, entre les doigts, parce qu'ils coulent et tendent à se répandre.

La mobilité des parties qui les composent empêche qu'ils aient une forme propre ; ils prennent la forme du vase qui les contient. L'*eau*, le *vin*, l'*alcool*, l'*huile* sont des liquides.

220. Gaz. — Les gaz offrent encore moins de résistance et plus de mobilité que les liquides. Nous marchons dans l'air sans presque le sentir. La main plongée dans le gaz d'éclairage se meut librement. Les gaz tendent toujours à s'échapper en augmentant de volume, aussi sont-ils difficiles à conserver dans les vases, dont ils prennent d'ailleurs la forme. Les gaz provenant d'un liquide ou d'un solide s'appellent des *vapeurs*.

Les liquides et les gaz, n'étant point saisissables, sont aussi appelés des corps *fluides*, c'est-à-dire *coulants*.

221. Les trois états de la matière. — La matière ne conserve pas toujours l'état sous lequel elle nous apparaît à un moment donné. La substance des corps peut prendre successivement des états différents. L'eau se solidifie en se refroidissant; elle se vaporise quand on la chauffe. Le soufre, solide à la température ordinaire, devient liquide sous l'action d'une chaleur modérée, et gazeux à une haute température. Les corps les plus durs, le platine, l'or, l'argent, le fer, fondent s'ils sont suffisamment chauffés.

Certains gaz, tels que l'acide carbonique, peuvent être amenés à l'état liquide et même à l'état solide par la compression et le refroidissement. En un mot, l'état d'un corps est déterminé par la quantité de chaleur qu'il contient.

222. Corps simples et corps composés. — Les corps, qu'ils soient solides, liquides ou gazeux, se divisent en *corps simples* et en *corps composés*.

223. Corps simples. — On donne le nom de **corps simples** à ceux dans lesquels on n'a pu trouver qu'une seule sorte de matière : le *fer*, l'*or*, le *soufre*, le *mercure*, l'*oxygène*, le *chlore* sont des corps simples.

224. Corps composés. — On donne le nom de composés à des corps formés de corps simples combinés entre eux. Ainsi la *pierre*, qui est formée d'oxygène, de carbone et de calcium; l'*eau* qui est formée d'oxygène et d'hydrogène sont des corps composés. On appelle *sel* un corps composé de trois corps. La pierre est un sel.

Jusqu'à présent on n'a trouvé que 64 corps simples.

LES CORPS SOLIDES.

225. Roches et minerais. — Les corps solides provenant du règne minéral sont les plus nombreux. Ils sont tirés des *roches* et des *minerais* constituant le sol.

226. Roches. — On appelle **roche** une masse de matière minérale solide. Les pierres dures et consistantes, l'argile molle et pétrissable, le sable mouvant, forment des roches qui diffèrent entre elles par leur nature et leur consistance aussi bien que par leur disposition.

Les roches étalées par couches superposées sont dites *stratifiées*. Les autres, disposées en masses irrégulières, sans symétrie, sont des roches massives souvent composées de cristaux à formes géométriques. Il se trouve dans les roches stratifiées des restes d'animaux et des traces de végétaux que l'on désigne sous le nom de fossiles.

227. Minerais. — Les **minerais** sont des roches dont on peut extraire des métaux par le lavage, par des opérations chimiques ou par la fusion. Les lieux où l'on rencontre des masses de minerais se nomment des *gisements*. Les gisements sont par *couches* ou par *amas*, ou bien remplissent des crevasses profondes appelées *filons*.

L'industrie qui exploite les gisements et extrait les métaux est la *métallurgie*. Les principaux minerais sont les minerais de *fer*, de *cuivre*, de *plomb*, d'*étain*, de *zinc*, de *manganèse*, d'*antimoine*, d'*or*, d'*argent* et de *platine*.

Le *mercure* est le seul métal qui soit liquide à la température ordinaire.

228. Les principales roches utilisées. — L'homme utilise toutes les roches, mais il exploite surtout les *pierres calcaires* et les *silex*.

229. Roches calcaires. — Les pierres calcaires doivent leur nom à la *chaux* qu'elles renferment. On les reconnaît à ce que le vinaigre versé sur elles produit à leur surface un bouillonnement causé par l'acide carbonique qui s'échappe; il y a *effervescence*, comme on dit dans le langage des chimistes.

Les *moellons* à bâtir, la *pierre de taille*, la pierre que l'on cuit dans les fours pour faire la chaux, la *craie* dont on se sert pour écrire au tableau noir, le *marbre* des statuaires, sont des pierres calcaires.

Le plâtre est fourni par un calcaire non effervescent appelé *gypse* et très abondant dans les environs de Paris.

230. Roches siliceuses. — Si l'on verse du vinaigre sur de l'argile ou sur cette roche dure et polie que l'on désigne sous le nom de *pierre à fusil*, il ne se produit pas d'effervescence, parce qu'il n'y a pas d'acide carbonique déplacé. Ces roches sont dites **siliceuses**. Les pierres qu'elles renferment sont des *silex*.

La *terre glaise*, la *terre des potiers*, la *terre de pipe*, la *terre à brique* et l'*argile commune* sont les roches siliceuses molles les plus répandues. La *pierre à fusil* dont on battait le briquet avant la découverte des allumettes, la *pierre meulière* dans laquelle on taille les meules des moulins, le dur *granit* employé dans les constructions monumentales, le *quartz* dont les couches forment les trois dixièmes de l'écorce terrestre, sont des roches siliceuses dures.

Les sables sont *calcaires* ou *siliceux* suivant la nature des fragments qui les composent. Les roches peuvent même être mélangées de minéraux très divers.

L'*ardoise* appartient à la famille minérale des *schistes*. De ses feuilles larges et amincies on couvre nos maisons, on fait des tables, des tableaux, etc.

231. Cristaux. — Les roches calcaires et siliceuses ont souvent la structure cristalline; leurs différentes parties présentent des formes géométriques bien déterminées. Les cristaux calcaires sont rayés par un couteau, tandis que les cristaux siliceux raient au contraire l'acier du couteau; la distinction se fait donc facilement.

Le *cristal de roche* utilisé par l'industrie est du quartz cristallin; l'*agathe*, l'*opale*, les *saphirs*, les *rubis*, les *émeraudes*, les *topazes*, les *améthystes*, toutes les pierres précieuses que l'on monte en bijoux, sont des roches cristallisées.

Le *diamant* cependant n'est pas une pierre, c'est du charbon pur cristallisé.

232. Houille et tourbe. — La **houille** ou *charbon de terre* n'est pas à proprement parler un corps minéral. C'est un amas de végétaux enfouis et comprimés en une masse compacte dans les entrailles de la terre depuis de longs siècles.

La **tourbe** est également formée de débris de végétaux qui s'accumulent dans les marais humides. La provenance de ces corps fait qu'ils sont très combustibles et qu'on les emploie pour le chauffage.

LES LIQUIDES.

233. Les liquides, l'eau. — Les liquides se trouvent dans les trois règnes de la nature; le sang des animaux, la sève des végétaux sont liquides. Les plantes fournissent le vin, l'alcool, les huiles; les animaux nous donnent le lait, et on tire des matières huileuses du corps de certains poissons.

Les substances minérales liquides sont nombreuses; mais trois surtout se trouvent en abondance et sont utilisées par l'homme : le *mercure*, qui est un métal; le *pétrole*, dont on se sert pour l'éclairage, et l'*eau* qui nous est si précieuse.

Le *mercure* existe à l'état natif liquide; mais le plus souvent il est mélangé ou combiné avec d'autres corps.

Le *pétrole* forme des nappes liquides considérables dans certaines contrées et notamment dans l'Amérique du Nord, où il est exploité en grand.

Quant à l'eau, qui est indispensable à la vie, sans laquelle les végétaux se dessèchent, les animaux périssent et l'homme meurt, elle forme une masse considérable recouvrant les trois quarts du globe.

234. Composition de l'eau. — L'eau pure n'est pas un corps simple ; elle est composée d'*oxygène* et d'*hydrogène*, deux gaz qui jouent un grand rôle dans la nature et que nous retrouverons bientôt. Lorsqu'on met dans un flacon de l'*eau*, des rognures de *zinc*, et de l'*acide sulfurique* ou *vitriol*, il se dégage un gaz qui est l'*hydrogène* de l'eau. Si après quelques minutes on allume le jet de gaz et que l'on place une assiette au-dessus de la flamme, on verra se former des gouttelettes d'eau provenant de la combinaison de l'hydrogène avec l'oxygène qui l'a brûlé.

235. Propriétés de l'eau. — Quand l'eau est bien pure et en petite quantité, elle est d'une transparence parfaite ; mais elle prend une belle couleur bleue dès qu'elle est vue en masse, dans un lac ou simplement dans un grand bassin.

Lorsqu'elle ne renferme aucune substance étrangère, elle n'a ni odeur ni saveur ; mais comme elle dissout facilement les autres corps, elle n'est jamais pure à l'état naturel.

Si limpide qu'elle soit, elle contient des matières étrangères dont elle s'est chargée en traversant l'air ou le sol. C'est ce qui explique la crasse dont se couvrent intérieurement les carafes.

236. Eaux douces ; eaux salées. — Les eaux des puits et des citernes, comme celles des sources et des rivières, qui portent en dissolution des matières minérales, ont une légère saveur, mais ne sont point salées. Ce sont des eaux douces.

Les eaux de la mer sont au contraire salées et il est impossible de les boire.

Quand les eaux douces sont claires et peu chargées de substances étrangères, elles peuvent être bues sans danger et employées à la cuisine : elles sont *potables*. Mais il faut rejeter comme dangereuses les eaux troubles des mares, des étangs, des marécages et toutes celles qui contiennent des matières végétales en décomposition.

237. Eaux minérales et thermales. — On donne le nom d'eaux minérales à des eaux de sources naturelles qui tiennent en dissolution des matières acides, gazeuses, salines, ferrugineuses, sulfureuses, etc., et qui ont des propriétés médicinales utilisées pour la guérison de certaines maladies.

La France est riche en sources minérales. Chaque année, de nombreux visiteurs se rendent à Bagnères-de-Bigorre, à Cauterets, aux Eaux-Bonnes, dans les Pyrénées; à Vichy, à Néris, dans l'Allier; à Plombières, à Contrexéville, dans les Vosges; à Aix-les-Bains, dans la Savoie, etc., et l'on sert comme eaux de table les eaux de Saint-Galmier et de Vals.

Souvent ces eaux jaillissent de la terre à une température assez élevée; ce sont alors des eaux thermales.

238. Mouvement continuel de l'eau; changements d'état. — C'est par un perpétuel mouvement et par de continuels changements d'état que l'eau se distribue sur tous les points du globe. Le soleil chauffe de ses rayons la terre humide et la surface liquide des mers. Il transforme ainsi chaque jour en *vapeurs* une grande quantité d'eau.

Ces vapeurs, invisibles pour nous et plus légères que l'air, s'élèvent dans l'atmosphère; là, elles se refroidissent, deviennent des gouttelettes visibles et constituent les *nuages* que nous apercevons dans le ciel. Si le refroidissement continue, les gouttelettes se réunissent en gouttes et tombent sur le sol; c'est la pluie. Qu'un froid très vif saisisse les gouttelettes, elles tombent en légers flocons de neige ou en petits glaçons de grêle.

La pluie, qui est fréquente, la neige et la grêle ramènent et distribuent sur le sol l'eau qui en était partie en vapeurs. Cette eau pénètre les roches, s'amasse en nappes à de certaines profondeurs où on la retrouve en creusant les *puits*. Sur les montagnes, la pluie et la neige sont abondantes; l'eau qu'elles y apportent s'infiltre à travers les rochers et jaillit ensuite à fleur de terre aux points appelés *sources*.

L'eau des sources s'écoule dans les vallées et donne naissance aux *rivières*, qui, en se réunissant, forment les *fleuves*. Ceux-ci portent les eaux à la mer, à l'*Océan*, dont la surface laisse sans cesse monter vers le ciel les vapeurs qui alimenteront les sources en se résolvant en pluie.

Fig. 90. — La glace enfermée dans un vase le fait éclater.

239. Glace. — Sous l'action du froid, quand la température est au-dessous de 0 degré, l'eau se *congèle*, et se change en glace en augmentant de volume; si elle est alors enfermée dans un vase, elle le fait éclater, quelle que soit la résistance de ses parois.

La glace atteint parfois de grandes épaisseurs et l'on peut passer avec des voitures sur des rivières gelées. Les mers polaires se changent, sous l'influence du froid, en d'immenses plaines glacées, et, au dégel, de véritables montagnes de glace flottent à leur surface.

Enfin, sur les hautes montagnes, la neige durcie forme des champs de glace ou *glaciers* que le soleil d'été ne parvient jamais à fondre complètement.

L'eau de pluie, qui se change en glace en touchant le sol, y forme une couche glissante qui est le verglas, très dangereux pour les promeneurs.

240. Brouillards, givre, rosée, gelée blanche. — Toutes les vapeurs d'eau ne montent pas assez haut pour former des nuages. Celles qui restent dans les basses régions flottent autour de nous et nous ne les apercevons que les jours où elles sont très abondantes et qu'un refroidissement les change en *brouillards*.

L'hiver, il arrive que le froid saisit les gouttelettes des brouillards au moment où elles se déposent sur les vitres de nos demeures, sur les branches des arbres; ces parcelles d'eau sont alors solidifiées et forment le *givre* aux dessins fantaisistes.

La *rosée*, qui brille le matin à la pointe des herbes, sous les rayons du soleil levant, est produite également par les vapeurs des basses régions qui se liquéfient en touchant le sol et les plantes plus froids que l'air.

Si le refroidissement est assez considérable, les gouttelettes forment à la surface du sol et sur les herbes une couche de fine poussière de glace appelée *gelée blanche*.

LES GAZ.

241. Les gaz. — Indépendamment des *vapeurs* qui s'exhalent des liquides ou des solides, on compte environ trente-quatre corps gazeux, dont sept seulement se rencontrent à l'état libre dans la nature. Ces sept gaz sont : l'*oxygène*, l'*azote*, l'*acide carbonique*, le *protocarbure d'hydrogène* et le *bicarbure d'hydrogène*, l'*ammoniaque* et l'*acide sulfureux*.

Les autres corps gazeux s'obtiennent dans les laboratoires et dans l'industrie par des opérations chimiques. Quatre gaz sont des corps simples, savoir : l'*oxygène*, l'*hydrogène*, l'*azote* et le *chlore*.

242. L'air. — L'air au milieu duquel nous sommes plongés et qui est indispensable à l'entretien de la vie est un mélange de corps gazeux. Il est formé d'environ quatre parties d'*azote* et d'une partie d'*oxygène;* mais il renferme en outre de l'acide carbonique, en petite quantité quand il est pur, et de la vapeur d'eau.

C'est un gaz sans odeur et sans couleur. Cependant, quand il est vu en masse, il paraît bleu azuré.

L'air est pesant; le poids d'un litre d'air est de 1gr,293, soit 773 fois 1/2 moins que le poids d'un litre d'eau, qui est de 1,000 grammes.

Cet air pesant presse sur tous les corps d'un poids énorme, car la masse d'air qui entoure le globe, l'*atmosphère*, a près de 80 kilomètres d'épaisseur. Cependant, les corps ne sont pas écrasés, parce qu'ils sont également pressés de toutes parts.

243. Présence de l'air. — Nous nous rendons parfaitement compte de la présence de l'air. Si nous agitons la main, nous éprouvons une légère résistance et nous sentons le souffle produit par l'air qui se déplace. Une baguette flexible que l'on fait vibrer rapidement produit un son, ce qui prouve qu'elle rencontre un corps résistant. Plongeons une bouteille débouchée dans un seau d'eau, le liquide en pénétrant dans la bouteille en chasse l'air, qui s'échappe en grosses bulles par le goulot.

Fig. 91. — L'air s'échappe en grosses bulles.   Fig. 92. — L'eau ne tombe pas.

244. Pression de l'air. — De même, nous pouvons constater la pression atmosphérique. Un verre rempli d'eau, promptement retourné dans une cuvette contenant également de l'eau, ne se vide pas, parce que l'air qui presse sur la surface de la cuvette fait équilibre au poids de l'eau du verre.

Si au lieu de retourner le verre dans la cuvette, on le retourne dans l'air en ayant eu soin de mettre une feuille de papier sur les bords, l'eau ne tombe pas, parce que l'air presse de bas en haut sur la feuille de papier.

245. Élasticité de l'air. — L'air est élastique comme tous les gaz, et l'on peut facilement réduire son volume, qu'il tend à reprendre ; ainsi, quand on comprime de l'air dans un canon en bois de sureau, il fait sauter le bouchon en produisant un coup sec.

La chaleur augmente le volume de l'air, qui perd alors de son poids ; c'est pourquoi l'air chaud dans une chambre s'échappe par le haut des portes, tandis que l'air froid entre par le bas ; c'est pourquoi aussi les *ballons* gonflés d'air chaud s'élèvent dans les airs et retombent quand la température est la même à l'intérieur et à l'extérieur du ballon.

246. Vent. — Le vent est produit par le déplacement de l'air. Le soleil échauffe l'air sur un point du globe. L'air froid des autres contrées se précipite alors vers ce point comme l'air froid du dehors pénètre au ras de terre dans la chambre chauffée.

Lorsque le courant d'air est faible, ce n'est qu'une *brise ;* s'il est assez fort, c'est le *vent ;* quand le courant est violent, c'est la *tempête* ou l'*ouragan.*

247. L'oxygène. — L'oxygène, qui entre pour la cinquième partie dans la composition de l'air, est un gaz incolore, inodore et sans saveur. On le prépare en faisant chauffer dans un ballon de verre un mélange de sable fin et de *chlorate de potasse.* Ce dernier corps laisse dégager le gaz, que l'on recueille dans des *éprouvettes* ou flacons en verre. Les éprouvettes pleines doivent être tenues la partie ouverte en haut parce que l'oxygène est plus lourd que l'air.

248. L'oxygène comburant. — Une allumette sur le point de s'éteindre, ou une petite bûchette ayant le bout rouge de feu, se rallument dans l'oxygène et brûlent vivement. Un charbon incandescent s'y consume rapidement en projetant une lumière éclatante ; un ressort de montre dont le bout a été rougi au feu y brûle en pétillant comme une brindille de bois dans le feu. L'oxygène est donc un corps qui brûle les autres, c'est un corps *comburant.* On donne le nom de combustibles aux corps qui brûlent dans l'oxygène.

La propriété qu'a l'oxygène de brûler les autres corps rend ce gaz indispensable à la vie.

C'est en effet l'oxygène de l'air qui, dans la respiration, brûle les impuretés du sang noir et le rend de nouveau propre à la nutrition du corps. — Ces impuretés contenant du charbon en grande quantité, l'oxygène se change en *acide carbonique*, gaz impropre à la respiration. (*Voir* **Acide carbonique.**)

Cependant, si l'oxygène était trop abondant, il serait nuisible aux animaux. Un oiseau plongé dans ce gaz est tout d'abord ragaillardi, puis il s'agite comme s'il était ivre, et meurt épuisé. L'air respirable et vivifiant est celui qui ne contient que 1 partie d'oxygène pour 4 d'azote.

249. L'azote. — Ce gaz est comme l'oxygène un corps simple, sans odeur, sans couleur et sans goût particulier. Il pèse moins que l'air, et pour le conserver dans les éprouvettes, il faut tenir celles-ci renversées.

L'azote est impropre à la combustion et à la vie. Une bougie allumée s'éteint instantanément dans l'azote. Un oiseau plongé dans une cloche ne contenant que ce gaz meurt asphyxié. L'acide carbonique produit les mêmes effets, mais il se distingue facilement de l'azote, comme nous le verrons.

250. L'hydrogène. — L'hydrogène est un gaz simple comme les deux premiers. Nous avons vu en étudiant la composition de l'eau comment on l'obtient.

Il est incolore, inodore et sans saveur. Il n'entretient pas la combustion, une bougie s'éteint quand on la plonge dans l'éprouvette qui le contient; mais, comme le gaz est inflammable, elle y met le feu; l'hydrogène brûle sur les bords de l'éprouvette en produisant une légère flamme bleue.

Il est parfois dangereux d'enflammer l'hydrogène, parce qu'en se combinant brusquement avec l'oxygène de l'air, ce gaz produit une explosion et fait voler en éclats le vase qui le renferme.

Comme l'hydrogène est 14 fois et 1/2 plus léger que l'air, il est éminemment propre à gonfler les ballons, auxquels il donne une grande force d'ascension.

251. Le chlore. — Le chlore est le quatrième des gaz simples. Il n'est pas à l'état libre dans la nature, où on ne le trouve que combiné à d'autres corps.

C'est un gaz verdâtre, d'une odeur prononcée très irritante. Il pèse 2 fois et 1/2 plus que l'air.

Ses composés ont une grande importance dans l'industrie et

la médecine. Le chlore, qui se dégage facilement de quelques-
uns de ses composés (chlorure de chaux), est employé comme
désinfectant et comme *décolorant*.

252. L'acide carbonique. — C'est un gaz composé d'oxygène et de charbon ou carbone qui se forme toutes les fois que
l'on brûle un corps renfermant du charbon. Il serait en quantité
considérable dans la nature, si les plantes ne le décomposaient
pas pour fixer le charbon dans leurs tiges.

Ce gaz est incolore et inodore ; mais il a une saveur légèrement aigrelette, qu'il communique à l'eau qui le dissout. C'est
l'acide carbonique qui pique la langue quand on boit de l'eau
de seltz.

Nous avons vu que l'acide carbonique est impropre à la combustion et qu'il asphyxie les animaux comme l'azote ; il se distingue de ce dernier corps par son goût et par la propriété qu'il
a de troubler l'eau de chaux ; il s'en distingue encore par son
poids. L'acide carbonique est plus lourd que l'air. Dans la nature il se tient donc au ras du sol. C'est ce qui explique le phénomène de la *Grotte du chien* de Pouzzole : un homme debout
peut y pénétrer impunément ; un chien y trouve la mort parce
qu'il est plongé dans l'acide carbonique s'exhalant du sol et
coulant au dehors comme de l'eau.

L'air ne renferme qu'une toute petite quantité d'acide carbonique ; il ne devient irrespirable que lorsque ce gaz entre pour
le tiers dans son volume. Mais il faut se défier des lieux contenant de l'acide carbonique et ne pas descendre dans les puits
les fosses, les cuves, avant de s'être assuré qu'une bougie y
brûle. Ce n'est que dans ce cas qu'un homme y peut vivre.

253. Oxyde de carbone. — Le charbon en brûlant dans
les poêles produit un autre composé oxygéné, l'oxyde de carbone
qui est fort dangereux. Non seulement ce gaz est asphyxiant ; il
est encore délétère : il empoisonne. Comme il se produit dans
les combustions lentes, il faut activer le feu des poêles pour
éviter tout danger.

254. Ammoniaque. — Le gaz ammoniac est très répandu
dans la nature ; il est composé d'azote et d'hydrogène. Il est
incolore, mais il a une forte odeur qui provoque les larmes et
une saveur acre brûlante : c'est ce gaz que nous ressentons, l'été
surtout, dans les urinoirs mal tenus.

L'*ammoniaque* se dissout facilement dans l'eau et a de nombreux usages en médecine et dans l'industrie ; il joue un grand
rôle dans l'agriculture.

255. Gaz d'éclairage. — L'hydrogène en se combinant avec le carbone donne naissance à plusieurs corps gazeux. Le gaz d'éclairage que l'on obtient en distillant la houille est un de ses composés. D'autres de ces gaz se trouvent à l'état libre dans la nature, tel est le *gaz des marais* ou *protocarbure d'hydrogène*. On le recueille à la surface des eaux stagnantes, d'où il s'échappe en grosses bulles quand on remue la vase du fond. Le gaz des marais s'enflamme à l'approche d'une allumette; mais il y a danger à mettre le feu au flacon qui le contient, parce qu'il peut faire explosion.

LA COMBUSTION.

256. Combustion et oxydation. — On entend par combustion le phénomène par lequel l'oxygène s'unit vivement à un corps en produisant une *incandescence*, de la *lumière* et de la *chaleur*. Quand la combustion est lente, sans chaleur appréciable, on dit qu'il y a simplement oxydation.

L'oxydation se remarque principalement sur les métaux. Le fer exposé à l'air humide se *rouille ;* il est rongé par l'oxygène qui le brûle petit à petit et le change en cette matière jaune brun qui nous tache les mains. Le *vert-de-gris* du cuivre est dû à l'oxydation de ce métal et à l'acide carbonique de l'air. Le zinc, l'étain, le plomb s'oxydent à l'air; l'argent, l'or et le platine ne sont pas attaqués par l'air atmosphérique.

On protège le fer contre la rouille en le couvrant d'un enduit de peinture, d'une couche d'émail, ou bien en l'entourant d'étain par l'*étamage* ou de zinc par la *galvanisation.* Pour éviter le vert-de-gris on étame, on argente ou l'on dore le cuivre.

257. Combustibles. — Un corps est dit *combustible* quand il est détruit, ou mieux transformé, par le feu. Le papier, la paille, le bois, etc., sont *combustibles.* L'amiante, matière minérale que l'on peut tisser, le marbre, la pierre, etc., qui ne brûlent pas, sont dits *incombustibles.*

Mais le nom de **combustibles** est spécialement réservé pour désigner les composés de l'hydrogène et du charbon que nous brûlons pour produire de la chaleur et de la lumière. Le *bois,* le *charbon de bois,* la *houille,* le *coke,* la *tourbe* sont des combustibles solides utilisés pour le chauffage dans l'industrie et dans les maisons; le *pétrole,* les *huiles,* les *corps gras* liquides ou très fusibles sont employés surtout pour l'éclairage, de même que le *gaz d'éclairage* qui est un combustible gazeux.

258. Production de la chaleur. — Le bois, la houille allumés en plein air brûlent languissamment sans donner une forte chaleur. L'oxygène de l'air est trop vite consumé et ne se renouvelle pas assez promptement. Pour que le feu soit actif et la chaleur considérable, on a imaginé les cheminées et les fourneaux, dans lesquels un courant d'air oxygéné passe sur le foyer et active la combustion, comme le fait le *soufflet* avec lequel nous projetons l'air sur les bûches incandescentes.

Plus le courant d'air est fort, plus la chaleur produite est considérable. Dans l'industrie, où l'on a besoin de hautes températures, on construit des cheminées très élevées, qui ont un grand *tirage;* elles laissent échapper l'air chaud et la fumée par leur ouverture supérieure, et l'air froid s'engouffre à leur base dans le foyer. On complète parfois ce tirage par des *ventilateurs,* machines puissantes qui projettent l'air sur le feu comme un vent violent. Le maréchal, qui n'a besoin que d'amollir le fer, se contente d'un gros soufflet pour exciter le feu de sa forge.

259. Le chauffage. — Le chauffage de nos appartements n'exige pas une grande chaleur ; mais le tirage doit être assez fort pour que les produits de la combustion, fumée, oxyde de carbone et acide carbonique, ne restent pas dans la chambre. On doit donc veiller à ce que les cheminées et les poêles fonctionnent bien. Le chauffage le plus sain est celui des cheminées à bois; mais il est trop coûteux, et dans les villes on brûle de la houille et du coke dans les grilles des cheminées ou dans des poêles. Il faut se défier de ce dernier mode de chauffage; le poêle en fonte surtout laisse dégager dans les appartements de l'oxyde de carbone, très nuisible à la santé.

260. L'éclairage. — Nous nous éclairons en brûlant des composés du charbon et de l'hydrogène; la cire, les bougies, le suif, les résines, les huiles, le pétrole et le gaz sont les principaux corps usités pour l'éclairage. Leur flamme a des propriétés éclairantes que n'ont pas celles des corps privés de charbon. Ainsi la flamme de l'alcool est pâle et bleue, celle de l'hydrogène est sans éclat.

Un courant d'air active la production de la lumière; aussi donne-t-on un grand éclat à la clarté des lampes et des becs de gaz à l'aide des cheminées de verre que l'on y adapte. Il importe de veiller à ce que l'éclairage soit bon, surtout quand on s'occupe de travaux minutieux. Beaucoup de maladies d'yeux sont causées par un éclairage insuffisant ou mal réglé.

QUATRIÈME PARTIE
PREMIÈRES NOTIONS DE PHYSIQUE

PESANTEUR

261. La *physique* a pour objet principal l'étude des grandes forces naturelles qui agissent sur tous les corps. Ces forces sont : la *pesanteur*, la *chaleur*, la *lumière*, l'*électricité* et le *magnétisme*.

262. La pesanteur. — Tous les corps, s'ils ne sont pas soutenus par un autre, sont attirés vers la terre : ils *tombent*. On dit qu'ils sont pesants, et on appelle **pesanteur** la force qui les met en mouvement.

La fumée qui s'élève dans les airs, les nuages qui s'y soutiennent, le ballon qui y vogue n'échappent pas à la loi de la pesanteur : ils sont plus légers que l'air et sont supportés par lui; lorsqu'ils deviennent plus lourds, ils tombent.

263. Direction de la pesanteur. — La direction imprimée aux corps par la pesanteur peut être considérée comme étant toujours la même.

On la détermine à l'aide du *fil à plomb*, c'est-à-dire d'un fil au bout duquel est attaché et suspendu un corps lourd arrêté dans sa chute.

Cette direction, appelée *verticale*, est perpendiculaire à la surface de l'eau, qui donne la ligne *horizontale*.

264. Vitesse de la chute des corps ; résistance de l'air. — Tous les corps tombent également vite quand ils ne rencontrent aucune résistance. Ainsi, dans un tube d'où l'on a retiré l'air, une balle de plomb, un morceau de papier, une barbe de plume arrivent en même temps à l'autre bout si l'on renverse le tube.

Fig. 93.
Chute des corps dans le vide.

Dans le tube rempli d'air, ou à l'air libre, on voit au contraire tomber le plomb d'abord, puis le papier et enfin la plume.

L'air, qui est pesant, oppose donc une résistance sensible aux corps qui tombent. Il est facile de s'en rendre compte : si l'on abaisse vivement la main ouverte, on sent l'air qui est fouetté et chassé. Une expérience bien simple démontre, en même temps que la résistance de l'air, l'unité de vitesse de la chute des corps dans le vide.

Que l'on prenne un décime et une rondelle de papier d'égal rayon; qu'on les laisse tomber en même temps et de même hauteur, la pièce de monnaie suivra la ligne verticale et arrivera à terre avant le morceau de papier qui oscillera dans l'air. Mais que l'on ait soin d'ajuster la rondelle de papier sur la pièce et de laisser tomber celle-ci d'aplomb; les deux corps tomberont verticalement ensemble. Le décime a chassé l'air et frayé la route au disque de papier qui n'a éprouvé aucune résistance.

La vitesse de la chute des corps augmente avec le temps pendant lequel ils tombent. Ainsi, un corps lourd offrant très peu de prise à l'air parcourt pendant la première seconde 4^m,90, pendant la deuxième 14^m,70 et pendant la troisième 24^m,50. Le chemin parcouru est donc :

4^m,90 dans une seconde,

19^m,60 dans deux secondes,

44^m,10 dans trois secondes.

Ce que l'on exprime en disant que les *espaces parcourus sont proportionnels au carré du temps pendant lequel les corps tombent*.

La force acquise par les corps est donc considérable quand ils tombent de haut. Ainsi un gravier qui ne fait aucun mal lorsqu'il tombe sur la main d'une hauteur de 1 mètre, blesserait grièvement s'il tombait de 40 mètres.

265. Poids des corps. — Le poids d'un corps est la pression ou la tension exercée par ce corps sur l'objet qui le supporte. Cette pression varie parce que tous les corps ne sont pas également *lourds*.

A volume égal, l'or, le mercure, le plomb, le fer sont plus lourds que l'eau, dont un centimètre cube pèse un *gramme* (l'unité de poids); au contraire, l'huile, le vin, la cire sont plus légers que l'eau.

266. Poids spécifique des corps. — Quand on compare ainsi le poids d'un corps au poids d'un égal volume d'eau, on obtient un nombre qui exprime le *poids spécifique* ou la *densité* de ce corps.

Sachant que le centimètre cube d'eau pèse 1 gramme et que le centimètre cube de plomb pèse 11 grammes, on dit que la densité du plomb est 11. De même, le centimètre cube de liège pesant 0^{gr},24 on dit que sa densité est 0,24.

La densité d'un corps est donc le rapport du poids de ce corps au poids d'un égal volume d'eau.

Le chiffre de la densité des corps trouve une fréquente application dans les calculs suivants :

1° *Connaissant le volume d'un corps et sa densité, trouver son poids.*

La densité est le poids de 1 centimètre cube du corps ; en multipliant le chiffre de la densité par le volume en centimètres cubes on aura donc le poids en grammes. **Règle :** *multiplier le volume par la densité.*

2° *Connaissant le poids d'un corps et sa densité, trouver le volume.*

Par le raisonnement inverse : le poids est le produit du volume par la densité, on déduit la **règle :** *diviser le poids par la densité.*

On peut aussi avoir à chercher la densité du corps.

3° *Connaissant le poids et le volume d'un corps, trouver sa densité.*

La densité étant le poids de 1 centimètre cube du corps, en divisant le poids par le volume en centimètres cubes on obtiendra le chiffre cherché. **Règle :** *diviser le poids par le volume.*

267. Rôle de la pesanteur dans la nature et l'industrie. — C'est par la force de la pesanteur que l'air de l'atmosphère presse sur la surface de la terre, que l'eau des nuages tombe sur le sol divisée en gouttes par la résistance de l'air, et que les eaux des fleuves ou rivières s'écoulent incessamment vers la mer. C'est cette force qui est utilisée par le bûcheron des montagnes lorsqu'il fait glisser du sommet dans la vallée les bois coupés ; par le meunier dont la roue de moulin se meut à l'eau courante ; par l'horloger mettant son horloge en mouvement à l'aide des poids qui tombent et du balancier qui oscille ; par les manouvriers qui, sur un terrain en pente, font monter les chariots vides au moyen des chariots pleins et descendants.

LE LEVIER. — LA BALANCE.

268. Équilibre. — La pesanteur agit sur toutes les parties d'un corps, mais il semble que la force s'applique à un point déterminé et appelé *centre de gravité.*

Lorsque le corps est soutenu ou suspendu de manière à contrebalancer l'action de la pesanteur, il y a **équilibre**, le corps ne tombe pas. Deux poids égaux, deux forces égales se font équilibre.

Suivant la place du centre de gravité, l'équilibre est *stable* ou *instable*. Un œuf debout est en équilibre instable. Il est en équilibre stable quand il est couché.

269. Levier. — En appliquant le principe de l'équilibre des forces, l'homme a pu construire des machines lui permettant de soulever des poids énormes. La plus simple est le *levier*.

Le **levier** est une barre inflexible qui tourne autour d'un point fixe appelé *point d'appui*. Les deux parties de cette barre, de chaque côté du point d'appui, sont les *bras du levier*. Le poids à soulever est la *résistance*, la force déployée est la *puissance*. Suivant la position du point d'appui par rapport à la puissance et à la résistance, le levier est de trois genres.

1° *Levier du premier genre* : Le point d'appui est entre la résistance et la puissance. Plus le bras de la puissance est long, plus la force est augmentée; il en est ainsi pour les autres leviers.

2° *Levier du second genre* : Le point d'appui est à l'extrémité du levier; la résistance se trouve entre ce point et la puissance. La brouette est un levier du deuxième genre.

3° *Levier du troisième genre* : La puissance se trouve entre le point d'appui et la résistance : Ex. : les pincettes, une échelle que l'on redresse en appuyant le pied sur le dernier échelon.

270. Balance. — La **balance** est une application du levier. Elle sert à peser les corps. La balance la plus simple se compose du *fléau* et des *plateaux*.

Fig. 91. — Balance.

Le *fléau* est une barre rigide formant un levier du premier genre à bras égaux et en équilibre sur le point d'appui. Pour diminuer le frottement, le fléau ne repose sur le support que par l'arête vive d'un prisme d'acier ou *couteau*.

Les *plateaux* sont des bassins suspendus à chaque extrémité du fléau par des chaînes. Dans l'un on met le corps à peser, dans l'autre les poids qui doivent lui faire équilibre. Lorsque la balance est vide, le fléau est horizontal; une aiguille fixée au-dessus du couteau et oscillant dans le sens du plateau est arrêtée en face du point de repère marqué *zéro*. Si l'on met un corps pesant dans un plateau, l'équilibre est

rompu ; il ne se rétablit que lorsqu'on a mis dans l'autre plateau
les poids nécessaires. Alors le fléau qui s'est successivement
incliné vers le corps à peser ou vers
les poids redevient horizontal, et
l'aiguille se retrouve en face du zéro.

La *balance du commerce* ou *balance
de Roberval* est construite d'après
les mêmes principes, mais les plateaux reposent sur les extrémités supérieures du fléau Dans la *romaine*,

Fig. 95. — Balance de Roberval.

les deux bras du fléau sont inégaux, et la tige sur laquelle glisse
un poids à curseur est graduée. Dans la *bascule*, le bras de
levier est tel que, généralement, 1 kilogramme mis dans le
plateau des poids fait équilibre à un corps pesant 10 kilogrammes placé sur l'autre plateau.

PROPRIÉTÉ DES LIQUIDES.

271. Propriété des liquides. — Les liquides, nous l'avons
vu, prennent toujours la forme du corps qui les contient.
Quelle que soit l'inclinaison donnée à ce vase, leur surface reste
perpendiculaire au fil à plomb : elle détermine l'*horizontale*.

272. Pression des liquides. — Les liquides pressent sur le
fond des vases et sur leurs parois.
La pression est d'autant plus forte
que la colonne de liquide est plus
pesante. En effet, que l'on fasse une
fissure à un tonneau plein d'eau, le
liquide s'échappe : mais il s'écoule
lentement si l'ouverture est pratiquée en haut, tandis qu'il jaillit
avec force si elle est pratiquée au
bas. C'est ce que l'on exprime quand
on dit : *La pression exercée par un
liquide est proportionnelle à la profondeur et est indépendante de la
forme des vases.*

Fig. 96. — Le liquide jaillit avec
force de l'ouverture pratiquée
au bas d'un tonneau.

273. Corps plongés dans l'eau; principe d'Archimède.
— *Tout corps plongé dans l'eau reçoit une poussée de bas en haut
égale au poids du volume d'eau déplacé.* On s'assure de cette
poussée en plongeant dans l'eau une boîte de bois ou un cube
de cette matière; il faut presser dessus avec la main pour que

le corps s'enfonce, et, si la boîte n'est pas étanche, l'eau pénètre dedans avec force lorsque l'on appuie.

Archimède, de Syracuse, a le premier démontré ce phénomène et constaté la valeur de la poussée de bas en haut. Aussi donne-t-on son nom au principe que l'on formule encore comme suit, parce que la poussée de bas en haut annule en partie l'action de la pesanteur :

Tout corps plongé dans un liquide perd de son poids une partie égale au poids du liquide déplacé.

274. Détermination du volume d'un corps. — En se fondant sur le principe d'Archimède, on trouve le volume d'un corps de petites dimensions de la manière suivante. Après avoir suspendu le corps sous le plateau d'une balance, on le pèse dans l'air, puis dans l'eau. Supposons que la différence entre la première et la seconde pesée soit de 75 grammes, on en conclut qu'il y a eu 75 centimètres cubes d'eau déplacés et que par conséquent le volume du corps est de 75 centimètres cubes. En divisant le poids du corps par ce volume on trouve la densité.

275. Corps flottants. — Les corps plus légers que l'eau ne s'enfoncent pas dans ce liquide ; ils flottent à sa surface, ne déplaçant qu'un volume d'eau pesant autant ou plus qu'eux. Aussi pour assurer l'équilibre stable des barques, des navires, faut-il les lester en plaçant à fond de cale des blocs de pierre, de la fonte ou du sable. Sans cette précaution ils chavireraient.

276. Liquides superposés. — Deux liquides mis dans le même vase se mélangent s'ils sont de même densité à peu près,

Fig. 97. — Fiole des liquides
superposés.

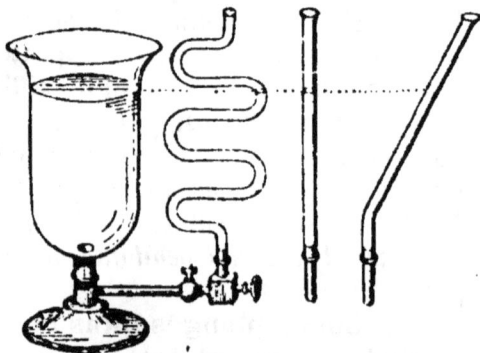

Fig. 98. — Vases communiquants.

comme l'eau et le vin. Autrement, ils se placent par ordre de densité, les plus lourds dessous. Dans une fiole où l'on met du mercure, de l'eau de mer et de l'alcool coloré en rouge, on voit le mercure descendre au fond, puis l'eau de mer sur le mercure et, au-dessus, l'alcool.

277. Équilibre des liquides dans les vases communiquants. — Quand plusieurs vases communiquent par le fond, le liquide que l'on verse dans l'un se répartit dans tous ; sa surface atteint le même niveau, quelles que soient la forme et la capacité des vases.

C'est en vertu de ce principe de l'égalité de niveau dans les vases communiquants que l'on perce des puits pour avoir de l'eau. Le liquide traverse les couches perméables et vient remplir le puits. Les puits artésiens, les jets d'eau, la distribution de l'eau dans les villes sont autant d'applications du même principe.

PRESSION ATMOSPHÉRIQUE.

278. Pression atmosphérique. — La densité de l'air est 770 fois moindre que celle de l'eau ; néanmoins la masse atmosphérique pèse d'un poids énorme sur le sol. Cette pression s'exerce en tous les sens comme celle des liquides. On la constate par des expériences bien simples.

Si on pose une feuille de papier sur un verre rempli d'eau et qu'on renverse le verre en soutenant la feuille de la main, l'eau ne tombe pas, une fois la main retirée : la pression atmosphérique s'y oppose.

C'est également cette pression qui fixe à la vitre une pièce de monnaie qu'on y a collée vivement en chassant l'air. C'est elle qui empêche le liquide remplissant le *tâte-vin* de s'écouler quand on a le pouce sur le trou supérieur. Enfin c'est la même cause qui fait monter l'eau d'une assiette dans un verre renversé sous lequel on a brûlé du papier.

Cette pression a été mesurée par un savant français, Pascal, qui l'a reconnue équivalente à une colonne d'eau de 10m,33. A la même époque, l'Italien Torricelli démontrait qu'elle faisait équilibre à une colonne de mercure de 0m,76 ; ce qui revient au même poids.

Fig. 99. -- Tâte-vin.

Pour faire l'expérience de Torricelli, il suffit de remplir de mercure un tube de verre fermé à un bout, ayant environ un mètre de haut et un centimètre de diamètre.

Bouchant avec le doigt l'extrémité ouverte, on renverse le tube
dans une cuvette contenant également du mercure. Le liquide
du tube descend immédiatement ; mais, comme il n'y a plus
d'air dans la partie supérieure, la co-
lonne de mercure est maintenue par la
pression qui s'exerce sur la surface de la
cuvette à une hau. eur de 0^m,76 au niveau
de la mer. Elle diminue à mesure qu'on
s'élève au-dessus de ce niveau.

279. Baromètre. — L'air est sans
cesse en mouvement, la pression atmosphérique varie donc à chaque instant
dans les mêmes lieux, comme elle varie
avec les altitudes. Pour la mesurer on se
sert du **baromètre.**

Le plus simple des baromètres consiste
en un tube de Torricelli gradué en centimètres, millimètres et dixièmes de millimètre. Si l'on remplace la cuvette par
un tube recourbé et que l'on place l'instrument derrière un cadran sur lequel
tourne une aiguille mise en mouvement
par les changements de niveau, on a le
baromètre à siphon. Le cadran porte alors

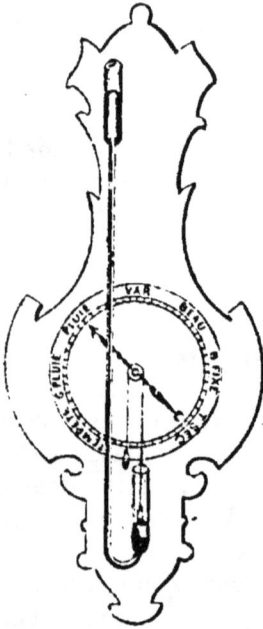

Fig. 100. -- Baromètre.

les indications du temps probable. Les variations du baromètre
correspondent généralement à ces probabilités ; mais elles peuvent tromper, car la pluie et le beau temps dépendent autant de
la quantité de vapeur d'eau contenue dans l'air que de l'abaisse-
ment ou de l'élévation de la pression atmosphérique. Les tem-
pêtes, les bourrasques sont cependant toujours annoncées par
une dépression barométrique.

280. Siphon. — L'homme utilise la pression atsmosphérique
pour élever ou transvaser les liquides à l'aide des *siphons* et des
pompes.

Le **siphon** est un tube recourbé à branches inégales qui permet de faire écouler les liquides par dessus les bords des vases.
Pour que le siphon fonctionne, il faut l'*amorcer,* c'est-à-dire chas-
ser l'air qui est dans le tube, ce qui se fait en le remplissant de
liquide et en plongeant la petite branche dans le vase à vider. La
pression atmosphérique qui s'exerce sur la surface du liquide
pousse celui-ci dans le tube et le force à s'écouler par la grande
branche.

281. Pompe. — La pompe ordinaire ou pompe *aspirante* est composée d'un *corps de pompe*, cylindre creux de métal, dans lequel glisse à frottement un *piston* ou cylindre de bois recouvert de cuir, que l'on élève et que l'on abaisse à l'aide d'un système de levier. Le corps de pompe est ouvert par le haut et porte sur le côté un tube pour l'écoulement de l'eau. A sa partie inférieure il est en communication avec le tuyau d'aspiration, plongeant dans l'eau par une petite ouverture que bouche une *soupape* s'ouvrant de bas en haut. Le piston percé en son milieu porte également une soupape s'ouvrant de bas en haut.

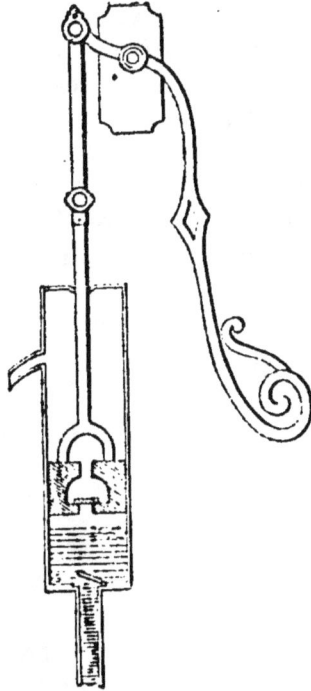

Lorsqu'on élève le piston sa soupape se ferme et le vide se fait dans le corps de pompe. Au bout d'un moment le vide est presque complet, l'eau sous la pression atmosphérique monte dans le tuyau d'aspiration et remplit le corps de pompe dont elle soulève la soupape. Quand on abaisse

Fig. 101. — Pompe.

le piston, la soupape du corps de pompe se ferme et l'autre s'ouvre ; l'eau passe alors au-dessus du piston. Celui-ci est élevé de nouveau, sa soupape se clôt, il monte l'eau qui s'écoule par le tube latéral et le vide se faisant de la sorte au-dessous, l'eau pénètre dans le corps de pompe qu'elle remplit. A chaque mouvement le même phénomène se reproduit.

La pression atmosphérique ne faisant équilibre qu'à une colonne d'eau de 10m,33 on ne peut donner plus de 8 ou 9 mètres de hauteur au tuyau d'aspiration. Pour les profondeurs plus grandes on se sert d'une pompe *aspirante et foulante* dont le piston élève l'eau dans des tuyaux à une hauteur supérieure à 10m,33.

CHALEUR.

282. La chaleur. — La chaleur est l'agent qui suivant son degré d'énergie nous fait éprouver une impression de *chaud* ou de *froid;* elle agit sur les corps et les modifie : 1° en augmentant leurs dimensions, 2° en changeant leur état.

283. Dilatation des corps. — Un corps qui augmente de volume sous l'action de la chaleur est un corps qui se dilate. Tous les solides, les liquides et les gaz se *dilatent* quand ils sont chauffés, et se *contractent* en refroidissant.

On montre la dilatation des corps par les expériences suivantes : Une barre de fer froide passe entre deux supports sans frotter ; si on la chauffe avec une lampe à alcool elle ne peut plus passer entre les supports : elle s'est donc allongée.

De même une boule de cuivre qui passe dans un anneau de même diamètre à la température ordinaire, ne peut plus passer dans cet anneau quand on l'a chauffée.

On remplit d'eau un ballon surmonté d'un tube de verre. Le liquide froid s'élève dans le tube jusqu'en un certain point. Si on chauffe avec une lampe à alcool, l'eau descend d'abord, parce que le verre s'est dilaté le premier ; puis elle s'élève, dépasse le premier point et augmente sensiblement de volume.

Fig. 102. Dilatation des liquides.

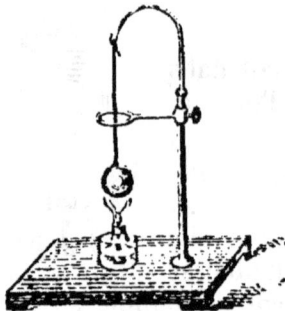

Fig. 103. — Dilatation des solides.

Par un procédé analogue, on montre la dilatation de l'air chauffé dans un ballon de verre.

284. Température. — La température est le degré d'échauffement des corps ; elle s'élève ou s'abaisse suivant que la chaleur augmente ou diminue. On la mesure avec le *thermomètre.*

285. Thermomètre. — Le **thermomètre** est un instrument fondé sur la dilatation des corps.

On se sert dans sa construction de l'alcool rougi, et surtout du mercure, dont la dilatation est très sensible.

Un *thermomètre à mercure* est composé d'un petit réservoir de verre se prolongeant par un tube de même matière du diamètre d'un cheveu fin et bien uniforme dans toute sa longueur. Le mercure remplit le réservoir et une partie du tube ; celui-ci est fermé à sa partie supérieure après que l'air en a été chassé en chauffant.

Pour graduer le thermomètre, on plonge le réservoir dans la glace fondante, et l'on marque *zéro* au point où s'arrête la colonne de mercure. On porte ensuite l'instrument dans un bain de vapeur se dégageant de l'eau bouillante, et l'on marque 100 au point où monte la colonne. Puis, on divise en 100 parties égales l'espace compris entre ces points extrêmes. Chaque division est un *degré*, et le thermomètre est dit *centigrade*. Les degrés sont marqués sur la planchette qui porte le thermomètre, ou préférablement sur le verre du tube.

Pour constater la température du milieu où se trouve l'instrument, on n'a qu'à regarder le degré correspondant au niveau de la colonne de mercure. S'il fait très froid cette colonne s'abaisse au-dessous du zéro. L'on dit alors : 3 degrés, 4 degrés au-dessous de zéro ; l'on fait précéder le chiffre du signe —.

286. Fusion des corps solides. — La chaleur *fond* les corps solides, elle les rend liquides. Le froid, au contraire, solidifie les liquides. Au-dessous de zéro l'eau se congèle, le mercure ne devient solide qu'à — 40°. Le suif fond à 33°, la cire jaune à 61°, le soufre à 111°, l'étain à 228°, le plomb à 326°, l'argent à 1000°, la fonte à 1200°, l'or à 1250° et le fer à 1500°.

Pour extraire le fer des minerais qui le contiennent, il faut donc produire une chaleur considérable. On y arrive en construisant des fours appelés *hauts-fourneaux*.

287. Évaporation, vaporisation, ébullition, condensation. — L'éther, l'alcool, l'eau et tous les corps appelés *volatils* se transforment en vapeur au seul contact de l'air. On dit qu'ils *s'évaporent*.

Dans ce phénomène de l'évaporation, la transformation est lente et ne se produit qu'à la surface du liquide. Si l'on chauffe les corps, la chaleur augmente cette production et l'on a alors la *vaporisation*, ou transformation rapide des liquides en vapeurs.

De l'eau ordinaire chauffée dans un vase découvert laisse dégager des vapeurs abondantes que l'on aperçoit en buée au-dessus du récipient. Lorsque la température atteint 100°, on observe un autre phénomène, de grosses bulles gazeuses se forment dans toute la masse du liquide et viennent s'échapper à sa surface en le faisant bouillonner : il y a *ébullition*. C'est au moment de l'ébullition que la vaporisation atteint son plus haut degré.

Tous les liquides n'entrent pas en ébullition à la même température ; et, pour le même liquide, certaines conditions peuvent faire varier le point d'ébullition. A l'air libre, l'éther bout à 35°, l'alcool à 79°, l'eau pure à 100° et le mercure à 357°.

En touchant des corps froids, les vapeurs qui se dégagent des liquides redeviennent liquides elles-mêmes; ce nouveau phénomène est la *condensation*.

La vaporisation et la condensation trouvent de nombreuses applications dans l'industrie, entre autres dans la distillation des liquides et pour la force motrice des machines à vapeur.

288. Distillation. — *Distiller* un liquide c'est le transformer en vapeur et condenser ensuite cette vapeur. La **distillation** se fait à l'aide d'un appareil appelé *alambic*. L'alambic comprend une *chaudière* couverte d'un *chapiteau* communiquant par un long col avec le *serpentin* ou tuyau qui se recourbe plusieurs fois dans une cuve d'eau froide appelée *réfrigérant*. On chauffe le liquide qui remplit la chaudière; les vapeurs se produisent et viennent se condenser dans le serpentin, à l'extrémité duquel on recueille le nouveau liquide obtenu. On distille ainsi l'eau pour l'avoir pure, le vin pour en extraire l'alcool, etc.

289. Machine à vapeur. — Une machine à vapeur est une machine qui produit de la vapeur d'eau et utilise la force que celle-ci développe quand elle est chauffée dans un vase clos. Notre compatriote Denis Papin en eut le premier l'idée vers 1707. Un siècle plus tard, l'Anglais James Watt la construisit.

Toute machine à vapeur comprend l'appareil où se produit la vapeur et celui qui l'utilise.

La vapeur se forme dans une chaudière appelée *générateur*. Le générateur est un cylindre de métal qui reçoit l'action du feu par deux autres cylindres appelés *bouilleurs* placés sur un foyer. Les principaux accessoires de la chaudière sont la *soupape de sûreté*, qui doit prévenir les explosions, et le *sifflet d'alarme*, qui indique la nécessité de mettre de l'eau si l'on veut éviter un accident.

La force motrice de la vapeur s'exerce à l'aide d'un *piston* qui glisse dans un corps de pompe et dont la tige est attachée à la *bielle* à mettre en mouvement. La vapeur qui arrive du générateur est projetée, à l'aide d'un appareil nommé *tiroir*, tantôt dessous, tantôt dessus le piston. A chaque alternative le piston monte et descend en produisant le mouvement et la force voulus.

Les machines à vapeur sont employées aujourd'hui dans

tous les travaux et toutes les industries; elles économisent le travail de l'homme et multiplient sa force. La *locomotive* des chemins de fer est une machine à vapeur dont le générateur est sensiblement modifié et qui a un piston de chaque côté.

LUMIÈRE.

290. La lumière. — Corps lumineux. — La lumière est l'agent qui produit en nous le phénomène de la vision.

On appelle **corps lumineux** ceux qui émettent de la lumière, tels que le soleil, les étoiles, les corps en combustion vive.

Les corps non lumineux sont dits *diaphanes* ou *transparents* lorsque, comme le verre poli et l'eau, ils laissent passer la lumière très nettement; ils sont seulement *translucides* quand la lumière ne les traverse que d'une manière diffuse ne permettant pas de distinguer les objets placés derrière eux, comme la corne, le papier huilé.

Les corps *opaques* sont ceux au travers desquels ne se transmet pas la lumière, tels sont le fer, le granit.

291. Propagation de la lumière; ombre et pénombre. — Dans un milieu homogène et transparent comme l'air, la lumière se propage en *ligne droite* et dans toutes les directions, rayonnant autour du corps qui l'émet, avec une vitesse de 77,000 lieues par seconde.

La lumière se propageant en ligne droite ne contourne pas les corps opaques comme ferait un liquide pour un corps solide; aussi, derrière les corps opaques opposés au point lumineux il y a toujours une partie non éclairée : c'est l'*ombre*. On appelle *pénombre* la partie à moitié éclairée qui entoure l'espace qui est dans l'ombre.

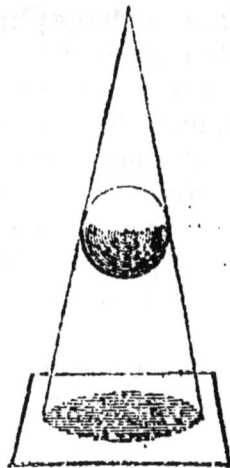

Fig. 101. — Ombre et pénombre.

292. Réflexion de la lumière. Miroirs. — Lorsqu'un rayon lumineux rencontre un corps opaque, il revient en arrière en suivant la même ligne s'il a frappé la surface du corps perpendiculairement; en faisant un angle, s'il a frappé obliquement cette même surface. Ce phénomène, identique à celui qui se produit quand une bille vient frapper la bande d'un billard, a reçu le nom de **réflexion.**

Si la surface du corps opaque est polie comme celle de l'acier, du verre ou de l'eau claire, elle reflète l'image des objets placés devant elle en réfléchissant les rayons lumineux : elle forme **miroir.**

Les *miroirs plans* donnent seuls des images fidèles, les surfaces courbes ou irrégulières déforment les figures.

Fig. 105.
Un bâton plongé
dans l'eau
paraît brisé.

293. Réfraction. Lentilles. — Les rayons lumineux en passant d'un milieu dans un autre, par exemple de l'air dans l'eau ou le verre, éprouvent une brusque déviation, ils sont *réfractés*, c'est-à-dire brisés. C'est ce phénomène de **réfraction** qui montre comme brisé à la surface du liquide le bâton plongé dans l'eau et qui cause dans les déserts d'Égypte l'illusion d'optique connue sous le nom de *mirage*.

Les effets de la réfraction ont permis de construire les *lentilles* ou verres grossissants employés dans la construction des *lunettes, lunettes d'approche, télescopes, loupes, microscopes* et autres instruments d'optique destinés à remédier aux infirmités de la vue ou à augmenter sa puissance.

294. Prisme; arc-en-ciel. — Un des effets les plus curieux de la réfraction est la décomposition de la lumière. Dans une chambre obscure, on perce un trou au volet; aussitôt, un rayon lumineux filtre dans la pièce. Si l'on reçoit ce rayon sur un prisme triangulaire de verre au travers duquel il se réfracte, la lumière blanche se décompose en une bande de lumières colorées, au nombre de sept, qui sont de haut en bas :

Violet, indigo, bleu, vert, jaune, orangé, rouge.

Ce sont les sept couleurs de l'*arc-en-ciel*, lequel se produit dans les airs lorsque le soleil paraît avant ou après la pluie et que la lumière se décompose dans les fines gouttelettes en suspension dans l'atmosphère.

ÉLECTRICITÉ.

295. L'électricité. — L'électricité se manifeste par les effets les plus divers d'attraction, de répulsion, d'apparence lumineuse, de production de force, etc. Elle joue un grand rôle dans la nature et est actuellement d'une application quotidienne dans les sciences, les arts, l'industrie et la médecine.

Elle se développe de plusieurs manières; mais la production

de l'électricité par le frottement est des plus simples. Les corps dans leur état ordinaire sont dits à l'*état neutre*. Que l'on frotte avec un morceau de drap bien sec, ou mieux avec une peau de chat, un bâton de verre, de soufre ou de résine, ce bâton s'*électrise;* il a alors la propriété d'attirer les petits corps légers tels que barbes de plume, fétus de paille et fragments ténus de papier.

296. Pendule électrique. — On constate qu'un corps est électrisé à l'aide du **pendule électrique,** petit instrument composé d'une balle en moëlle de sureau suspendue par un fil de soie à un support à pied de verre. Quand on approche du pendule un corps électrisé, la balle de sureau est *attirée;* elle touche le corps,

Fig. 108.
Pendule électrique.

s'électrise, et après le contact elle est *repoussée* si l'on continue à présenter l'objet électrisé.

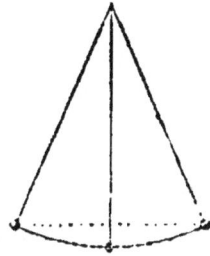

297. Distinction de deux états électriques. — Si l'on présente au pendule électrique un bâton de verre électrisé, il y a d'abord attraction puis répulsion. On rend le pendule à l'état neutre en le touchant avec la main. Si l'on présente alors un bâton de résine électrisé, le même double phénomène d'attraction ou de répulsion se reproduit. Mais que l'on continue l'expérience et qu'après avoir électrisé le pendule avec le verre, on lui présente la résine, la balle de sureau est cette fois attirée et non plus repoussée. On induit de ce fait qu'*un corps repoussé par l'électricité du verre est attiré par celle de la résine et réciproquement,* et l'on en infère qu'il y a deux sortes d'électricité : l'*électricité vitrée* ou *positive,* et l'*électricité résineuse* ou *négative.*

298. Corps bons ou mauvais conducteurs. — Tous les corps s'électrisent; mais les uns, comme les métaux, le fil de lin, le coke, se laissent facilement traverser par l'électricité; ils sont *bons conducteurs.* Les autres, au contraire, tels que la résine, le verre, la soie, la faïence, résistent au passage de l'électricité, ne la laissent pas se propager, ce sont les *isolants* ou *mauvais conducteurs.* Suivant leurs propriétés conductrices ou isolantes, les substances sont employées différemment dans la construction des machines ou des appareils.

299. Distribution de l'électricité sur les corps. — L'électricité ne se manifeste pas dans toute la masse des corps; elle s'accumule à leur surface seulement, et sa répartition varie suivant leur forme. Sur une sphère l'électricité est également répartie en chaque point de la surface; sur un ovoïde elle s'accumule aux extrémités.

300. Pouvoir des pointes. — En général, l'électricité s'accumule aux extrémités des corps, et elle tend à s'échapper par celles qui sont terminées en pointe. Les pointes des corps conducteurs ont donc la propriété de faciliter l'écoulement de l'électricité dans l'air et de ramener les corps à l'état neutre.

301. Étincelle électrique. — Quand on approche l'un de l'autre deux corps dont l'un est électrisé, il se produit un trait de feu, *étincelle électrique*, qui est due à l'action par influence et au retour du corps électrisé à l'état neutre. A une courte distance le trait lumineux est droit; à 7 ou 8 centimètres il devient irrégulier, c'est une ligne sinueuse; à une longue distance, il se forme un zigzag. Les fortes étincelles électriques peuvent tuer les animaux les plus puissants et percer des corps très durs.

302. Machines électriques. — Les machines électriques sont des appareils qui produisent de l'électricité. La plus simple est l'*électrophore* du physicien Volta. L'électrophore se compose d'un gâteau de résine et d'un disque de bois recouvert d'une feuille d'étain; ce disque est muni d'un manche isolant en verre. Après avoir séché au feu les deux parties de l'électrophore, on bat le gâteau de résine avec une peau de chat et on pose le disque dessus. Touchant alors la feuille d'étain avec le doigt, on fait écouler dans le sol son électricité négative, et elle reste électrisée positivement. En effet, si on soulève le disque par le manche en verre et qu'on approche sa main de l'enveloppe métallique, il jaillit une étincelle.

Fig. 107.
Électrophore de Volta.

La *machine de Ramsden*, laquelle se trouve dans tous les cabinets de physique, est formée par un grand plateau de verre qui tourne en frottant entre des coussins de drap. Le frottement électrise positivement le plateau. Mais celui-ci passant entre deux mâchoires garnies de pointes et supportées par les *conducteurs* de la machine, qui sont deux cylindres en laiton, soutire l'électricité négative des conducteurs (pouvoir des pointes) et revient à l'état neutre. Les conducteurs restent ainsi chargés d'électricité positive; il en jaillit des étincelles quand on en approche la main. Il va sans dire que la machine est supportée par des pieds en verre isolant et que l'on doit bien l'essuyer et la chauffer pour faciliter la production d'électricité et éviter les déperditions.

303. Piles. — Les machines électriques développent de

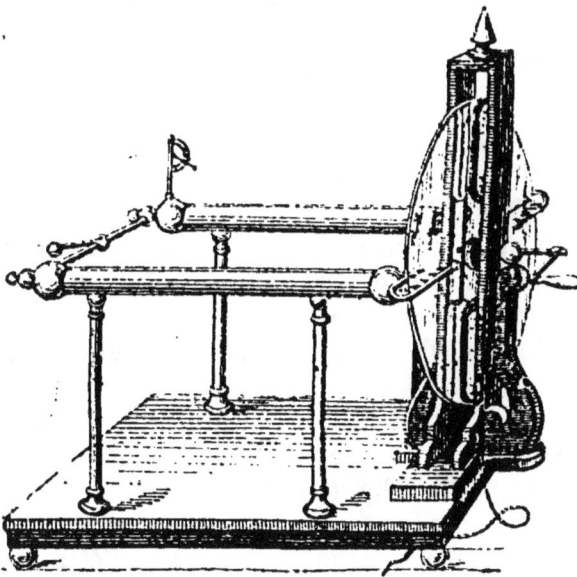

Fig. 108. — Machine de Ramsden.   Fig. 109. — Pile de Volta.

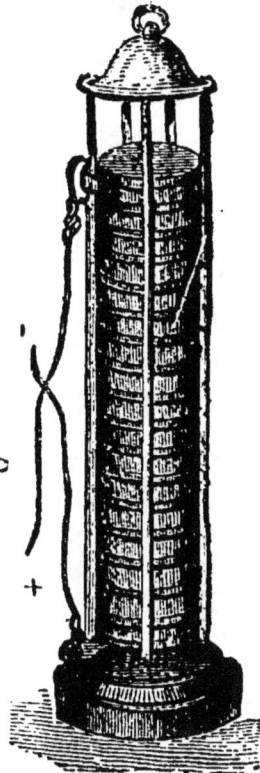

l'électricité *statique*, c'est-à-dire restant accumulée jusqu'au moment de la décharge; mais on obtient de l'électricité en mouvement, de l'électricité *dynamique*, par les **piles**.

Le premier de ces appareils fut imaginé par Volta vers 1800. Il l'obtint en empilant alternativement des disques de cuivre et de zinc formant un *couple* et des rondelles de drap mouillées d'eau acidulée.

La variété des piles est grande. Les plus répandues sont les *piles à tasses* telles que la pile de *Bunsen*, formée de quatre éléments; 1° un prisme de charbon de cornue; 2° un vase poreux contenant de l'acide azotique; 3° un cylindre de zinc frotté de mercure; 4° un bocal de verre ou de grès émaillé rempli d'eau acidulée. On attache l'un des fils au charbon et l'autre

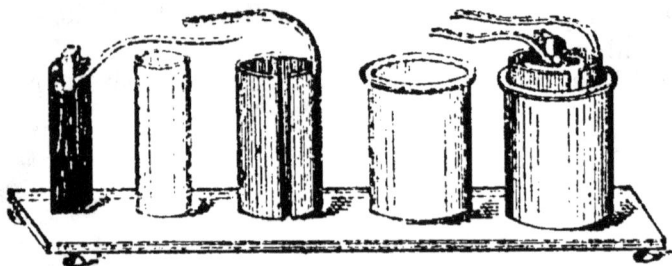

Fig. 110. — Pile de Bunsen.

au zinc. Le courant s'établit quand on met ces deux fils en communication.

304. Électricité atmosphérique. — L'atmosphère est toujours chargée d'électricité positive; mais cette électricité devient très abondante quand l'air est humide et que la température s'élève; elle atteint son maximum à la chute de la pluie, de la grêle ou de la neige. Franklin le premier, en 1752, par sa célèbre expérience du cerf-volant, a démontré la présence de cette électricité et l'identité de l'éclair avec l'étincelle électrique.

305. Éclairs. — L'éclair est une lumière éblouissante que projette l'étincelle jaillissant entre deux nuages électrisés. Les éclairs, dont la lumière est blanche dans les basses régions de l'atmosphère, et violacée dans les régions supérieures, sont de quatre sortes : 1º les éclairs en zigzags, analogues à l'étincelle de la machine électrique; 2º les éclairs qui embrasent tout l'horizon; 3º les éclairs en boule qui sont les plus rares; 4º les éclairs de chaleur, espèces de lueurs, reflets d'éclairs éloignés dont on n'entend pas le tonnerre.

306. Tonnerre. — Le tonnerre est le bruit que produit dans l'air la décharge électrique au moment où paraît l'éclair. Nous ne le percevons qu'un court instant après, parce que le son ne parcourt que 337 mètres par seconde, alors que la lumière en parcourt 308,000,000.

307. Foudre. — La foudre est l'étincelle, l'éclair, qui jaillit entre un nuage orageux et le sol. Au moment où la décharge électrique a lieu, la foudre *tombe*. Elle frappe de préférence la pointe des clochers, la cime des arbres, le faîte des maisons, en un mot les parties élevées et aiguës qui laissent s'écouler l'électricité du sol. Ses effets paraissent bizarres et sont souvent

funestes; elle tue les hommes et les animaux, brise les arbres
et allume des incendies.

308. Paratonnerre. — On préserve les édifices de la foudre
par le **paratonnerre**, qu'inventa Franklin. C'est une tige de fer
longue de 6 à 9 mètres et terminée par une pointe en cuivre
doré que l'on fixe sur le faîte de la maison. Cette barre est
mise en communication avec le sol par une chaîne métallique
s'attachant à des plaques de fer plongées dans l'eau d'un puits;
des tiges de fer relient ce conducteur avec toutes les grosses
pièces de métal du bâtiment. Sans ces précautions, de graves
accidents se produiraient.

L'effet du paratonnerre est de faciliter l'écoulement constant
de l'électricité négative du sol, qui va dans l'air neutraliser les
nuages orageux en se combinant avec leur électricité positive.
Un paratonnerre protège un espace circulaire d'un rayon
double de la longueur de sa tige.

MAGNÉTISME.

309. Aimants. — Le **magnétisme** est la partie de la physique
qui traite des **aimants**. Il ne faut pas confondre ce mot magnétisme avec la même expression employée pour désigner l'influence qu'une personne semble exercer sur une autre.

Fig. 111. — Aimant.

Les *aimants naturels* sont des pierres qui ont la propriété
d'attirer les fragments de fer et d'acier. Ces pierres aimantées
communiquent leur propriété à l'acier, de sorte qu'un barreau
de ce métal, après avoir été frotté à elles, acquiert leur puissance d'attraction et devient un *aimant artificiel*. Quant au
fer doux, il ne s'aimante que momentanément; il perd sa propriété attractive dès qu'on le sépare de l'aimant avec lequel il
est en contact.

310. Pôles des aimants. — Quand on promène un barreau
aimanté dans de la limaille de fer, on remarque que celle-ci ne
s'attache qu'à ses extrémités et n'adhère pas du tout au milieu.

Ces extrémités où s'exerce la puissance magnétique ont reçu le nom de **pôles**, et le milieu est la *ligne neutre*. Si l'on courbe les barreaux aimantés de manière à rapprocher les deux pôles, on forme ainsi des *aimants en fer à cheval* qui, réunis en faisceaux, peuvent supporter des poids considérables.

Fig. 112.
Aiguille aimantée.

311. Aiguille aimantée. — On appelle **aiguille aimantée** une aiguille d'acier formant aimant artificiel et suspendue par son milieu de manière à tourner librement. On remarque que dans cette position une des pointes prend toujours à l'état de repos la direction du nord, c'est la pointe *nord;* l'extrémité opposée est la pointe *sud*. On donne généralement à l'aiguille aimantée la forme d'un losange léger et très allongé, dont une moitié est colorée en bleu.

Si l'on approche un aimant d'une aiguille ainsi disposée, on constate que le pôle nord de cet aimant repousse le pôle nord de l'aiguille, tandis qu'il attire le pôle sud; de même le pôle nord de l'aimant repousse le pôle sud de l'aiguille et attire son pôle nord. En un mot les *pôles de même nom se repoussent et les pôles de nom contraire s'attirent*.

312. Boussole. — La direction de l'aiguille aimantée ne coïncide pas toujours avec le méridien géographique. Cette coïncidence était parfaite en 1663. De 1663 à 1814 l'aiguille a oscillé vers l'ouest et s'est arrêtée à 22°34. Depuis, elle revient vers le méridien et est actuellement à moins de 16° pour Paris. C'est cet angle que l'on appelle la *déclinaison*.

Fig. 113. — Boussole.

Connaissant cette direction précise, on a construit un instrument qui guide le voyageur et surtout les marins. La **boussole** est une aiguille aimantée dont le pivot est placé au centre d'un cercle divisé en 360° et portant l'indication des points cardinaux et collatéraux. L'angle que fait la ligne suivie en marchant avec celle de l'aiguille indique la direction que l'on prend. Sur les navires, la boussole ou *compas* est maintenue dans la position horizontale par un heureux système de suspension.

313. Aimantation par l'électricité. — Les *courants* électriques produits par les piles et transmis dans les fils métalliques exercent une influence sur l'aiguille aimantée, ils la font dévier; de plus, ces courants aimantent le fer et l'acier. Le fer dans lequel passe un courant électrique est aimanté, mais il perd sa puissance magnétique dès que le courant est interrompu. L'acier, au contraire, conserve sa propriété attractive après l'interruption du courant, et devient aimant artificiel.

314. Electro-aimant. — L'électro-aimant est un barreau de fer doux courbé en fer à cheval et que l'on peut aimanter ou désaimanter à volonté, à l'aide d'un courant électrique facilement interrompu. Pour cela, autour de chaque branche comme bobine, on enroule de droite à gauche pour l'une et de gauche à droite pour l'autre, un fil de cuivre recouvert de soie, mis en communication avec une pile, source d'électricité. Quand le courant passe, l'électro-aimant attire à lui et retient la pièce de fer qui lui sert d'armature; quand le courant cesse, l'armature retombe.

315. Télégraphe électrique. — C'est sur cette propriété des électro-aimants qu'est fondée toute la télégraphie électrique.

Le **télégraphe** se compose : 1º d'un manipulateur, 2º de fils de ligne, 3º du récepteur.

Le *manipulateur* est une planchette sur laquelle sont fixées de petites bornes de cuivre où s'attachent, d'une part le fil positif des piles, d'autre part les fils de ligne.

Un petit levier est disposé de telle sorte qu'une légère pression du doigt met en communication les piles et les fils de ligne et fait passer le courant dans ceux-ci par intermittences.

Les *fils de ligne* sont en fil de fer galvanisé et supportés par des gobelets de faïence attachés à des poteaux pour les lignes aériennes. Ce sont des câbles de fils de laiton entourés de plusieurs couches isolantes et préservatrices, pour les lignes sous-marines.

Le *récepteur* est l'instrument qui montre ou enregistre la dépêche au lieu d'arrivée. La pièce principale est un électro-aimant qui, mis en communication avec le fil de ligne, attire à lui un morceau de fer imprimant le mouvement au mécanisme toutes les fois que le courant passe dans les bobines.

Dans le *télégraphe à cadran* le manipulateur porte les lettres de l'alphabet et les 25 premiers nombres. L'employé receveur épelle la dépêche sur un cadran semblable. L'appareil récepteur du *télégraphe Morse* trace sur une bande de papier une série de traits ou de points suivant que le transmetteur appuie plus ou moins longtemps sur le levier du manipulateur. Ces points et ces traits combinés forment un alphabet. D'autres télégraphes écrivent la dépêche en caractères ordinaires.

316. Téléphone. — Non seulement le télégraphe transmet la pensée d'un bout du monde à l'autre, mais un autre appareil, le **téléphone**, permet de communiquer la parole elle-même à une grande distance. Inventé en 1876 par l'Américain Graham, le téléphone se compose du *parleur*, cornet qui reçoit la voix, et du *récepteur* que l'on applique à l'oreille. Ces deux instruments munis d'une membrane vibrante et d'un fer aimanté entouré d'une bobine où circule l'électricité sont reliés par deux fils qui transmettent la parole.

Le téléphone est déjà d'un usage très répandu. Les maisons, les magasins en sont munis, Paris et plusieurs villes sont en relations téléphoniques, et, dans les bureaux de poste de ces villes des cabinets sont ouverts au public.

AGRICULTURE

LES SOLS.

1. Terre arable. — Le sol est formé de couches superposées dans lesquelles les plantes s'enfoncent à des profondeurs variables. La couche supérieure, celle qui peut être labourée, a de 10 à 40 centimètres, elle est appelée *terre arable* ou *terre végétale*.

2. Sous-sol. — Au-dessous de la terre arable est une seconde couche de même nature ou de nature différente ; c'est le *sous-sol*, dont dépend souvent la fertilité d'un terrain.

3. Composition de la terre végétale. — Les roches qui forment la terre végétale constituent une masse plus ou moins compacte, où les instruments aratoires peuvent toujours pénétrer. Les éléments qui entrent dans la composition de la terre arable sont la *silice*, débris de silex, la *chaux*, sous forme de carbonate, de phosphate ou de sulfate, suivant qu'elle est alliée avec l'acide carbonique, l'acide sulfurique ou l'acide phosphorique, l'*argile* que nous connaissons déjà, et l'*humus*. Cette dernière partie du sol est formée des détritus des matières organiques. On trouve encore dans le sol, mais en petite quantité, de la *potasse*, de la *soude* et de la *magnésie*. On y trouve également des corps gazeux nécessaires aux plantes : l'*azote*, l'*ammoniaque*, l'*acide carbonique*.

4. Division des sols. — La nature des sols est déterminée par la prédominance d'un des quatre éléments principaux. On a donc des sols *siliceux*, des sols *calcaires*, des sols *argileux* et des sols *humifères*.

5. Sols siliceux. — Les sols siliceux ou sableux sont

ceux où la silice entre pour les deux tiers. Ils ont le plus souvent une teinte grisâtre. Leur masse est sans ténacité, souvent pulvérulente ; comme ils sont très perméables, on peut les cultiver en tout temps, même par la pluie, car ils n'adhèrent pas aux instruments. Ils se dessèchent trop vite en été.

La pomme de terre, le topinambour, toutes les plantes sarclées réussissent dans les sols siliceux, ainsi que le seigle, l'avoine et le sarrasin. Parmi les arbres, le hêtre et surtout le châtaignier y atteignent de grandes dimensions.

Les sols *sablo-argileux*, où l'argile est en quantité moindre que la silice, sont très fertiles ; mais les meilleurs terrains sont les sols *sablo-argilo-calcaires*, où le sable domine sur les deux autres éléments.

6. Sols calcaires. — Les **sols calcaires** où la chaux domine sont blanchâtres ou rouge de fer. Le carbonate de chaux qui les compose s'y trouve sous forme de grains friables, ou de petits cailloux dans les terres dites de *groie* en certaines contrées. Ces terrains sont très perméables et adhèrent aux pieds lorsqu'ils sont détrempés par la pluie, mais ils conservent mal l'humidité.

Ils sont propres à la culture du blé. L'orge, le colza, le navet, la rave y réussissent bien avec des engrais. Les sols *crayeux* que l'on rencontre dans la Champagne pouilleuse sont peu fertiles.

7. Sols argileux. — Les **sols argileux** où l'argile entre au moins dans les proportions de 50 pour 100 sont diversement colorés ; beaucoup ont la teinte rouge donnée par l'oxyde de fer, d'autres sont jaunes.

Ces terrains sont compacts, tenaces, difficiles à cultiver parce que la terre se colle aux pieds pendant la pluie, se gerce et durcit sous le soleil. Mélangés de chaux ou de silice, ils donnent les sols *argilo-calcaires* ou *argilo-siliceux* qui sont productifs.

On fertilise les sols argileux par l'addition de marnes calcaires, de cendres, d'engrais végétaux, et surtout par le fumier.

8. Sols humifères. — Les **sols humifères** se reconnaissent à leur couleur noire. Leur masse est pulvérulente, onctueuse au toucher ; très perméable, elle conserve cependant l'humidité. Les terrains où l'humus entre dans les proportions de 25 à 30 pour 100 sont très productifs.

Les sols tourbeux et marécageux qui en contiennent jusqu'à 70 pour 100 sont impropres à la culture, mais ils peuvent être fertilisés.

D'autres sols humifères restent improductifs; ce sont les *terres de bruyère* provenant de la décomposition des feuilles des végétaux de ce nom. On les trouve mélangés de sable en Bretagne, dans la Sologne et dans les Landes.

FERTILISATION DU SOL.

9. Qualités du sol. — Un bon sol doit renfermer tous les éléments nécessaires aux plantes; il doit de plus avoir les propriétés physiques qui rendent les terrains fertiles : être assez *tenace* pour que les plantes y soient solidement fixées, et assez *meuble* pour ne pas les gêner dans leur développement; être *perméable* à l'eau et aux gaz sans se dessécher trop vite à l'air, avoir enfin la faculté d'absorber et de retenir la chaleur indispensable à la végétation.

Un examen du terrain nous fait connaître les qualités ou les défauts du sol, de même que l'analyse chimique nous révèle les éléments qui le constituent et ceux qui lui manquent.

10. Fertilisation du sol. — Quand on connaît bien la nature du terrain, on peut atténuer ses défauts, on peut l'améliorer et le rendre fertile, par les *engrais*, les *amendements*, l'*écobuage*, le *défoncement*, les *irrigations*, le *drainage*.

11. Les engrais. — Les **engrais** sont des substances riches en principes nutritifs que l'on ajoute aux sols épuisés par les plantes ou trop pauvres de leur nature. Ils se divisent en *engrais organiques* et en *engrais minéraux*.

12. Engrais organiques. — Les **engrais organiques** proviennent de la décomposition des matières animales ou végétales.

Le principal est le *fumier de ferme,* formé de la paille dont on fait litière à l'étable et des excréments des animaux; le tout, broyé sous les pattes des bestiaux et imbibé de leur urine, subit une fermentation donnant naissance aux gaz dont se nourrissent les plantes.

Les *matières fécales* extraites des fosses d'aisance, la fiente des oiseaux de basse-cour, les bourriers des villes, donnent aussi des engrais très actifs.

Le *guano du Pérou,* que l'on croyait formé d'excréments d'oiseaux, ne se trouve plus guère dans le commerce.

On fait encore des *engrais verts* en enfouissant dans le sol des plantes fourragères, trèfles, vesces, féverolles, etc.

Enfin, sur le bord de l'Océan, les cultivateurs recueillent à marée basse les *varechs* qui fournissent un engrais très riche.

On donne le nom de *compost* à un mélange de fumier, de terre, de bourriers, qu'on laisse fermenter en un tas pour faire du terreau.

13. Engrais minéraux. — Les **engrais minéraux** naturels sont : le *plâtre*, le *sel marin*, les *cendres*, la *suie*. A l'exception du plâtre qui est très efficace sur les prairies artificielles, ces engrais ne sont pas employés en grand. On se sert surtout des *engrais chimiques artificiels*, *phosphates de chaux*, tirés des roches, préparés par l'industrie, et mélangés parfois de phosphate de chaux résultant de la calcination des os.

14. Les amendements. — *Amender* le sol c'est le fertiliser en y introduisant celui des éléments constitutifs qui lui manque.

Les amendements sont *siliceux* quand on introduit du sable dans les sols argileux trop tenaces. Ils sont *argileux* lorsque l'élément ajouté aux terres trop légères est de l'argile préalablement calcinée. Mais les amendements les plus fréquents sont les amendements calcaires par la *marne* et la *chaux*.

15. La marne. — La **marne** est un carbonate de chaux mêlé d'argile que l'on extrait du sol, où elle se trouve en gisements considérables. On pratique le *marnage* dans les sols humides et froids, en répandant la marne sur le terrain par un temps sec, vers le mois d'août, et en l'enfouissant par de petits labours pendant l'hiver.

16. La chaux. — La **chaux** s'obtient en cuisant dans des fours des pierres ordinaires, du carbonate de chaux. Le *chaulage* se pratique comme le marnage sur des terrains froids, marécageux ou argileux.

17. L'écobuage. — L'**écobuage** est une opération qui agit comme amendement et comme engrais; il se pratique dans les terrains couverts de chaume, dans les vieux prés.

Il consiste à peler le sol et à réunir en tas la terre et les racines d'herbes qu'elle contient. On met le feu à ces amas et on étend sur le terrain le résidu de la combustion. L'écobuage ne peut se pratiquer que sur les terres fortes.

Les transports de terre, qui augmentent la masse du sol arable, agissent également comme engrais et amendements.

18. Le défoncement. — Lorsque la couche de terre arable n'est pas suffisante ou lorsque le sous-sol imperméable rend le terrain trop humide, il convient de défoncer ce sous-sol, de le remuer. Mais l'opération du **défoncement** est très coûteuse et ne peut pas toujours être pratiquée en grand.

19. Les irrigations. — L'eau qui dissout les substances dont les plantes se nourrissent est nécessaire dans le sol. Quand une terre est trop sèche, il faut, si faire se peut, y amener de l'eau par un système d'arrosage en grand, par les *irrigations*.

20 Irrigations. — Pour pratiquer les *irrigations*, on cherche d'abord une prise d'eau : source, rivière, fleuve, et on amène les eaux sur le terrain par des canaux dont les vannes la laissent couler dans les rigoles d'irrigation qui la distribuent sur le sol. Les irrigations sont surtout fructueuses dans les prairies.

21. Le drainage. — Pour les terrains mouillés ou trop humides, il faut au contraire débarrasser le sol de la surabondance de l'eau. On y réussit par le **drainage**.

Cette opération consiste à creuser dans toutes les parties du champ des rigoles s'égouttant vers un même conduit central. On place dans ces rigoles des tuyaux de terre cuite, ou **drains**, et l'on recouvre de terre.

Le conduit collecteur renferme des drains de plus fortes dimensions qui vont déverser l'eau dans un fossé d'écoulement. Pour réduire la dépense, on remplace souvent les drains par de larges pierres arcs-boutées ou par un cassis de cailloux entre lesquels coule l'eau.

LES TRAVAUX AGRICOLES ET LES INSTRUMENTS ARATOIRES.

22. Travaux agricoles. — Si fertile que soit un sol, il n'est réellement productif que lorsque l'homme l'a fécondé de son travail. Avant de recevoir la semence et avant de donner ses fruits, la terre veut être préparée, remuée, divisée, par des travaux comme les *labours*, le *hersage* et le *roulage*. Les *semailles* faites, on pratique le *binage* et le *buttage*. Enfin on opère les *récoltes*.

23. Les labours. — *Labourer* la terre c'est la remuer pour la rendre pulvérulente, *meuble*, comme on dit, pour l'aérer et y introduire des gaz. Les labours peuvent se faire à bras avec la *bêche*, le *pic* ou la *houe*, ou à l'aide de charrues tirées par des bœufs ou des chevaux.

La charrue la plus simple, l'*araire*, se compose d'une pièce de bois appelée *flèche*, à laquelle s'adaptent : 1° le *coutre*, sorte de couteau acéré disposé pour fendre la terre ; 2° le *sep*, ou la *sole*, armé à sa pointe du *soc*, autre couteau qui coupe la terre horizontalement ; 3° le *versoir*, lame de fer qui retourne la portion de terre coupée ; 4° les *mancherons*, que le laboureur tient en main pour guider la charrue ; 5° le *régulateur*, à l'aide duquel on règle la profondeur du labour. Les bœufs sont attelés à l'extrémité de la flèche ou à un avant-train à roues.

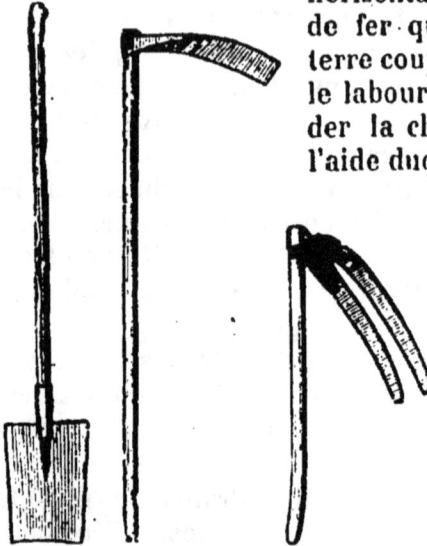

Fig. 1. — Bêche.   Fig. 2. — Pic.   Fig. 3. — Houe.

La *charrue Dombasle*, la plus répandue, n'a pas d'avant-train. Les charrues perfectionnées, les *polysocs*, labourent plus de terrain à la fois, mais exigent plus de force. On ne les emploie que dans la grande culture.

Les labours se font à *plat* en laissant la surface du sol plane rayée seulement par les bandes égales de terre que la charrue a coupées, en *plates-bandes* de deux mètres séparées par une *raie*, ou bien à *sillons*. Dans ce dernier mode de labour la terre est relevée en cor-

Fig. 4. — Charrue.

dons ou *billons* de un mètre de large séparés par un *sillon* ou fossé. Le mode de labour est déterminé par la nature du terrain.

24. Le hersage. — La charrue laisse la terre en mottes ; c'est à la **herse** à achever la besogne.

La herse est formée d'un bâti de fer ou de bois en triangle, en losange ou en carré portant des dents en fer. A l'aide des bestiaux, on promène l'instrument sur la terre labourée. Les dents s'enfoncent dans le sol, divisent les mottes, ramassent les herbes et les ronces que le conducteur met en tas au bout du champ et fait brûler.

Pour les *billons*, on se sert d'une herse arrondie.

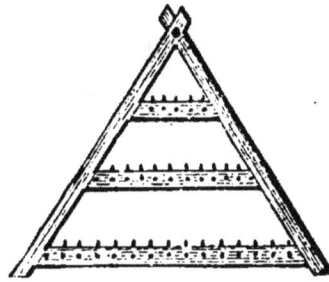

Fig. 5. — Herse en triangle.

25. Le roulage. — La herse divise les mottes, mais ne les écrase pas. On achève donc d'ameubler le sol dans les terres fortes en passant après la herse un *rouleau* de pierre de taille, ou mieux le *rouleau Croskill*, formé de cylindres de fonte dentelés.

On *roule* quelquefois les terres légères pour les masser après l'ensemencement.

Fig. 6. — Rouleau brise-mottes.

26. Les semailles. — Dans un grand nombre de cas, on enfouit les engrais au moment de semer. Le fumier ou l'engrais minéral est répandu sur le sol ; on sème, puis on recouvre le tout par de petits labours.

Les grains se sèment à la volée. Le semeur porte la semence devant lui dans un tablier en bandoulière qu'il entr'ouvre de la main gauche ; la main droite y puise et parsème le grain sur sol d'une manière uniforme.

Dans les grandes fermes, un instrument appelé *semoir* distribue le grain dans la terre en lignes égales et régulières.

27. Le binage, le sarclage, le buttage. — Certaines plantes exigent des soins particuliers ; telles sont les plantes sarclées, pommes de terre, carottes, betteraves, etc. On leur donne d'abord de petits labours

Fig. 7. — Binette.

Fig. 8. — Serfouette.

appelés binages ou sarclages, à l'aide de la *binette*, de la *serfouette*, ou avec la *houe à cheval*.

Plus tard on les butte, c'est-à-dire qu'on amène la terre sur leur tige; on emploie à cet effet une charrue à deux versoirs : le *buttoir*.

28. Les récoltes. — La moisson est de toutes les récoltes la plus généralement uniforme. Elle commence fin mars par la coupe des prairies artificielles, se continue par les foins des prairies naturelles et par la récolte des blés.

On coupe les prairies à l'aide de la *faux* ou de la *faucheuse*. La *fenaison* se fait à bras avec des *fourches* en bois ou en fer. On enlève le foin sur des charrettes et on le met en grange ou en meules. Les brins de foin que la fourche laisse sur le sol sont ramassés à l'aide du *râteau* ou de la *râteleuse* mécanique.]

La récolte du blé commence avec le mois de juillet dans le Midi et finit avec le mois d'août dans toute la France. On

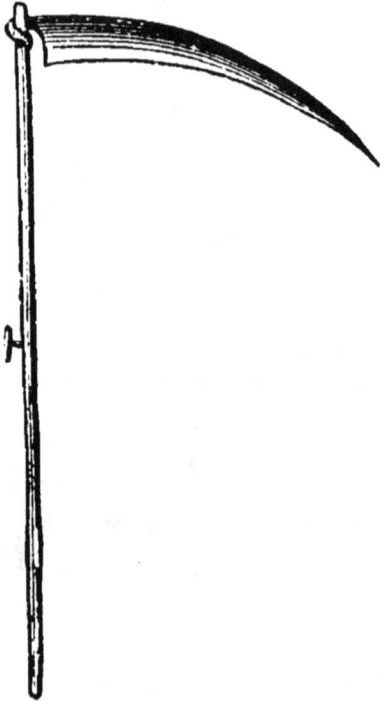

Fig. 9. — Faux.

Fig. 10. — Faucheuse.

coupe le blé à la *faucille* ou à la *moissonneuse*; on le met en gerbes, puis en meules. Pour séparer le grain de la paille on *bat le blé*. Le *fléau*, le *rouleau*, le *dépiquage* sous les pieds des chevaux sont délaissés. On ne se sert plus que de la *batteuse mécanique* mue par les bestiaux ou par une machine à vapeur. Le grain est séparé de la balle par un *tarare* ou moulin à vanner.

La récolte des pommes de terre, des betteraves, des carottes, des topinambours n'est qu'un simple arrachage en automne; celle des noix, des pommes, des châtaignes, des olives est un abatage qui ne demande aucun instrument spécial.

Les vendanges seules exigent des soins particuliers. Fin septembre, on commence la cueillette du raisin. On coupe à la main, et les paniers remplis sont vidés dans les petites cuves de charroi sur la charrette qui transporte la récolte au *pressoir*. Là, le raisin est foulé, pressé de suite pour le vin blanc, ou jeté dans les cuves à fermentation pour le vin rouge. Le vin est mis ensuite dans les tonneaux, où il achève de se faire.

LES PRINCIPALES CULTURES.

29. Assolements. — Quand on cultive plusieurs années de suite la même plante dans un champ, on épuise le terrain. Le cultivateur a donc soin d'alterner ses cultures en choisissant les plantes qui réussissent le mieux l'une après l'autre. Cette alternance prend le nom d'assolements. Les assolements sont dits *triennaux, quadriennaux, quinquennaux*, etc., suivant que la même culture revient au bout de trois, quatre ou cinq ans.

30. Les céréales. — De toutes les cultures, la plus répandue est celle des **céréales** ou plantes qui servent à la nourriture de l'homme.

Les céréales cultivées en France sont le *blé*, le *seigle*, l'*orge*, l'*avoine*, le *sarrasin* et le *maïs*.

31. Blé. — Le blé ou **froment**, dont le grain allongé, fendu, duveteux à sa pointe, est d'une belle couleur blonde, donne la meilleure farine. Il croît sur tous les points de notre pays. Il se sème en automne, naît au bout de quinze jours, reste en feuilles tout l'hiver et monte en mai, pour mûrir à la fin de juin. Les épis sont barbus ou sans barbe suivant la variété.

On ne bêche pas le blé dans la culture en grand; on se contente de le herser au printemps et de le débarrasser des mauvaises herbes.

Le blé est sujet à plusieurs maladies. La plus à craindre est la *carie* qui transforme le grain en une poussière noire. On la prévient en trempant la semence dans une dissolution légère de vitriol.

32. Seigle. — Le **seigle** croît dans les terrains les plus pauvres ; c'est une céréale robuste, qui se sème en automne et coûte peu de soins. Le pain de seigle est bon et sain.

33. Orge. — L'**orge** donne un pain noir. On la cultive pour les animaux et pour la fabrication de la bière ; elle se sème en automne ; une espèce, la *baillarge*, se sème au printemps.

34. Avoine. — L'**avoine**, dont les grains sont disposés en panicule lâche, est cultivée pour les chevaux et pour les volailles. On la sème en automne et quelquefois au printemps.

35. Sarrasin. — Le **sarrasin** ou *blé noir*, dont on fait des galettes en Bretagne et dans quelques autres provinces, est surtout cultivé pour les volailles et les porcs. Il croît dans les terrains les plus pauvres. Il se sème vers la mi-juin, quelquefois après un blé récolté ; on le coupe à l'automne. Comme les plantes dont nous venons de parler, il n'exige aucun labour.

36. Maïs. — Le **maïs**, semé au printemps en lignes, doit être biné, sarclé et butté. On l'étête quand la fleur mâle est fanée, et on cueille les *régimes* ou *épis* en automne. Son grain est très bon pour les bestiaux et donne une farine estimée ; les feuilles qui enveloppent l'épi sont employées pour la literie.

37. Les plantes sarclées. — La culture des plantes qui exigent de fréquents sarclages ou buttages est propre à purger les champs des mauvaises herbes. On tient compte de ce fait dans les assolements.

Les principales plantes sarclées sont : la *pomme de terre*, que l'on plante au printemps pour l'arracher avant l'hiver ; *la betterave*, cultivée dans les mêmes conditions ; le *topinambour*, qui peut rester impunément dans la terre pendant les froids ; les *carottes*, les *panais*, les *raves* et les *choux*. Les choux ont une grande importance dans la ferme, parce que leurs feuilles fournissent un excellent fourrage vert.

38. Les prairies. — Les prairies se divisent en *prairies naturelles* et en *prairies artificielles*. Les premières sont les prés situés dans les terrains humides, où croissent spontanément un grand nombre de graminées. Les secondes sont faites dans les terrains ordinaires, où l'on sème des légumineuses : *trèfles, luzerne, sainfoin, lupuline,* etc.

Les soins à donner aux prairies naturelles consistent sur-

tout en irrigations ; on doit au contraire fumer les prairies
artificielles et surtout les *plâtrer;* car le plâtre en active singu-
lièrement la végétation.

Les prairies jouent un grand rôle dans l'économie de la
ferme ; elles permettent d'avoir du bétail et de pratiquer l'éle-
vage, qui est toujours d'un grand profit.

39. Les cultures spéciales. — La culture des plantes
textiles, *lin* et *chanvre;* celles des plantes oléagineuses, *colza,*
navette, œillette, olivier ; celle des plantes tinctoriales, *garance,*
safran, pastel, sont des cultures spéciales.

Le *tabac* n'est cultivé que dans les départements où cette culture est autorisée.

Quant à la *vigne,* sa culture, source de richesse pour notre
pays, se pratique dans 79 de nos départements et dans notre
colonie algérienne.

La vigne se cultive en ceps bas dans le Midi et la Saintonge,
en ceps paulés dans le Médoc, en échalas dans d'autres régions.

Les travaux qu'elle exige sont : la *taille,* en février et mars,
qui se fait à la *serpe* et au *sécateur;* les *labours,* deux ou trois ;
le *pincement* des sarments, et l'effeuillage avant maturité, dans
les contrées un peu froides.

La vigne a un ennemi terrible dans le *phylloxera* qui la
détruit. Deux autres insectes, la *pyrale* et l'*eumolpe,* l'appau-
vrissent sans la faire périr aussi vite. Elle est sujette aussi à des
maladies causées par des champignons : l'*oïdium* et le *mildew*
(mildiou) sont les plus communs.

L'HORTICULTURE ET LE JARDINAGE.

40. Le jardin. — L'horticulture est l'art de cultiver le jardin
pour lui faire produire des fleurs agréables, des fruits savoureux
et des légumes comestibles. Le **jardinage** s'entend plutôt de
la culture du jardin potager. .

Pour être productif, le jardin doit être bien exposé, ni trop
chaud ni trop froid, d'un sol profond et humifère, d'un sous-
sol perméable. Il doit être clos de murs assez hauts pour protéger les arbres en espaliers, et pourvu convenablement d'eau
propre à l'arrosage.

Le talent du jardinier consiste à bien distribuer le jardin, à
ne laisser jamais aucune partie inoccupée, à récolter beaucoup
dans un petit espace.

On divise ordinairement le terrain en carrés longs par des allées sablées continuellement ratissées. Les carrés sont divisés eux-mêmes en plates-bandes séparées par des *passe-pieds* de 20 centimètres de large ; on les borde de fleurs, de buis, de petit chêne, de gazon, et pour le potager, d'oseille, de thym, etc.

Sur les bords de ces carrés sont plantés les arbres fruitiers, taillés en pyramide ou disposés en cordons. Autour du jardin, le long des murs, sont les arbres en *espalier*.

41. L'outillage du jardinier. — Il faut au jardinier un outillage assez varié : des *pioches* pour le défoncement ; des *bêches*, des *tridents* pour les labours ordinaires ; des *binettes* pour les sarclages ; des *râteaux* pour égaliser la terre ; une *ratissoire* pour les allées ; une *curette-spatule*, servant à nettoyer les instruments ; une *brouette*, nécessaire au transport du terreau ; des *arrosoirs* à pomme pour les arrosages ; une trousse propre à la taille et à la greffe des arbres, *serpe*, *serpette*, *greffoir*, *sécateur* et *cisailles*, etc.; des *cordeaux* pour régler les plates-bandes, des *châssis vitrés*, des *paillassons*, dont on couvre les plantes frileuses ; des *cloches* en verre pour les melons ; des *tuteurs* en bois pour soutenir les jeunes plantes, etc.

Fig. 11. — Arrosoir.

42. Labours et arrosages. — Les labours se font à la bêche et au trident ; on a soin de retourner complètement la terre, de briser les mottes, d'enlever les pierres et les racines au râteau. On enfouit l'engrais en labourant.

L'eau des arrosages doit être recueillie dans des bassins où elle s'échauffe et s'aère ; la meilleure est l'eau de pluie. On arrose le matin, au printemps, à cause des gelées blanches ; le soir, en été, pour que la terre ne durcisse pas au soleil.

43. Multiplication et reproduction des plantes. — Les plantes du jardin se reproduisent le plus souvent par leurs graines, que l'on sème en temps convenable.

Les **semis** se font à la volée, en lignes ou sur une couche. Quand on sème sur couche, il faut *éclaircir* le semis, arracher les jeunes plantes qui sont de trop, ou encore arracher toutes les plantes, que l'on *repique* dans le sol à la distance voulue.

L'ail se reproduit par ses bulbes, la pomme de terre par ses tubercules.

Beaucoup de plantes se multiplient par *bouture* ou par *marcotte*.

44. Bouture. — La **bouture** consiste à fixer dans le sol, ou dans du terreau, une petite branche détachée de la tige mère et portant un bourgeon terminal. Il se forme des racines adventives et la branche devient une plante complète.

La vigne, le thym, les géraniums, le laurier rose, se multiplient ainsi.

45. Marcotte. — La **marcotte** est une bouture dans laquelle on ne détache la partie mise en terre de la tige mère que lorsque les racines sont formées ; elle se pratique sur les végétaux à tiges basses, tels que les œillets. Elle se fait *par élévation* à l'aide de pots pleins de terreau sur les plantes élevées.

Le marcottage de la vigne s'appelle le *provignage*.

46. Les primeurs. — Les **primeurs** sont des produits obtenus avant l'époque ordinaire, par la *culture forcée*. Cette culture est basée sur une distribution régulière et constante de la chaleur et de l'humidité dans le sol.

Elle se pratique au moyen : 1° des *serres* chauffées et recouvertes de vitres ; 2° des *châssis vitrés*, posés sur les plantes cultivées le long des murs, dans des fosses ou en *ados* au milieu du jardin : l'ados de terre doit garantir des vents froids ; 3° des *paillassons* dont on recouvre les végétaux ou dont on fait des *abris ;* 4° des *cloches* de verre mises sur certains fruits pour hâter leur maturité ; 5° enfin des *couches chaudes* faites avec du fumier vert qui en fermentant dégage une grande quantité de chaleur.

La culture des primeurs exige beaucoup de soins ; mais elle donne de bons profits aux jardiniers et aux maraîchers.

47. Principales cultures du jardin. — Nous ne pouvons indiquer ici que les plantes potagères indispensables, celles qui doivent être dans tous les jardins.

Tout d'abord viennent les *choux, choux à pomme* pour le pot-au-feu ; le *chou-fleur*, dont l'inflorescence donne un bon mets ; le *chou de Bruxelles* et le *brocoli* qui sont recherchés ; puis, l'*artichaut*, les *asperges*, le *cardon*, d'un bon produit et d'une culture facile ; les salades : *laitues, scaroles, chicorées, céleri*, suivant l'époque de l'année ; les fines herbes et les plantes d'assaisonnement : *persil, cerfeuil, estragon, laurier, thym, ail, oignon, échalote, ciboule, poireau, oseille, épinards, bette ;* les légumes-racines : *carottes, salsifis, navets, radis, panais, céleri-raves*, etc.; les légumes à gousses : *haricots, pois* et *fèves.*

Il faut joindre à cette liste la culture de la *tomate*, de l'*aubergine*, des *courges*, des *citrouilles*, et enfin celle du *melon*. Ajou-

tons que jamais le potager ne doit être dépourvu de pommes
de terre avant l'hiver.

LES ARBRES FRUITIERS.

48. Les arbres fruitiers. — La culture des arbres fruitiers
est importante autant par les plaisirs qu'elle nous procure
que par la richesse de ses produits. Elle se fait dans les jardins
et vergers où l'on trouve les pruniers, les abricotiers, les poiriers, les pommiers et les pêchers; mais elle se fait aussi en
plein champ pour le cerisier, le pommier, l'amandier, le noyer,
le châtaignier, qui n'exigent pas beaucoup de soins.

49. La pépinière. — Le meilleur moyen de se procurer des
plants est de former une pépinière quand on a un grand jardin.
La **pépinière** est le lieu où l'on élève les jeunes arbres; elle
doit être établie dans un terrain profond, riche et bien fumé.

Les plants *mis en nourrice* viennent de boutures, de marcottes
ou de semis de noyaux et de pépins. Ce sont des *sauvageons*,
qui ne donneraient pas de bons fruits s'il n'étaient pas *greffés*.

50. La greffe. — La **greffe** est une opération par laquelle
on insère, on *ente* sur un végétal un bourgeon ou une tige d'un
autre végétal qui s'y développe et donne ses fruits propres.
Par la greffe, on multiplie et l'on perfectionne les espèces.

Le végétal sur lequel on opère est le *sujet*, la partie entée
s'appelle *greffon*.

Les principales espèces de greffes sont la *greffe en approche*,
la *greffe en fente*, et la *greffe en écusson*.

51. Greffe en approche. — La **greffe en approche** consiste à rapprocher deux branches préalablement entaillées et à
les lier ensemble. Quand la soudure est faite, on détache le
greffon de son ancienne tige et on le laisse se développer à
l'exclusion des autres branches.

52. Greffe en fente. — Pour **greffer en fente**, on coupe
le sujet à la scie et, dans une fente perpendiculaire à la coupe,
on introduit des greffons taillés en biseau. Cela fait, on lie et
on mastique pour que l'air ne soit pas en contact avec la plaie
et que la sève ne s'échappe pas. Cette greffe se fait à l'approche
du printemps.

53. Greffe en écusson. — La **greffe en écusson** se fait
ainsi : avec un canif, on pratique sur l'écorce du jeune arbre
une incision en T ou en croix dont on entrebâille les lèvres.

Le greffon que l'on introduit dans cette incision est un *œil*, un *bourgeon* de l'espèce à reproduire, avec la portion d'écorce qui le porte. On assujettit le bourgeon par une ligature et l'on coupe la tête du sujet quand l'œil s'est développé, au printemps suivant.

Cette greffe se fait de mai à juillet ; elle est alors à *œil poussant* parce que le greffon se développe tout de suite. Quand elle

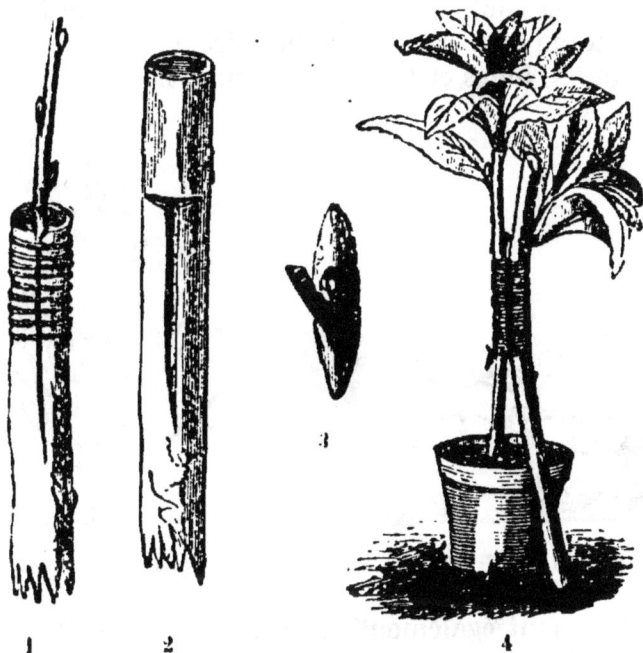

Fig. 12. — Greffes diverses : — 1, greffe en fente ; — 2, greffe en écusson ; — 3, écusson ; — 4, greffe en approche.

est faite au moment de la sève d'août, le bourgeon ne se développe qu'au printemps suivant ; elle est alors à *œil dormant.*

54. Plantation des arbres. — La plantation des arbres se fait en janvier ou en février après les grands froids.

Le plant arraché soigneusement avec toutes ses racines est déposé au milieu d'un trou de un mètre en tous sens, que l'on comble de terreau dans la partie inférieure et de terre végétale à la surface.

Le jeune arbre doit être planté dans sa position naturelle et de sorte que le nœud de la greffe soit au-dessus du sol.

55. Taille des arbres. — Les arbres des vergers et des

champs laissés à l'état libre gardent leurs formes naturelles; ils sont dits *arbres de haut vent* ou *de plein vent;* mais on soumet ceux du jardin à la **taille.**

La taille augmente la fructification en la rendant plus égale; elle donne de la qualité aux fruits par une bonne distribution de la sève dans toutes les parties du végétal.

On taille les arbres en hiver, après les froids, et on pratique en été avant la maturité des fruits un simple *pincement* du bout des rameaux. Les outils employés sont le *sécateur* et la *serpette.*

Il est de toute importance d'apprendre à distinguer les *bourgeons à feuilles*, longs et fluets, des *bourgeons à fruits*, ovoïdes

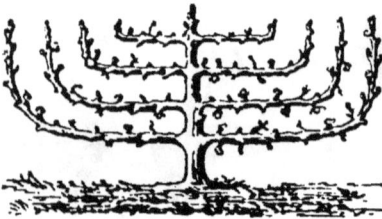

Fig. 13. — Espalier.   Fig. 14. — Pyramide.

et renflés. Il faut également se rendre compte des principes de la taille et étudier avec une personne expérimentée.

56. Forme à donner aux arbres fruitiers. — Les arbres plantés sur les bords des carrés peuvent être taillés en *quenouille*, en *pyramide*, en *fuseau* ou en *gobelet*. On dispose parfois les pommiers nains en *cordons*.

Quant aux poiriers mis en espaliers, c'est-à-dire palissés le long des murs, ils peuvent recevoir des formes diverses; on les met en *cordons* simples, verticaux ou obliques, en *cordons* verticaux doubles ou triples, en *éventail*, etc. La forme généralement donnée aux pêchers est la forme en *palmette* simple et surtout en *palmette verrier.*

FIN.

QUESTIONNAIRES ET DEVOIRS

GÉNÉRALITÉS.

La Terre. — Questionnaire. — Qu'est-ce que la terre ? — L'atmosphère ? — Quelle est la forme de la terre ? — Quels sont ses mouvements ? — Quelles sont les matières terrestres ?

Devoir. — Démontrez que la terre est ronde.

La Matière. — Questionnaire. — Qu'est-ce que la matière et comment la divise-t-on ? — Qu'est-ce que la matière organisée ? — Inorganique ? — Quels sont les trois règnes ?

Devoirs. — Distinguez les êtres animés des êtres inanimés. — Distinguez les animaux des végétaux.

RÈGNE ANIMAL.

L'Homme et les animaux. — Questionnaire. — Comment se compose l'échelle du règne animal ? — Quelle est la place de l'homme ?

Devoir. — Dites en quoi consiste la supériorité de l'homme ?

Squelette de l'homme et des animaux. — Questionnaire. — A quoi le corps humain doit-il sa forme ? — Comment divise-t-on le squelette ? — Quels sont les os de la tête ? — Du tronc ? — Des bras ? — Des jambes ?

Devoir. — Indiquez les variations du squelette des animaux.

Fonctions. — Questionnaire. — Quelles sont les fonctions de la vie ? — Quels sont les cinq sens ? — Qu'est-ce que la santé ? — Quels sont les mouvements ? — leurs organes ? — De quoi se compose le système nerveux ? — Qu'est-ce que le toucher ? — De quoi se compose la peau ? — Qu'est-ce que le poil ? — Quelles sont les principales parties de l'œil ? — De l'oreille ? — Du nez ? — Quels sont les organes du goût ?

Qu'est-ce que la digestion et quels sont ses organes ? — Quels sont les actes de la digestion ? — Qu'est-ce que la circulation et quels sont ses organes ? — Qu'est-ce que le sang ? — Qu'est-ce que la respiration et quels sont ses organes?

DEVOIRS. — Expliquez l'action du système nerveux. — Distinguez les principales races d'hommes. — Dites comment s'accomplit la digestion. — Dites tout ce que vous savez sur les dents. — Décrivez les mouvements du sang dans le corps. — Expliquez le mécanisme de la respiration.

Classification. — 1º QUESTIONNAIRE. — Qu'appelle-t-on vertébrés? — Invertébrés ? — Comment divise-t-on les invertébrés ? — Comment divise-t-on les mammifères ? — Qu'appelle-t-on bimanes ? — Quadrumanes ? — Chéiroptères? — Insectivores ?— Carnassiers ?—Rongeurs? — Ruminants ? — Amphibies et cétacés ?

DEVOIRS. — Faites connaître les caractères distinctifs de chaque ordre de mammifères et décrivez les principaux d'entre eux.

2º QUESTIONNAIRE. — Quels sont les caractères généraux des oiseaux ? — Comment les divise-t-on ? — Qu'est-ce que les rapaces? — Les passereaux ? — Les grimpeurs ? — Les gallinacés ? — Les échassiers et les palmipèdes ?

DEVOIRS. — Faites connaître les caractères distinctifs de chaque ordre d'oiseaux et décrivez les principaux d'entre eux. — Dites comment se reproduisent les oiseaux.

3º QUESTIONNAIRE. — Quels sont les caractères des reptiles ? — Qu'appelle-t-on chéloniens? — Sauriens ? — Batraciens ?

DEVOIRS. — Dites quels sont les caractères distinctifs de chaque ordre de reptiles, et décrivez les principaux d'entre eux.

4º QUESTIONNAIRE. — Quels sont les caractères généraux des poissons ? — Quels sont les principaux poissons osseux ? — Cartilagineux ?

DEVOIRS. — Décrivez la circulation des poissons. — Dites quels sont les plus utiles.

5º QUESTIONNAIRE. — Comment divise-t-on les articulés ? — Qu'est-ce que les insectes ? — Comment les divise-t-on ? — Quels sont les principaux coléoptères ? — Orthoptères ? — Névroptères? — Hyménoptères ? — Lépidoptères ? — Diptères ? — Hémiptères ? — Aptères ? — Arachnides ? — Myriapodes? — Crustacés ? — Vers ? — Mollusques ? — Rayonnés ?

DEVOIRS. — Décrivez un insecte et dites comment les insectes se reproduisent généralement. — Décrivez l'araignée. — Dites quels sont les caractères des crustacés, des vers, des mollusques et des rayonnés.

RÈGNE VÉGÉTAL.

1° Nutrition. — QUESTIONNAIRE. — Qu'est-ce que la botanique ? — Quels sont les organes de la nutrition et de la reproduction des plantes ? — Qu'est-ce que la racine et quelles sont ses parties ? — Quelles sont les diverses formes de racines ? — Qu'est-ce que la tige ? — Quelles sont ses parties ? — Quelles sont les diverses sortes de tiges ? — Qu'est-ce que la feuille ? — De quoi se compose-t-elle ? — Comment distingue-t-on les feuilles ?

DEVOIRS. — Dites comment une plante se nourrit.

Reproduction. — QUESTIONNAIRE. — Qu'appelle-t-on inflorescence ? — Quelles sont les parties de la fleur ? — Qu'est-ce que le calice ? — La corolle ? — Les étamines ? — Le pistil ? — Le fruit ? — La graine ?

DEVOIR. — Dites comment s'accomplissent la fécondation et la germination des plantes.

Classification. — QUESTIONNAIRE. — Comment divise-t-on les plantes ? — Comment divise-t-on les dicotylédonées ? — Qu'appelle-t-on monopétales ? — Polypétales ? — Apétales ? — Quelles sont les principales primulacées ? — Solanées ? — Campanulacées ? — Convolvulacées ? — Personées ? — Labiées ? — Composées ? — Ombellifères ? — Renonculacées ? — Rosacées ? — Légumineuses ? — Crucifères ? — Malvacées ? — Amentacées ? — Conifères ? — Liliacées ? — Graminées ? — Acotylédonées ?

DEVOIRS. — Décrivez les caractères distinctifs des dicotylédonées, des monocotylédonées et des acotylédonées. — Indiquez les caractères des familles ci-dessus.

RÈGNE MINÉRAL.

QUESTIONNAIRE. — Qu'appelle-t-on solides, liquides, gaz ? — Corps simples et corps composés ?

DEVOIR. — Distinguez les trois états de la matière.

Solides. — QUESTIONNAIRE. — Qu'appelle-t-on roches ? — Minerais ? — Roches calcaires ? — Roches siliceuses ? — Cristaux ? — Houille et tourbe ?

DEVOIR. — Distinguez les corps ci-dessus et dites à quoi ils servent.

Liquides. — QUESTIONNAIRE. — Quels sont les principaux liquides ?

Comment se compose l'eau? — Quelles sont ses propriétés? — Qu'est-ce que la glace? — Le brouillard? — Le givre? — La rosée? — La gelée blanche?

DEVOIRS. — Distinguez les différentes espèces d'eaux. — Faites connaître le mouvement continuel de l'eau et ses changements d'état.

Les gaz. — QUESTIONNAIRE. — Quels sont les principaux gaz? Qu'est-ce que l'air? — Le vent? — L'oxygène? — L'azote? — L'hydrogène? — Le chlore? — L'acide carbonique? — L'oxyde de carbone? — L'ammoniaque? — Qu'appelle-t-on combustion? — Quels sont les principaux combustibles?

DEVOIRS. — Démontrez la présence, la pression et l'élasticité de l'air. — Dites quelles sont les propriétés et les usages des gaz ci-dessus. — Dites comment la chaleur est produite et expliquez ce que vous entendez par chauffage et éclairage.

PHYSIQUE.

Pesanteur. — QUESTIONNAIRE. — Qu'appelle-t-on pesanteur, poids, poids spécifique? — Équilibre? — Livre? — Balance? — Pression des liquides? — Principe d'Archimède? — Corps flottants? — Vases communiquants? — Pression atmosphérique? — Baromètre? — Siphon? — Pompe?

DEVOIRS. — Dites ce que vous savez sur la direction de la pesanteur et sur la vitesse de la chute des corps. — Décrivez les trois leviers et la balance. — Décrivez le baromètre et la pompe aspirante.

Chaleur. — QUESTIONNAIRE. — Qu'appelle-t-on chaleur? — Dilatation? — Température? — Thermomètre? — Fusion? — Évaporation? — Vaporisation? — Ébullition? — Condensation? — Distillation.

DEVOIRS. — Démontrez la dilatation. — Décrivez le thermomètre. — La machine à vapeur.

Lumière. — QUESTIONNAIRE. — Qu'appelle-t-on lumière? — Corps lumineux? — Diaphanes? — Transparents? — Translucides? — Opaques? — Ombre? — Pénombre? — Réflexion? — Miroir? — Réfraction? — Lentille? — Prisme? — Arc-en-ciel?

DEVOIRS. — Répondez par écrit aux questions ci-dessus.

Électricité. — QUESTIONNAIRE. — Comment se manifeste l'électricité? — Qu'est-ce que le pendule électrique? — Les deux états électriques? — Les corps bons et mauvais conducteurs? — Le pouvoir des pointes? — L'étincelle électrique? — La machine électrique? — Les piles? — L'éclair? — Le tonnerre? — La foudre? — Le paratonnerre?

DEVOIRS. — Répondez par écrit aux questions ci-dessus.

Magnétisme. — QUESTIONNAIRE. — Qu'appelle-t-on aimants? — Pôle des aimants? — Aiguille aimantée? — Boussole? — Aimantation par l'électricité? — Électro-aimant? — Télégraphe électrique? — Téléphone?

DEVOIRS. — Répondez par écrit aux questions ci-dessus.

AGRICULTURE.

QUESTIONNAIRE. — Qu'appelle-t-on terre arable? — Sous-sol? — Comment se compose la terre végétale? — Comment divise-t-on les sols et quels sont-ils? — Quelles sont les qualités du sol? — Qu'appelle-t-on engrais, amendements, écobuage, défoncement, irrigations, drainage? — Qu'appelle-t-on labours, hersage, roulage, semailles, binage, sarclage, buttage, récoltes? — Quelles sont les principales plantes cultivées? — Qu'appelle-t-on plantes sarclées, prairies et cultures spéciales? — Qu'est-ce que l'horticulture? — Comment prépare-t-on un jardin? — Quels sont les outils du jardinier? — Qu'appelle-t-on labours, arrosages? — Semis, boutures, marcottes? — Primeurs? — Quelles sont les principales plantes du jardin. — Que savez-vous sur la greffe, la plantation et la taille des arbres?

DEVOIRS. — Répondez par écrit aux questions ci-dessus.

FIN.

7249-87. — Corbeil, Typ. et Stér. JULES CRÉTÉ.

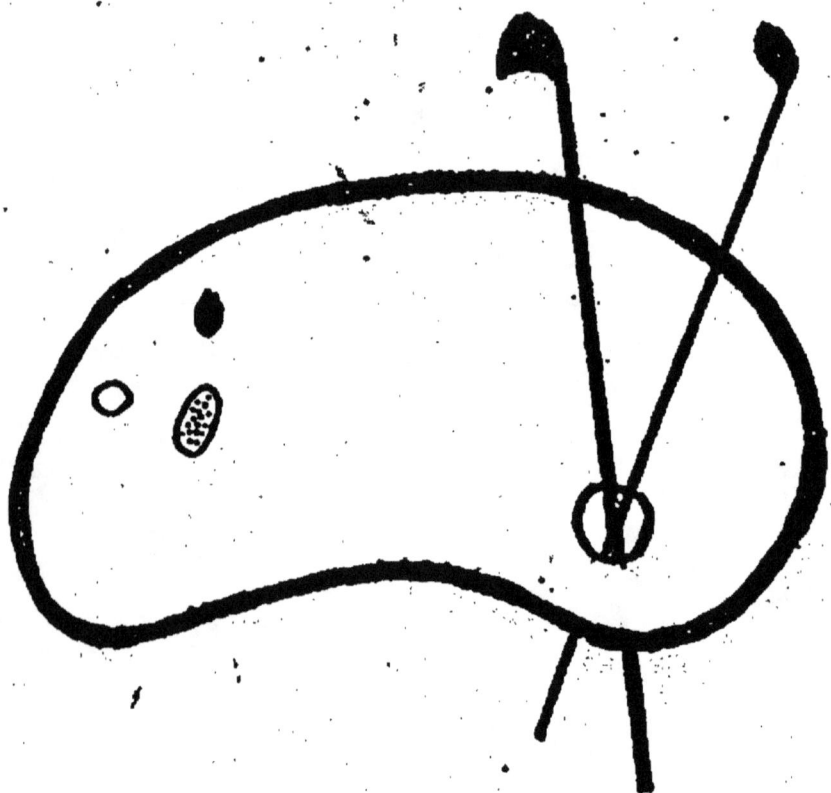

ORIGINAL EN COULEUR
NF Z 43-120-8

www.ingramcontent.com/pod-product-compliance
Lightning Source LLC
Chambersburg PA
CBHW061119220326
41599CB00024B/4094